新视角·世界环境与灾难译丛

# 烟尘与镜子

——空气污染的政治与文化视角

E. 梅勒尼·迪普伊 编
（E. Melanie DuPuis）

沈国华 译

上海财经大学出版社

## 图书在版编目(CIP)数据

烟尘与镜子:空气污染的政治与文化视角/(美)E.梅勒尼·迪普伊(E. Melanie DuPuis)著;沈国华译.—上海:上海财经大学出版社,2016.11
(新视角·世界环境与灾难译丛)
书名原文:Smoke and Mirrors
ISBN 978-7-5642-2482-0/F·2482

Ⅰ.①烟… Ⅱ.①E…②沈… Ⅲ.①空气污染-研究 Ⅳ.①X51

中国版本图书馆CIP数据核字(2016)第137202号

□ 责任编辑　李成军
□ 封面设计　杨雪婷

YANCHEN YU JINGZI
# 烟 尘 与 镜 子
——空气污染的政治与文化视角

E.梅勒尼·迪普伊　编
(E.Melanie DuPuis)

沈国华　译

上海财经大学出版社出版发行
(上海市武东路321号乙　邮编200434)
网　　址:http://www.sufep.com
电子邮箱:webmaster @ sufep.com
全国新华书店经销
上海华业装潢印刷厂印刷装订
2016年11月第1版　2016年11月第1次印刷

710mm×1000mm　1/16　19.75印张(插页:1)　354千字
印数:0 001—3 000　定价:59.00元

# 致　谢

编这本书的想法源自于几次闲聊。第一次是在午餐席间与加利福尼亚大学圣克鲁兹分校全球、国际和区域研究中心（Center for Global, International and Regional Studies, CGIRS）主任保罗·吕贝克（Paul Lubeck）聊起了这个话题。保罗总鼓励加州大学圣克鲁兹分校的学者向更广泛的学术界和政策制定与执行部门受众公开他们的研究成果。作为一名资深战略家，他建议（并且资助）加州大学圣克鲁兹分校的学者和专家举行一次有关空气污染社会问题的学术会议，并且允许我们动用全球、国际和区域研究中心专家团队的成员萨拉·特拉克斯勒（Sarah Traxler）和丽莎·西冈（Lisa Nishioka）。他们俩在组织召开学术会议和出版本书两方面提供了宝贵的帮助。

时任卡内基梅隆大学电力工业研究中心主任的亚历克斯·法雷尔（Alex Farrell）向我介绍了世界各国这个领域的学者，并且帮我与他们取得了联系。他还鼓励我们联系尽可能多的专家学者前来参加会议一起讨论空气污染问题。在亚历克斯帮助我建立联系的专家学者中就有乔尔·塔尔（Joel Tarr）和彼得·布林布尔科姆（Peter Brimblecombe）。

正如后来我了解到的那样，如果你问一位城市环境史学家他或者她是不是乔尔·塔尔的学生，那么，答案要么是"我是他的学生"，要么就是"不，但他对我的职业生涯很有帮助"。乔尔通过自己的工作和鼓励其他学者努力工作使得城市污染研究受到了重视，他在指导别人方面下了很大的功夫。虽然他没能出席这次会议，但是，他的多次远程指导提高了我们研讨的质量。彼得·布林布尔科姆发挥了相似的作用，并且关心这个合作项目的各个环节。在会议期间，马克·齐奥科（Marc Cioc）、布伦特·哈达德（Brent Haddad）、卡尔·佩克曼（Carl Peckman）和拉维·拉姜（Ravi Rajan）对大会收到的论文进行了富有教益和洞见的点评。

就连把会议论文编纂成书也是我们谈话聊天的结果。大会结束以后，约翰·威尔特(John Wirth)就拟定了一份极具诱惑力的行动计划。这项计划包括向美国环境史学会会议(American Society for Environmental History Conference)提交已经过修改的论文集文稿,这是签约出书的一个规定环节。本书的编辑、纽约大学出版社的斯蒂芬·马格洛(Stephen Magro)说服我通过添加各个不同学科和主题的论文来扩大本书的覆盖面。马格洛的一个创意就是不要把本书的内容局限在欧洲和美国。有关工业化国家空气污染问题的研究已经取得了很多成果,而我则试图把考察新兴城市化国家空气污染问题的一些最新研究成果收入本书。编辑助理詹妮弗·尤恩(Jennifer Yoon)为处理与准备手稿有关的日常问题做了大量的工作。

约翰·威尔特拟定的把我们的讨论内容编著成书的计划,完全像他事先预见的那样进展顺利。遗憾的是,约翰没能活着看到他的计划付诸实施。几个月以后,也就是2002年6月20日,他不幸去世。如果没有他的努力——拟定那份行动计划,这本书就不可能与读者见面。为此,我们谨把此书献给约翰。

# 引 言

E. 梅勒尼·迪普伊

今天，制定空气污染治理政策使用的主要语言是科学、工程和经济学专业语言。不过，20 世纪 90 年代初，我在纽约州经济开发部开始能源和环境政策分析师的职业生涯时并没有使用这种语言。作为一名政治社会学者，我接受的教育要求我把政策视为政治的一部分。但是，我现在已经学会使用以美元表示的成本效益数据、百分比和价格等习语。很像"公共政策"分析中的典型定义那样，我们所信赖的空气污染治理政策方面的学术文献都是用阿兰·利皮耶茨（Alain Lipietz）所说的"生态语言"（economos）——管理学语言或者管理语言——来描述相关问题和解决方案的。[1] 但是，在我这个受过政治学专业训练的学者看来，数字除了把一种比较重要但不言而喻的现实——不同群体之间为了争夺空气使用权而展开的权力斗争——神秘化以外别无帮助。城市与农村、乘车上班族与工业企业主、"下风口"州与"上风口"州为了赢得重大赌注——一种关键资源的政治支配权——而展开了数字博弈。

一直以来，尤其是自马修·科伦森（Matthew Crenson）1971 年发表他的研究成果《空气污染的非政治维度》（*The Un-Politics of Air Pollution*）[2] 以来，空气污染研究领域就出现一个关注相关政治问题的重要分支，而且今天仍在不断发展。然而，目前赢得并且支配政策制定者们注意力的空气污染研究主要是运用模型和价格来考察空气污染问题及其解决方案。不管怎么说，这些定量评价和市场信息虽然重要，但并不完整。

把环境问题作为权力斗争和意义争论来对待的相关研究在不断增加，政治生态学者们已经在关注有关森林和水资源利用的争论，而研究环境正义问题的学者揭示了在逃避污染责任的斗争中存在的政治不公现象。这些研究采用的都是被利皮耶茨称为"生态术语"（ecologos）的专业术语——表意语言。从这种更加具有文化和政治色彩的观点出发，用来回答"我们如何解决由经济增长造成的种种环境问题"这个问题的框架应该包括对收益和污染代价等政治利益的关注,并且还应该包括种族、阶级和性别在环境负荷分布方面所扮演的角色。所有这些更具意义的研究都应该去发现人们在寻求环境恶化解决方案的过程中如何理解他们赖以生存的环境的文化和政治意义,以及环境的文化和政治意义的相互关系。这些研究主张从社会互动的角度去解决环境问题。即使从这个视角出发,科学和科学工作者仍然不可或缺。不过,在本书由彼得·布林布尔科姆、安吉拉·古格里奥塔(Angela Gugliotta)、哈罗德·布拉特(Harold Platt)、约书亚·邓思碧(Joshua Dunsby)和菲尔·布朗(Phil Brown)以及他们的同事执笔完成的那些章节里,科学工作者已经被融入了社会背景,并且成为社会背景的一部分,而不是作为"客观事实"的中性来源存在,他们研究的问题来自于他们生活的那个世界。

　　目光敏锐但不怎么引人注目的学者,往往透过一种社会透视镜来审视空气污染问题。幸运的是,我有机会在2002年邀请其中的多位学者来加州大学圣克鲁兹分校做研究。这个富有独创性的团队把我们这本书扩展成了一个展示空气污染问题最新研究成果的平台,这些最新的研究把空气污染作为环境这个更具社会和政治内涵的整体的组成部分来理解。本书中的各章着重强调了空气污染——以及空气污染治理政策——并非作为科学模型和计量手段或者经济价值,而是作为社会"人造物"——包括不公平、知识、权力和政治在内的社会互动与关系的产物——的存在性。相关的科学和经济学研究虽然已经提供了大量有关空气污染的重要信息,但它们只有在与空气污染治理意义的研究结合在一起时,才有可能绘制出空气污染治理政策的社会全景图。[3]

　　数字作为理解空气污染治理政策的单维框架,是无法绘制出反映我们当前现实的空气污染全景图的。无论数字是否能够描绘空气污染治理执行计划模型或者美国大峡谷(Grand Canyon)地区蓝天白云能够带来的各种收益,定量评价都假设我们能够理性地进行决策,并且通过评价项目和问题能够清楚应该选择哪种决策,从而能够发现最佳决策。

　　此外,有经济学家认为可以运用他们所说的"库兹涅茨环境曲线"(environmental Kuznet's curve)来衡量公共部门制定有效的环境治理政策的动机:在一定的收入水平上,人们就会决定放弃进一步增长的物质回报,并且为通过实施污染治理监管来改善环境质量进行投资。本书各章表明,空气污染作为在当地特定条件下出现的社会问题,并不是采用某种基于人均收入的"自动配方"的产物,而是一个产生于人类互动的社会和文化背景的问题。

　　当前环境政策的政治背景告诉我们,尽管环境评估研究层出不穷,但是,环境政策仍然延续着它自己的路径。很多时候,环境政策并没有采纳成本效益分析提出的建议。此外,尽管十几年来,元成本效益"风险排序"研究试图理性地把政策制定资源用于"下一个最不"严重的环境风险[4],但是,环境政策继续受到社会政治风向的影响。

美国共和党在环境策略上的转向是政治战胜环境政策理性决策的一个最好例子。在之前的几十年里,共和党通过该党的《美利坚契约》中的成本效益分析推进了理性决策。然而,本届共和党政府在没有对这些行动的成本效益进行理性评估的情况下就选择了取消环境监管,从而给人一种美国的环境政策现在更加严重地随党派政治之风漂浮不定的印象。那么,经济评估科学和库兹涅茨曲线如何能够预测环境政策的政治走向呢?

虽然有些经济学者终于明白,仅仅把价格机制引入环境收益和负担分析,不足以让我们知道应该何去何从;虽然有些生态经济学者认为环境评估研究必须采用"多标准"(包括利益相关者的政治话语投入)评价法[5],但是,这些学者都表示,并非所有的"价值"都能"评估",有些价值是不可比;也就是说,有些价值无法用规范的一般方法来描述。

生态经济学的这一新转向肯定为像我本人这样的政治社会学者带来了曙光,并且推动了环境话语思想文化史、政治生态学、多元主义和"公共领域"研究的发展。[6]这一转向似乎还开辟了一个某些生态经济学者、环境历史学者和环境社会学者开始彼此对话的知识范畴。[7]尽管不切实际的理性多指标评价方案是否能够战胜有关权力和不公平的现实主义构想还不得而知,但是,有些事物,甚至包括多指标,也许是无法考虑的。

然而,历史告诉我们,在特定时间和特定地点,污染治理政策付诸实施以后,被污染的环境就会变得比较清洁。毕竟,美国的城市精英群体已经把自来水接到了自己家里。就如本书的有关章节所显示的那样,在有些时候和有些地方,浑浊的空气已经变得比较干净。但在另一些地方,空气里依然弥漫着烟尘,不仅导致数以千计的居民未老先死,而且还改变了居民们的日常生活习惯:居民们放弃了穿着轻盈、薄透服饰的想法,建筑师们简化了房屋的装潢,以防止明显的酸腐蚀效应;作家开始创作推理小说;而街上的行人则隔着"烟纱"在问路。在一次回顾(和追寻)污染治理进步的活动中,有些地方清洁水和新鲜空气的分配终于比以前公平,挽救了很多人的生命,并且还改善了很多人的生活;一些地方通过反对强权势力大幅提高了环境健康——森林、动物和人类健康——水平。在某些地方和某些时候,如果做出更加公平、健康的选择,那么这种变化会导致什么结果呢?

本书的一些章节还将显示,某些地方和某些时候做出更加"公平"和更加"清洁"的选择,常常会导致其他地方或者其他时候要承担更加沉重的经济或者污染负担。本书介绍的洞察污染行为的深刻见解将告诉我们,环境变得清洁是一个充满冲突和矛盾的过程。以空气污染为例,冲突不但存在于作为空气呼吸者的公民与作为污染者的工业企业主之间,而且还存在于不同的城市愿景之间。正如本书有关曼彻斯特、辛辛那提和洛杉矶的章节所显示的那样,女性、中产阶级、私人"家庭"和"健康生产"人群的城市愿景完全不同于男性、公共"场合""财富(包括工资)生产"群体的城市愿景。例如,由约书亚·邓思碧执笔完成的关于洛杉矶空气污染的那一章表明,美国东部一个有影响力的健康追求者群体是如何根据他们视洛杉矶地区为气候宜人地方的愿景对洛杉矶日益严重的雾霾问题发起挑战的。约瑟·路易斯·莱萨马(José Luis Lezama)所写的那一章告诉我们,环保人士、政府监管部门和工业企业主关于墨西哥城空气污染的不同看法是如何像镜子一样反映他们对墨西哥城未来的不同愿景的。

在这种种不同的愿景中,某种愿景战胜了其他愿景,而对于某些人来说就是取得了胜利,但对于另一些人来说则是加重了负担。虽然劳动者往往能意识到他们自己和孩子所付出的健康代价,但是,对于污染产业和活动的经济依赖意味着环境治理需要付出很高的代价。就像斯蒂芬·莫斯利(Stephen Mosley)指出的那样,控制煤烟不但要解决烟囱问题,而且还要修建能营造欢乐氛围的明火壁炉,否则就会导致工人的生活变得枯燥乏味。马修·奥斯本(Matthew Osborn)表示,英国兰开夏郡的农村居民首当其冲被笼罩在一种"看不见的气体"中:随着对烟尘控制力度的加大以及烟囱越修越高,酸性排放物也不断增加。吉尔·哈里森(Jill Harrison)告诉我们,农场工人不但要忍受农药漂移的污染,而且在周边居民反对在当地发展化学农业的情况下还要蒙受经济损失。

重要的是,应该全面考虑以上这些竞争性愿景和不对称的污染负担,这样才有助于我们理解为什么环境政治会导致一个社会就其成员呼吸的空气有时做出奇怪的决策,有时做出有效的决策,而有时又会做出有可能造成灾难的决策。为了理解为什么会做出这样不同的决策,有必要更加严密地考察做出这些不同决策的社会和政治背景。一个社会污染——以及净化——其空气的方式会告诉我们这个社会的一些信息以及对"公平"和"健康"问题的想法。换句话说,一个社会制造的"烟尘"是反映这个社会不同社会关系的一面"镜子"。

那么,这些文化和背景的"不可比因素"在多大程度上决定我们为解决空气污染问题做点什么呢?为本书撰稿的作者都是研究历史学、社会学和政治学的学者,他们在书中提出了这个问题,并且比较深刻地考察了作为"问题"出现的空气污染。成本效益分析者们关心的是提供量化的决策依据,而本书的作者们则不同,他们要描述空气污染和空气污染治理政策怎么随着时间实际发生。

从某种意义上说,这些学者的研究与政治学"政策形成"研究是同步进行的。但是,政策形成研究大多局限于各个关心这个问题的直接利益集团或者机构,而本书的作者们关心的则是发生这些从媒体到市场、从诗歌到餐桌的变故的整个社会背景。他们讲述的故事揭示了发生这些故事的各个社会作为需要考虑的数据的一些令人惊讶的方面:地方花园俱乐部、约翰·韦恩(John Wayne)、厨灶、猎鹿。在这些学者看来,如果不把污染看作反映社会的一面镜子,那么,我们就不能理解在污染治理政策制定过程中实际发生的种种事情。

这些研究成果使得全球污染控制的整体概念变得更加复杂,但这是一种必要的复杂化,一种只要我们着手处理摆在我们面前的问题就不能回避的复杂化。本书所采取的长期视角——长期历史视角——使我们能够更加清晰地认识我们今天所面对的空气污染问题的现状。这些涵盖很多地方、纵跨几十年的复杂故事详细地阐明了污染的概念、成因、影响和制止污染的方法等混淆不清的问题。当我们明白我们不是在谈论一种污染而是多种污染时,故事甚至就变得更加复杂。但是,通过细心留意历史突发事件和局部细节问题,这些看似令人绝望的复杂问题在评估性研究不能直接立刻提供证据的领域实际提出了一种政治视点,并且引申出很多与人类生存和环境恶化有关的"健康"、"公平"和"正义"的问题以及数量一样多的阻止人类生存和环境恶化所涉及的正义问题。无论是这些问题还是这些问题的潜在解决方法,都会对我们人类产生不同的影响。一种关于污染——及其治理——如何"像镜子一样反映"社会不公的明确观点,就意味着我们在持续开展应对温室效应和臭氧消耗的全球性斗争时会采取更加现实的态度。

由于本书十分关注当地环境问题,因此,书中的各章就聚焦于特定的城市和工业地区。于是,有关空气的故事也就变成了城市和工业区的故事,如作为世界最大的工业化农业区域之一的加利福尼亚中央山谷。这些故事告诉我们生活在黑烟滚滚、雾霾弥漫、农药漂移的环境中的真人真事,试图帮助我们了解他们的孩子如何患上了咳嗽、房屋的墙壁如何变黑、公园里的花卉如何枯萎以及天空如何黯淡无光。在这些故事中,我们将看到对污染的认识和对治理的承诺如何"花开花落"以及几十年来居民们如何悄无声息地适应政府部门的不作为——改穿颜色越来越深的衣服,简化房屋装潢甚或在艺术文学作品中把烟尘作为有益于健康的因素或者美的源泉来赞美。虽然烟尘伤害了他们的双肺,并且毁坏了他们的家园,但也变成了他们生活的一部分。

从空气污染的长期观出发,穿戴深色的服饰和简化建筑装潢,只不过是应对最终有可能反过来影响公共领域问题的权宜之计而已。长期观多次注意到这些权宜之计掩盖了长期问题,如中东和欧洲持续了几个世纪的森林采伐——煤炭被作为替代树木的能源的最终发现所避免的一次环境大灾难。[8]然而,彼得·布林布尔科姆、哈罗德·布拉特、斯蒂芬·莫斯利、马修·奥斯本、安吉拉·古格里奥塔和彼得·索谢姆(Peter Thorsheim)揭示了煤炭反过来造就了它自身恶化环境的方式这一事实。控制煤炭对环境负面影响的能力,就成为正在推进工业化进程的世界一个广泛讨论的话题。就像本书后面由罗杰·罗费尔(Roger Raufer)和亚历山大·法雷尔(Alexander Farrell)写的那两章所显示的那样,有关煤烟这个话题的对话今天仍在选择工业化和"现代化"道路的工业化中国家继续着。

正如几乎书中所有各章所显示的那样,控制污染的对话本身在很大程度上受到了那些得益于高污染产业高生产率的人士的控制。于是,经济增长和环境恶化的故事同样也关系到引发工业化——特别是离不开煤炭的工业生产——资本主义生产体系内部的斗争。菲尔·布朗及其同事以及吉尔·哈里森所写的那几章强调指出了这场斗争所针对的种种不公平超越了阶级范畴。这些作者基于环境正义的视角表示,常被视为社会污染源和渣滓的有色人种却成了有最大风险暴露在社会制造的渣滓中的人群。公众作为一个整体面对污染风险暴露程度的人种差异不是被"习以为常"就是被"视而不见";而且,只是在公民权利运动式的环境正义行动的作用下,这些群体的有毒物、颗粒物和其他物质日常暴露才被认为是"污染"。[9]

化石燃料的浮士德式交易仍然诱惑和惩罚着我们,而围绕这种高效能源利用的矛盾则有增无减。不过,莫斯利论述烟尘对于上班族在工作和能够营造快乐氛围的明火壁炉的积极意义的那一章以及萨德赫·切拉·拉詹(Sudhir Chella Rajan)论述汽车使用热魅力的那一章里表明,化石燃料的浮士德式交易并非那么简单。事实上,主要的污染机制往往包含对大众有价值的舒适和愉悦——在他们研究的案例中就是"带来温暖和快速行驶"。它们一旦依靠舒适和愉悦赢得了市场,就会长期占有,而且有可能遭到它们伤害的受害者还会极力为它们辩护。

布林布尔科姆、布拉特和古格里奥塔表示,公众关于污染的对话始于19世纪英格兰的产煤区,现在已经变得越来越专业化。罗费尔和法雷尔表示,这种专业化的对话今天仍在继续。但是,这种对话现在常常在像美国联邦环境保护署这样的国家机关以及像联合国环境计划署这样的国际组织层次上进行。

这些现在和过去的对话涉及权力、地域政治学和经济学以及文化帝国主义和经营特权等知识问题。"哪些人能呼吸到清洁空气"以及"哪些人得益于在空气混浊的环境中生产出来的比较便宜的产品"等问题依旧存在，而答案就像空气一样"灰色"。例如，就像罗费尔写的那一章所显示的那样，在中国，空气净化研究必须关注家庭炉灶问题。然而，家庭炉灶治理对于买不起清洁燃料或者更高效炉具的中国贫困家庭会产生严重的影响。同样，曼彻斯特、匹兹堡和其他地方的烟尘治理难免会与上班族争取就业和工作场所治理的斗争交织在一起。高烟囱浓烟滚滚意味着有工作可做，而且是一些有时具有"清洁选择"所没有的积极属性的工作。解决的办法——把工业企业迁往城外、采用自动化程度更高的技术、修建电气化铁路——意味着空气会变得清洁，但也意味着就业机会的减少或者令人满意的就业机会的减少。

今天，有关空气污染问题的对话也同样是新古典学派主张的全球环境治理方向有益还是有害这场新辩论的组成部分。索谢姆、法雷尔、弗兰克·尤克艾特（Franc Uekoetter）以及布朗及其同事所写的章节表明，特别是在不怎么了解污染影响以及某种治理方法效果的情况下必须做出选择时，关于政府作用的对话是如何内在地与关于科学权威性的对话相互交织在一起的。有关这些问题的对话或者辩论是与本书很多章节所描述的早期辩论一脉相承的。

今天，那些在思想上没有受到"减少市场干预、把'自由'市场作为通用解决手段"观点影响的人士正在寻找确定政府作用的方法。随着自由贸易思想对社会和环境造成的危害的不断积聚，政府行动必须发挥作用的思想日益受到关注。但是，就如罗费尔和莱萨马所写的那几章显示的那样，政府政策并不总是与身边的特定案例相关。在罗费尔介绍的中国案例中，强制中国接受传播西方监管模式的治理方式，只会激化问题。在莱萨马介绍的墨西哥城的案例中，政府这个行为主体以推卸自己责任的方式来确定问题。因此，像城市雾霾和全球气候变暖这样的长期、涉及面较广的问题的解决方案，有可能会加剧当地的短期不公平问题。

本书分两个部分。第一部分主要考察公众把污染作为问题的感知以及科学工作者、数量日益增多的地方政府和公众早期着手解决污染问题的方法等问题。古格里奥塔、莫斯利和布林布尔科姆所写的各章考察了空气污染对包括歌曲、美术和诗歌和电影在内的非一般考察领域的影响以及这些领域对空气污染的影响。他们的研究集中考察了参与他们所在城市空气研究的科学工作者个人，还特别考察了他们工作的技术和政治背景如何影响他们了解情况的方法和内容。但是，与历史上的必胜主义科学研究以及它们把个人发现作为环境问题解决方法来源的做法不同,这些研究没有把个人作为进步征兆来赞美;而他们的个人贡献虽然无可争议,但被看作他们生活和工作的那个时代的产物。

同样,本书中的很多章节,包括布拉特、古格里奥塔和邓思碧所写的那几章,都考察了中产阶级改革群体以及他们发现空气污染影响(如城市公园里的花卉枯萎)的方法。例如,布拉特表示,把空气污染定为有害人体健康的因素,需要重新界定人体健康的流行概念以及人体与环境之间的关系。邓思碧表示,洛杉矶不断加剧的雾霾污染迫使"寻求健康"的中产阶级居民放弃了居住在"南加州有益健康""南加州就是伊甸园"的想法。

如果烟尘真是一面"镜子",如果社会确实以其文化和政治反映空气污染的方式污染空气,那么,我们能够就目前试图改善空气污染治理政策的努力说些什么呢?本书的第二部分讨论了当前的空气污染问题,并且更加广泛地考察了空气污染监管新政策的问题。作者们运用社会学、历史学、政治学和人类学等各学科的分析工具考察了今天致力于通过颁行地方政策、签订跨国协议和/或采取基于市场的激励措施来监管地区空气污染的尝试。哈里森、莱萨马、拉詹以及布朗及其同事所研究的当代案例表明,把空气污染作为已经出现问题来对待的研究仍然是一项正在发展中的工作。本书所讲述的政治故事与本书讲述的早期故事具有很多相似之处。在这些早期的故事中,旨在认识污染的努力与致力于弄清是谁首当其冲地受到了因污染而采取——或者不采取——行动的影响的努力搅合在一起。迪普伊和罗费尔都仔细考察了新的空气监管市场观脱颖而出并行将付诸实施的社会和政治背景。迪普伊表示,纽约州设计空气污染额度交易系统的过程促使各不同利益集团急着打开美国产权制度这只"黑匣子"。罗费尔和法雷尔表示,被普遍理解为公平的国际监管选择权的东西——法律协调——在不同的文化和经济条件下,可能对不同国家产生不平等甚至有可能不公平的影响。尽管如此,这些研究显示,这种替代法律协调的方法并不意味着采取不那么严格的规则,而只不过意味着采取不同的规则而已。

撰写本书的各位学者有意努力规避由习惯导致的不关注历史背景、文化特殊性、公平、政治和文化等问题的观念局限性。这些替代性分析方法源自于包括环境历史学、政治学、社会学、政治生态学、政治经济学和商业史学在内的许多学科。这些分析方法由于采取了不同于成本效益分析法的研究策略,因此能够用来回答不同的问题,如为什么做出监管决策,包括注重意识的作用、社会的空气污染感知以及促进主张积极干预的公众的崛起和环保意识的提高在内的监管决策。他们还提出了如何制定特殊的监管政策,就像在关于合作监管与强制监管方法、专家的作用以及治理的地域范围的辩论中讨论的那样。就连比较传统的成本效益研究所涉及的应该做出怎样的监管决策这个问题也是以一种不同的方式,一种更具决策社会和文化背景敏感性的方式提出来的。此外,这些研究还考察了作为决策争议组成部分的不同认识,内容包括科学技术研究的作用以及专家知识和外行知识的作用。这些研究同样有助于我们理解公共部门需要多长时间才会采取行动。

对污染像镜子一样的反映作用的更深入考察显示,想要了解我们吸入的空气含有哪些有害物质——以及如何消除有害物质,就得先了解我们自己、我们的生计以及我们涉入浮士德式化石燃料交易的程度。我们应该如何重新安排这种交易以使我们的心身脱离危险,是一个值得认真研究的主题,而本书介绍的就是这类研究成果。

• 注释:

[1] Alain Lipietz, *Green Hopes: The Future of Political Ecology*, Cambridge, MA: Polity Press, 1995。

[2] 基于这个视角完成的研究有 S. H. Dewey: *Don't Breathe the Air: Air Pollution and U.S.Environmental Politics, 1945—1970*"(College Station, TX: A&M University Press, 2000); D. Stradling: "Smokestacks and Progressives"(Baltimore: Johns Hopkins University Press, 1999); J. Tarr: *The Search for the Ultimate Sink: Urban Pollution in Historical Perspective*(Akron, OH: University of Akron Press, 1996)。

[3] 在致力于环境政策分析数量化的行动中,本人也负有一定责任。作为纽约州州长监管改革办公室召集的跨署工作小组成员,本人协助制定了一整套纽约州监管政策成本效益分析实施程序。我本人并不反对成本效益分析。实际上,我认为,这套实施程序为参与决策提供了宝贵的信息。作为环境政策分析师,我着实为制定监管规则常常不做任何成本分析,尤其是小企业负担的成本分析而感到惊讶。在这方面,我也参与分析了纽约州新的干洗业监管条例的成本及其对小企业主的影响。关于成本效益分析,本人担心的是那种认为"通常依据复杂但未经验证的假设得出的数字结果能使政策制定者回避困难的政治决策"的隐含想法。

[4] 例如,可参阅美国联邦环境保护署政策、规划和评估办公室 1987 年 2 月完成的报告"Unfinished Business: A Comparative Assessment of Environmental Problems Overview Report"。

[5] 例如,可参阅 J. Martinez-Alier、G. Munda and J. O'Neill: "Theories and methods in ecological economics: a tentative classification"[in C. J. Cleveland, D. I.

Stern, R.Costanza (eds.), *Economics of Nature and the Nature of Economics*, 34—56, Northampton, MA: Edward Elgar Publishing, 2001]。

[6]例如,可参阅 J.Dryzek: *The Politics of the Earth: Environmental Discourses*, (New York: Oxford University Press,1997); E.M.DuPuis and P.Vandergeest: *Creating the Countryside: The Politics of Rural and Environmental Discourse* (Philadelphia: Temple University Press,1995)。

[7]《生态经济学杂志》就是这种新对话的一个例子,为这本杂志撰稿的作者来自很多学科。

[8]P.Brimblecombe and C.Pfister (eds.): *The Silent Countdown: Essays in European Environmental History*, Heidelberg: Springer Verlag,1990。

[9]关于人种和污染的研究,请参阅哲学学者 Charles Mills 的 "Black Trash"[in Laura Westra and Peter S.Wenz (eds.), *Facing Environmental Racism*, Lanham, MD: Rowman & Littlefield, 1995, 73—91]。

# 目　录

致谢 /1

引言 /1
E. 梅勒尼·迪普伊

## 第一篇　空气污染作为问题的出现

第一章　维多利亚时代晚期对空气污染的感知与空气污染的影响 /3
彼得·布林布尔科姆

第二章　"看不见的邪恶"
——工业时代曼彻斯特的有毒烟雾和公共卫生 /14
哈罗德·L. 布拉特

第三章　维多利亚时期曼彻斯特公众对烟雾污染的感知 /35
斯蒂芬·莫斯利

第四章　下风口山区高地
——兰开夏郡东南高沼地的酸害与生态变化 /57
马修·奥斯本

第五章　两次世界大战间的"烟城" /77
安吉拉·古格里奥塔

第六章　预防原则的优点
　　——1945 年前德国和美国如何控制汽车尾气 /95
　　*弗兰克·尤克艾特*

第七章　如何阐释 1952 年的伦敦雾灾 /128
　　*彼得·索谢姆*

第八章　如何界定雾霾
　　——治疗景观中的文化背叛 /141
　　*约书亚·邓思碧*

**第二篇　当今的空气污染治理策略**

第九章　精妙的平衡
　　——加利福尼亚州汽车污染治理策略 /171
　　*萨德赫·切拉·拉詹*

第十章　空气归谁所有？
　　——《清洁空气法案》作为共有产权谈判结果的实施 /188
　　*E.梅勒尼·迪普伊*

第十一章　西班牙的空气污染
　　——"外围国家"的变迁 /204
　　*亚历山大·法雷尔*

第十二章　净化空气与自由呼吸
　　——空气污染和哮喘病的卫生政治学研究 /221
　　菲尔·布朗　斯蒂芬·扎维斯托斯基（Stephen Zavestoski）
　　布莱恩·迈耶（Brian Mayer）　西奥·吕布克（Theo Luebke）
　　约书亚·曼德尔鲍姆（Joshua Mandelbaum）
　　塞布丽娜·麦考密克（Sabrina McCormick）

第十三章　被忽略的人与被忽略的地方
　　　　——如何把加州的空气污染与农药飘移联系起来/244
　　　吉尔·哈里森

第十四章　田野笔记
　　　　——作为文化体验的空气污染治理工程/260
　　　罗杰·K. 罗费尔

第十五章　空气污染的社会和政治建构
　　　　——1979~1996年墨西哥城的空气污染治理政策/276
　　　约瑟·路易斯·莱萨马

**编后记**/287
　　　乔尔·A.塔尔

# 第一篇
# 空气污染作为问题的出现

# 第一章

## 维多利亚时代晚期对空气污染的感知与空气污染的影响

*彼得·布林布尔科姆*

环境史学研究的一个一般问题就是要探明环境污染与社会感知之间的关系。有人认为环境保护运动是作为回应环境压力[如20世纪50年代的菲斯特（Pfister）综合征]的手段出现和发展起来的，而另一些人则认为环境污染很可能是改变环境感知的一个必要因素，但不是充分因素。本书的副标题提醒我们，我们不能忽视在最广泛的社会背景下社会对污染的感知这个问题。

本章考察了维多利亚时代晚期英国城市的空气污染问题，并且还探讨了空气污染的影响以及社会和政府对空气污染的感知。社会和政府对空气污染的感知影响了最糟糕的相关立法的发展方向，而且还可能影响英国城市回应空气污染的强度。想要对空气污染作为问题出现的过程进行历史回顾，那么就应该关注我们的环境感知复杂性问题。

### 工业化时期的空气污染

最早，人类是靠嗅觉来觉察空气污染的，如古埃及城市所遇到的问题以及令罗马执政者和法学家们担心的烟尘。但是，这样的觉察往往只导致了临时的应对行动，并没有形成早期空气污染治理前后连贯的战略方针。事实上，米克（Mieck，1990）曾经指出，中世纪很多有关污染的敕令基本上就是对被他称为"手工业污染"（pollution artisanale）的单一污染源做出的一种回应。手工业污染不同于后来涉及面更广的工业污染，工业污染已经是工业化中世界的一个基本特征。

在18世纪末的英国，像曼彻斯特这样的城市由于使用蒸汽机的热情高涨，因此急需一些治理城市空气污染的战略方法。1782年，理查德·阿克莱特（Richard Arkwright）在曼彻斯特开办了第一家蒸汽动力棉纺织厂，厂房是一栋

5 层高、200 英尺见方的楼房。到了 1800 年,曼彻斯特出现了更多的以蒸汽为动力的棉纺织厂。这些棉纺织厂与烧煤的炉子和冶炼厂一起造成了空气污染问题,并且也引起了政府的担心。

从中世纪起,英格兰城市的烟尘和其他公害案子通常都由民事法庭审理。到了 18 世纪 90 年代,曼彻斯特民事法庭不再能够有效控制该市日益增多的卫生问题。就连当时一些作家也认为这种情况是由一种过时的治理方式导致的。这种治理方式主要是因为工业超越教区管辖权的发展而变得过时无效,并且限制了执法选择,但也降低了合理定义一种公害构成因素的难度。此时,米克所说的"手工业污染"已经被工业污染取而代之。

曼彻斯特是一个得益于改进法令(如 1792 年《乔治三世第 32 号令》)的城市案例。该法令准许曼彻斯特城设立一个名叫"治安委员会"的新机构。治安委员会从 1799 年年底着手处理城市卫生问题开始就迅速发展壮大,并且不久就把蒸汽机造成的烟尘问题列为需要关心的问题。依照 1792 年的法令,一个采取标准化程序的公害治理委员会开始处理烟囱冒黑烟的问题。有关蒸汽机造成的公害的中央立法催生了《1821 年法案》(《乔治四世第 1 和第 2 号令》c. 41)。该法案责令曼彻斯特治安委员会立即通知全城蒸汽机所有人:他们的蒸汽机务必符合新法案的规定。治安委员会虽然有很高的治理烟尘的热情,但决心并不坚定。

曼彻斯特治安委员会采取的一项重要行动就是设立公害巡察办公室。1799 年,治安委员会指派 1 名巡警在街头巡察并报告违反议会法的公害和犯罪行为。到了 19 世纪 20 年代,这些职责都改由向公害治理委员会报告工作的公害监察履行。公害监察这个岗位后来就日益成为改善 19 世纪英格兰城镇环境的重要环节。

# 1875 年的公共卫生法

卫生改革在 19 世纪成为曼彻斯特市政管理变革的一项重要内容。卫生改革往往被认为源自于英格兰查德威克(Chadwick)等的个人努力,但实际上,卫生改革的涉及面要比查德威克他们努力要做的大很多。19 世纪的卫生改革离不开消烟问题,因为当时的英国卫生立法中已经出现了那么多的消烟立法。在英国,有关消烟问题的立法中有很多公共卫生法案(如 1848 年、1875 年)、卫生法案(如 1866 年)和其他法案,如《城镇改进条款法案》(Towns Improvements Clauses Act, 1847)。在公害监察制度的发展过程中出现了卫生改革与烟尘之间另一更深层的关系。公害监察主要负责巡察城市烟尘问题,他们常常被看作是卫生医务官员的助手。早期的医务官员都由医生担任,而最初的公害监察都没有受过正式的专业培训。但到了 1876 年,卫生所成立以后就着手推行公害监察资格认证制度,并且发展他们的职业能力。这种资格认证在当时并非强制性的,但到了 19 世纪 80 年代,很多城区已经配备高素质的监察,而职业化也很快就成为监察岗位申请者的一个有利条件。

卫生监察归卫生医务官领导,卫生医务官往往只关注疾病,因而更加关注空气中的微生物。卫生医务官员通常只关心气味、臭气和家庭环境健康的一般状况。一般来说,他们不怎么关心烟尘中的无机成分。而且,空气中的无机成分尤其是二氧化硫常常被视为消毒物质。

卫生监察们还要关心另一个更深层的问题。在 19 世纪的头几十年里,英国城市因烟尘问题引发的行动和骚乱似乎并没有减弱烟害的扩散势头,像曼彻斯特这样的试图改革烟尘公害解决办法的城市情况更是如此。有些经济因素迫使市议会屈服于工商业者的意愿,而行政和技术困难也很严重。

直到 1872/1875 年公共卫生法的颁布,全英格兰才有了比较统一的烟尘问题解决办法。因此,19 世纪 70 年代这个过渡时期非常重要。卫生官员,更重要的是卫生医务官,成了各城市必须配备的官员。这些官员的任命不再被视为无足轻重的问题,约克(York)城因为想任命治安委员会成员(据传在当地工业有既得利益)担任公害监察而受到了谴责。

有才华和热情的专业人士群体开始在全英各城镇出现,并且人数不断增多。他们处理涉及面很广的公共卫生问题,包括从食品掺假、下水道状况、工厂工作条件到空气污染等各种不同的问题。这个专业人士群体中开始出现妇女,而必须到以妇女为主导的家庭和工厂去巡察的需要在某种程度上加快了妇女进入这个职业的速度。最早任命妇女担任公害监察时,在市政管理部门、地方治理委员会和行业组织之间引发了大量的争议。妇女加盟这个职业,为产生有关烟尘的新看法提供了潜在可能性。尤其是,妇女在维多利亚时代被视为能够实现城市烟尘垃圾与道德垃圾平衡的卫士,洗洗刷刷这样家务活每天都要面对空气里充斥烟尘这样的现实。

19 世纪末,卫生官员和公害监察的工作并没能阻止英格兰很多城市环境的继续恶化。但无论如何,忽视他们工作的价值肯定是错的。我们可以说,他们能够稽查涉及实力雄厚的工业企业的最难办案子。这些监察的工作日志以及市议会记录中的报告表明,在很多案子的办案过程中,卫生官员和公害监察在非常困难的情况下做出了巨大的努力,并且体现了高度的职业责任感。

## 19世纪晚期的空气污染

我们很难客观描述19世纪晚期城市的空气污染状况,倒是发现了一些当时很多作家所做的生动描述。不过,缺乏计量数据是一个严重的问题。特别地,计量数据的缺失给当时的管理者和历史学家评价污染监管效果造成了困难。缺乏计量数据倒不是因为19世纪的监察不想定量分析当时取得的进步,而是因为他们不知道怎样做定量分析。直到在1910年《柳叶刀》(Lancet)发表的论文的启发下开发出沉淀物测量仪之后,当局才真正开始筹建城市空气污染监测网。从监察们留下的文献来看,他们似乎通过记录每年观察到的烟雾天数来评价污染发展情况(见图1.1)。这样的观察往往与管理机构发起的活动有关,但是,管理机构似乎没有觉得这样的观察并不能反映污染总量。

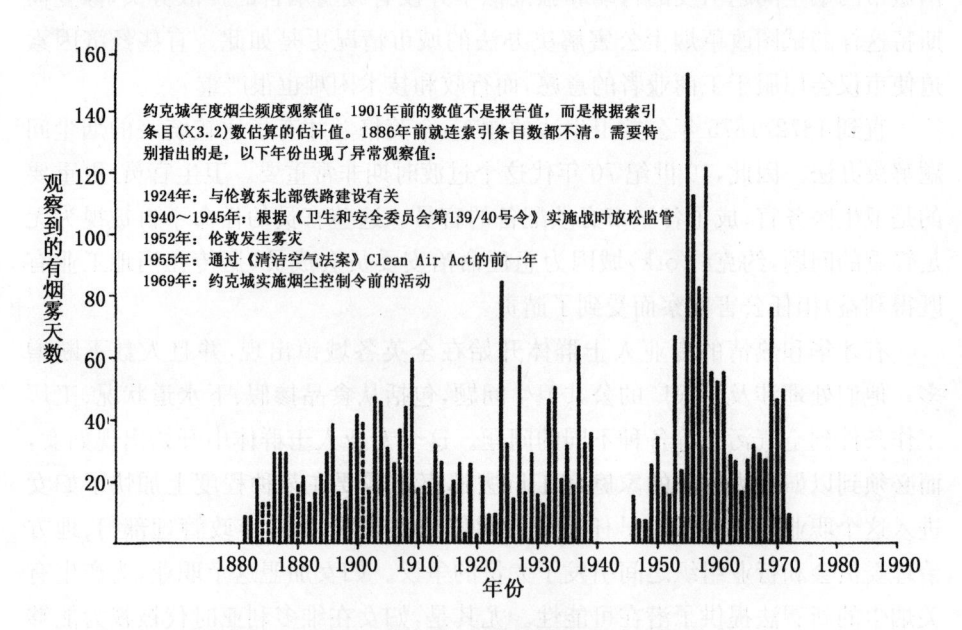

约克城年度烟尘频度观察值。1901年前的数值不是报告值,而是根据索引条目(X3.2)数估算的估计值。1886年前就连索引条目数都不清。需要特别指出的是,以下年份出现了异常观察值:

1924年:与伦敦东北部铁路建设有关
1940~1945年:根据《卫生和安全委员会第139/40号令》实施战时放松监管
1952年:伦敦发生雾灾
1955年:通过《清洁空气法案》Clean Air Act的前一年
1969年:约克城实施烟尘控制令前的活动

**图1.1  1880~1972年约克城观察到的有烟雾天数**

由此可见,当时卫生监察并没有监测空气污染物的含量,而是依靠眼睛观察。他们没有掌握分析大气的技能,当时的教科书显示他们根本就没有接受过这种技能培训。然而,鉴于政府十分重视某些污染问题(如降水和河水污染),甚至还非常重视1863年《碱业法案》(Alkali Act)的实施,当时没做空气污染测量分析还是多少有点令人惊讶。1863年的《碱业法案》要求硫酸制造商减少废水排放,而且规定废水必须通过化学分析检测后才能排放。英国是幸运的,因为它任命了第一任碱业总监罗伯特·安格斯·史密斯（Robert Angus Smith）。史密斯负责完成了早期很多空气和雨水化学检测，而且他的兴趣总是远远超过《碱业法案》的规定。19 世纪 80 年代，伦敦另外几个人，尤其是 W. J. 拉塞尔（Russell），私下里进行了化学检测。不管怎样，我们难以评估英国 19 世纪城市空气质量的检测精确度，但检测结果常常显得不可思议的高。

我们还可以通过建模估计空气中的污染物浓度，而且只需采用最简单的模型就能完成这项任务。但是，估计值表明 19 世纪末空气污染物的浓度很高。这一点得到了伦敦观察到的雾频数与根据模型估计得出的污染负荷之间强相似性的支持。这一点也是预料到的，因为燃煤污染物能够促进雾的形成。

有证据表明，从 20 世纪初期开始，伦敦的雾频数有所下降，而粗糙的模型也表明烟尘污染物和二氧化硫的总负荷有所下降。虽然我们很难解释伦敦早期的空气监测数据，但还是注意到了空气污染负荷可能在 1900 年前后达到最高值这种观点（见图 1.2）。我们更难确定其他城市空气污染负荷的变化格局，因为其他城市的相关数据就更少了。这些城市出现空气污染最大值的时间极有可能较晚。

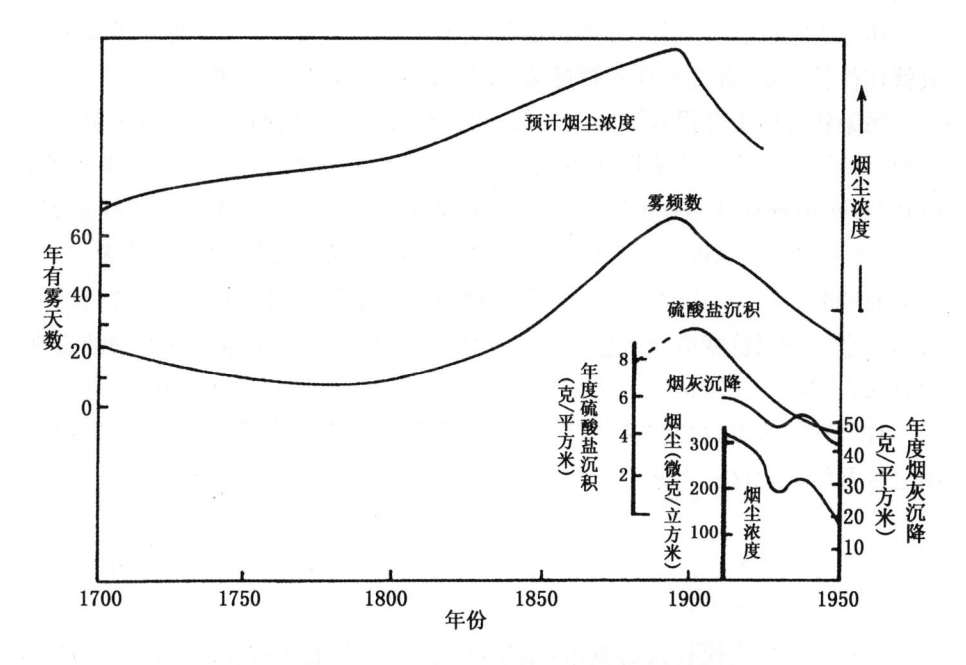

**图 1.2　1700～1950 年估计烟尘浓度和观察到的雾频数与短期硫酸盐、烟灰沉降和烟尘浓度测量值比较**

## 19世纪末的英国城市

虽然立法主体得到了发展,但到了19世纪末,城市卫生状况的改善仍然不容乐观。污染建模估计的结果显示,伦敦的污染状况很可能在维多利亚时期已经达到了最严重的程度。卫生监察作为一种职业得到了发展,但缺少一个中央权力机构来推进污染状况的改善。碎片化的地方机构管理完全不同于由碱业监察机构具有全国影响力的管理,这就意味着中央统一管理实施的《碱业法案》可能比地方化的城市空气污染管理方式更具效力。

尽管城市烟尘管理给人以无效的感觉,但是,各卫生监察的艰苦工作有时还是给人以他们肯定发挥了作用的感觉。毫无疑问,有人站在地方的立场上认为情况会变好也可能变坏。据说,在曼彻斯特有些地方,情况大有好转,以至于烟尘从周边有污染问题的地区飘过来。在另一个案例中,据说,"虽然工厂烟尘减排持续向好这一点确定无疑……但仍有很大的改进空间……在这个问题上我们最需要的是公众觉悟的提高。否则,我们就很难获得改进,因为没完没了的官司令人难以忍受,而充分严厉的惩罚似乎又难以实行"。短期可感觉到的成就往往较小,或者说不具一般意义。因此,预期悲观是可以理解的。

污染状况似乎并没有因为通过某项给定立法而得到快速改善,而更多看来是通过持续对工业企业施压而得到了改善,对工业企业的持续施压逐渐迫使:(1)实行锅炉现代化(尤其是采用机械加煤装置);(2)更加认真地选择燃料;(3)改善锅炉工的培训工作;(4)对工业进行重新布局。沃尔(Wohl)认为,维多利亚时期的立法为20世纪空气污染治理奠定了基础,但仅仅是设法把英国城市的天空由砂黑色变成暗灰色。莫斯利认为,这种空气质量监管发展的渐进观没有认识到政府能够采取更多的措施来施加压力以实现快速改进的目的。这是一种合理的观点,尽管当时空气监测的缺失导致空气质量是否在20世纪伊始已经开始变化这一点并不明朗。

## 空气污染的影响

在英国许多规模较大的城市,烟尘问题在19世纪末可能已经接近最严重的程度。我们几乎不用怀疑烟尘对居民的身体健康造成了严重影响,但是,要确定空气污染如何影响死亡率和发病率这可不是一件容易的事。在发生伦敦雾这样的严重事件期间,死亡率不断上升,这为证明伦敦空气污染对死亡率增加的影响高于预期标准提供了线索(见表1.1)。这一点在维多利亚时期得到了广泛的认可,而且还得到了来自医务界以外的评论。公众都知道,在有雾的日子里,死亡率就会上涨。公众的关切已经不限于空气污染对人体健康的影响,很多人抱怨在高污染时期,史密斯菲尔德(Smithfield)市场的牲畜也深受其害。在人类健康和牲畜深受空气污染影响的同时,大城市的植物也深受污染的危害。虽然这一点早在17世纪就已经认识到,但相关的学术研究到维多利亚时期才出现。烟雾毁坏了建筑物的外表,但烟雾对建筑物的影响并不限于外表。燃煤释放的酸气被视为导致石灰石建筑物快速风化的罪魁祸首。

**表1.1　　　　　　　　　　维多利亚时期伦敦大雾天**

| 年份 | 月份 | 大雾持续天数(天) | 非正常死亡人数(人) |
| --- | --- | --- | --- |
| 1873 | 12 | 3 | 270～700 |
| 1880 | 1 | 4 | 700～1 000 |
| 1882 | 2 | | |
| 1891 | 12 | | |
| 1892 | 12 | 3 | ～1 000 |

## 对社会和艺术的影响

烟雾污染对维多利亚时期英国城市生活的影响远远大于它造成的全部直接物理和医疗影响。虽然空气污染的社会影响应该可以预期,但学术文献中似乎很难找到相关评论,而原始文献只提供了一些轶事性证据。

在维多利亚时期使用的语言中有很多与空气污染有关的词语,它们有时甚至表征了当时人们对烟雾的情感。伦敦被通俗地称为"雾都",而"困惑不解"被说成"雾蒙蒙"。在室内围着煤火取暖成为英国人生活的一个重要方面。自18世纪末以来,笼罩城市的煤烟和浓雾使得在街头散步失去了乐趣[就如斯威夫特(Swift)或者盖伊(Gay)在他们的著述中所说的那样]。到了维多利亚时期,这种状况导致有人提出了把花园作为城市肺的想法,甚至还有人提出了更加广义的"花园城市"概念[埃比尼泽·霍华德(Ebenezer Howard)的《花园城市》(*Garden Cities*),1898],并且呼吁回归自然,而"建设花园城市"和"回归自然"则常常被概括为威廉·莫里斯(William Morris)及其追随者们的志向。

服饰甚至家具的选择都受到了污染的影响,雨伞换成了黑色,以抵挡含有烟尘的黑雨;门帘和窗帘从英国人家庭的住房中消失了;墙纸和家具换成了深色；而女人宁可不穿白色服饰。对于女人来说，洗衣成为一种越来越繁重的家务活。

在维多利亚时期，英国人越来越相信城市发生大灾变的潜在可能性。麦考利(Macaulay)讲述罗马教皇史的散文把对未来的展望作为一种隐喻手法。在他的笔下，"一个来自新西兰的旅行者孤零零地站在伦敦桥破碎的拱形桥面上，正在为圣保罗大教堂的断墙残壁做素描"。[1]麦考利的散文赋予雕刻家古斯塔夫·多雷(Gustav Doré)以灵感，使他捕捉到了伦敦"暮光之城"的怪异形象。在这样的想象中，伦敦的结局常常与毒气有关，这成了很多小说的素材，如理查德·杰弗里斯(Richard Jeffries)的《伦敦之后》(*After London*，1885)、罗伯特·巴尔(Robert Barr)的《伦敦的厄运》(*The Doom of London*，1892)、M. P. 谢尔(Shell)的《紫色的云》(*The Purple Cloud*，1901)以及阿瑟·柯南·道尔(Arthur Conan Doyle)的《毒带》(*The Poison Belt*，1913)。

在视觉艺术领域，我们同样也看到了烟尘所带来的变化。克洛德·莫奈(Claude Monet)、安德烈·德兰(Anfre Derain)和牧野义雄(Yoshio Markino)来到伦敦捕捉到了浓雾笼罩下的伦敦形象。他们选择伦敦特有的光线形成了自己的特殊风格，莫奈运用暖色调和抽象风格描绘了他心目中的伦敦，德兰赋予伦敦野兽派的神韵，而牧野义雄则运用了在东方画坛始终占据重要地位的气氛透视概念。这些创意对20世纪的某些画派产生了持久的影响。摄影师们也捕捉到了浓雾下的伦敦街景，而早期照片感光乳剂的蓝色灵敏度则赋予伦敦空气一种朦胧模糊的感觉。

维多利亚时代有人认为煤烟赋予城镇一种"新"的色彩，但人们对这个问题的审美观发生了分歧。有些人觉得时间和自然"软化"了城市建筑物的外表，并且接受了烟雾；另一些人声称还伦敦本色所需的一切就是定期用水冲刷建筑物；而还有一些人则辩称建筑师应该致力于把建筑物的外表设计成"烟色的自然美"。

建筑师们认识到了城市遇到的问题，因此到了维多利亚时代晚期，空气污染问题影响到了城市建筑设计的很多方面。建筑师们一致认为很多环境因素——建筑过密、采光减少、空气污染、石材变色、室内污染、与恶劣的城市环境不合拍的建筑风格——已成为影响他们设计的一个重要方面。到了19世纪末，建筑师们做出的回应包括：放弃哥特式建筑风格，推广不那么容易受空气污染影响的不复杂的古典风格；精心挑选抗污染石材和玻璃；大量使用透明窗玻璃以增加采光；采用电光照明和降低室内污染的空气过滤装置；开发保护书籍的室内防尘装置和其他项目。

## 结束语

　　维多利亚时期像伦敦这样的城市遭遇的空气污染，在总污染负荷方面达到了非常严重的程度。之前，早就有人认识到了空气污染问题，而工业化和对卫生改革的关注频繁引发立法。经济、行政管理和技术问题妨碍了相关立法立竿见影的效果，而监控数据的缺失限制我们了解维多利亚时期英国城市空气中的污染物含量。从积极的一面来看，地方监察在地方政府中扮演着越来越重要的角色，而进入20世纪以后，工业逐渐开始采用比较现代化的加热炉。伦敦和其他城市的空气污染物总含量在20世纪持续下降，但煤烟污染物被汽车污染物所取代。维多利亚时代晚期，城市污染严重危及居民的身体健康、牲畜、植物和建筑结构。不管怎样，空气污染以更加微妙的方式影响到了社会行为以及艺术家和设计师的创作。

　　那么，环境与人们对环境的反应之间，或者空气污染与人们对空气污染的感知之间到底存在着怎样的关系呢？在维多利亚时代晚期的伦敦，污染导致浓雾发生的频度达到了最大值，这肯定会影响社会对污染的感知。社会对污染的感知会反映在语言、文学和艺术上。但是，这种体验的强度并不一定会转化为烟雾治理立法的快速推进或者实施。也许，这里还有一个优先性问题。政策制定者的能量有助于限制疾病的传播并且改善卫生和住房条件。他们认识到了空气污染问题，并且也主张治理烟雾，但是，其他问题好像牵制了卫生监察和卫生医务官的注意力。

　　不管怎么说，维多利亚时代晚期社会对空气污染已经有了很深刻的感知。夏洛克·福尔摩斯(Sherlock Holmes)和海德先生(Mr. Hyde)故事中反映的19世纪末伦敦雾的形象，在一个现在受到截然不同的夏季光化学污染的城市里始终挥之不去。

- 注释：

　　[1] T. B. Macaulay, "The Ecclesiastical and Political History of the Popes of Rome during the Sixteenth and Seventeenth Centuries," *Edinburgh Review*, Oct. 1840.

- 参考文献：

　　Bowler, C. & Brimblecombe, P. 1900. The difficulties of abating smoke in late

Victorian York.*Atmospheric Environment*,24B:49—45.

——.2000a.Control of air pollution in Manchester prior to the Public Health Act,1875.*Environment and History*,6:71—98.

——.2000b.Environmental pressures on the design of Manchester's John Rylands Library.*Journal of Design History*,131:175—191.

Brimblecombe,P.1987.*The Big Smoke*.London:Methuen.

——.1990.Air pollution in York 1850—1900.In *The Silent Countdown*,ed.P.Brimblecombe & C.Pfister.Heidelberg:Springer-Verlag,1990,pp.182—195.

——.1992.A brief history of grime:accumulation and removal of soot deposits on buildings since the seventeenth century.In *Stone Cleaning*,ed.R.G.M.Webster.London:Donhead Publishing,1992,pp.53—62.

——.1998.History of Urban Air Pollution.In *Urban Air Pollution—European Aspects*,ed.J.Fenger,O.Hertel,& F.Palmgren.Dordrecht,Netherlands:Kluwer,1998,pp.7—20.

——.2003.Emergence of the sanitary inspector in Victorian Britain.*Journal of the Royal Society for the Promotion of Health*:182—195.

Crowther,C.& Ruston,A.G.1911.The nature,distribution and effects upon vegetation of atmospheric impurities in and near an industrial town.*Journal of Agricultural Science*,4:25—55.

Diederiks,H.& Jeurgens,C.1990.Environmental policy in nineteenth century Leiden.In *The Silent Countdown*,ed.P.Brimblecombe & C.Pfister.Berlin:Springer-Verlag,1990,pp.167—181.

Kupper,P.2001.Environmental pollution and social perception:how do they relate? From the "1950s syndrome" to the "1970s diagnose." In *European Society for Environmental History First International Conference*.St.Andrews,Scotland,UK,5—9 September:Abstracts:http://www.eseh.org/programme.htm.Marsh,J.1982.*Back to the Land*.London:Quartet Books.

Mieck,I.1990.Reflections on a typology of historical pollution:complementary conceptions.In *The Silent Countdown*,ed.P.Brimblecombe & C.Pfister.Berlin:Springer-Verlag,1990,pp.73—80.

Mosley,S.2001.*The Chimney of the World*.Cambridge:White Horse Press.

Redford,A.& Russell,T.S.1939.*The History of Local Government in Manchester*.Volume 1:*Manor and Township*.London:Longmans Green and Co.

Ricardo,H.1896.*Art and Life and the Building and Decoration of Cities*.London: Rivington, Percival and Co.

Smith, E. M. 1909. *Annual Report of the Medical Officer of Health for the Year 1908*. City of York.

Voelcker, A. 1864. On the injurious effects of smoke on certain building stones and vegetation. *Journal of the Society of Arts*, 12:146—151.

Wohl, A. S. 1983. *Endangered Lives*. London: Dent and Sons.

# 第二章

## "看不见的邪恶"

### ——工业时代曼彻斯特的有毒烟雾和公共卫生

哈罗德·L. 布拉特

在一篇论述欧洲努力鉴别和减少酸雨对环境影响的开创性论文中,E. 施拉姆(Schramm)对城镇与农村的相关情况进行了严格的区分,并且把曼彻斯特城开始反空气污染运动的时间确定在 19 世纪 80 年代初。他认为:"不管怎么说,曼彻斯特城的政治想象力仅仅扩展到了技术解决方法,尤其是烟尘预防措施,如进一步节约燃料、采用经改良的烟囱和炉灶、实行电气化等。与城市反污染运动形成对照的是,林业专家和生物学家们看到了这些烟尘问题技术解决方法的局限性。"只有这些科学家明白以下这个悖论:旨在减少家庭和工厂烟囱冒出来的看得见的燃煤黑烟的改革措施有可能提高公众容忍散发在大气中看不见的有毒气体的程度。虽然施拉姆承认政策制定者基本上无视或者压制植物学家令人印象深刻的发现,但他本人还是支持政策制定者们用宽阔的生态视角反对烟雾治理改革者们的短视。[1]

然而,这样的环境影响回顾忽略了当时烟雾治理改革者们关于人类及其社会为城市空气污染付出了令人震惊的代价的看法。生活在维多利亚时代的英国人不但为市中心贫民高得吓人的呼吸道疾病患者的死亡率忧心忡忡,而且还因呆板的生活、自我毁灭的行为、阶级矛盾甚至种族退化而顾虑重重。不过,我们没有找到这些方面的文献记载。城市改革者们,至少是英格兰的城市改革者们,并没有如此清楚地意识到他们为改善公共卫生和福利而发起的空气净化运动所存在的局限性。对于这些维多利亚时代的环保人士来说,有害排放物大量扩散到农村好像比当前尤其是在致命大雾天频繁出现时期有害排放物大量集中在人口稠密的市区可取。面对能源密集型消费社会来临这一现实,从逻辑上讲,他们只能希望降低一种糟糕局面的影响,并且阻止这种糟糕的局面进一步严重恶化。虽然无烟城市依旧是一种未来主义者的理想,但是,城市改革者在促进空气质量标准公共政策形成方面的影响作用还是值得重新认真考虑的。[2]

只要仔细考察曼彻斯特的空气污染治理改革,就能发现一个不同精英群体要现实地面对能源消费不断增长与日常生活质量不断下降这个现代两难困境的"城市竞技场"。19世纪30年代中期,曼彻斯特成为工业时代第一座令人震惊的城市,而且在一个世纪以后仍然是狄更斯(Dickens)笔下著名的焦炭城。就像地方历史学家西恩纳·西蒙(Shenna Simon)在1938年哀叹的那样,"我们不能说(首任卫生医官)约翰·利(John Leigh)所说的那个'起到城市遮羞作用的黑色华盖'已经成为往事,或者说只有一些年迈的老人还能依稀记得。有时,城市完全被包裹在黑暗中,即便不是雾天,街头的能见度也跟在黑夜一样,头顶一片黑暗,住宅甚至连商业楼和车辆在正午也完全要依赖照明。在另一些时候,曼彻斯特城被笼罩在令人窒息的硫黄($SO_3$)烟雾中,这种烟雾像空旷的野外和大海上常见的薄雾,但在这里充斥着烟灰。"[3]

尽管曼彻斯特旨在以优质空气取代劣质空气的战斗最后以失败告终,但是,它的指挥者们并没有从英国这个攻克这一看似难以解决的问题的战场的前线撤退下来。这个工业中心的一些最杰出的科学家、医生和工程师利用他们的专业知识确保了寻找环境污染初始原因的胜利。此外,曼彻斯特的业余植物学家和城镇园艺师,在19世纪90年代初自愿在一个未知领域大胆肩负起了弄清酸雨与公共卫生关系的使命。曼彻斯特人不同于施拉姆笔下的城市改革者,他们协助发现了工业化对自然界造成的最长期、意想不到的影响,包括工业化对自然界最重要的单一"有机资源"人类的影响。[4]

## 气体、壁炉和煤尘

工业时代的人可能会对施拉姆"树木先于人"的观点表示怀疑,但在空气净化斗争新阶段时期这个问题上很可能会同意施拉姆的观点。在英格兰,1881~1882年举办的消烟展览会标志着城市环境改造有利时机的到来。这个展览会由住房和开放空间活动家奥克塔维亚·希尔(Octavia Hill)和国家卫生学会的欧内斯特·哈特(Ernest Hart)牵头组织,吸引了伦敦115 000人和曼彻斯特31 000人前往参观。城市环境改造促进者们有3个重要的理由相信他们已经处在一个实质性改善城市生活质量的历史转折时期。首先,技术创新为用几个相对比较清洁的大型煤气供应站和发电站取代无数"煤烟生产"设备开辟了一条前途无量的道路。其次,新兴的细菌学研究能够帮助医生找到空气质量与呼吸道疾病之间的因果关系,从而开辟医学和公共卫生的新纪元。再次,令人烦恼的伦敦雾问题在之前几十年里不断恶化,意味着社会对烟雾这个邪恶的感知以及为消除这个邪恶必须做些什么的政治意愿发生了巨大的变化。总体来看,科学、技术和市政变革方向使城市居民看到了环境改造洪流朝着正确的方向滚滚向前的希望。[5]

如果说在伦敦是"特殊杀手"大雾刺激公众舆论支持补救行动的话,那么,曼彻斯特的一般日常天气就足以促使市民关注消烟问题。"棉都"(Cottonopolis,曼彻斯特的别名。——译者注)的环境条件正好为使由燃烧化石燃料导致的空气污染危害最大化创造了有利的条件。曼彻斯特城坐落在一个西南面向大西洋的月牙形煤山深处。在曼彻斯特——这个也许是世界第一大被工业卫星城团团围住的大都市——和它的姐妹城市索尔福德(Salford)处在这种工业生态全部影响的中心。利博士(Dr. Leigh)生动地描述了由此而造成的几乎是永远不散的烟雾。他在1881~1882年举办的消烟展览会结束后的第二年写道:"即使在天气最好的日子里,远景也会因烟雾而模糊不清,烟雾越积越浓,我们的视野被一堵雾墙所挡住。从四五英里以外的农村远望城镇,特别是临近黄昏,夕阳西下,斜射的阳光清晰地映照出黑色的云层以及曼彻斯特的位置及其边界时,我们只能看见被烟雾团团包围的城市。"这样一种谷地地理条件所承载的烟尘负荷又被曼彻斯特作为英国雨水最多的地方之一这个气候条件所大大加剧。曼彻斯特平均每隔一天就会下雨,它的年降水量大概是伦敦的2倍。雨水夹带着被曼彻斯特人恰如其分地称为"黑色物质"[6]的排放物从天而降。

当地人对曼彻斯特技术缺点的感知可追溯到蒸汽机在工厂的早期应用。自彼得·德林克沃特(Peter Drinkwater)棉纺织厂在1789年安装了第一台博尔顿—瓦特(Boulton and Watts)蒸汽机以来,曼彻斯特人就开始设法提高煤炭的燃烧程度,以降低未燃烧碳烟尘的排放。但是,随着之后所谓的改进的不断进行,能量丢失的代价和/或燃料成本不断增长,这些所谓的改进很快就被弃之不用。到了19世纪和20世纪的世纪之交,曼彻斯特地方当局一直抱怨"蒸汽机以及窑厂、铸造厂、浆纱厂、染坊和面包房烟囱烟尘排放量的增加成为当地的一大公害,除非这些污染单位能够低成本地修建燃烧由它们产生的烟尘的炉灶"。在之后非同寻常的扩展和繁荣的40年里,当局很少做不利于工业发展的事情。后来,曼彻斯特和索尔福德的工厂总共安装了200多台蒸汽机,可产能10 000匹马力,但每年要消耗100万吨煤炭。[7]

曼彻斯特的商人和制造商取得的最大成就,就是让世界对曼彻斯特这个"纺织工业区"感到恐怖,但又令世界为它惊叹,而且还使曼彻斯特成为城市改造的中心。曼彻斯特市议会和科学界人士也成为反劣质空气斗争的领头人。19世纪40年代初,出现了一些主张消烟改革的团体,市议会还通过了一些市政条例。当时,曼彻斯特中心城区已经有 25 万居民居住在工厂和仓库附近。但由于医务界内部在煤烟导致肺病的作用这个问题上存在分歧,因此,由埃德温·查德威克(Edwin Chadwick)领导的卫生改革运动只是把一些政策制定者和医务人员的注意力引到了水资源管理硬件这个比较狭窄的公众关心的话题上。反城市空气污染运动,而不是反煤烟污染的主流,在公共卫生问题的边缘开辟了一个科学研究的前沿阵地——化学工业。而即使在这个科学研究前沿阵地,空气污染与肺病的关系也被认为是相当间接的,就这也是根据碱和其他酸生产工厂排放的有毒烟雾会毒害周边植物生命这个必然的结论演绎推导出来的。[8]

19 世纪 50 和 60 年代,由于两个原因,曼彻斯特成为这个领域研究的中心。英国最大的碱制造集聚地就位于默西赛德郡(Merseyside)威德尼斯(Widnes)和圣海伦(St. Helens)镇附近。罗伯特·安格斯·史密斯(Robert Angus Smith)这个很快就被他称为"化学气候学"学科的卓越学者也碰巧居住在这座城市。1852 年,安格斯·史密斯以他关于离开污染中心不同距离的大气酸度和有机物污染水平的报告开创了这个领域的研究。他从位于西南的格林海斯(Greenheys)郊区上风口采集了雨水样本,并且还在距离皇家交易所大楼大约 1.5 英里的地方采集了可比样本。根据市中心的污染比郊区严重 3 倍这一发现,安格斯·史密斯得出了如下结论:"雨水中发现的硫酸($H_2SO_4$)含量高低与邻近城市的程度呈正比;酸浓度越高,有机物就越多"。[9]

5 年以后,也就是 1657 年,曼彻斯特文化和哲学学会资深会员彼得·思彭斯(Peter Spence)在安格斯·史密斯研究的基础上开始了自己的研究,并且差不多得出了一个符合逻辑的结论。他宣称,化石燃料燃烧过程中散发出来的肉眼看不见的气体对植物和动物这样的生命体是有害的。当时几乎没人比他更有资格宣布:他作为化学制造商发明了一种循环利用煤炭开采和煤气生产产生的废弃物生产明矾的方法,一种为印染纺织品媒染剂处理所必需的物质。他也曾依照《空气污染防治条例》被定为有罪,并且被迫把他的工厂搬迁到离城更远的地方。这个化学制造商仔细分析了在市中心方圆 2 英里范围内每年消耗 200 万吨煤炭排放的烟尘的构成成分。他宣称:"有一种大气有毒物质在炉膛里缓慢生成,然后通过烟囱飘落下来,随时有可能侵入它在街上碰到的第一个行人的喉咙。"他为消烟运动完全忽视这种隐藏在黑烟中的隐患而感到不安。[10]

对这个改革悖论的充分重视放大了这场灾难。"可是,这个看不见的邪恶完全被我们忽视,"思彭斯大声疾呼道:"'请把您的烟尘烧掉!'是卫生协会、公众和法律一起发出的呼声……因为,在这个例子中,不但消除看得见的邪恶没有对消除看不见的邪恶产生影响,而且消除一种邪恶只会增加另一种邪恶的危害性。完全的烟尘排放自由即便能够实现,也只会增加燃煤产生的纯气态邪恶。"[11]

在美国国内战争导致"棉花荒"期间,曼彻斯特的空气变得相对比较清洁,因此一度也曾停止了"利特和菲尔"(Lit and Phil)式问题的讨论。但随着棉纺织厂的全面复工,相关的调查研究又重新开始。例如,思彭斯又向社会精英这个知识绿洲提交了一份报告,对前一份报告的内容进行了补充。他把安格斯·史密斯的"地理方法"与他自己的酸雨研究结合起来,把石蕊试纸摊放在不同地点测试12个小时。与安格斯·史密斯一样,他也发现在他家距离市中心下风口2英里的斯梅德利(Smedley)住所与位于城市另一端的吉尔达·布鲁克(Gilda Brook)之间的雨水酸度存在巨大的差别。经过早期的研究以后,他还在自己的后院种了20株茶花,以测试空气中高浓度硫黄复合物对生物的影响。"我在斯梅德利找到了充分的证据,"他用极端的达尔文式表达方式讲述道:"城市那一边的植物基本上就是在为生存而挣扎。"8年以后,只有他种植在城南的4种"可怜的试验标本"存活了下来。在过去的这个季节里,这些存活下来的试验标本恢复了元气,并且还绽放出了美丽的花朵。会议主席是罗伯特·安格斯·史密斯,他现在好像已经相信看得见的烟尘和酸性气体都对生命有机体有害。[12]

1868年,利博士对这些关于人类健康研究的意义进行了总结。利博士把空气污染问题作为他出任曼彻斯特首任卫生医务官就职演说的主旨。在议会授权地方政府设立这个重要职位20年以后,利博士的上任最终让曼彻斯特城符合了国家相关政策的规定。曼彻斯特市议会把他从一个化学分析师的工作推上了城市空气污染治理的岗位,因为他拥护市议会关于劳工阶级不得享受自来水进户的规定。在之后的20年里,这位卫生医务官坚持认为,不但"户外"当事人能够更好地对待环境,而且所有中心城区的居民都值得称道。与此同时,这点仅适用于水资源管理的经验好像让他腾出身来毫无保留地致力于解决空气污染问题。他发现,"曼彻斯特的中年劳动力都在易患支气管炎的常态条件下工作","所有的观察都趋向于证明不清洁的空气大幅度提高了空气消耗。虽然在曼彻斯特的空气中从未检测到臭氧,但固体颗粒物不停地从我们工厂的烟囱和其他来源飘散到空气中,不断地刺激我们的气管,并且最终导致我们患上慢性支气管炎和肺气肿"。[13]

到了19世纪60年代末,曼彻斯特城的职业和业余科学界已经能够证明工厂排放物和生物体之间存在的关系。安格斯·史密斯、思彭斯、利和其他学者也注意到工业城市排放出来的看不见的气体至少与煤炭未充分燃烧产生的黑烟一样具有健康危害性。此外,当时科学家开始利用显微镜来探索之前看不见的"细菌"世界,从而引发了关于人类疾病成因另一层次的科学争论。即使在公众舆论一致看好的情况下,细菌在导致疾病和死亡方面仍充当着神秘的角色。法国的路易·巴斯德(Louis Pasteur)和英国曼彻斯特的 J. B. 丹瑟(Dancer)推动了医学研究重点从化学逐渐朝生物学的转变。空气中看不见的有毒气体和危险微生物的发现不无讽刺地进一步把人类优先使用的感官从几个世纪以来一直依赖的鼻子转向了眼睛。与此密切相关的是,权威也由街头普通人的身体感觉转变成了市属实验室训练有素的科学家们出具的正式报告。不管怎样,在柯赫(Koch)研究取得重大进展的 19 世纪 70 年代这个过渡性的 10 年里,城市改革者们不得不在长期致力于用优质空气取代劣质空气的战斗中继续使用传统的指标、论据和策略。[14]

## 雾气、违法者和恶习

曼彻斯特的科技和医务界人士为曼彻斯特改革者发起新的反空气污染运动奠定了基础。在曼彻斯特和索尔福德卫生协会的带领下,城市环保人士由开展调查转为依据消烟法提起诉讼。1873 年,曼彻斯特和索尔福德卫生协会设立了化学和其他工厂有害雾气附属委员会,该附属委员会由 2 名医生和 1 名科学家组成。2 年以后,他们克服重重困难,"运用可靠的统计数据证明了这类雾气对人类生活和生命的影响"。[15]

然而,他们当然还必须对公然违法者加大执行"消烟条款"的力度。为了让政策制定者相信"常规烟害依然普遍存在",他们雇用了一名"实干家"巡查违反通行法定标准的行为。通行法定标准禁止半小时内排放"黑色浓烟"超过 3 分钟。虽然这位"实干家"1 周记录下了 69 起违法行为,但 2 个官方监察只报告了 4 起。为了利用这些例子证明官方监察没有尽责,附属委员会又雇用了第二名巡查员,他在 1 周内发现了 35 起违法行为。譬如说,他开具的最恶劣违法者名单包括位于中央商务区中心的 J. 斯梅瑟茨(Smethurts)的工厂"(排放)浓烟达 11 分钟……站在街上,你会因吸进这家工厂排放的浓烟而感到窒息"。[16]

除了向市政府请愿,要求采取更加严厉的补救措施外,曼彻斯特和索尔福德卫生协会还向各医学会进行游说以杜绝因公众默认城市烟尘和有毒气体令人窒息的状况而付出伤亡代价的情况。他们通过提交报告来表示自己的态度,报告显示(曼彻斯特)中心城区呼吸道疾病的死亡率比农村高出 3 倍,并且比全国平均水平高出2倍。曼彻斯特确实因空气质量低劣而付出了很高的生命损失和罹患慢性病的代价。就是这种令人不安的现实促使这个资金短缺、人数很少的道德改革者群体着手完成把消烟展览会从伦敦搬到兰开夏郡（Lancashire）举办的艰巨任务。[17]

在赋予改革运动喘息反思机会的同时，1882年的消烟展览还激发了在重新安排需优先完成的战术性任务和长期目标的基础上发起新创举的热情。曼彻斯特一个名叫赫伯特·菲利普（Herbert Philips）的工业家牵头把曼彻斯特和索尔福德卫生协会发展成一个更加全面的组织——曼彻斯特和索尔福德有毒雾气消除协会（Manchester and Salford Noxious Vapours Abatement Association, MSNVAA）。这个协会成为把大量有关能源技术、公共卫生、城市规划和环境正义的新创意注入公众谈论话题的主要改革工具。这个组织还努力通过强调人体、城市和自然关系的新观念来创建跨阶层联盟。但最重要的还是，1880年以后对劳工阶级的政治动员仍然被有效地引向了住房条件改善、贫民区改造和自来水进户等相关运动。[18]

当时，有人通过动员所有有能力搬迁到城外居住的人搬入城边受污染较轻的居住区居住的方式，赋予劣质空气以新的政治意义，并且把它作为潜在阶级矛盾的来源。曼彻斯特和索尔福德有毒雾气消除协会的秘书弗瑞德·斯科特（Fred Scott）曾不无担心地表示，"常有人把有文化阶层与被迫迁入城边环境堪忧的住宅区居住的阶层之间由此而产生的隔阂视为导致很多邪恶的根源"。他认为，其中的主要原因就是男人酗酒，而导致男人酗酒的原因则是饱受苦难的家庭主妇努力把肮脏、令人忧郁的居住环境改变成明亮、令人愉悦的家庭生活庇护所。此外，周围随雨点飘落下来的"黑色物质"阻止女人开窗，从而又进一步导致室内缺乏有益健康的通风。斯科特肯定地说："凡是有能力躲避城内被污染空气去休闲的人自然都这么做了。"[19]

虽然室内空气流通有益健康的基本常识是有毒气体医学的标准要求，但是，新的细菌学发现又提高了它们的权威性。就如历史学家彼得·索谢姆所指出的那样，微生物理论往往是补充而不是否定传统的发病机理理念。证明阳光能够杀死传播疾病的细菌的科学研究更加坚定了消烟运动拥护者的立场，消烟运动拥护者们支持严格执行空气污染防治标准。令人窒息的滚滚黑烟，加上时不时出现的伸手不见五指的浓雾，树立了一种道德堕落、种族退化、令人烦恼的文明形象。伦敦人发声表达了他们对身心发育不良影响全球帝国命运的担忧。与伦敦人不同，曼彻斯特人则担心身心发育不良对城市经济未来的影响，因为曼彻斯特的经济在19世纪70年代末陷入了永久性衰退。为了重新赢得劳工阶级对一项宏伟工程——挖一条通往利物浦的通航运河——的支持,企业界精英开始重视中心城区居民呼吁社会和环境正义的基本要求。[20]

到了19世纪80年代末,曼彻斯特和索尔福德有毒雾气消除协会已经积累了充分的经验,提出了一些显著不同的城市环境改造政策议题。这些通过一系列的讲座对外宣布的政策议题更加关注空气污染对人类福祉的影响。把有毒雾气和公众健康联系在一起的做法,回过头来又鼓励城市改造促进者们要求市议会采取更加积极甚至更具对抗性的姿态。例如,曼彻斯特皇家医院的医生亨利·辛普森(Henry Simpson)采取了更加强硬的立场:优质空气实际代表着公共卫生改革的头等目标。他还利用近来人们表达的对城市浓雾的担忧断言,"黑色物质"和酸雨对人类的有害影响不再是一个有科学疑问的问题。他还通过重申安格斯·史密斯关于"煤烟的成分并不是纯碳,而是一种含有硫酸成分的海绵体物质"来支持自己的立场。[21]

改革者们利用官方专家的权威,提出了自己的行动纲领,要求城市分析师查尔斯·埃斯特库特(Charles Estcourt)确定曼彻斯特劣质空气的来源。在指出工厂排放物是曼城劣质空气来源之后,埃斯特库特公布研究报告称,工厂燃料的化学检测结果表明它们平均含有1.5%的硫黄。"呼吸这种空气非常难受,"他还表示:"雾天人经常会感到烦躁、胸闷甚至出现很严重的压抑感……所有的观察者都认为,机械加煤机的使用以及适度的加煤和充分燃烧有可能阻止黑色颗粒物随煤烟从烟囱排出,但仍有看不见的恶魔亚硫酸气体变成含硫烟雾,完全像以前那样排放出去"。[22]

一篇表达独到见解的论文由于有助于人们更好地理解城市改革的两难窘境而引发了认真的思考。就像埃斯特库特所发现的那样,消烟方面取得的进展往往会刺激更多的能源消费,从而造成产生更多虽然看不见但更加有毒的气体的意外结果。在这种情况下,曼彻斯特和索尔福德有毒雾气消除协会就借助于植物学家罗伯特·霍兰德(Robert Holland)的专业科学知识。霍兰德作为一个位于斯旺西(Swansea)这个铜业冶炼和含硫物排放中心外的大庄园的林务官,凭借经验成为酸雨问题专家,他以他特有的权威性发表了自己的观点。霍兰德吃了一场败仗,无助地眼睁睁看着上万棵树木的林地被毁坏。他警告称,英格兰的植物都在受这个暗中危害的过程的毒害。他通过让市议会公园委员会关注他的经验成果大概描述了对自然的黯淡预测。他抱怨说,"曼彻斯特'美丽的绿地'……已经被这些物质的黑色所丑化。在这些物质的包围下,树木发育不良、濒临死亡,花朵挣扎着绽放。但有时,她们特有的芬芳几乎令人无法辨别。我并没有夸张。只要周边有烟囱在排放大量的硫酸和碳,这种情况就不会改观。"[23]

新的行动纲领为曼彻斯特和索尔福德有毒雾气消除协会提供了确立科学和医学权威的机会,而该协会凭借自己的科学和医学权威又组织了一场不同的政治运动。1890~1892年间,这个协会已经形成了自己的行动议程轮廓。虽然公害削减运动已经变成了令人沮丧的法庭上的唇枪舌剑,但是,如果认定这种战术方法遭遇了完全的失败,那么就错了。相反,曼彻斯特的制造商们已经强烈地感受到赶快建立像化学工业协会这样的自卫组织的必要性。作为回应,现在已经变得经验丰富的改革者们不但感受到了无数烟雾制造者的愤怒,而且开始寻求更加集权化、地区规模的政府机构能够采纳的解决方案。他们还认为应该提高空气质量标准,还应该用一部对"适度排放"更加不宽容的法令来取代有问题的"黑色浓烟"禁令。[24]

然而,曼彻斯特和索尔福德有毒雾气消除协会的新行动议程的核心,意味着更加激进地偏离之前的政治目标。该协会发起了一场跨阶层运动,要求市议会降低煤气价格。长期以来,市公用事业历来是一个暴利行业,一直以低税方式作为用户补贴业主的手段。过去是老板们抗议财政负担不公,而如今改革者们提出了涉及面更广、内容更加丰富的社会和环境正义观念。他们设想了一种由高效、低价的中央煤气站向不同能源消费者统一供应煤气的方法。19世纪90年代,规模有所扩大的曼彻斯特和索尔福德卫生协会做出了相似的努力,具体包括鼓动穷人参加身边名目繁多的政治俱乐部,如健康家园协会、劳动者卫生协会。这种风险事业很快就沦落为党派政治,而上流社会的改革者很可能觉得支持示范性的郊区工薪阶层家庭住宅项目并坚持卫生监察全职执法比较安全。[25]

19世纪80年代,相对便宜的"水煤气"生产的快速发展以及白炽燃罩的发明把最终产品彻底从"发光燃料"(light-bearing fuel)改变成为生热燃料(heat-generating fuel)。此外,投币煤气表的引入为把照明和餐厨煤气送到城市居民家里提供了灵活的即付即用机制。改革者们还讨论多种由中央供应站统一供应电能、压缩空气和加压水等能量的方法。但是,这些方法与一种在大都市已经投入使用的效果得到证明的技术相比,在1890年仍然还是可望而不可即。[26]

为把市政公司能源和环境政策重大变革的例子推广到公共卫生改革领域,曼彻斯特和索尔福德有毒雾气消除协会发起了另一项关于酸雨危害植物生命的研究。这样一种策略有助于更加有力地揭示看不见的气体与人体健康之间的关系以及迫使民选官员采取补救措施恢复公园自然景色双重目标的实现。改革者们与曼彻斯特野外博物学者协会(Manchester Field Naturalist Society,

MFNS)联手向地方管理委员会请愿,要求把 1881 年《碱业法案》的管辖范围扩大到监察全部排放有害公共卫生和福祉的废水的工厂。他们在请愿书上宣称,"只要允许目前过度污染空气的行为,特别是让酸性蒸汽任意排放的状况继续下去,他们(城市博物学者)几乎不可能实现任何目标"。[27]

## 烟雾、花朵和分析实验

1891~1892 年,曼彻斯特野外博物学者协会下属的城市园艺分会开展了一系列的空气质量分析实验,这些实验代表着曼彻斯特旨在证明人体健康、城市和环境间相互依存性的改革努力的最高水平。在职业和业余科学家的指导下,相关的研究在方法和结论两方面都有所突破。这些研究主要是为了证明采纳促进技术得到最佳利用的能源政策能够减轻城市居民受到的伤害,并且减少国家自然资源的浪费和退化。相关研究的逻辑结论都指向更多地利用中央供应站的服务,并且把研究重点放在人而不是树上。但是,这些有意识的选择并不意味着城市园艺分会并没有意识到他们的建议所具有的更重要的生态影响。他们的实验主要聚焦于燃煤产生的有毒气体这个城市园艺的公敌。这也说明,城市园艺分会的改革者们愿意为建设旨在改善城市周边地区日常生活质量的田园景色做出注重实效的必要取舍。[28]

把城市园艺分会改造成城市环境改革战斗突击队的工作始于他们在第一场劣质空气接触战中遭遇的溃败。也许是由于预期太天真,这些所谓的植物学家在 1891 年自愿承担了彻底改变城市面貌的公民使命。这一公开选择是曼彻斯特自由主义者们——曼彻斯特市政府及其周边艾伯特广场的居民们——的骄傲和快乐。这些业余园艺师是有不同兴趣参加"美化城市"运动的富人俱乐部男女成员原型的完美候选人。曼彻斯特野外博物学者协会通常会赞助像珊瑚虫生命周期幻灯讲座或者中国鼻烟壶展览这样的活动。不管怎样,到了他们举办"秋季晚会"时,按照学会会长查尔斯·贝利(Charles Bailey)的说法,他们用鲜花装饰宽阔的城市广场的体验"给我们上了一堂有关曼彻斯特空气状况的有意义的实物教学课……这些植物被认为在受难,并且应该被作为失败者抛弃。本人希望(没人)会忘记这堂实物教学课"。[29]

被滥用但没有气馁的城市园艺分会向欧文斯学院(Owens College,现曼彻斯特大学)的职业化学家 G. H. 贝利(G. H. Bailey)博士咨询如何策划反击毒化空气战的专家建议。教授在用大众科学语言向他的全神贯注的听众宣讲时,采用了冬季雾天这个极端因而很有说服力的例子。他建议在大都市区域范围内设立一系列街区实验站以检测微生物、酸雨和自然光照水平。曼彻斯特的卫生医务官约翰·F.W. 泰瑟姆(John F.W.Tatham)大夫起身表示自己赞成这项策略,因为"有很多因素造成了曼彻斯特惊人的死亡率,雾加烟尘应该被视为(单个)最重要的因素"。他承诺他的办公室将倾力支持,以帮助搞清各街区疾病发病率和死亡率统计数据与3个空气质量指标之间的相关性。[30]

尽管由花园俱乐部的精英助阵,但是,曼彻斯特野外博物学者协会的报告低估了曼彻斯特明显的阶级划分所反映的环境不公,而明显的阶级划分导致了刚性的空间隔离格局。市政改革最具政治影响力的表达方式就是比较市郊与安科茨(Ancoats)这个位于中央商务区北面最古老、条件最差的贫民窟之间的死亡率。曼彻斯特野外博物学者协会的研究报告用曼彻斯特城这个拥挤不堪的区域完全否定了市议会失败的能源和污染控制政策。公共卫生与空气质量统计数据以令人信服的权威性彻底揭露了这个问题(见表 2.1 和表 2.2)。

**表 2.1　1891~1892 年曼彻斯特安科茨贫民区与市郊各区死亡率比较**

| 地点与年份 | 酶性传染病 | 肺科疾病 | 其他疾病 | 合计 |
|---|---|---|---|---|
| 市郊(1891 年) | 241 | 534 | 954 | 1 729 |
| 安科茨(1891 年) | 510 | 1 549 | 1 698 | 3 752 |
| 市郊(1892 年) | 175 | 429 | 904 | 1 508 |
| 安科茨(1892 年) | 455 | 1 166 | 1 630 | 3 251 |

**表 2.2　1891~1892 年安科茨与迪斯伯利(Didsbury)光照水平比较**

| 地点 | 1891年 9月 | 10月 | 11月 | 12月 | 1892年 1月 | 2月 | 3月 | 4月 | 5月 | 6月 | 7月 | 8月 |
|---|---|---|---|---|---|---|---|---|---|---|---|---|
| 迪斯伯利 工作日 | 39.6 | 24.7 | 10.4 | 9.5 | 7.2 | 15.4 | 25.9 | 38.7 | 51.0 | 55.3 | 44.2 | 36.8 |
| 安科茨 工作日 | 25.4 | 12.8 | 4.7 | 3.2 | 2.3 | 12.1 | 13.6 | 24.3 | 32.7 | 25.5 | 26.3 | 21.3 |
| 迪斯伯利 星期日 | 32.0 | 30.0 | 11.0 | 11.0 | 15.6 | 11.1 | 22.6 | 55.0 | 52.6 | 60.5 | 32.6 | 39.0 |
| 安科茨 星期日 | 19.8 | 17.6 | 6.0 | 3.4 | 10.0 | 20.8 | 38.5 | 34.8 | 36.0 | 20.6 | 23.2 |

资料来源:曼彻斯特市议会园艺委员会,"曼彻斯特和索尔福德大气——空气分析委员会出具的第二份报告",《曼彻斯特野外博物学和考古学学会报告与论文集》(1893,81,91)。

因贫困而被迫居住在安科茨的曼彻斯特人死于肺病的概率"至少是居住条件有利的居民的 4 倍,而持续的雾天……甚至会使这个已经过高的概率翻番"。

曼彻斯特野外博物学者协会的报告称,最重要的是"应该明白,大气中的有机物和气体排放污染必须被视为导致疾病以及与城市过度拥挤区域总是联系在一起的健康状况每况愈下的最重要根源之一。"[31]

花园俱乐部的科学研究似乎坚定了烟雾消除运动领导者们采取更有力的行动来强化行动议程的决心。在19世纪90年代剩下的几年里,为达到这些目的取得了幅度小但意义深远的进展。例如,1895年,市议会对降低煤气价格的坚决要求做出了让步,把每千立方英尺(mcf)2先令6便士的基价降低了3便士,并且还降低了单灶煤气炉的租金。曼彻斯特野外博物学者协会的研究也说服了城市改革者为采纳消烟条例实施的地区观采取行动。市区范围内的研究在1894年推助了旨在把分散的地方团体合并成统一组织——兰开夏郡消烟联盟(Lancashire Smoke Abatement League,LSAL)——这个止步不前的行动方案的重启。1899年,这种游说活动达到了登峰造极的地步。那年,兰开夏郡消烟联盟争取到了面见地方管理委员会主任的机会。该委员会主任被说服向内政大臣递交他们的简报,但内政大臣随即就否定了这份报告。由于没有像河流保护那样把空气污染治理推广到区域范围,城市环境改造达到了极限。就像米德尔敦(Middleton)卫生医务官威廉·格雷汉姆(William Graham)所指出的那样,"在处理烟尘防治尤其是严重的卫生过失和全体产业劳动者所遭遇的不公方面,行动滞后于认识那么多,就不足为奇了"。[32]

## 结束语:能源、排放与环境

1911年11月,曼彻斯特举办了另一场消烟展览会,距离第一次消烟展览会差不多有30年。这次展览会为环境改造倡议者评价他们发起的以优质空气取代劣质空气的运动提供了一次机会。科学、技术和医学的发展已经促使我们令人印象深刻地向着提高生活水准和降低死亡率的目标迈进。毫无疑问,细菌学研究取得的最大成就似乎就是控制住了一些最致命传染病的传播。同样,通过采用比过去更加有效的方法供应能源,在很大程度上实现了由中央供应站统一供气供电的目标;而对雾天的恐惧保住了动员政治力量支持更有效的污染控制的可能性。[33]

但不可思议的是,说到为实现无烟城市的理想而做出的艰苦工作,环境改造倡议者们几乎乏善可陈。他们最多能够说,如果没有他们献身于为城市和农村居民争取清洁、自然的空气这一事业,那么,黑烟笼罩英格兰城市的状况可能还要严重。就像萨拉·威尔蒙特(Sarah Wilmont)所证明的那样,曼彻斯特的化学工业首当其冲地受到了环境改造倡议者们针对劣质空气（和遭受毒害的水体）发起的攻击。"尽管当时有评论员斥责公众舆论反对空气污染不力，"她表示："但本人的调查显示1870年以后，反对空气污染的力量已经得到了很好的组织，制造业因此而已经觉得自己被置于压力之下。虽然英格兰没有出现真正意义上的大规模反污染运动，而且控制污染的力度各地差异极大，但制造业还是感到了压力。"[34]

但是，环境改造倡议者面对的是一个不可能完成的任务，因为无论他们在空气质量方面取得了多大的增量改进，但远远赶不上曼彻斯特化石燃料消费指数式的增长。医学界取得的细菌学研究成果无疑被视为改进人类生活质量这场战斗的最重要单种武器。当然，医生们取得了征服水传播疾病而不是似乎受到空气质量影响的呼吸道疾病的最大胜利。从签订第一份消烟公约起，曼彻斯特中心城区的总体死亡率从30/1 000下降到了25/1 000。在后来的一名卫生医务官詹姆斯·尼文（James Niwen）看来，"不管怎样，曼彻斯特仍然面临高死亡率，特别是超高的肺结核、肺炎、支气管炎和心脏病死亡率"。就此而言，在净化空气方面几乎没有取得任何进展，因此，我们无法质疑塔瑟姆（Tatham）博士关于黑烟和有毒雾气导致生活在市中心的工人折寿10年的估计。[35]

与寄予医学的希望一样，环境改造倡议者寄予技术在消烟装置上有所突破的希望也只是得到了部分实现。煤气和电力部门的管理者通过以下途径来巩固业已取得的进步：安装减少颗粒物排放的设备，修建排放看不见气体的高烟囱，把煤气和电力中央供应站搬迁到远离居住区的地方。例如，曼彻斯特有54 000户居民采用煤气炉，因此，每年减少居住区燃煤60 000吨。同样，市政电力公司有10 500个用户，耗电量相当于40多万盏煤气灯。市政电力公司取代蒸汽机供应了相当于50 000马力的电力。5年前，也就是1906年，曼彻斯特市区创建第一家全电力纺织厂。虽然仍由一家独立的蒸汽发电厂现场发电供应电能，但是，这家发电厂代表着一种通过接入远程电网能轻而易举地成为无烟工厂的原型。[36]

然而，这种循序渐进的进步被城市社会甚至更快的能源消费速度所抵消。正如英国消烟联盟主席约翰·W. 格雷汉姆相当尴尬地解释的那样，"我们受烟和雾的危害没有我们的父辈严重，（要不是）在这个奇妙但令人讨厌的发展期里制造商和人口的异常增长，我们理应能够更加清晰地看到煤气、电力、机械加煤机、热鼓风、燃烧室、人工通风、缓燃格栅所产生的影响"。一种新兴的大众消费文化使得一个光明未来的理想化远景一直停留在梦想阶段，而没有成为现实。[37]

源自第一次消烟展览的预期最成问题的方面原来就是公众舆论。公众没有义务接受斯蒂芬·莫斯利关于工人被他们的老板说服积极地看待污染,把它视同就业机会和经济繁荣的论点,因此也不会同意他"关于反对'烟尘公害'的抗议及其相关活动没能赢得更广大公众支持"的结论。至少在曼彻斯特,1880年以后的工人运动仍实用地关注更加物质的传统市政改造。就如我们已经看到的那样,曼彻斯特上流社会的环境改造倡议者们试图利用煤气价格问题来缩小不同阶级之间的社会政治差距。但是,鉴于贫民窟的迫切需要,因此,安装抽水马桶、建造社会性住房单元以及拆除不合格住宅,都是对周边街坊实实在在的回报。相比之下,反空气污染斗争取得的每个胜利都很难感觉到,更不要说评价每一项具体措施的实施结果了。[38]

关于"空气净化运动为什么只实现了部分目标"的一种比较可信的解释,就是环境改造悖论实际导致了无法看到改造的成就。一方面,环境改造倡议者们面对的是一个"平民问题"。对于某个渔夫来说,这个永恒的两难困境给他的是保护剩下的鱼这种反生产性负激励。如果这个渔夫不去捕剩下的鱼,那么其他渔夫就会去捕,直到鱼塘里不剩一条鱼为止。污染者也要面对这样一种情形:承担额外费用消除自己贡献的那部分相对于容量很大的"大气"而言量非常小的劣质空气,而其他每一个污染者却在不受任何惩罚或不增加成本的情况下继续提高他们的劣质空气贡献度。换句话说,目前还没有可行的办法让烟尘制造者公平地分担他们各自应该承担的那部分导致环境退化及由此而导致公共卫生和福利恶化的社会成本。[39]

另一方面,环境改造倡议者们遇到了同样令人气馁的挑战:在消除烟雾中可见颗粒物方面每取得一点进步,都会削减他们为削减看不见的有毒气体而做出的努力。在这里,这个问题可用"眼不见为净"这句俗语来表述。例如,制造商们做出的主要反应之一,就是采用建造更高的烟囱这种技术策略来安抚当地批评者,但也会导致环境改造倡议者们丧失具体的攻击目标,也就是由酸雨对整个区域生态造成的环境危害。就如戴维·奈伊(David Nye)明确指出的那样,直流发电机成为机器时代"技术升华"的一种形象、功利和现代性的耀眼象征。1911年公约展示的未来无烟城市模型就是这些进步驱动因素文化定义的象征。然而,对能源技术的迷恋进一步模糊了使用化石燃料对人体健康和自然界的长期影响。[40]

无烟城市这种乌托邦式幻想提供了一种令人欣慰的慰藉——工程师能够在不增加公共卫生或者环境成本的情况下设计出一种终极的能源集约型社会。25年后,情况几乎没有发生变化,我们仍然难以撼动对高技术的盲目崇拜。在

1939年的纽约世界博览会上,由亨利·德雷福斯(Henry Dryfuss)为联合爱迪生公司(Consolidated Edison)制作的有史以来最大的立体模型以及由诺曼·贝尔·戈德斯(Norman Bell Geddes)为通用汽车公司创作的最受欢迎影片《未来世界展望》(Futurama)向观众展示了无污染大都市及其大型发电站、高速公路网和汽油机动车。但是,技术依赖程度的不断提高只能是导致大众炫耀性消费社会的诞生。[41]

在这种文化背景下,1911年消烟展览会的组织者因为以故意牺牲农村树木为代价做出了拯救城市居民的伦理选择而受到了称道。鉴于政治上可行的备选方案为数有限,他们与众不同地减轻了曼彻斯特人呼吸劣质空气之苦,因此,他们的做法被认为是合理的。他们用社会环保人士的时髦话在他们的报告中总结说:"几乎没人否定贫民窟的很多不幸、城市的凄凉和高死亡率都是一些由笼罩着几乎我们所有城市的黑色浓烟造成的邪恶。这一顶顶巨大的黑烟罩挡住了阳光,把有益健康的微风污染成了打旋的黑色煤烟、浓雾和煤尘波,刮进了住宅和办公室的最深处。如果无烟城市的价值得到适当的体现,那么,身体健康和道德水准的提高必然会接踵而至。"[42]我们还必须为实现目标而继续努力。

• 注释:

[1] E. Schramm, "Experts in the Smelter Smoke Debate," in P. Brimblecombe and C. Pfister (eds.), *The Silent Countdown—Essays in European Environmental History* (Berlin and London: Springer-Verlag, 1990), 207, for the quotation; ibid., 196-209。关于更多有关德国林业以及从历史的角度阐释科学的警世故事,还请参阅 F. J. Bruggmeier: "Waldsterben: The Construction and Deconstruction of an Environmental Problem" [in C. Bernhardt and G. Massard-Guilbaud (eds.), *The Modern Demon: Pollution in Urban and Industrial European Societies* (Clermont-Ferrand, France: Presses Universitaires Blaise Pascal, 2002)]。

[2] Bill Luckin, "The Social and Cultural Repercussions of Environmental Crisis: The Great London Smoke Fogs of the Late Nineteenth and Early Twentieth Centuries," in *The Modern Demon*, and Anthony S. Wohl, *Endangered Lives: Public Health in Victorian Britain* (London: Dent & Sons, 1983).

[3] Shenna Simon, *A Century of City Government, Manchester, 1838-1933* (London: Allen and Unwin, 1938), 207-208, for the quotation. Also see Harold L. Platt, *Shock Cities: The Environmental Transformation and Reform of Manchester, UK and Chicago, USA* (Chicago: University of Chicago Press, forthcoming 2004).

[4]20世纪90年代英国的一份国家空气质量报告仍然显示,曼彻斯特的死亡率仍然在全国居于前列。请参阅 Stephen Mosley:The "Smoke Nuisance" and Environmental Reformers in Late Victorian Manchester[*Manchester Regional History Review* 10 (1996):40—47]。曼彻斯特具有悠久的职业和业余科学研究传统。关于相关内容介绍,请参阅 R.H.Kargon:*Science in Victorian Manchester*(Manchester:University of Manchester Press,1977)以及 Anne Secord:Science in the Pub:Artisan Botanists in Early Nineteenth-Century Lancashire[*History of Science* 32 (September 1994):269—315]。

[5]Smoke Abatement Committee,*Report of the Smoke Abatement Committee*(London:Smith Elder,1883).关于技术创新,请参阅 ibid.;Harold L.Platt:*The Electric City:Energy and the Growth of the Chicago Area,1880—1930*"(Chicago:University of Chicago Press,1991)。关于医学,请参阅 Bruno Latour:*The Pasteurization of France*(Cambridge:Harvard University Press,1988)以及 Nancy Tomes:*The Gospel of Germs—Men,Women,and the Microbe in American Life*(Cambridge:Harvard University Press,1998)。关于伦敦的雾天,请参阅 Luckin:Environmental Crisis。

[6]John Leigh,Coal-Smoke:Its Nature,and Suggestions for Its Abatement(London:John Heywood,1883),4—5.关于水管理和卫生政策,参见 Harold L.Platt:"'The Hardest Worked River':The Manchester Floods and the Industrialization of Nature," in Genevieve Massard-Guilbaud,Harold L.Platt,and Dieter Schott (eds.),*Cities and Catastrophe:Coping with Emergency in European History*(Frankfurt,Germany:Peter Lang,2002),163—184。

[7]Manchester,*Police Commissioners' Report*(1880),as quoted in Daphine de-Jersey Gemmill,"Manchester in the Victorian Age:Factors Influencing the Design and Implementation of Smoke Abatement Policy"(Ph.D. diss.,Yale University,1972),3,for the quotation.关于能源历史,请参见 R.L.Hills,*Power in the Industrial Revolution*(New York:Kelly,1970);Mike Williams and D.A.Farnie,*Cotton Mills in Greater Manchester*(Preston:Carnegie,1992)。

[8]关于曼彻斯特早期环境改造努力的最完整综述,请参阅 William Graham:*Smoke Abatement in Lancashire—A Paper Read before the Public Medicine Section of the British Medical Association*(London,2 August 1895)(Manchester:Cornish,1896)。还请参阅 Gemmill:Manchester in the Victorian Age 以及 Ann Bec:Some Aspects of the History of Anti-Pollution Legislation in England,1819—1954[*Journal of the History of Medicine* 14 (October 1959):475—489]、Catherine Bowler 和

Peter Brimblecombe: Control of Air Pollution in Manchester Prior to the Public Health Act of 1875 [*Environment and History* 6 (2000): 71—98]以及 Sarah Wilmont: Pollution and Public Concern: The Response of the Chemical Industry in Britain to Emerging Environmental Issues, 1860—1901[in Ernst Homberg, Anthony S. Travis, and Harm G. Schroter (eds.), *The Chemical Industry in Europe*, 1850—1914: *Industrial Growth, Pollution, and Professionalization* (Chemists and Chemistry Series, no.17; Drodrect, Netherlands: Kluwer Academic Publishers, 1998), 121—148]。

[9]Robert Angus Smith, "On the Air and Rain of Manchester," *Literary and Philosophical Society of Manchester*, *Memoirs*, 2nd ser., 10 (1852): 207—217。关于相关背景，请参阅 Roy M. Macleod: The Alkali Acts Administration, 1863—1884: The Emergence of the Civil Scientist[*Victorian Studies* 9 (December 1965): 81—112]以及 John M. Eyler: The Conversion of Angus Smith: The Changing Role of Chemistry and Biology in Sanitary Science, 1850—1880[*Bulletin of the History of Medicine* 54(Summer 1980): 216—234]。盐酸产业名采用"muriatic acid"（盐酸）。制碱过程也会产生大量的硫化物。

[10]关于这段引文，请参阅 Peter Spence: *Coal, Smoke, and Sewage—Scientifically and Practically Considered; with Suggestions for the Sanitary Improvement of Towns, and the Beneficial Application of the Sewage, a Paper Read before the Literary and Philosophical Society of Manchester* (Manchester: Cave and Sever, 1857: 21)。还请参阅 Peter Spence 的文章[in C.S.Nicholls (ed.), *The Dictionary of National Biography*. "Missing Persons," (Oxford: Oxford University Press, 1993), 627]。

[11]关于这段补充重点的引文，请参阅 Spence: *Coal, Smoke*, 4。思彭斯在《城市卫生改革年鉴》中提出了一个独特的解决方法。他呼吁采用排废管把城市废气引入至少600英尺高的高烟囱。根据他绘制的草图，这套装置能产生一个真空。他认为，这个真空能够抽吸排放物和废气，从而阻止它们危害楼里的住户和街上的行人。

[12]Peter Spence, "On Sulphurous Acid in the Air of Manchester," *Literary and Philosophical Society of Manchester*, *Proceedings* 8 (1869): 137—139; Robert Angus Smith, ibid., 139。还请参阅 J. B. Dancer: Microscopical Examination of the Solid Particles from the Air of Manchester[ibid., 7 (1868): 157—161]。

[13]关于这段引文，请参阅 John Leigh: *Report of the Medical Officer of Health for Manchester* (1868, 1)。还请参阅[ibid., (1872), 35—36]、A. Wilson:

"Technology and Municipal Decision-Making: Sanitary Systems in Manchester 1868—1910(Ph.D. diss., University of Manchester,1990)以及 John V. Pickstone: *Medicine and Industrial Society—A History of Hospital Development in Manchester and Its Region*,1752—1946(Manchester: University of Manchester,1985)。

[14]Latour,*Pasteurization of France*,1—150; Wilmont,"Pollution and Public Concern," 121—148; John V. Pickstone,"Ways of Knowing: Toward a Historical Sociology of Science,Technology and Medicine,"*British Journal for the History of Science* 26 (December 1993): 433—458; and Michael Worboys,*Spreading Germs—Disease Theories and Medical Practice in Britain*,1865—1900 (Cambridge: Cambridge University Press,2000)。

[15]Manchester and Salford Sanitary Association,*Annual Report* (1875),7. Hereafter cited as MSSA,*Annual Report*.

[16]关于这段引语,请参阅"ibid.,Appendix A"(19,20)以及"ibid.,(1873—1875),passim"。这两个文献把1866年的公共卫生法作为空气污染案件起诉的法律依据。还请参阅 Gemmill: Manchester in the Victorian Age,64—78; Mosley: Smoke Nuisance"。曼彻斯特化学工业明显感觉到了压力。请参阅 Wilmont: Pollution and Public Concern(121—148)。

[17]MSSA,*Annual Report* (1873—1876).也请参阅 Graham Mooney and Simon Szreter: Urbanization,Mortality,and the Standard of Living Debate: New Estimates of the Expectation of Life at Birth in Nineteenth-Century British Cities,*Economic History Review*,no.1 (1998): 84—112。

[18]关于该组织的活动历史,请参阅 MSAA 的"*Annual Report* (1882—1892)" (passim)。

[19]Fred Scott,"The Need for Better Organization of Benevolent Effort in Manchester and Salford,"*Manchester Statistical Society*, *Transactions* (1884—1885), 143。转引自 Mosley: "Smoke Nuisance"(41)。关于曼彻斯特和索尔福德有毒雾气消除协会领导人的背景,还请参阅 Mosley。

[20]Peter Thorsheim,"Miasma,Smoke,and Germs: Air Pollution and Health in Nineteenth-Century Britain"(paper presented to a meeting of the American Society for Environmental History,Baltimore,March 1997); Luckin,"Environmental Crisis"; Rosalind H. Williams,*Notes on the Underground: An Essay on Technology, Society,and Imagination* (Cambridge: M. I. T. Press,1990); G. S. Jones,*Outcast London: A Study of the Relationship between Classes in Victorian London* (Oxford: Clarendon Press,1971); I. Harford,*Manchester and Its Ship Canal Movement:*

*Class*,*Work*,*and Politics in Late Victorian England*（Halifax：Ryburn，1994）；and P.F.Clarke，*Lancashire and the New Liberalism*（Cambridge：Cambridge University Press，1971）。还请参阅 M.Harrison：Social Reform in Late Victorian and Edwardian Manchester，with Special Reference to T.C.Horsfall（Ph.D.diss.，University of Manchester，1988）。哈里森（Harrison）证明了不同城市改造运动和协会之间紧密的相互关联性。例如，霍斯福尔（Horsfall）不但是种族退化的反对者，而且还是住房改造运动的领导人、消烟改革运动的支持者和野外博物学学会会员以及其他几个相同事业或协会的成员。

[21]Henry Simpson，"The Pollution of Air，as Affecting Health，" in Manchester and Salford Noxious Vapours Abatement Association（MSNVAA），*Lectures on Air Pollution*（Manchester：Manchester and Salford Noxious Vapours Abatement Association，1888），No.8，97－107。辛普森博士是曼彻斯特皇家医院和曼彻斯特肺痨和喉病医院的执业医生。

[22]关于这段引文，请参阅 Charles Estcourt：Why the Air of Manchester Is So Impure(in MSNVAA，*Lectures on Air Pollution*，no.4，44)；还请参阅前一文献（39－51）。

[23]关于这段引文，请参阅 Robert Holland："Air Pollution as Affecting Plant Life(in MSNVAA，*Lectures on Air Pollution*，no.9，121，122)；还请参阅前一文献（110－125）。霍兰德用类似于埃斯特库特论述环境改造两难困境的话总结道："把煤烧到看不见烟并不能最大限度地减少肉眼看不见的亚硫酸的含量。"[（125）Cf. Schramm，"Experts in the Smelter Smoke Debate"]。

[24]MSNVAA，Annual Report（1890），转引自 MSSA："*Annual Report*（1890，70－79）。关于以曼彻斯特为焦点的产业回应，还请参阅 Wilmon："Pollution and Public Concern（141－148）。

[25]MSNVAA，*Annual Report*（1888－1895）。

[26]Ibid.(1892)：60－62；and Harry Grimshaw，"Note on the Presence of Sulphur in Illuminating Gas，"*Literary and Philosophical Society of Manchester*，*Proceedings* 20（1880）：51－54。关于备选方案中央供应站技术的内容，还请参阅 Estcourt：Why the Air of Manchester Is So Impure。

[27]关于这段引文，请参阅 MSNVAA：*Annual Report*（1890）[转引自 MSSA，Annual Report（1890）：79]以及"前一文献（1892）"（66－70）。关于公园的内容，还请参阅 Theresa Wyborn：Parks for the People：The Development of Public Parks in Victorian Manchester"[*Manchester Regional History Review* 9（1995）：3－14]；关于劳工阶层采用煤气照明的内容，请参阅 Bill Luckin：*Questions of Power*：Elec-

tricity and Environment in Inter-War Britain(Manchester and New York：Manchester University Press,1990)。

[28]MFNS的研究成果反映在以下三份报告中：Town Gardening Committee, "The Atmosphere of Manchester—Preliminary Report of the Air Analysis Committee,"*Reports and Proceedings of the Manchester Field Naturalists and Archaeologists' Society*(1891)：1—10；Town Gardening Committee,"The Work of the Air Analysis Committee," ibid.,66—72；and Town Gardening Committee,"The Atmosphere of Manchester and Salford—Second Report of the Air Analysis Committee," ibid.(1893)：73—98。还请参阅 G.H.Bailey：Some Aspects of Town Air as Contrasted with That of the Country"[ *Literary and Philosophical Society of Manchester*, Memoirs,4th ser.,8 (1893)：11—17]。关于自下而上的科学史的理想例子,请参阅 Secord：Science in the Pub。

[29]关于这段引文,请参阅 Town Gardening Committee：The Autumn Soirée：Air Pollution and Fogin Manchester"[in *Reports and Proceedings of the Manchester Field Naturalists and Archaeologists' Society* (1891),41];关于之前更具代表性的会议,请参阅"The Owens College Museum：Corals and Their Allies"(载：ibid.,40—41)。

[30]关于这段引文,请参阅 Town Gardening Committee：Autumn Soirée(42, ibid.,41—43);关于这项研究的详细内容,请参阅"Second Report"[ in *Reports and Proceedings* (1893),73—98]。

[31]关于这段引文,请参阅"Second Report"(81)。关于安科茨的改造,请参阅 J.H.Crosfield：The 'Bitter Cry' of Ancoats and of Impoverished Manchester：Being a Series of Letters on Municipal Topics(Manchester：Ireland,1887)以及 Charles Rowley：*Fifty Years Work without Wages* (ded.London：Hodder and Stoughton,n.d. [1911])。

[32]关于这段引文,请参阅 Graham：*Smoke Abatement in Lancashire*(11);还请参阅 MSSA：*Annual Report* (1893—1901)(passim)以及 Wilson：Technology and Municipal Decision-Making on the Local Government Board's exertion of authority over Manchester's sewage disposal policy。

[33]Manchester and District Smoke Abatement Society,*The Manchester and Salford Smoke Abatement Exhibition*, 10 — 25 Nov.1911,*City Exhibition Hall* (Manchester：n.p.[Manchester],n.d.[1912])。还请参阅 Latour：Pasteurization of France"以及 Mooney 和 Szreter：Urbanization,Mortality,and the Standard of Living Debate。笔者要感谢安吉拉·古格里奥塔(Angela Gugliotta)曾提醒笔者注意：19

世纪末死亡率下降的确切原因仍没有确定。

［34］Wilmont,"Pollution and Public Concern," 146.

［35］关于这段引文,请参阅 James Niven：The Relation of Smoke and Health(in Manchester and District Smoke Abatement Society, *Abatement Exhibition*, 116); 关于包括死亡率统计数据在内的整页内容,请参阅前一文献(115－124);关于尼文前任的讲话,请参阅 "Introduction"(in Manchester and District Smoke Abatement Society, *Abatement Exhibition*, 9)。

［36］关于曼彻斯特公用事业的统计数据,请参阅 Manchester and District Smoke Abatement Society: *Abatement Exhibition*(25－30);关于彭德尔顿棉纺织厂的电气化问题,请参阅 Williams 和 Farnie：*Cotton Mills*(134)。还请参阅 Roy Frost: *Electricity in Manchester*(Manchester：Richardson, 1993)以及 Thomas P. Hughes: *Networks of Power：Electrification in Western Society*, 1880 － 1930 (Baltimore：Johns Hopkins University Press, 1983)。

［37］关于这段引文,请参阅 Manchester and District Smoke Abatement Society: *Abatement Exhibition*(19)。

［38］关于这段引文,请参阅 Mosley: Smoke Nuisance(46);还请参阅 Stephen Mosley: Public Perceptions of Smoke Pollution in Victorian Manchester[in David E. Nye (ed.), *Technologies of Landscape—From Reaping to Recycling*(Amherst：University of Massachusetts Press, 1999), 161－186]。

［39］关于这个术语,请参阅 Joel Tarr: *The Search for the Ultimate Sink—Urban Pollution in Historical Perspective*(Akron：University of Akron Press, 1996)。关于相关补充洞见,还请参阅 Arthur F.McEvoy: *The Fisherman's Problem—Ecology and Law in the California Fisheries*, 1850－1980 (Cambridge：Cambridge University Press, 1986)以及 Theodore Steinberg: *Nature Incorporated：Industrialization and the Waters of New England*(New York：Cambridge University Press, 2003, 199)。

［40］David E.Nye, *American Technological Sublime* (Cambridge：M.I.T.Press, 1994)。

［41］Helen A.Harrison (ed.), *Dawn of a New Day—The New York World's Fair*, *1939/1940* (New York：New York University Press for the Queens Museum, 1980)。

［42］关于这段引文,请参阅 Manchester and District Smoke Abatement Society: *Abatement Exhibition*(113)。

# 第三章

## 维多利亚时期曼彻斯特公众对烟雾污染的感知

*斯蒂芬·莫斯利*

维多利亚时期曼彻斯特的烟雾不同于今天的许多环境难题（如气候变化和臭氧层变薄），它没有逃过那个时代人们的感官知觉。煤烟污染成为19世纪这个城市空气污染的一个特点，并且影响了全体市民（无论贫富）的生活。当时，曼彻斯特的市民生活和工作在阴沉的天空下，每时每刻都呼吸着含硫烟雾弥漫的空气。在1842年5月26日曼彻斯特烟雾预防协会（Manchester Association for the Prevention Smoke，MAPS）成立大会上，可敬的协会主席约翰·莫尔斯沃斯（John Molesworth）强烈谴责了一种"污染我们衣服和身体"、市民们"看到并闻到甚至尝到"的公害。[1]尽管这种形式的空气污染能实际感觉到，但当时大多数人忍受了长期被笼罩在城市"永恒的烟雾云层"底下的生活，而且并没有流露出很多公开抱怨的迹象。虽然烟雾的危害性影响在当时已经广为人知，但19世纪曼彻斯特并没有发生过一次广受欢迎的反烟雾群众运动。

那么，我们如何来解释这种对烟雾污染看似满不在乎的态度呢？在这一章里，笔者将考察赋予维多利亚时代一种具体的环境污染问题"烟雾污染"以意义并达成共识的主导形象和故事。当时人们讲述的空气污染故事按照自然法则合理地解释了城市环境恶化的问题，就像威廉·克罗农（William Cronon）最近指出的那样："还原人们讲述的有关他们生活意义的故事，就一定能够发现很多关于他们过去行为以及他们理解这些行为的方式的信息。离开了故事，我们就找不到理解的线索。"[2]

说到英格兰曼彻斯特烟雾这个话题，自然要讲到许多扑朔迷离甚至有争议和矛盾的主张和关切。通过分析不同的社会主体如何适应这种现象，并且考察曼彻斯特烟雾故事的发生背景，我们就能加深认识当时曼彻斯特人是如何定义、思考和选择他们的生活环境的。迄今为止，维多利亚时期的曼彻斯特市民主要被描绘成对环境问题漠不关心。然而，就像笔者要讲述的那样，19世纪的曼彻斯特市民但凡涉及到烟尘污染，就绝不会是袖手旁观的观众。为了凸显烟尘污染故事的主线，笔者将援引形式多样的文本，从报纸报道、小说和打工者的自述到明信片、诗歌和流行歌曲。在简要交代故事的发生背景之后，笔者将聚焦于"财富"这个故事主线，先把一个始终强调烟尘、幸福感和经济繁荣间必然相关的故事的各条线索串联起来，然后再把一个注重"废弃物"并且始终强调城市劳动者健康面临的非必要风险、对自然和建筑环境的危害以及对英国有限的自然资源不经济的肆意滥用的故事的不同线索联系在一起。最后，笔者将分析烟尘控制概念不能轻而易举地捕捉住公众想象力的原因。

19世纪，由于棉花贸易及其相关产业取得了成功，曼彻斯特成了世界最重要的城市之一。作为世界第一个名副其实的工业城市，曼彻斯特吸引了全球各地的观光者，他们为眼前的曼彻斯特由大规模的纺织厂和仓库以及林立的烟囱组成的"城市景观"惊叹不已。18世纪80年代初，绿树成荫、农村气息浓郁的曼彻斯特城只有一根工厂高烟囱孤零零地矗立在城市上空。到了19世纪40年代，曼彻斯特这个工业革命的产物——"令人震惊的城市"(shock city)已经矗立起了500多根烟囱。而到了1898年，曼彻斯特的烟囱已经增加到了1 200根左右。[3]曼彻斯特城的煤炭消费也大幅度增加，从1834年的737 000吨增加到了1876年的300多万吨。[4]随着人们不断被曼彻斯特快速发展的不同产业吸引过来，曼彻斯特的人口迅速增长，在从1780年到进行第一次人口普查的1801年间，从约40 000人增加到了76 000多人。城市持续不断的发展见证了曼彻斯特人口到了1841年又增长了2倍多，达到了242 000人；而仅仅又过了30年，曼彻斯特城的人口已经达到了约351 000人。[5]19世纪40年代，莱昂·富奇尔(Leon Faucher)看到从新工厂和居民家煤炉冒出来的滚滚含硫黑烟，便情不自禁地把曼彻斯特比作活火山；而查尔斯·纳皮尔(Charles Napier)爵士少将在1829年担任北方地区驻军指挥官时把曼彻斯特称为"世界的烟囱……地狱的居民"。[6]从19世纪和20世纪之交开始，曼彻斯特城不断变厚的烟雾云层就成为一个不变的城市环境元素。到了19世纪80年代，也就是在城市和工业经过了一个世纪的快速发展之后，曼彻斯特这个曾经的"新时代象征"已经沦落为一个被延误、遭玷污、受污染的工业城市。但与此同时，由于蒸汽动力棉纺织厂为曼彻斯特很多居民既带来了物质财富又造成了环境问题，因此，这个城市被"黑化"的物理环境有一种积极的功利主义形象，这种形象依靠那些反映其市民把自己定义为城市工业劳动力的文化价值观和信念得到了发展。

主导公众认识维多利亚时期曼彻斯特烟雾产生机制的第一条故事线索表明，冒黑烟的工厂烟囱，还有居民家里的烟囱，都象征着财富和个人幸福的源泉。曼彻斯特的制造商、地方官员和议员、同业公会和商会会长（这两个或更多的职务通常由同一人担任）以及广大劳动者似乎都完全认同这个故事线索。烟雾被视为一种必不可少的工业副产品——"值得称道的制造行为必然、无害的伴随品"[7]。工业企业主们完全没有因为他们的工厂排放烟雾而有致歉的意思，因为他们把冒烟的烟囱当作了反映经济成功和社会进步与否的"晴雨表"。

曼彻斯特蓬勃发展的工业，特别是棉纺织业，为人数——尤其是在1850年以后——不断增大的劳工阶层提供了众多的就业机会，并且促进他们的生活水准不断提高。但是，棉纺织业会发生周期性不景气，特别是1837~1843年的贸易萧条、19世纪60年代初的棉花荒以及19世纪70~80年代被称为"大萧条"的周期性不景气。已经能隐约感到来自德国和美国的竞争挑战，这些挑战在1842年这个荒年里一直围绕着兰开夏郡棉纺织城游荡，而且已经在曼彻斯特附近的博尔顿（Bolton）导致一些工厂步履维艰。都柏林三一学院的威廉·库克·泰罗（William Cooke Taylor）曾大声高呼："谢天谢地，高耸的烟囱大多还在冒烟！因为，迄今为止，我还没有外出旅行就已经通过很多痛苦的例证知道，工厂烟囱不冒烟说明很多家里的壁炉已经熄火。再说，很多有劳动意愿的人需要工作，很多诚实的家庭需要面包。"[8]当时烟雾治理倡议者们设想的成千上万无烟烟囱的景象，几乎可以肯定会在曼彻斯特劳工阶级中间引发惊恐和焦虑。当时表现这种困境的大众文化作品确实表达了对工业城市无烟的担心。在棉花荒这次被美国内战激化的周期性不景气期间，有一本名叫"不冒烟的烟囱"（The Smokeless Chimney）的诗集，主要是在英国各地的火车站卖得很好，卖诗集的收入全部捐给资助兰开夏郡纺织业失业工人救助基金。这首长诗是F. J. 贝拉希斯（Bellas）夫人以"兰开夏郡一妇人"的笔名在1862年创作的，它反映了泰罗（Taylor）早些年对烟雾意义的理解：

"北方铁路上的旅行者，
以你的速度观察和了解情况。
看到了几百根不冒烟的烟囱，
还听说了它们的悲惨故事。"

"'这个地方重又变得多么美丽！'
粗心的路人赞叹道。
我们再也看不到烟云。
这是为什么——请告诉我。"

"过去肯定比现在还要美丽,
'看不到那么多云雾,
以它们令人作呕的昏暗玷污了各处的自然美景。'"

"一种不顾他人的美丽,从你们的烟囱飘出金子般的生活气息!
你们又随心所欲,停止了这种生活气息!
打住! 你们的烟囱不再冒烟,孩子们就要挨饿,妻子也得忍饥!"

"啊! 对于他们来说,每根不冒烟的烟囱
就意味着绝望。
他们看到了饥饿、疾病和毁灭。
在这样纯净、清澈的空气中吟诗,
'母亲! 母亲! 请看! 上星期还只是说工厂将要倒闭,
而现在已经成真!
马克,你家的烟囱——空空如也,
——顶上不再冒烟!'
时间一星期一星期地过去,
但你们家的烟囱并没有美好时代的痕迹;
成千上万的男人喊着要工作——
每天在叫喊,但天天是痛苦。"

"请你不要再赞美不冒烟的烟囱。
多动动脑子,请多想想成千上万哀叹日子不好过的人。"

"宁可祈祷和平很快就能带来工作,装满她乘坐的火车。
我们也许会看到这些不冒烟的烟囱重新把大地染黑。"[9]

贝拉希斯这首赞美空气污染的长诗(这里做了很多删减)包含了很多文化信息,它们对于宣传烟雾与健康、幸福和繁荣密不可分的神话具有至关重要的意义。工人们沮丧地盼望着死气沉沉的工厂烟囱重新冒烟。是烟雾传递的金子般生活气息,而不是洁净的空气,会给曼彻斯特广大市民带来就业机会、舒适和充实的生活。煤炭和棉纺织业对于曼彻斯特的发展和繁荣的重要性,在当时流行歌曲的抒情歌词中也同样得到了反映。例如,19 世纪 40 和 50 年代期间,由理查德·贝恩斯（Richard Baines）作词的幽默歌曲《曼彻斯特日新月异》（Manchester's Improving Daily）深受曼彻斯特劳动大众的喜爱。这首歌曲的第一段歌词是这样唱的：

"先生，您可知道，在曼彻斯特这座著名的城市里，

发生了哪些巨大的变化？

先生，您可知道，在过去的50年里，这座城市的强劲发展全靠贸易上的成功？

我们看到那么多的高楼拔地而起，令观光者惊叹不已；

先生，犁和耙已经被人忘却；

先生，这里的人现在靠煤炭和棉花谋生。

内德（Ned）在唱，乔（Joe）在唱，弗兰克（Frank）也在欢乐地歌唱，

曼彻斯特日新月异。"[10]

虽然煤炭和棉花成为工人们的日常生计，但这并没有妨碍这座城市的工厂烟囱"不可避免地"制造大量的黑色烟尘。这种煤炭和烟尘观念广为流传，并且被复制到了以下有关格拉斯哥的歌词中：

"地底下有煤炭，

空气里有煤炭，

人们的脸上也有煤炭，

到处都是煤炭；

但格拉斯哥有的是钱！"[11]

在一个"烟雾时代"，大众诗歌和流行歌曲催生了一些有助于根据自然法则合理解释英国工业城市财富与空气污染之间关系的联想。到了19世纪末，工厂冒着烟的烟囱的形象在曼彻斯特市民大众心中已经与就业和温饱密不可分。

从较小的范围看，曼彻斯特有成千上万户家庭，无论哪个工人家庭的烟囱煤烟不断，就意味着他家好运连连。A.罗姆利·赖特（A. Romley Wright）夫人在曼彻斯特教家庭经济课程，举例说明了从明火煤炉这种"英国流行习俗"排放煤烟的象征力："厨房里的壁炉加满了大块煤炭——当然是为了烹饪。如果某家烟囱冒出大量的煤烟，羡慕不已的邻居也会发出赞叹：'啧，××先生家肯定是在做丰盛的晚餐'"。[12]浓烟滚滚的烟囱显然会告诉路人这户人家家境殷实，甚至还能提高他们在社区的地位。无烟焦炭虽然价格比较便宜，但并不受市民欢迎。焦炭在壁炉里烧不出好火头，并且被普遍看作一种"穷人家用的燃

料"。[13]

特别是在寒冷、潮湿、枯燥的冬季里，家庭生活总是围绕着壁炉安排。炉膛里的熊熊火焰带来的不只是怡人的温暖。家里的壁炉与家庭温暖概念紧密相关，并且代表着爱意以及舒适宜人的环境。有数不清的大众视觉和文学形象赞美维多利亚时期与壁炉和家庭有关的乐趣。那个时代的大众文化常常会描述一家人和朋友围坐在炉火旁相互讲述故事，一起尽情地吃喝，唱着歌曲，大声朗读，或者就默默地凝视炉膛里形状不断变化的炉火。兰开夏郡的方言作家埃德温·沃(Edwin Waugh)的短诗《托德林的人们》(Toddlin' Whoam)中有几段诗句就是描述家庭壁炉巨大的魅力的：

"托德林人热爱壁炉旁的幸福，
托德林人喜欢孩子们的亲吻；
上帝保佑你能闻到烟味；
上帝保佑你有一个温馨的壁炉角落！
我乐意成为托德林人的一员。"[14]

虽然用这样的方式表现壁炉和家庭常常过于浪漫，但是，如果认为这样的家庭生活快乐并不是大多数工人家庭都能体验到的，那么未免就过于悲观了。当时的工人家庭至少能时不时地享受一下这样的快乐。从烟囱口冒出的煤烟以及令人愉悦的壁炉明火，在当时可是被那个时代的人们普遍用来表示美好光景的象征。硬币的另一面——冰冷无火的壁炉——是一种被那个时代从像夏洛特·勃朗特(Charlotte Brontë)、加斯克尔(Gaskell)夫人和查尔斯·狄更斯(Charles Dickens)这样全国著名小说作家到像沃和本·布莱尔利(Waugh and Ben Brierly)这样的方言作家用来反映本地工人阶级拮据和贫穷的情形。例如，当沃在歌曲《鬼天气》(Hard Weather，创作于1878~1879年的经济严重衰退时期)中写出"壁炉无火，餐橱空空"的歌词时，毫无疑问是想通过听或者唱这首歌曲的人来传递一种渴望认可的苦闷。[15]

当时糟糕的贸易状况并不是烟雾为经济繁荣所必需这个故事线索取得成功的先决条件。例如，在19世纪中叶，曼彻斯特既没有出现繁荣也没有遭遇萧条，记者安格斯·瑞阿奇(Angus Reach)在《纪事晨报》(*Morning Chronicle*)上写道："通过熄灭高炉来净化曼彻斯特的空气，简直就是在砸市民的饭碗。不是可恨的机器必须继续运转，就是成千上万的市民必须忍饥挨饿。"[16]那些面对外国竞争越来越担心利润率下降和市场份额被占的曼彻斯特雇主们不停地重复着这两句话。《曼彻斯特卫报》(*Manchester Guardian*)和其他地方报纸定期长篇累牍地报道雇主们紧密地把烟雾与持续的经济增长联系在一起的观点。曼彻斯特市议会曾多次试图强制推行反烟尘污染法,曼彻斯特商会一名有影响的领导人雷吉纳德·勒内夫·福斯特(Reginald Le Neve Foster)在反对曼彻斯特市议会推行反烟尘污染法时声称,如果这次行动取得成功,那么"他们就会赶走全部的工厂……而曼彻斯特很快就会变成世界'死亡之城'之一"。[17]这是一个无耻地根据不冒烟烟囱的负面形象讲述的故事,这种故事持续、有效地影响着一种可以理解的担心:一旦曼彻斯特这座工业城市失去人们已经熟悉、看着放心的烟雾云,那里的生活就会变成什么样子? 一旦有人提出环境保护建议,制造商们就会抛出他们"烟雾缭绕"的繁荣与经济停滞不前两者必须择一的论调,因此,当时就像现在一样,往往以简单化的方式来看待污染控制问题。

维多利亚时期英国人有据可查的对粉尘和废弃物表示的厌恶并不总扩展到煤烟,因为煤烟在当时被描绘成"可敬的好灰尘"(good honest dirt),而不是一种"令人讨厌的物质"。[18]事实上,曼彻斯特在冒烟的烟囱在当时被广泛解读为标志着进步和繁荣的好征兆,这在英国北方存续至今的一句俗语中也得到了体现:"哪里有垃圾,哪里就有黄铜。"所以,当时人们没有用挑剔的眼光去看待勤奋努力的曼彻斯特城呈现给世界的"丑陋的黑面孔"。例如,1887年,《曼彻斯特卫报》的一名撰稿人写道:"从身上看,我们必须承认曼彻斯特人除了污垢就没有什么好秀的了,但这毕竟是一种劳动者身上的污垢——挖煤工身上的尘垢、磨坊工人身上与他们磨的面粉成比例的粉尘。"[19]烟尘被表述为一种不会对生活和健康构成巨大威胁的有益无害的东西。到了19世纪和20世纪之交,一些充满深情但又不乏调侃味、描绘曼彻斯特工厂烟囱浓烟滚滚的图画出现在了一些支持"美丽的曼彻斯特"传说的明信片上(见图3.1)。工厂冒着烟的烟囱就像家里的壁炉那样已经成为一种具有心理慰藉作用的形象。工厂烟囱冒烟被普遍理解并誉为一种反映曼彻斯特城市繁荣和进取的可靠标志。在整个19世纪及其后的一个时期里,曼彻斯特的故事继续围绕着鲁本·斯宾塞(Reuben Spencer)笔下赋予1897年曼彻斯特的意义以及鲁本·斯宾塞描写的那个1897年曼彻斯特本地商人展开,"工厂还在那里运转,'工业香气'仍通过无数高耸的烟囱飘向云层,忙碌的工人比以往任何时候都多,传动装置和机器设备发出的隆隆声响彻曼彻斯特的上百条街道,就是这里生产出上千种不同的商品供全球人民使用,并且造福于全球人民。"[20]

直到1913年,《曼彻斯特黑色指南》(Black's Guide to Manchester)还讲到了这座城市"变成看不见的黄金的厚厚烟云"。[21]财富的故事就是通过维多利亚时期有关曼彻斯特的各种文本传播开来的,这些文本无一例外地都把冒烟的烟

图 3.1　20 世纪初"美丽的曼彻斯特"明信片（斯蒂芬·莫斯利收藏）

囱与健康的贸易状况、人们稳定或不断提高的生活水准和个人幸福联系在一起。当查尔斯·狄更斯让自己塑造的焦炭城约瑟亚·庞德贝（Josiah Bounderby）开口说"首先您看到的就是我们创造的烟尘。其实，它是喂养我们的肉和饮料，从各个方面看，尤其是对于我们的肺来说，它是世界上最有益健康的东西"[22]时，已经不无讽刺地捕捉到了那个时代的精神。尽管曼彻斯特的制造商、政治家和工人大多愿意在发展和繁荣的名义下容忍被污染的空气，但少数活跃、有影响的环境改造倡议者还是对民众认为烟尘就是经济和社会进步的信念提出了质疑，并且采用他们自己引人入胜的故事来进行反击。

第二个赋予烟尘制造象征意义的故事线索反映的主要是中产阶级受过教育的职业精英分子的价值观和信念。这些中产阶级职业精英并没有简单化地把烟尘视为繁荣和进步，而是把含硫黑烟视为浪费和低效的"野蛮"表现。医生、科学家、律师、牧师、建筑师和其他新出现的职业精英分子，与曼彻斯特多个领头的商人和工业家一起促成了这种怀疑论的替代故事。从 19 世纪 40 年代开始，很多环境改造倡议者紧密团结在一起，在曼彻斯特创立一些反烟尘社团，其中就有成立于 1876 年的曼彻斯特烟雾预防协会以及曼彻斯特和索尔福德有毒雾气消除协会（MSNVAA）。反污染积极分子通过举行公开的反空气污染集会，定期邀请权威"专家"举行专题讲座、检测和展示消烟技术以及在报刊上公开发表文章和书信等方式，对曼彻斯特根深蒂固的"生产性"烟尘文化价值观和信念发起了挑战。[23]根据这个故事线索，煤烟意味着在有利可图地利用宝贵、有限的自然资源方面遭遇了失败，还意味着对不可再生能源不计后果的浪费。烟尘意味着对城市建筑物和绿地外表造成毫无意义的损毁和破坏，导致了不必要和可预防的生命和健康损失，最后对于曼彻斯特、英国乃至整个大英帝国来说代表着一种严重的威胁。"烟尘与浪费是同义词"的叙事是对由烟尘污染提出的两难问题的一种更加强烈、复杂的回应，但却只能通过数量少得多、阅读量通常较小的文本来传播。虽然以下内容是根据一些大众阅读量不大的资料来源重构的，但是，这些故事还是在地方和全国性新闻媒体上广泛出现。

新兴工业城市工厂高耸的烟囱很快就廉价地把烟尘送到了我们头顶上空"广阔无垠的大气洋"。在这"大气洋"里，烟尘又被视为不充分燃烧的产物，将在离市区"安全距离"的高空无害地排放和飘散。[24]然而，随着东南方向的兰开夏郡和其他地方浓烟滚滚的工业城镇数量的增多，这个污染物净化系统产生了把问题从一个城市转移到另一个城市的不利影响。对这种难堪情况的最早回应就是呼吁经济理性的回归。在消烟倡议者看来，空气污染的破坏性结果不亚于一种沉重的地方税。[25]1842年，曼彻斯特烟雾预防协会的一位著名成员、制造商亨利·霍尔德斯沃斯（Henry Houldsworth）计算了曼彻斯特居民为洗澡、清洗衣服、家具和房屋以及保持人体、衣服、家具和房屋清洁所花费的经济成本"每年不低于10万英镑"——毫无疑问，维多利亚时期环境改造倡议者们为证明空气污染的危害进行了多方面的努力，其中最重要的努力就是试图通过成本效益分析来说服人们减少市区空气污染。[26]气象学家罗洛·拉塞尔（Rollo Russell）在1889年完成的成本效益分析中列出了烟尘导致伦敦遭遇了大约24种不同形式的损失或者危害，包括全年因阳光损失而为照明额外多用的煤气，患病导致的工作能力减弱，对树木、花卉、蔬菜和水果造成的毁灭性伤害。虽然他没有把那些相当有钱的人为了躲避烟尘搬离城区所造成的影响这样的"不确定项目"包括在内，但是，总代价仍然高达5 200 500英镑。[27]到了20世纪的头几年，据曼彻斯特空气污染防治顾问委员会报告，曼彻斯特的烟尘已经造成该城业主每年支付的额外洗刷费用不少于242 705英镑。该报告还称："不但黑烟本身意味着浪费，而且还会导致进一步的浪费。人人都知道黑烟危害多多，但一般都不知道它会造成如此大的危害。它就像是一种所谓的'黑烟税'，每个生活在曼彻斯特的居民都要缴纳这种税收……黑烟不但意味着美学上的损失，而且还会造成经济上的损失。"[28]

煤烟同样还被视为制造商明显没能通过高效燃烧煤炭经济地利用国家煤炭资源的结果。由于曼彻斯特反烟尘活动推动者声称，采用改进后的机械化燃料技术，就是用平常心使用传统炉子也可能意味着大幅度的经济节约，因此，烟尘控制不断被作为一个对于工业企业主有价值的商业命题提出。按照认为黑烟就是浪费的故事,黑烟云不亚于不必要地把英镑从曼彻斯特的烟囱抛向天空。到了19世纪中叶,《泰晤士报》把充斥烟尘的城市空气说成是一个广阔无垠的"空中煤田"。[29]

由于不断有人严厉批评不负责任地损耗有限的自然资源的行为,因此,对浪费燃料的经济担忧在19世纪中叶以后有增无减。著名的卫生改革倡议者尼尔·阿诺德(Neil Arnott)医生悲愤地谴责对英国煤炭资源的浪费和滥用:"煤炭是我们国民财富的一部分,一旦被耗用,就绝不能像谷物或者任何工业产品那样可以再生或者替代……不经济或者不必要地消费煤炭,不但是浪费,而且还是对子孙后代犯下的严重罪行。"[30] 1850年,德国物理学家鲁道夫·克罗修斯(Rudolph Clausius)提出了热力学第二定律,并且表达了一切能量都会随着时间的推移而分解和扩散,最终会永久性地消散的思想。[31] 随着熵过滤思想进入公共领域,环境改造倡议者们不断敦促那些把国家煤炭资源当作用之不竭的资产来对待的工业家们爱惜当时已经被认为是有限的燃料资源。家里冒烟的壁炉的低效率也没有逃过那个时代环境改造倡议者们的责备,据约翰·佩尔西(John Percy)1866年的估计,"常见的家用壁炉燃煤能产生的热能有7/8甚至更多未被利用就被从烟囱排放出去"。[32] 拉塞尔甚至主张地方政府应该对采用敞开式壁炉"浪费燃料的住户"开征一种惩罚性税收。[33] 到了19世纪60年代初,有人对英国的煤炭供应能维持多久这个问题表示了严重的关切,如威廉·阿姆斯特朗(William Armstrong)爵士在他呈递给英国能源协会会长的报告中表示,英国的煤炭储量也许只能再维持212年。1865年,经济学家W. 斯坦利·杰文斯(W. Stanley Jevons)在估计英国煤炭储量也许最多再维持一个世纪就会耗尽以后把这方面的担忧提高到了一个新水平。[34] 从此经常有人提到英国未来的实力和繁荣受到了威胁这个问题,而且这个问题明显构成了杰文斯研究的一个重要特点。"当我们的主要燃料枯竭时,我们的炉火将会熄灭,"杰文斯写道:"英国就会变得像她以前那样渺小,而她的人民又会因朴实无华、吃苦耐劳的品质,而不是因为辉煌的成就和一往无前的闯劲而与众不同。"[35] 有人认为,如果不爱惜煤炭这种工业和帝国实力的主要来源,那么,英国和曼彻斯特除了逐渐衰败、平庸无为外别无其他希望。

在19世纪的最后25年里,把烟尘与资源浪费联系在一起的观点经常见诸英国大众报纸的报端。1889年,《曼彻斯特卫报》详细报道了一次在市政厅前举行的反烟尘污染公开集会,会议表达了这个故事情节的主题。据报道,塔顿(Tatton)的埃杰顿(Egerton)勋爵主持了这次集会,他在会上宣称,"烟尘消费"也许使曼彻斯特人"赚到了金钱",但他们"必须被告知……为了他们的利益必须告诉他们排放在空气中的烟尘是对理应在炉膛中燃烧的碳的一种浪费"。曼彻斯特西北区下议院议员 W. H. 霍尔德斯沃斯（W. H. Houldsworth）爵士在这次声势浩大的集会上宣称，"他个人认为，烟尘消费和预防是经济的……因为他们希望阻止的黑烟是白白排入空气的实实在在的力和能"。[36] 空气污染越来越被诋毁为"野蛮和不科学"的行为，而读者们也经常遭到把冒着烟的烟囱作为金钱、能源和自然资源浪费表征的表现手法的"狂轰滥炸"。

烟尘对曼彻斯特居民造成的危害是黑烟浪费叙事的一个重要组成部分，而且也是一个随着19世纪的过去日益显示这种叙事决定性优势的组成部分。早在1659年，约翰·伊芙林（John Evelyn）就在他的宣传小册子《英格兰的一个特征》（A Character of England）里谈到过当地烟尘对人体呼吸系统的不利影响。他在这本小册子里指出，"有害的烟雾被吸入人体以后……必然会侵占（伦敦）居民的肺气泡，因此咳嗽和肺痨不会放过任何一个人"。[37] 对烟雾缭绕的大气条件会导致生病的担心直到1842年成立曼彻斯特烟雾预防协会后才明显浮出水面。例如，牧师约翰·莫尔斯沃思（John Molesworth）告诉1843年成立的烟雾预防特别委员会说，充斥烟雾的空气"无疑是不健康的"，并且"必然会导致生病"。[38] 消烟运动出现在"英格兰状况"问题正吸引大量注意的时候，公共卫生改革倡议者们收集了与英格兰城镇不洁水供应和不适当的排放系统有关的大量触目惊心的统计数据。[39] 数值数据被用来把空气污染与市区贫民窟慢性呼吸道疾病尤其是支气管炎的发病率联系在一起，有一份报告显示，1869~1873年，威斯特摩兰（Westmoreland）呼吸道疾病患者的平均死亡率只有2.27/1 000，整个英格兰和威尔士是2.54/1 000，索尔德福是5.12/1 000，而曼彻斯特则高达6.10/1 000。到了1874年，呼吸道疾病患者的死亡率在曼彻斯特上升到了7.70/1 000，从而导致这份报告的起草人下结论认为"曼彻斯特受呼吸道疾病的影响比英格兰的任何其他城镇都严重"。[40] 1882年，据曼彻斯特与索尔福德卫生协会会长阿瑟·兰塞姆（Arthur Ransome）计算，在之前的10年里，曼彻斯特和索尔福德大约有34 000人死于"肺病"。兰塞姆认为，烟尘污染是一个导致这么多人死亡的显著——但可预防的——原因，消除烟尘污染有"可能挽救下一代人很多有用的生命"。[41] 烟尘导致的对健康风险的担忧也经常用相似的语言向那些报告随便滥用矿产资源的人士表达。

当时就和现在一样，改革倡议者们一直用新的呼吸道疾病死亡率来引起公众注意空气污染问题。虽然19世纪在改善环境健康和降低"由污秽物引起的疾病"（如霍乱、伤寒）的死亡率方面取得了很大的进步，但是，死亡率统计数据并不能最后明确证明生病与新出现的烟雾之间的关系。呼吸道疾病死亡率不断上升,也与其他导致疾病的环境因素有关,如潮湿、住房拥挤。虽然空气污染的"数量改革"因低效而令人失望,但越来越多的有识之士为了唤醒公众道德情感而满腔热情地奔走相告。例如,社会党人爱德华·卡彭特(Edward Carpenter)动情地写道:"任何见证过……烟雾在晴朗无风的日子里滞留在谢菲尔德(Sheffield)或曼彻斯特等城市的情形——可怕的密不透风的乌云遮住了阳光,连鸟儿都停止了歌唱——的人都会寻思人类怎么可能在这样的状态下生活……工人这个造就我们国家富人的阶层在他们辛勤劳作的恶劣环境下成千上万地窒息死去。"[42]

在19世纪的最后25年里,烟尘明显作用于曼彻斯特发病率和死亡率的想法终于扩散到了医学界以外,并且引起了比较广泛的共鸣。这种想法也成了公众城市空气污染话语的一个重要组成部分,就如以下这封致《曼彻斯特卫报》的读者来信中所说的那样:

"曼彻斯特这座伟大的城市陷入了一个我们王国最有害健康的城市之一这个不值得羡慕的境地。祸害不用到远处去寻找。在我看来,它们主要是由烟尘这个妖魔和有毒雾气造成的。关于这个公害,我们已经写得或者说得如此之多,本人已经找不到新的东西可以补充,因此只能希望那些肩负着守卫公众健康责任的人士能够忠于职守,并且行使手中掌握的权力去消除这个正在杀害我们儿女——我们国家未来的栋梁之材——的妖魔,并且让他们呼吸纯净无毒的空气……应该为还帝国第二大城市本来面貌——健康、欢乐,而不是像现在这样有害健康、令人沮丧——做一些事,这已经到了刻不容缓的地步。"[43]

给曼彻斯特和其他烧煤城市披上面纱的烟尘污染并不是一个值得庆贺的因素,而应该被作为棺罩展现在公众面前(图3.2)。但到了19世纪最后10年,关于烟尘对健康明确影响的担忧应该仅仅局限在致命的呼吸道疾病不断增加的范围内。

曼彻斯特上空的含烟空气挡住了阳光,而"这种对日光"的破坏不免令人担心烟尘污染会导致城市劳动力总体身心健康状况恶化这个在19世纪争论不休的问题。早在1876年,英国科学促进协会会长托马斯·安德鲁斯(Thomas Andrews)博士曾经指出:"毫无疑问,笼罩在我国大城市上空的烟雾往往会导致我国人民身体状况的恶化。"阿瑟·兰塞姆在1882年表示,城区终年不见阳光会导致"我国城市居民脸色苍白,并且看上去身体不健康、发育不良"。在一篇题为《烟雾及其对健康的影响》(Smoke and Its Effects on Health)的文章中笔名为"卢克丽霞"(Lucretia,罗马传说中的贞妇名。——译者注)的作者还讨论了反空气污染叙事的另一个维度:直接由曼彻斯特冒烟烟囱导致的城市人口

图 3.2 烟雾这个妖魔(1893 年),转引自罗伯特·巴尔(Robert Barr)的"伦敦的厄运",《闲人》(第二卷)(*The Idler*,1893:7)

身心健康状况恶化威胁着曼彻斯特本身的生存:

"身材矮小、面黄肌瘦的工作人群出现在我们中间……就像生活、吃喝并且存在于大城市低层阶级的那种类型的人,他们身心健康状况的恶化这个既成事实,肯定动摇了达尔文'适者生存'理论的基础……解决曼彻斯特的含烟空气问题并不是全部的希望所在……净化空气只不过是那个时代最大的需要之一,我们也确实应该考虑这个问题……从社会、物质和商业的角度看,曼彻斯特繁荣现在面临巨大危险的明证,就是一般市民大众对'烟尘公害'的漠不关心。"[44]

反污染叙事也非常重视市民大众已经能够感觉得到的道德堕落。有人指出,"英国数十万儿童目前正在没有机会接触绿地,不认识花卉树木,更不知道森林,蓝天因煤烟(包括所有可怕的物质)而变得黯淡,既没有娱乐场所又无音乐厅,除了酗酒没有其他乐趣的条件下长大成人"。[45]还有人认为,为了弥补当地糟糕的环境条件——在死气沉沉的工业城市里见不到阳光、自然色彩和植物,很多工人阶级成员只能把有限的钱财浪费在"平庸"的娱乐活动、赌博和酗酒上,这就是贾斯蒂斯·戴(Justice Day)先生的名句"曼彻斯特最没有希望的出路"[46]所描述的情景。

这个故事在 1899 年开始广为传播。那年,在曼彻斯特 11 000 个自愿服兵役参加布尔战争的男青年中,"有 8 000 人身体不合适扛枪和承受高强度的训练"。然而,担忧并不止于此。即使在 3 000 个被接受入伍的青年中也只有

1 200人被认为"比较"合适。[47]在布尔战争中,城市兵被认为表现不如农村兵。布尔战争结束以后,英国消烟联合会曼彻斯特与索尔福德分会秘书长弗瑞德·斯科特(Fred Scott)警告称"烟害"严重危害了国民的健康,"削弱了为世人所知的最伟大殖民和征服种族的伟大遗存"——我国男子的阳刚之气。[48]大英帝国的帝国主义民族精神就是建立在这种阳刚之气上的,而烟尘污染则被认为严重阻碍了"一个立志要以一国之力与世界其他国家一争高低的具有男子气概、精力旺盛、健康进取的种族"[49]的发展。改革倡议者们把英国殖民者描绘成身体日衰、四肢还健全的人,并且对政府继续允许煤烟污染空气的理念提出了严重的质疑。从19世纪80年代开始,烟尘污染治理倡议者的叙事反复强调城市低层阶级健康状况的恶化,烟尘污染动摇了公众对曼彻斯特、英国乃至整个大英帝国未来生机勃勃的信仰。宣扬曼彻斯特这个被烟雾困扰的城市严峻的未来愿景,就是要反对为一个不受烟雾困扰的曼彻斯特建构的"令人失望"的故事情节。

  这种质疑烟尘的怀疑论故事情节也有力地抨击了烟尘对曼彻斯特最新树立的"建筑美"造成的严重危害以及对曼彻斯特植物造成的大规模摧毁。19世纪40和50年代见证了公民自豪感的花朵在英国竞相绽放。在19世纪下半叶,英国各地不但大兴土木,修建了大量的名胜般的市政厅、公共图书馆和城市艺术画廊,而且还建设了很多公园,种植了来自一个蒸蒸日上的帝国各地的花卉树木。无论是在艺术、建筑领域还是在公园和植物观赏园,重点都放在了景观上,而曼彻斯特制造业和商业中产阶层的远大抱负在公共建筑物上找到了表达的地方,如阿尔弗雷德·沃特豪斯(Alfred Waterhouse)设计的新哥特风格的市政厅,耗时9年,造价100万英镑。不管怎样,曼彻斯特城的建筑被建筑师托马斯·沃辛顿(Thomas Worthington)誉为"北方的佛罗伦萨",它们是为了反映曼彻斯特不朽的城市"贵族"的成熟、力量和地位而设计的。但可惜的是,这些建筑的外表很快就开始变黑,建筑物上精工细作的石雕在半流体烟云的腐蚀作用下也很快开始风化。此外,由于酸雨问题,花草树木为了生存在曼彻斯特的公园和花园里苦苦挣扎,而绘画都被罩上了玻璃以免受含烟空气的侵蚀。人们对于肮脏的城市环境以及烟雾对自然环境造成的危害所表达的不满情绪,在19世纪40年代初已经显而易见。当时,《曼彻斯特卫报》发表社论对曼彻斯特奄奄一息的树木表达了不满,并且指出"多年来,烟尘污染一直受到谴责"[50]。维多利亚时期曼彻斯特的"丑陋"对于那个时代的很多人来说是一个敏感的问题,因为从美学的角度看,曼彻斯特被认为比不上伦敦、巴黎、罗马甚至佛罗伦萨等其他世界大城市。

褪色、腐朽的建筑物以及发育不良的植物是怀疑论烟尘叙事中反复出现的主题,而这些负面条件被认为可用来有效地宣传"浪费与美学和卫生背道而驰"。如果卫生统计数据不能证明烟尘与疾病之间的联系,那么,这部分故事的主线经常强调把烟尘对曼彻斯特砖石建筑和植物的显著危害性影响作为反映空气污染对人类健康可能造成危害的重要指标。曼彻斯特城雨水的高酸度是覆盖面不断扩大的烟云造成的一个直接后果,正在侵蚀曼彻斯特各墓地的墓石。因此,曼彻斯特市政会委员会委员约瑟夫·赫龙(Joseph Heron)爵士被迫发问"墓碑都被侵蚀得不成样子了,可以想象他们受到了什么影响?"[51]这只不过是当时一些人把发黄枯萎的植物形象作为常识性类比的一个小举措而已,目的是要揭露他们认为曼彻斯特市民受到了多么严重的影响。国家消烟委员会主任、《英国医学杂志》(British Medical Journal)主编欧内斯特·哈特(Ernest Hart)"非常认真"地就烟尘对人体健康的影响问题咨询了包括安德鲁·克拉克(Andrew Clark)爵士、威廉·格尔(William Gull)爵士、詹姆斯·佩吉特(James Paget)爵士、阿尔弗雷德·卡彭特(Alfred Carpenter)医生和曼彻斯特兰塞姆在内的当时医学界的主要权威人士,然后在1887年向烟尘公害消减调查特别委员会提交了以下证据:

"在19世纪的最后20年里伦敦排放的烟尘数量不断增加,从而导致市民的身体健康出现了可感觉到的差异,一种可根据某些生物学指标相当准确地测出的差异。例如,斯坦菲尔德(Stansfield)先生告诉我,就在几年前,王子们还能成功地种植玫瑰……但如今那里是不可能种活玫瑰了……就在当下,肯辛顿花园的最后一棵针叶松,我认为正在死去或者已经死去……所有健康生命的整个生命过程都会因为缺乏阳光的光化射线而提前结束;它们是被不断增多的烟尘杀死的,烟尘的不断增加就意味着儿童和成年人身体健康状况的普遍恶化。"[52]

环境改造倡议者们宣称,如果烟尘能够消除,城市的自然景象能够得到恢复,那么结果必将是城市劳动者变得更加幸福、健康和文明,艺术创造力和工业产出得到提高,生产标准也会提升,最后是曼彻斯特和英国将保住自己在世界上的地位。他们不断强调,恢复城市环境——净化空气、清除建筑物上的污垢和绿化城市——的投资也是一个增加城市公共财富的渠道。虽然新闻媒体对"浪费"叙事进行了广泛的正面报道,但是,这种叙事还是没能颠覆"烟尘就是繁荣"这种当时占据支配地位的文化神话。

到了19世纪80年代,一个世纪与冒烟烟囱生活在一起的体验赋予了"煤烟就是财富"观念一种文化永久性。烟尘与繁荣之间的相关性如此深刻地嵌入了英国北方工业社会的文化之中,以至于很多城市的居民往往想不到抱怨充斥烟尘的空气状况。新闻记者、社会党人艾伦·卡拉克（Allen Clarke）写到亲爱的工人阶级在博尔顿的成长时表示："我从小就生活在那里，是伴随着那里的丑陋一起长大的。因此，非常熟悉这种丑陋，而熟悉更经常会唤醒容忍心，而不是助长蔑视。我已经把那里肮脏的街道、烟雾弥漫的空气、浑浊的河流、大量的工厂、多病的工人作为必然、正常的东西来接受，而且甚至拒绝自然的东西，当然不会用挑剔、批评的目光去关注它们。"[53] 的确，令人沮丧的城市状况有助于英国城市居民产生并强化他们对能带来光明并营造愉悦气氛的燃煤明火壁炉的传奇般依恋。威廉·博恩（William Bone）教授在写英国国民对燃煤壁炉的偏爱时表示："一个生活在……终年不见阳光的阴郁天空下备受压抑的英国人……夜晚当然会在家里围着火光四射的壁炉来寻求慰藉，并且颇为不恭地漠视科学业余爱好者们把他们的减压方法谴责为奢侈的傲慢。"[54]

对于工人阶级来说，煤炭是一种生活必需品，而在街上捡到一块煤炭则被视为一种可靠的好运征兆。罗伯特·罗伯茨（Robert Roberts）认为获得食物和温暖是索尔福德贫民窟居民最关心的事，并且记下了他父亲店铺一名常客凯里（Carey）夫人常说的话，"吃饱穿暖就是我们想要的一切！锅里炖着羊头，院里堆着1英担煤炭，在冬天里还能想要其他什么？"[55] 凯里夫人问题的答案就是"有稳定的工作"，而这就是"财富"论叙事产生效果的原因所在。我们必须记住，城市居民体验到清洁空气的唯一机会不是商业萧条就是工人罢工的困难时期。他们的城市无烟环境遭遇无一例外的都是不幸，因此就不难理解曼彻斯特的市民为什么大多接受污染者们经常讲述的故事，他们宁愿坚持自己了解的真实情况。曼彻斯特的工人看到工厂冒烟的烟囱时并没有看到正在创造的财富，而他们家里的壁炉烟囱冒出袅袅青烟则意味着家境殷实。虽然两种故事有时都被大大夸大，但却承载着很多非常不同的烟尘污染本事，曼彻斯特的居民能够轻而易举地加以甄别。不管怎样，财富论叙事在城市工人们的眼里是最可信的，而且与另一论调的叙事相比处于遥遥领先的地位，因为工人们从自己亲身经历的痛苦遭遇中明白烟囱不冒烟就意味着强制赋闲、饥饿和贫困。

关于城市环境状况的讨论在很大程度上缺少了广大工人群众的观点。不管怎样，工人群众对于空气污染有自己鲜明的看法，有时他们——不仅仅在大众诗歌和流行歌曲中——也会流露出自己对英国北方工业城镇"烟尘公害"的看法。总之，我建议，曼彻斯特的工人采用分级法对相关故事的情节进行评价。有充分的证据表明广大工人群众也抱怨烟尘污染的有害影响，如曼彻斯特警察局前警察总监助理A.W.斯赖（Sleigh）队长告诉1843年的烟雾预防特别委员会说，"穷人们把烟尘污染看作一种非常严重的公害……就像全国人民一样。在我离开曼彻斯特之前,艾希莉(Ashley)爵士在那里待过一段时间,他邀我陪他去看看穷人的状况和其他一些问题。我们仔细察看了他们居住的所有地方,他们人人都抱怨烟雾问题"。[56]

身体状况不佳,徒劳地试图保持家里房间、家具和衣服不被烟灰弄脏,荒地寸草不长以及烟雾笼罩下的城市都是遭到工人批评的问题。但是,工人阶级无疑赋予制造商的主张更大的优先权。在制造商们看来,如果没有被他们与就业和经济福利联系在一起的工业烟尘,工人的境况就会更糟。对于消烟运动,工人阶级只给予很少的积极支持,这一点可用《曼彻斯特卫报》对由有毒雾气消除协会于1882年12月11日在布洛顿(Broughton)市政厅组织的一次公开集会所做的报道来证明。这次集会计划通过对索尔福德公司(Salford Corporation)施压来防止"在……周边不必要地排放黑烟"。《曼彻斯特卫报》报道称,"有很多工人参加了这次集会",但他们反对环境改造倡议者目的的态度很快就变得明朗。尽管他们最热烈地要求给予他们及其家庭"极大的重视:他们必须保持健康才可能持续赚到他们和家人所依赖的收入",有毒雾气消除协会关于烟雾有害的不同论点几乎没有给与会者留下什么印象。一项谴责索尔福德公司的决议在提交会议表决时被一个很大的多数所否决,结果只有4人投票赞成。投票结束以后,托马斯·霍斯福尔(Thomas Horsfall)代表有毒雾气消除协会责问"是谁下令不举手赞成这项决议的?是哪个经理或者工头?"愤怒的与会者立刻把霍斯福尔轰下了台。一名反对派的发言人、索尔福德公司卫生委员会委员乔治·琼斯(George Jones)在表示他"没有想到布洛顿有很多人对烟尘污染表示不满,并且遗憾地看到有人开始迫害制造商。如果制造商被驱逐出布洛顿,那么工人到哪里去挣面包?"[57]后,倒是获得了很多与会者的支持。

后来,环境改造倡议者们声称,"自会议开始以来,显然有很多工人进入了市政厅。他们是被派来捣乱的,不让有毒雾气消除协会实现召开这次会议的目的"。[58]无法知道这些工人是不是在雇主的强迫下参加了布洛顿集会,但动用任何强制手段的可能性似乎很小,因为工人无疑明白在这个问题上他们自己的利益是同雇主的利益联系在一起的。

没有一种空气污染观点能够压倒性地排斥所有其他观点。"财富"论和"浪费"论的故事主线是同一枚硬币的两面,因为在当时城市工业区的居民心目中,烟尘既好又坏。不过,简单明了、富有凝聚力的"财富"论叙事在大众文化中找到了可靠的落脚点,从而赋予它很大的影响力和忍耐力。更加零碎、科学的"浪费"论故事主线并非那么容易被工人阶级理解,因此没能复制或者严重撼动前一种叙事的权威性。相信这些不同知识主张的传播者们也影响了人们在没有保障的日常生活中就烟尘问题做出决策的方式。在周期性萧条的背景下,尤其是在大萧条的岁月里,雇主和雇员可能都有一种脆弱性有所增强的感觉,并且害怕变化和未知因素。随着棉花价格的下跌以及产量增长速度的放慢,英国的贸易优势面临越来越严峻的外国挑战,这也削弱了人们对曼彻斯特未来的信心。[59]"太阳没有光顾这一带,"1890 年一名工人对一名环境改造倡议者直截了当地说:"烟尘越多,这里就有越多的工作。至少,我们的主人就是这么说的。"[60]工人阶级怀疑并且不支持改革者们值得怀疑的倡议,因为他们的倡议有可能限制工业发展,并且危及工人们常常已经不稳定的生活。

曼彻斯特市民大多对烟尘并非漠不关心,但他们首先把烟尘当作"对工业焚香表示敬畏",其次才把它作为一种浪费的象征。尽管煤烟显而易见,但是 19 世纪环境问题的社会性和复杂性并不亚于今天看不见的空气污染物。"浪费"观叙事吸引了公众广泛的注意力,但没能攻克烟尘等于繁荣这个根深蒂固的文化神话的堡垒。维多利亚时期曼彻斯特的工人倘若被问及他们的生活目的,那么大多会给出明确的回答:壁炉里有熊熊燃烧的煤火,餐桌上有美味佳肴,还有就是物质生活水准的提高或者至少不下降。19 世纪末的曼彻斯特人就像他们 19 世纪初的先辈一样,仍然希望用这个城市成千上万的烟囱来衡量他们这个世界的生活状况。

• 注释:

笔者要感谢格雷格·迈尔斯(Greg Myers)、保罗·帕拉迪诺(Paulo Palladino)、托马斯·罗克拉(Thomas Rohkrämer)和约翰·沃顿(John Walton)对本文的草稿提出了有益的批评意见。

[1]"Prevention or Abatement of Smoke? Public Meeting at the Victoria Gallery," *Manchester Guardian*, 28 May 1842.

[2] William Cronon, "A Place for Stories: Nature, History, and Narrative," *Journal of American History* 28 (1992):1369.马滕·哈杰(Maarten Hajer)关于英国和荷兰环境话语权的最新研究[*The Politics of Environmental Discourse: Ecological Modernisation and the Policy Process* (Oxford:Clarendon Press,1995)]对本文也产生了影响。

[3]请参阅 Stephen Mosley:The "Smoke Nuisance"和 Environmental Reformers in Late Victorian Manchester[*Manchester Region History Review*,10 (1996):43]。

[4]*Manchester as It Is* (Manchester:Love and Barton,1839),36; Robert Angus Smith,"What Amendments are Required in the Legislation Necessary to Prevent

the Evils Arising from Noxious Vapours and Smoke?"*Transactions of the National Association for the Promotion of Social Science*(1876):518.

[5]请参阅 Alan Kidd,*Manchester* (Keele,England: Keele University Press,1993)。

[6]Leon Faucher,*Manchester in* 1844: *Its Present Condition and Future Prospects* (Manchester: Abel Heywood,1844),16; Napier quoted in Steven Marcus,*Engels*,*Manchester*,*and the Working Class* (London: Weidenfield and Nicolson,1974),46.

[7]Thomas C.Horsfall,"The Government of Manchester,"*Transactions of the Manchester Statistical Society* (1895—1896):19.

[8]William Cooke Taylor,*Notes of a Tour in the Manufacturing Districts of Lancashire*(London: Duncan and Malcolm,1842),22.

[9]John Harland, ed., Lancashire Lyrics: Modern Songs and Ballads of the County Palatine (London: Whittaker,1855),289—292.

[10]Richard Wright Procter,*Memorials of Manchester Streets* (Manchester:Thos.Sutcliffe,1874),40—42.

[11]Peter Fyfe,"The Pollution of the Air: Its Causes, Effects, and Cure," in Smoke Abatement League of Great Britain,*Lectures Delivered in the Technical College*,*Glasgow 1910—1911* (Glasgow: Corporation of Glasgow,1912),77.

[12]A. Romley Wright,"Cooking by Gas,"*Exhibition Review*,no.5 (April 1882):3.

[13]Robert Roberts,*A Ragged Schooling: Growing Up in the Classic Slum* (Manchester: Manchester University Press,1976),73.

[14]George Milner,ed.,*Poems and Songs by Edwin Waugh*(Manchester:John Heywood,n.d.),34—35.

[15]Ibid.,107—109.

[16]J.Ginswick,ed.,*Labour and the Poor in England and Wales*,*1849—1851: The Letters to the Morning Chronicle from the Correspondents in the Manufacturing and Mining Districts*,*the Towns of Liverpool and Birmingham*,*and the Rural Districts*,vol.1:*Lancashire*,*Cheshire*,*Yorkshire*(London:Frank Cass,1983),5.

[17]*Manchester Guardian*,20 June 1891.

[18]玛丽·道格拉斯(Mary Douglas)的研究为理解人们对脏乱的态度提供了很好的起点。Mary Douglas:*Purity and Danger: An Analysis of Concepts of Pollution and Taboo* (London:Routledge and Kegan Paul,1966)。

[19]"The Ugliness of Manchester,"*Manchester Guardian*,17 August 1887.

[20]Reuben Spencer,*A Survey of the History,Commerce and Manufactures of Lancashire*（London：Biographical Publishing,1897）,48.

[21]*Black's Guide to Manchester*（London： A.C.Black,1813）,1.

[22]Charles Dickens,*Hard Times*（Oxford：Oxford University Press,1989）,166.

[23]关于相关内容的综述,请参阅 Mosley：*"*Smoke Nuisance*"*（44－45）.

[24]例如可参阅 Peter Spence：*Coal, Smoke, and Sewage, Scientifically and Practically Considered*（Manchester： Cave and Sever,1857：21－22）.

[25]"The Smoke Nuisance,"*Manchester Guardian*,7 June 1843.

[26]"Prevention or Abatement of Smoke? Public Meeting at the Victoria Gallery,"*Manchester Guardian*,28 May 1842.

[27]Rollo Russell,*Smoke in Relation to Fogs in London*（London： National Smoke Abatement Institution,1899 ）,22－26.

[28]Manchester Air Pollution Advisory Board,*The Black Smoke Tax*（Manchester：Henry Blacklock,1920）,1－2.

[29]"London Smoke," *The Times*,2 January 1855.

[30]Neil Arnott,"On a New Smoke-Consuming and Fuel-Saving Fireplace," *Journal of the Society of Arts* 2（1854）：428.

[31]David Pepper,*Modern Environmentalism：An Introduction*（London：Routledge,1996）,230－233.

[32]John Percy,"Coal and Smoke,"*Quarterly Review* 119（1866）：451.

[33]Russell,*Smoke*,27.

[34]Brian W.Clapp,*An Environmental History of Britain since the Industrial Revolution*（London： Longman,1994）,152－156.

[35]W.Stanley Jevons, *The Coal Question*,3d ed.（1906; reprint,New York：Augustus M.Kelley,1965）,459.

[36]"The Prevention of Smoke in Towns: Meeting in Manchester,"*Manchester Guardian*,9 November 1889.

[37]John Evelyn,*Fumifugium*（1661; reprint,Exeter： Rota,1976）,prefatory notes.

[38]*Parliamentary Papers*（House of Commons）,1843（583）Ⅶ,qs.680 and 686.

[39]请参阅 Anthony S Wohl：Endangered Lives：Public Health in Victorian

Britain(London: Methuen,1984).

[40]*Manchester and Salford Sanitary Association Annual Report 1876* (Manchester: Powlson and Sons,1877),9.

[41]Arthur Ransome,"The Smoke Nuisance: A Sanitarian's View,"*Exhibition Review*,no.1 (April 1882): 3.

[42]Edward Carpenter,"The Smoke-Plague and Its Remedy," *Macmillan's* 62 (1890):204—206.

[43]"The Manchester Death-Rate,"*Manchester Guardian*,25 June 1888.

[44]Andrews quoted in Smith,"What Amendments," 537; Ransome,"Smoke Nu45isance," 3 ; Lucretia,"Smoke,and Its Effects on Health," *Exhibition Review*, no.5 (April 1882): 2—3.

[45]Fred Scott,"The Case for a Ministry of Health,"*Transactions of the Manchester Statistical Society* (1902—1903):100.

[46]Quoted in *Parliamentary Papers* (House of Commons),1904 (Cd.2175) XXXⅢ.Ⅰ,20.

[47]Carl Chinn, *Poverty amidst Prosperity: The Urban Poor in England, 1834—1914* (Manchester: Manchester University Press,1995),114.

[48] Scott,"Case," 99.

[49]Sir James Barr,"The Advantages,from a National Standpoint,of Compulsory Physical Training of the Youth of This Country," in *Manchester and Salford Sanitary Association Annual Report* 1914 (Manchester: Sherratt and Hughes, 1915),22.

[50]"The Smoke Nuisance,"*Manchester Guardian*,28 May 1842.

[51]"The Smoke Nuisance," *Manchester Guardian*,19 September 1888 and 3 November 1876.

[52]*Parliamentary Papers* (House of Lords),1887 (321) Ⅻ,q.338.

[53]Allen Clarke, *The Effects of the Factory System* (1899; reprint,Littleborough: George Kelsall,1985),38.

[54]William A.Bone,*Coal and Health* (London,1919),15.

[55]Roberts,*Ragged Schooling*,71.

[56]*Parliamentary Papers* (House of Commons),1843 (583) Ⅶ,qs.1553 and 1554.

[57]"The Smoke Nuisance in Broughton: Lively Public Meeting,"*Manchester Guardian*,12 December 1882.

[58]*Manchester and Salford Noxious Vapours Abatement Association Annual Report 1883*, in *Manchester and Salford Sanitary Association Annual Report 1883* (Manchester:John Heywood,1884),82.

[59]John Walton,*Lancashire: A Social History, 1558 — 1939* (Manchester: Manchester University Press,1987),chap.10.

[60]Hardwicke,D.Rawnsley,"Sunlight or Smoke?" *Contemporary Review* 57 (1890):523.

# 第四章

# 下风口山区高地

## ——兰开夏郡东南高沼地的酸害与生态变化

马修·奥斯本

## 高沼地下沉

本宁山脉(Pennines)高沼地(High Moorlands)区域曾经是英国最荒凉的无人居住区。虽然今天本宁山脉高沼地有了一定的人口密度,但有些地方依然方圆20平方英里内没有房子、围栏、树木、公路甚或小道。在这片开阔的荒野上仍有可能走上几英里见不到人烟或者有人经过留下的痕迹。大雨在毡状泥炭上开凿了一道道在当地被称为"印墨槽"的深渠,然后直泻到坚硬的岩石或者硬黏土上。每一块沼泽都是一个微型集水区(流域),无数的细流流入5英尺深、20英尺宽的水沟里。如果你直走半英里地,大概要跨越上百条这样的深沟,并且能够在这些沟壑暴露在外的侧面看到深褐色的泥炭,而散布在沟壑间的泥炭台地上覆盖着一层泥炭地特有的植物群。这种泥炭台地大多根本不适合放养像羊那样不挑食的牲畜。即使在农业和人口增长时期,这些高沼地也难以融入农业和游牧经济,因此,它们也一直没有因工业发展而有人来定居和开发利用。[1]

"沼泽"一词没有确切的定义,当然也没有任何科学或通俗的确切定义可用于各种不同的高沼地。高沼地在本宁山脉通常用来指称任何没有树木或养殖的大面积土地。沼泽地可以大到方圆数英里的一大块地,也可以小到几乎不比树林或田野中央一片草地大的一小块地;它们也可能已经干枯,或者散布着一汪汪水。即使在植物生物学中,"沼泽地"一词也定义模糊。兰开夏郡东南部被称作"高沼地"的那个区域位于把兰开夏郡与约克郡(Yorkshire)的西赖丁(West Riding)分割开来的本宁山脉中部。这个区域最适用沼泽地的植物学定义:一个特定的喜酸(嗜酸)泥炭植物群落。这部分的本宁山脉高原海拔起伏很大,从 500 英尺到 2 000 英尺不等。[2]

与它那未被开发、保持原状的自然区域的外表不同,高沼地的生态由于人类活动而严重退化。在过去的 200 多年里,本宁山脉由于工业和城市发展提高了兰开夏郡空气的酸度而发生了山体下沉。这个区域作为工业发达的兰开夏郡内陆地区的一部分,是一个通过空气污染与繁荣的下风口污染产生地紧密相连的被牺牲区域。去工业化和加强污染控制减少了二氧化硫的污染,但是,这些成就都被其他形式的酸沉降的加剧以及其他地区酸性降水的增加所抵消。[3]

在过去的 50 年里,烟尘污染监管已经减轻了一些烟尘对人体健康更加有害的影响。反烟尘污染运动与反烟尘污染立法的发展是与关于烟尘污染对人体健康影响的担忧紧密联系在一起的,而 1952 年 12 月发生的英国历史上最严重也是最致命的一次雾霾事件又大大推进了反烟尘污染运动与反烟尘污染立法的发展。结果,于 1956 年通过的《清洁空气法案》导致煤烟、颗粒物和一般烟尘污染水平显著下降。然而,就像很多人认为的那样,烟尘监管并没有解决酸污染问题。能形成酸污染的二氧化硫($SO_2$)和氮氧化物($NO_X$)仍在继续排放。脱去排放物中的酸性化合物要远比消除烟尘复杂,而且成本也高得多。这个技术难题、酸污染的不可见性、对人体健康影响的欠显著性以及酸污染的远程扩散力合并加大了妥善监管酸污染的难度。但是,这种形式的空气、水体和土壤污染会对下风口区域的生态造成严重的影响,尤其是在这些区域降水量又很高时。在地处曼彻斯特下风口的奥尔德姆(Oldham)周边地区,淡水生态系统的酸度由于煤矿和其他相关溢放口的排放而甚至比曼彻斯特更高。在较近的过去,监管酸污染的努力是建立在对大气化学和污染物远程扩散、生态以及我们通过采取行动改造环境的作用等更加综合的理解之上的。这种理解凭借对本宁山脉人类群落和自然群落的酸化研究已经获得了大幅提升。[4]

## 酸沉降

雨水是自然酸性的,水与大气中二氧化碳($CO_2$)均衡后会形成一种 pH 值约为 5.6 的稀释碳酸。低于这个 pH 值的雨水被视为酸雨。pH 标度是测量水中氢离子浓度的指标,pH 值 7 为中性,低于 7 的各 pH 值逐次偏酸。由于酸碱度标度是对数标度,3.6 的 pH 值比 5.6 的 pH 值要酸 100 倍。即使 pH 值的小幅下降也能对自然生态系统产生显著的影响。通过像火山喷发这样的自然过程,雨水的 pH 值也可能低于 5.6。而且,在某些地区,海盐把硫黄添加到空气中,并且能够提高自然酸度。不管怎样,这些自然形式的酸度分布相当均匀,但人类活动导致的酸度在历史上大多(占总数的90%)集中在北欧和北美东北部(在这些地区的某些小区域,人类活动导致的酸度更浓)。尽管自1956年以来,英国的硫黄排放量已经显著减少,但到了20世纪90年代末,英国东部雨水的平均pH值仍然低于4.3～4.4。[5]

酸沉降过程可能需要2天才能完成。干沉降是一种比较局部化的现象,酸通过与植物和土壤换气或者通过作为气溶胶或颗粒物渗入土壤的方式直接沉降。当时早就认识到处于下风口的兰开夏郡西南部产碱区的高酸会对自然系统造成危害,而这种沉降要对这种危害负责。干沉降容易迎合把污染视为局部现象的流行观点,并且是早期监管的对象。湿沉降作为一种远程送酸机制的作用要明显得多,而湿沉降是通过雨、雪、雾和低层云来完成的。引发最严重环境问题的酸首先是硫酸,其次是硝酸。在大气中,这两种酸以悬浮微颗粒物的形式存在,并且在湍流和全球环流模式的影响下飘移运动。这种运送方式允许酸在远离其产生地的地方沉降,并且合并发生缓慢的氧化过程。在缓慢的氧化过程中,酸的上述运送方式是高降水区形成高酸度的一个重要因素。虽然硝酸在酸沉降的历史上是一个较不重要的因素,但是,在过去的50年里,由于硝酸在内燃机高温环境下生成,因此,硝酸已经变成一种更加重要的酸沉降因素。

就如哈罗德·普拉特在本书中所证明的那样,酸雨对不同自然系统的威胁从R.A.史密斯(R.A.Smith)在19世纪50年代创造"酸雨"这个术语到今天始终是科学界关心的一个主题。燃烧煤炭和其他石化燃料总会导致一次污染物二氧化硫和氮氧化物的生成。这些污染物反过来又会与大气中的水分产生反应并产生二次污染物硫酸盐和硫酸、含铝复合物以及硝酸。从一次污染物到二次污染物特别是硫黄类二次污染物的转化过程可能需要几天时间。在转化过程中,污染物有可能被风吹到很远的地方。这是一个与烟尘公害不同的问题,这一点直到1956年英国《清洁空气法案》通过后很久还没有广为人知或者显而易见。在这之前,通常认为减少烟尘有可能解决空气酸度不断提高的问题。1984年由G.L.A.弗莱(G.L.A.Fry)和A.S.库克(A.S.Cooke)起草的一份自然保护报告提到了这个问题:"我们已经非常清楚地认识到工业造成的空气污染对像地衣、苔类植物和树木这样的生物体的影响,但是,这些影响基本上似乎都是由过去的'黑雨'和烟尘造成的,而不是可以见到的现在正在发生的变化所造成的。"到了20世纪80年代,这个问题所涉及的范围以及它的复杂性为国际科学界和政坛所公认。[6]

## 持续两个世纪的烟尘和酸污染

在说到曼彻斯特及其周边地区时,罗伯特·安格斯·史密斯在他1872年出版的书《空气与雨》(*Air and Rain*)中指出:"我并不是说所有的雨都是酸的,但一般来说,我认为这个城市的雨水大多是酸的。"[7]到了19世纪和20世纪之交,纺织厂、内河驳船、矿井水泵、啤酒厂、砖窑、机器工作以及(也许是最重要的)家庭烟囱排放出来的烟尘是由致命气体和颗粒物混合而成的一种黏稠烟灰物质。污垢和灰尘很快就成为这个地区生活的一部分。彼得·布林布尔科姆曾报告过,在人体健康和农业从属于取暖和工业需要的伦敦,早在17世纪末,空气中的二氧化硫平均含量就先于兰开夏郡达到了每立方米150微克的水平,而且至少到20世纪仍然维持着这个高点。我们来介绍一些有关这个问题的背景资料,每立方米低于80微克的年平均含量就被视为现代城市的最高可容忍水平。[8]人体健康和自然健康的从属性问题在整个工业化中的英国尤其是兰开夏郡东南部是屡见不鲜的。污染和环境退化推助了这个地区的工业化和城市化,而且在这个地处曼彻斯特下风口的高地就出现了一种"自激"现象。通过减少农业产量、杀死河滩水生生物以及毁坏森林和其他植被,污染导致这个高地各教区已经贫瘠的农业用地进一步被边缘化,并且把无土地者和无工作者推到业已退化、工资劳动是唯一救助手段的城市环境中。[9]

煤烟对距离曼彻斯特6英里、海拔约700英尺的奥尔德姆高地教区的降雨产生了实质性的影响。盛行风横跨爱尔兰海,并且倚本宁山脉而上,把大量的降水带到了奥尔德姆教区和附近的沼泽地。1901年,C.E.莫斯(Moss)在描绘本宁山脉西边一个悬崖的景色时写道:"死气沉沉的郊区田野构成了非常广阔的背景,而映入眼帘的是没完没了的细长、高耸的工厂烟囱不断地在向我们站立的岩石喷射着大量的浓密黑烟!"[10]这些黑色的浓烟从兰开夏郡的东部和南部越过本宁山脉高沼地,然后与约克郡西赖丁排放的浓烟混合在一起。这里的降雨量与这个地区的地形有一种密切但不断变化的关系。由于这里降水量充沛,大部分污染物随着自身从平原升腾到云层然后从云层不断掉落下来。陡峭的降水梯度从平原每年32~36英寸到山顶附近每年60~70英寸不等。奥尔德姆教区的最高海拔和最低海拔相差1 250英尺,降水量与气温也有相应的差异。奥尔德姆多山区域的年降水量从布鲁什斯·克劳(Brushes Clough)的46.9英寸到格林菲尔德(Greenfield)的57.4英寸不等。在距离奥尔德姆不远的瑞斯沃斯(Rishworth)和瑞鹏顿(Rippondon)沼泽地年降水量可能要超过100英寸。[11]

除了降雨外,雾滴和低云滴也含有高浓度的污染物。这些污染物一旦被风吹卷到山坡和高山上,就会沉降在土壤和植被中。即使在18世纪,我们也有可能被笼罩在烟雾中或者被"讨厌的雾"所吞没。早在1739年,这个地区就有人抱怨令人窒息的"厚烟层"。街道被盖上了一层烟灰,而穿在身上的衣服经常被弄脏。19世纪初,这里的状况就已经恶化,曼彻斯特城市群的不断扩大送来大量烟灰,并且污染了本宁山脉以及山脉那边的地区。这种烟尘越飘越高,量也越积越多,而奥尔德姆和曼彻斯特的其他卫星城市从中也起到了推波助澜的作用。[12]

在20世纪50年代颁行空气污染控制法之前,随着工业化水平的不断提高,每年的晴天数随着市区向农村的扩展而不断减少。19世纪初,曼彻斯特冬季的日照时间减少到了不到农村的一半。曼彻斯特市中心与柴郡(Cheshire)边远地区之间每年的日照时间差异高达300小时,越往本宁山脉,日照时间就越少。高沼地深处的小镇和被烟雾笼罩的山谷就成了天然的烟雾陷阱。在相对较少的天气晴朗的夜晚,冷空气不断注入这些峡谷和陷阱的烟雾中。到了隆冬时节,这些地方常常看不到黎明的迹象,有时中午的太阳也昏暗无光。当地排放的煤烟,再加上其他城镇煤烟的推波助澜,使得奥尔德姆这个估计英格兰阳光最少的地方黑暗期非常漫长。1914年一项对多个被污染城镇所做的调查显示,奥尔德姆的空气污染比曼彻斯特还要严重,并且在所有被调查的城镇中垫底(10月份每平方千米有29吨的烟灰、焦油和灰尘)。奥尔德姆的污染比伯明翰(每平方千米23吨烟灰、焦油和灰尘)、谢尔菲德(22吨)、曼彻斯特(20吨)甚至伦敦(22吨)这样的大城市还要严重。[13]

## 矿山排水和径流造成的酸害

显然,这个地区的烟尘污染负荷非常严重。不管怎样,作为19世纪地区煤炭市场的一个关键生产地,奥尔德姆不但受到燃煤的影响,而且还受到煤炭生产和相关酸性径流的影响。排水一直是早期煤矿长期没有得到解决的问题。矿井越深,渗漏就越严重。在奥尔德姆这个丘陵地区,横向挖掘的排水口和排水沟管常被用来通过重力给浅矿排水。这些排水口直径很少超过4英尺,要求附近地势能够自然排水并且低于坑槽。由于有这种地势的矿址很快就被选完,而煤炭需求仍不断增长,矿主们就求助于各种类型的水泵,最初是采用马拉水泵。但是,任何深度超过90～100英尺的矿井因为太深而不能使用马拉水泵。1712年以后开始改用纽科门(Newcomen)蒸汽机。平均而言,纽科门蒸汽机每小时每匹马力要消耗25磅煤炭。据估计，1台蒸汽机1年要消耗30吨煤。这种机器能耗大的缺点可通过安装在矿井口来弥补，这样就可节省机器用煤的运输成本，而这种机器的排水能力使得开采更深、更高产的矿井成为可能。虽然这种机器会产生大量的烟雾和烟灰，但只要烧无烟煤情况就有改观：无烟煤燃烧时比较干净，硫黄含量小，而烧无烟煤这种机器的泵送效率要低于烧烟煤。[14]这种技术（即把蒸汽机安装在井口）虽然笨拙，但便宜、有效。在纽科门的专利于1733年到期之前，兰开夏郡只使用一台这种机器。后来，这种机器被广泛采用，而且兰开夏郡的矿主都抵制改用更加有效、更加复杂的博尔顿—瓦特(Boulton-Watt)蒸汽机。[15]

1776年，第一台博尔顿—瓦特蒸汽机被用于矿井排水。这时仍有20台纽科门蒸汽机在兰开夏郡运行。博尔顿—瓦特蒸汽机的用煤效率要比纽科门蒸汽机高出一半多，前者还有一个优势，就是可用价格较低、含硫量较高的烟煤。这种煤炭在兰开夏郡东南部到处都是，但并不适合家庭取暖。虽然博尔顿—瓦特蒸汽机在用煤方面比较高效，但使用烟煤导致了更加严重的酸害和更加有害难闻的气味。到了1800年，各种类型的蒸汽机消耗的煤炭已经占到这个地区煤炭消耗的14%。[16]

对博尔顿—瓦特蒸汽机的广泛使用，连同这种蒸汽机可燃烧烟煤的能力，大幅度增加了排放到大气中的二氧化碳。不过，酸害不但由燃煤，而且还由煤矿排水造成。这种被污染的水直接与当地居民接触，由于在煤矿工作，他们常常要与这种水接触，并且还喝沉积在当地河道里的矿井径流水。煤矿的竖井经常被淹没在水中，而煤矿经常被作为水量充沛和取水方便的水井。[17]据矿业委员会1850年的一份报告显示，日常饮水供应受到了煤矿的干扰，而居民人口太多，不能获得适当的饮用水供应，除非建造新的水厂。煤矿径流水以及流经矿渣堆和煤矿的雨水与地下水也会对人体健康产生间接影响。一般来说，煤炭工业的发展在当地导致了严重的供水错位。饮用这种被污染水的健康风险似乎显而易见，但我们现在才比较详细地了解随时可能出现的微妙危险。[18]

水流经过煤矿和煤矿废弃物以后，水质就会大幅度下降。这种矿井排水方式造成的影响包括酸害加剧、悬浮物（颗粒）排放、离子和离子复合体在河流和河床的沉积以及由高酸条件下重金属可溶性提高而造成的重金属含量提升。[19]煤本身是一种褪色剂，而它的酚含量可能极具危害性。酚类化合物是一种被认为致癌的腐蚀性透明酸性化合物。据1620年的报道，在曾经拥有历史更加悠久、规模更大的煤炭工业的纽卡斯特(Newcastle)，牧场不时因煤矿造成水体污染而严重退化，以至于"牧场寸草不长"，而其他地方的牲畜也拒绝喝这种脏水或者吃被这种脏水污染的牧草。[20]悬浮物减少光渗透多达50%,从而也降低了光合作用强度,进而干扰了溪流和河流的天然自净功能。悬浮物通过附着在饵料生物上和导致植物因缺乏光源而丧失生命的方式对水产业产生负面影响。很多悬浮物还具有磨蚀性,只要有它们出现,就可能伤及鱼类和植物。[21]

这种径流水的高酸性对于水生生物甚至更具危害性。当淡水栖身地的pH值低于4.8时,鱼类族群就会大幅减少或者完全消失。这种危害主要是由鱼卵高死亡率导致的繁殖障碍和更敏感的幼鱼死亡造成的。突然注入低pH值水,无论是新的排水口排放污水还是暴雨过后出现大量的径流水,都可能杀死大批成鱼。[22]高酸杀死的第一批生物有些是分解有机物(如叶子或者落入水流中或者在水流中生长的死亡植物)的昆虫;这些无脊椎动物的死亡常常会导致植物生物量的增加,从而减少其他生物的可用氧气。水流中氧气的减少,连同离子(离子是酸矿径流的产物)的氧化作用,也可能对水流中的生命造成致命的影响。[23]

对于植物和动物以及食用它们的人来说,河流沉积物中的重金属含量有可能是危险的。这些金属和非金属物会自然发生,但会因酸性径流而从泥土中过度流失,一旦被排放到自然界就会对大多数植物和动物具有高毒性。表层捕食者(苍蝇及其幼体)往往通过生物浓缩过程来提高自身的金属和非金属物含量浓度,而捕食这些表层捕食者的动物通过生物体内积累(提高营养水平的浓缩)过程导致甚至更高的金属和非金属物含量浓度。关于受矿山径流污染的溪流和河流与未被污染河流比较的调查显示,被污染河流的生物多样性已经大幅下降。一般来说,生物体越高级,越容易受重金属的污染,而且会对人类产生明显的影响。[24]

当时,关于有毒金属对兰开夏郡东南部居民和动物造成影响的结论都是凭推测得出的,但它们在环境中的存在是确定无疑的。当时有可能发生由高酸导致的重金属污染,但我们无法知道污染的程度。鱼类一旦被作为蛋白质来源和奥尔德姆居民以粮食为基础的饮食的一种重要补充食物,那么就会像织布工威廉·罗伯汤姆(William Rowbottm)在日记中大量记录的素材所证明的那样,"巴斯克(Busk)的约翰·奥格登(John Ogden)于(1791年)7月6日在新贝利(New Bailey)因偷钓霍普伍德(Hopwood)的霍普伍德先生家池塘的鱼而犯了罪……他的儿子托马斯(Thomas)7月12日在同一池塘犯事……"[25]奥格登父子后来缴纳了10英镑的罚金被放了出来。1794年,"查德顿(Chadderton)的约瑟夫·李(Joseph Lee)和他的两个儿子因偷瓦特·霍顿(Watts Horton)爵士家的鱼而被抓了起来,约瑟夫被关在了兰开夏郡,而他的两个儿子被罚当兵"。[26]

这些偷渔行为以及其他涉及偷渔的行为之所以被记录了下来,仅仅是因为贵族起诉了偷渔者。捕鱼在当时可能是一种比现有记录所显示的更加重要的膳食补充方式。

比误食重金属更加严重的是威胁健康的有毒多环芳烃(PAHs)的产生。由燃煤或者通过径流产生和释放的多种多环芳烃是强致癌物,并且已知大面积、长期暴露在多环芳烃的环境中会导致各种不同的皮肤肿瘤。这些毒副作用最著名、最早有文献记载的病例就是18世纪末在清扫烟囱的工人和煤球制作工人身上发现的淋巴结核(阴囊癌)。在英国工业化地区的空气、土壤和植物表面都发现了多环芳烃,而多环芳烃在有关高沼地泥煤的文献中有很完整的记载。多环芳烃在酸雨形成过程中也扮演着重要的角色。碳氢化合物对于大气中通过光化作用形成的氧化剂来说是一种必要的先驱体。空气中二氧化硫和氮氧化物的氧化反应速度很大程度上取决于这些先驱体的浓度,而且也是车辆尾气排放监管对于控制酸害至关重要的另一个原因:内燃机向生物界大量排放氮氧化物和碳氢化合物。[27]

通过饮水进入人体的多环芳烃通常会侵入整个人体系统。不管怎样,那些吸入(多环芳烃累积的主要途径)和摄入人体的多环芳烃会在人体内累积。多环芳烃浓度的提高会导致病情加重和恶性肿瘤发病率上升。19世纪中叶,煤炭不完全燃烧是一种常见的普遍现象,从而导致飞灰颗粒(通常含有有毒重金属镉、钴、铜、汞和镍)中存在砷和铬,并且被人体吸入。在迈克尔·查德威克(Michael Chadwick)研究的9个国家中,英国煤炭的砷含量最高,而且通常远高于煤炭砷含量第二高的法国,英国煤炭平均每克含16.8微克的砷,而法国煤炭则平均每克含14.5微克的砷。拿砷含量高的煤炭作燃料,会污染处于下风口的植物和土壤,而人类有很大的危险通过摄入被污染的水和动物肉而发生砷中毒。[28]

虽然多环芳烃本身就是一种巨大的危险,并且对人体健康构成很大的威胁,但是,多环芳烃一旦与二氧化硫结合(经常会结合)就会变得更加危险。二氧化硫是一种高可溶气体,溶解后很快就会被吸入附着在呼吸道内壁上,而长时间接触二氧化硫被证明会导致支气管狭窄和哮喘病症状。这种影响本身很快就会起作用,而易感人群(包括老人和青少年)以及哮喘病患者只要接触到二氧化硫立刻就会中招。1952年伦敦雾期间,二氧化硫含量上升了7倍,而且二氧化硫含量的峰值正好与死亡率的峰值同时出现。慢性支气管炎与高度工业化和严重污染地区相关,并且还与二氧化硫含量相关。农村地区几乎完全逃过了此劫。肺癌、支气管癌和胃癌(后者与饮用被煤炭污染的水有关)也与高二氧化硫含量相关。二氧化硫会降低肺泡（肺部负责为血液充氧的部位）的碳颗粒廓清指数，而不可溶颗粒在肺部的累积会作为辅助因子引发支气管肿瘤。长期接触硫酸钠也会提高儿童急性呼吸道感染的发病率，并且也会导致成人慢性心脏病和呼吸道疾病的增加。据估计，光这些因素就会缩短人类平均寿命5～15年。[29]

据安格斯·史密斯估计，仅1851年一年，曼彻斯特及其卫星城市就消耗了200万吨煤。除了耗煤量巨大外，兰开夏郡煤的质量也对酸浓度起到了推波助澜的作用。兰开夏郡煤是大不列颠群岛所有煤炭中硫含量最高的煤之一（见表4.1）。[30]煤炭的高硫含量会在下风口降水的作用下转化为高酸浓度。根据安格斯的数据，19世纪中叶，虽然曼彻斯特降水的pH值只有3.5，但酸度仍比未受污染的雨水高出100多倍。[31]

表 4.1

| 地区 | 煤炭种类 | 硫含量(%) |
| --- | --- | --- |
| 兰开夏郡 | 烟煤 | 1.38 |
| 诺丁汉郡 | 烟煤 | 0.45 |
| 约克郡 | 烟煤 | 1.20 |
| 达拉谟郡 | 烟煤 | 1.00 |
| 苏格兰 | 无烟煤 | 0.10 |
| 南威尔士 | 无烟煤 | 0.70 |

煤炭开采和煤炭燃烧污染了土壤和植被，也污染了水体，并且对人类、动物和其他生命体的健康有了负面影响。它们的危害程度取决于颗粒物浓度以及受影响地区的特点。在安格斯进行这项研究时，"moorgrime"这个很可能已经使用了半个世纪的词在约克郡和兰开夏郡东部方言中变得流行起来。它是指在高地牧场羊群羊毛上累积的黑色焦油物。[32]由于19世纪和20世纪初采用了原始、燃烧不充分的方法，尤其是百姓家里采用明火壁炉，因此几乎可以肯定，这些方法对本宁山脉高地居民造成了严重的危害。本宁山脉的泥炭剖面表明，自19世纪初以来，烟灰和重金属（如铅）在泥炭中已经广泛累积；而苏格兰西南部加罗韦地区湖泊的沉积物记录显示，酸化是一个从19世纪中叶开始的连续过程。在被酸化以前，加罗韦（Galloway）地区湖水的pH值基本稳定在5.5～6.1。但到了20世纪80年代，加罗韦地区所有4个湖泊的水都被酸化，pH值已经低到0.5～1.3。这些高地历史悠久的酸沉降大大改变了那里的生态。尽管我们不断深入地了解到这些高地生态系统如何受到酸化的影响，而且对这个

问题的了解达到了前所未有的程度，但是，大概需要 200 年的"正常"降解才能把这些系统的酸度恢复到前工业时期的水平。[33]

## 酸化导致的高沼地生态变化

工业化期间，在区域性城市需求证明值得做出努力的地方，沼泽地农业就能获得快速的改进。然而，其他地方的成本效益较低，因此农业改良者不愿涉足本宁山区的高沼地。高沼地"多雨的气候"几乎是种植业和粮食生产不可逾越的障碍。就拿犁地来说，高沼地不太陡峭的坡地往往太湿。在海拔较低的区域，距离城镇较近的农业因煤矿废弃物累积和煤矿塌陷而受到了严重的危害。因此，这些沼泽地主要被用来放牧，但也有其他资源被开发利用。泥炭被开采用作燃料，欧洲蕨被用来铺牲畜圈、地板以及做屋顶，石楠属植物和荆豆也被用作燃料。对于农业改良者来说，天然的土壤酸性也是一个严肃的问题。高沼地的高降水量导致土壤中石灰质的快速流失，而排水性能差又促进了酸性泥炭的形成。这些区域的土壤大多在大量燃煤时期之前早就贫碱。在高沼地最高的高地上，有些地方的土壤层不但薄而且还多石，而另一些地方只有很生的薄土层，就是贫碱岩石上覆盖的一层薄薄的有机物。就像对于煤炭工业发展那样，交通设施对于高沼地仅有的那么一点农业来说也同样至关重要。它们不但促进了区域专业化，而且因为能够低成本运输为提高土壤肥力所需的污水、泥灰和石灰而得到了集约化利用。[34]

不管怎样，雨水是本宁山脉生活的一个重要组成部分，而且将近 200 年来一直是这里最重要的资源之一。横穿本宁山脉的运河是这个地区早期工业化的一个关键因素，而如果没有现成的水源，修建运河肯定是不可能的。在奥尔德姆 50～60 英寸的年降水量中，多达 60％的降水由于陡坡、不渗水的岩石和缺树而变成了径流。有时，一个通常降水量充沛的地方也会出现缺水期。到了煤炭工业和棉纺织业奄奄一息时，兰开夏郡本宁山脉高地成为英格兰开发利用最充分的水文区域。21％以上的可用降水量被汇集到高地的水库里，然后慢慢地排放。就在镇中心东北面的斯特瑞内斯达尔（Strinesdale）水库为奥尔德姆供水已有 150 多年。上面的水库于 1832 年建成，在 1842 年的全英地形测量报告中已经能够见到；而下面的水库晚 18 年建成。本宁山脉开阔的丘陵地带和大片的草原构成了这个水库的流域，梅德洛克（Medlock）河曾经流经这里。[35]

因海拔上升而在这里生成的云层由于位于污染物排放地的上空，因此含有较高浓度的离子。这些低山顶、海拔依赖型云层被称为"山岳云"。在本宁山脉,来自上层"种子"(seeder)云的降水"冲刷"着下层山岳"供水"(feeder)云,两者增加了降水量和到达地面的离子的浓度。这个过程被称为"降水量增加的种馈过程"(seeder-feeder enhancement),它在本宁山脉高沼地酸化过程中扮演了重要角色。[36]

种馈过程本身就可能导致大量酸性排放物在本宁山脉高地的沉积,但是,这个沉积过程在19世纪由于当地煤炭质量低劣而进一步加剧。这些排放物中的二氧化硫一旦在山岳云被污染的雾滴中氧化(摘去一个氧分子)或者从其他物质表面被吸纳就会转化成硫酸。奥尔德姆地区的高湿度非常有利于这个转化过程。[37]由于广泛的城市化以及这种历史悠久的大气污染,兰开夏郡东南部前工业化时期的天然植被现在已经所剩无几。在19世纪70年代,R.A.史密斯曾经指出:"在我国北方这个地区的气候条件下没有恢复植被的任何希望。"[38]虽然还有一些地方没有受到人类活动的影响,另一些地方因难以经济地开发利用而保存了下来,但是,即使这些地方的生态条件也已经发生了深刻的变化。

由于本宁山脉的高沼地基本上就是一个无树区,因此,酸害的主要影响明显表现为某些种类的苔藓和大部分地衣的消失。地衣是一个测量大气污染程度尤其是大气二氧化硫含量的极好指标。灌木状地衣只能生长在二氧化硫含量很低的地方,而多叶物种能够忍受较高水平的二氧化硫含量。[39]19世纪50年代,L.H.格林登(Grindon)曾经指出,"近年来,由于砍伐古树和工厂烟尘的入侵,地衣数量已经大幅减少"。[40]在过去的200多年里,本宁山脉的地衣区系已经发生了巨大的变化;而且,虽然烟尘排放后来有所减少,但地衣的消失因酸雨而仍在继续。1960年后的调查显示,在本宁山脉,肺衣属无根囊霉地衣已经完全消失,而早些的调查记录还证明有这种地衣存在。虽然这种地衣和其他物种在过去的50年里成功地重新移植到某些城市区域,但在一些边远山区,一些地衣物种仍然在消失。酸雨对在这个区域生态中苔藓的影响要比对地衣的影响更加严重。[41]

在过去的200年里,本宁山脉南部区域,特别是覆被沼泽区域的植被发生了巨大而又广泛的变化。本宁山脉南部区域雨水和径流水中的二氧化碳,由于限制了6种不同水藓物种的生长,因而导致了覆被沼泽几乎完全消失。泥炭在部分已分解植物依然累积在矿物质结构有缺陷的岩石或土壤基础上时业已形成,而这个组合过程由于持续降雨而完全浸泡在水中完成。这些条件在山顶高原完全相同,由这些条件造成的土壤低温和缺氧妨碍了细菌活动,结果就形成了一个重叠覆盖但不与其基层物质混杂的酸性有机物层。泥炭苔藓一般生长在海拔1 200英尺以上的高原上,但在有些地方也能够生长在海拔1 000英尺甚至更低的区域。在本宁山脉的这个区域,泥炭主要由从大约公元前 5 000 年以来累积的水藓残骸构成。

在这个区域的很多地方,由于降雨量较大,再加上土壤缓冲力较低,因此,酸沉降的影响更加厉害。到了 20 世纪初,峰区的很多泥炭喜爱型物种已经灭绝,如沼泽桃金娘科植物(香杨梅)、毛毡苔(drosera intermedia)、白鳞刺子莞(rhyncospora alba)和小羊耳蒜(listera cordata)。其他物种也被发现种群已经缩小,如沼泽迷迭香(andromeda polifolia),甚至连石楠花(calluna vulgaris)这样一种最著名的高沼地植物种群也已经变小。同样,在上本宁山脉沼泽地十分常见的草地不但从美学上看已经变得不那么赏心悦目,而且从生态学的角度看也因酸度提升而遭到了严重的破坏,草种也已经变少。[42]现在,羊胡子草成了方圆好几千公顷排他性优势物种。[43]草中叶绿素减少,从而导致这里的生态系统极易受到火灾、旱灾或过度放牧等的干扰。[44]这一变化是发生在泥炭上的,但明显与泥炭剖面出现的烟尘相关。这个地区长期承受的选择性压力导致只有少数耐酸物种保持住了优势,如泥潭区域的喙叶泥炭藓和羊胡子草。

有人可能会认为,覆被泥炭具有天然酸性,因此可以很好地适应酸性降水。可是,这是两种根本不同的酸。高沼地泥炭藓是与地下水和土壤中的酸一起进化的,而不是与降水中的高酸一起进化的。苔藓植物(包括苔藓、苔类和角苔纲等无花苔藓植物)最容易受到大气污染物的影响,因为它们由于土壤和水中的酸而已经适应吸取雨、云、雾中的水分。在这个非常潮湿、雨量充沛的地区,这些植物似乎已经进化得非常害怕缺水。由于这个原因,它们往往集聚在高降水区域;而在兰开夏郡东南部,这个原因导致它们濒临灭绝的危险。供水的酸度提高本身不会危害这些苔藓植物,真正对它们造成危害的是二氧化硫对光合作用的抑制。此外,烟尘污染在冬季是最严重的,而冬季正好是很多苔藓植物的生长季节。在 200 多年里,本宁山脉的这些植物种群养成了对二氧化硫的忍耐力。相关实验也表明,未受污染沼泽地的泥炭藓会被一定浓度的硫酸氯盐离子杀死,而在同样浓度的硫酸氯盐离子环境下,本宁山脉南部地区的泥炭藓不但能存活下来,甚至还能略有生长。这些泥炭藓品种在比较清洁的空气中处于竞争劣势,而它们的耐酸力可能已经导致它们丧失了其他良好的基因性状。[45]

## 进步与退化

越来越多的人意识到干沉降对于附近地区的危险,并且认为"稀释和驱散"策略能够终结这个问题,从而导致了甚至更加严重的国际危害,并且因此而认识到广泛存在的酸沉降问题。20世纪50和60年代,很多污染防治专家建议建造高烟囱来解决酸沉降问题。[46]烟尘污染可以控制,但有人认为无法经济地消除排放物中的二氧化硫。

由于空气污染被认为是一个局部问题,因此1968年通过的《空气净化法案》采纳了为工业燃煤以及液体或气体燃料修建高烟囱的建议。高烟囱造价要低很多,而且烟囱越高(超过100米),驱散污染空气的性能就越好。高烟囱的采纳极大地降低了当地地面二氧化硫的浓度,但也把二氧化硫远程扩散的距离延长了10%~15%(把沉降距离延长了大约50公里)。沉降距离的延长也许看起来并不会造成多大的影响,但却意味着这些气体已经很强的远程扩散能力的大幅度提高。目前,高烟囱排放的煤烟要占到英国煤烟排放总量的80%。也许,如果不造高烟囱,我们现在对酸性降水的理解就不会那么透彻,就如同这些排放物的沉降地(斯堪的纳维亚)就不会做那么多的开创性研究工作。[47]

当然,由于工业几乎已经停止使用燃煤,家庭的燃煤消费也得到了控制,因此,这个地区的酸雨空气污染不再像过去那样是一个严重的问题,从而允许像石楠属植物这样的酸敏物种重返本宁山脉海拔较高的沼泽地,尤其是铁路沿线排水较好的沼泽地和像位于奥尔德姆边缘这样的围垦地。然而,污染控制方面的一个典型问题就是对一个污染源的监管常常导致另一个污染源取而代之。高烟囱的推广也许解决了当地的干沉降问题,但却导致了山区高地甚至更加严重的酸沉降问题,并且大大加剧了酸性废弃物的国际输出。到了1979年,英国仍然是欧洲除苏联外的最大二氧化硫排放国。[48]以奥尔德姆的梅德洛克河为例,从20世纪50年代开始推行的无烟区对梅德洛克河造成了危害,因为剩余食物和卫生巾等物品常被作为燃料在家庭壁炉中焚烧,或者通过抽水马桶进入了下水道(这种过时的老式下水道无法处理大量的固体垃圾)。下水道一旦堵塞,就会发生像下暴雨时的情形,污水就会从备用下水道流入梅德洛克河,并通过150年一遇的暴风雨泻入山谷。[49]

由于二氧化硫排放减少了50%,因此,有些被污染的淡水湖泊和溪流显示出生态恢复的迹象。但现在,氮氧化物和氨成了主要的空气污染物和导致酸沉降的主要原因。汽车在英国受欢迎的程度不断提高,这又成了一个严重且不断加剧的问题。正如19世纪末、20世纪初排放控制的逐步进步被幅度更大的能源消费和工业增长所抵消那样,当前的污染防治工作的发展也部分被人均汽车保有量的增长和汽车依赖型发展方式的蔓延所抵消。在过去的30年里,汽车保有量稳步增长,在20世纪80年代创下了最大的增幅纪录。有车家庭的比例从1972年的52%上涨到了1981年的59%,到了1991年又上涨到了68%,而到了 2000 年再次上涨到了 73%。拥有 2 台或以上汽车的家庭占比从 1972 年到 2000 年上涨了 2 倍,也就是从 9% 上涨到了 28%。在近几年里,拥有 3 台车的家庭占比也从 1996 年的 4% 上涨到了 2000 年的 6%。英国、丹麦和比利时长途旅行的趋势表明,城市扩张在过去的几十年里推动了车辆尾气排放量的增加,因为人们开车行驶更长的路程,并且因开开停停而在路上花费更多的时间。[50]

汽车能够以两种方式促成酸雨。首先,英国超过 1/3 的氮氧化合物是汽车排放的废气,经过在空气中氧化后变成二氧化氮和硝酸。这些物质然后随废气有效地释放到雨水系统,并且会出现在被收集起来的降水中。其次,汽车在广泛分布的基础上向周围空气中排放氮氧化物和碳氢化合物,而一氧化氮和二氧化硫的氧化率主要取决于碳氢化合物的浓度。除硝酸沉积造成的影响外,硝酸盐也被证明会影响本宁山脉南部地区植物群落的生长。[51]在较近的过去(1995~1997 年),英国超过临界酸负荷的地区扩大到了占英国生态环境敏感地区的 70%。这个比例按计划到 2010 年要降低到 41%,而氮沉降是酸临界负荷超标的主要因素,并且到了 2010 年还将成为主要分量。[52]

## 结束语

在过去的 200 年里,干、湿沉降以及煤矿排水和径流中的酸对淡水生态系统和本宁山脉高沼地产生了巨大的影响。尽管工业活动有所减少,我们对酸害加剧因果关系的理解有所加深,但恢复之路并不平坦。技术变革只不过是把污染负荷转移到了别处而已,而不断增加的汽车使用量则导致了硝酸取代了硫酸。过去和现在都常见的一种污染现象是酸性化合物与碳氢化合物的结合。虽然国家和国际两个层面都对酸性物质排放实施了监管,但是,本宁山脉高沼地区域的生态恢复因降水仍呈酸性而任重道远。

最初是斯堪的纳维亚地区亮起了红灯,20 世纪 50、60 和 70 年代,酸雨会对湖泊和森林生态及其动植物群落产生负面影响这一点日益得到承认。到了 1972 年,在联合国斯德哥尔摩人类环境大会上,酸害被公认为是国际和全球性问题。国际和国家的政治压力最终导致英国采纳了一些旨在减少远程空气污染并扩展到减少酸雨污染的计划。1979 年,世界主要经济国家签订了《远程跨界空气污染防止条约》(Convention on Long-Range Transboundary Air Pollution)。[53]尽管 20 世纪 80 年代,撒切尔政府(联手美国里根政府)实施紧缩政策,但是,公众的压力以及充分的有关酸雨危害的科学证据促成了更加完善的监管和立法。1999年,英国签署了哥德堡议定书——《酸化、富营养化和地面臭氧消减议定书》(Protocol to Abate Acidification, Eutrophication and Ground-Level Ozone),答应到2010年实现二氧化硫、氮氧化物、氨、挥发性有机化合物年排放量不超过上限的目标。其他方面的重要发展就是要求到1993年在英国销售各种汽车的催化转化器,提前实施哥德堡协议减少大型发电站和汽车二氧化硫和一氧化氮排放的要求。

20世纪70和80年代的酸雨辩论与目前关于另一种看不见的化石燃料燃烧副产品二氧化碳($CO_2$)的辩论非常相似。根据这两个时期的辩论,预防原则可以作为一种行动指南。如果科学证据不充分,我们就不应该做任何导致现状恶化的问题。以上行动虽然是根据引人注目但并不充分的科学证据采取的,但对酸雨防治还是产生了重大影响。据国家跨界空气污染防治专家小组(National Expert Group on Transboundary Air Pollution, NEGTAP)报告,在过去的12年(1979~2001年)里,废气排放减少了50%。有些淡水生态系统已经开始出现缓慢复苏的迹象,并且有证据显示英国各地区植物多样性在不断提高。1986~1997年,英国的非海盐硫沉降减少了52%;同期,废气排放减少了57%。1986~1997年间,硫黄的湿沉降减少了42%,而干沉降更是减少了63%;同期,英国有记录的雨水酸度出现了实质性的下降(从50%下降到了30%),而氮沉降造成的潜在酸化影响现在已经大大超过硫沉降的潜在酸化影响。[54]

早年在兰开夏郡完成的研究大大加深了我们对含二氧化硫排放物和酸性降水影响的理解。到了1914年,系统放置沉降测量仪的重要第一步已经在曼彻斯特和谢菲尔德地区的很多观测点完成。在英格兰北部完成的大曼彻斯特酸沉降调查(The Greater Manchester Acid Deposition Survey, GMADS)提供了唯一的英国酸沉降长期连续观测数据。调查覆盖面积接近2 000平方千米,而居住人口超过280万。[55]

尽管我们对污染的认识取得了很大进步,废弃物排放大幅度减少,但是,本宁山脉高地酸沉降的复苏之路即使在最好的情况下也不会平坦。"非线性"这个术语被用来表示"随着排放量的下降,酸和硫浓度和沉降的下降率因时间和地点而异"这一事实。排放量减少50%,在有些区域意味着沉降减少70%(一般在东部地区),而在另一些区域则意味着沉降只减少30%(通常在西部地区)。显然,恢复过程并不一致。在有些地方,生态环境没有得到丝毫恢复。这些受到危害的生态系统即使真能实现化学和生物恢复,也是非常缓慢的。[56]

现在,与燃烧石化燃料相关的看不见的气体正在受到应有的关注。尽管我们非常清楚酸沉降的原因和结果,但是,经过200年时间完成的高酸性转化也需要200年时间相对正常的酸度才能恢复前工业时期的生态多样性和复原性。这就是全球气候变化被说成是一个"超级油轮"问题的原因。就像驾驶一条超级油轮一样，我们在改变航向之前首先应该清楚地知道要驶向哪里。现在，我们已经明确了前进的方向，那么就应该把油轮慢慢地停下来，调整好方向后慢慢地恢复到先前的航速。

• 注释：

[1]Tom Williamson, *The Transformation of Rural England：Farming and the Landscape 1700 — 1879* (Exeter：University of Exeter Press, 2000), 116; David Hey, "Moorlands," in Joan Thirsk, ed., *The English Rural Landscape* (Oxford：Oxford University Press, 2000), 189.

[2]Oldham Local Studies Center (OLSC), Fred J. Stubbs, *The Natural History of Moorlands*, Nature Study, 1.

[3]就像乔尔·塔尔(Joel Tarr)在《从历史学的视角探索最终的下沉——城市污染》(*The Search for the Ultimate Sink-Urban Pollution in Historical Perspective*, Akron：Akron University Press, 1996)中指出的那样，一个地区（一般是指本宁山脉高沼地和英国）的进步与另一个地区（斯堪的纳维亚）的退化相对应。

[4]关于较小范围的酸雨及其影响的短期调查，请参阅 Peter Brimblecombe："Acid Drops"(*New Scientist*, Inside Science, 150, May 18, 2002)。

[5]国家跨界空气污染环境组(National Environmental Group on Transboundary Air Pollution, NEGTAP)网址：http://www.nbu.ac.uk/negtap/docs/finalrep_web/NEGTAP_C ConcDep.pdf; G. L. A. Fry and A. S. Cooke, *Acid Deposition and Its Implications for Nature Conservation in Britain* (Peterborough[U.K.]：Joint Nature Conservation Committee, 1984), 1, 2。

[6]Harold Platt, "'The Invisible Evil'：Noxious Vapour and Public Health in Manchester during the Age of Industry," chapter 2 in this volume; The Watt Committee on Energy, *Acid Rain*, report #14 (Aug.1984), v; Fry and Cooke, 1.

[7]Robert Angus Smith, "On the Air and Rain of Manchester," *Literary and Philosophical Society of Manchester*, Memoirs, 2d series, 10 (1852), 207 — 217; Robert Angus Smith, *Air and Rain* (London：Longmans, Green and Co., 1872), 227.

[8]Peter Brimblecombe, "London Air Pollution," *Atmospheric Environment* 11 (1977), 1158.

[9]Robert Challinor, *The Lancashire and Cheshire Miners* (Newcastle：Frank

Graham,1972),242.

[10] C. E. Moss, "Changes in the Halifax Flora during the Last Century and a Quarter," *The Naturalist* (1901),99—107.

[11] T. W. Freeman, H. B. Rodgers, and R. H. Kinvig, *Lancashire, Cheshire, and the Isle of Man* (London: Thomas Nelson,1966),22—23; Leonard Kidd, *Oldham's Natural History* (Oldham: Oldham Libraries, Art Galleries and Museums,1977),8.

[12] 斯蒂芬·莫斯利在《世界烟囱：维多利亚和爱德华时代烟雾污染历史》(*The Chimney of the World: A History of Smoke Pollution in Victorian and Edwardian Manchester*, Cambridge: White Horse Press,2001)中非常详细地考察了这个问题；还请参阅 Watt Committee on Energy,3—4; Alfred Wadsworth and Julia De Lacy Mann, *The Cotton Trade and Industrial Lancashire: 1600—1780* (Manchester: Manchester University Press,1965),241。

[13] Kidd,8; H. H. Lamb, *Climate, History, and the Modern World* (London: Methuen and Co.,1982),333; Mosley,33,65. 缺少阳光的一个测量指标是佝偻病发病率。佝偻病是一种影响处于骨骼生长期的青少年的营养缺乏症，其临床表现就是骨骼柔软和畸形，其病因是由阳光照射不足或者维生素 D 摄入不足导致的钙和磷吸收障碍。利兹市 1902 年的一次调查（仅局限于本宁山脉背风面，这里的雨水少于奥尔德姆，而光照多于奥尔德姆）显示，较贫困地区有一半儿童患有佝偻病。这么高的佝偻病发病率很可能可归因于燃烧煤炭以及兰卡斯特已经非常阴暗、潮湿的天气条件。G. M. Howe, *Man, Environment and Disease in Britain* (New York: Barnes and Noble Books,1972),57; Freeman, Rodgers, and Kinvig,22.

[14] Michael W. Flinn, *The History of the British Coal Industry*, vol.2 (Oxford: Clarendon Press,1984),247; Peter Brimblecombe, *The Big Smoke* (London: Methuen,1987),98.

[15] Flinn,114.

[16] Ibid.,247.

[17] Kidd,8; John Benson, *British Coalminers in the Nineteenth Century* (New York: Holmes and Meier,1980),98. 在兰卡斯特西南地区的奥莱尔（Orrell）煤田，每年每英亩大约有 1 250 吨的水渗透到地下。鉴于奥尔德姆的降水量异常充沛（有些地方的降水量是奥莱尔煤田的 2 倍），因此，认为奥尔德姆的渗水量甚至更大并不夸张。Flinn,109.

[18] Benson,98.

[19] Roger Gemmell, *Colonization of an Industrial Wasteland* (London: Edward Arnold,1977),6; C. G. Down, *Environmental Impact of Mining* (New

York: John Wiley and Sons, 1977), 112.

[20]转引自 David Levine and Keith Wrightson: *The Making of an Industrial Society: Whickham, 1560—1765* (Oxford: Clarendon Press, 1991), 115。引自Public Record Office, Durham, 7/19, pt. I。

[21]Down, 109.

[22]Michael Chadwick, *Environmental Impacts of Coal Mining and Utilization* (Oxford: Pergamon Press, 1987), 308.

[23]David Shriner, ed., *Atmospheric Sulfur Deposition* (Ann Arbor: Butterworth Group, 1980), 449.

[24]K. Martyn, *Mining and the Freshwater Environment* (London: Elsevier Applied Science, 1988), 56; Down, 115.

[25]Manchester Central Reference Library (MCRL), *Annals …Rowbottom*, vol. 1 (1791), 10.

[26]MCRL, *Annals …Rowbottom*, vol. 2 (1794), 3.

[27]Watt Committee on Energy, 6.

[28]Chadwick, 235, 239, 177, 193.

[29]Shriner, 70, 91; Peter Brimblecombe, "Acid Drops," *New Scientist*, Inside Science, May 18, 2002, 150; Howe, 232; Chadwick, 247.

[30]Smith, *Air and Rain*, 228; Brimblecombe, *Big Smoke*, 66.

[31]Mosley, 34.

[32]Peter Brimblecombe, "Nineteenth Century Black Scottish Showers," *Atmospheric Environment* 20 (1986), 1057.

[33]Watt Committee on Energy, 16, 37; Fry, 8.

[34]这些酸性土壤对石灰的需要促成了一个大规模的石灰产业。18世纪末19世纪初建设发展起来的大型工业生产联合企业为农业和建筑业生产石灰。生产石灰用的石灰窑耗用了大量的燃料,而随着煤炭生产的扩张和成本的下降,煤炭工业获得了重大发展。运输网络的改善——修建了更好的道路和运河,最终修建了铁路——大幅度降低了运输成本。这一切都允许把数量更多的石灰应用于治理自然和人为的酸害,但同时也增加了本宁山脉高沼地降水量中业已很高的二氧化硫含量。Williamson, 119, 121, 124—125; Freeman, Rodgers, and Kinvig, 26, 103, 105, 109.

[35]Freeman, Rodgers, and Kinvig, 184.

[36]D. Fowler, I. D. Leith, J. Binnie, A. Crossley, D. W. F. Inglis, T. W. Choularton, M. Gay, J. W. S. Longhurst, and D. E. Conland, "The Influence of Altitude on Rainfall

Composition at Great Dun Fell," *Atmospheric Environment* 22（1988），1355－1362；T.W.Choularton,M.J.Gay,A.Jones,D.Fowler,J.N.Cape,and I.D.Leith,"The Influence of Altitude on Wet Deposition," *Atmospheric Environment* 22（1988），1363－1371；D.W.F.Inglis,T.W.Choularton,A.J.Wicks,D.Fowler,I.D.Leith,B.Werkman,and J.Binnie,"Orographic Enhancement of Wet Deposition in the United Kingdom：Case Studies and Modeling," *Water Air and Soil Pollution* 85（1995），2119－2124；Dore et al.,"An Improved Wet Deposition Map of the United Kingdom Incorporating the Seeder-Feeder Effect over Mountainous Terrain," *Atmospheric Environment* 26A（1992），1375－1381.

[37]Howe,34.

[38]Smith,*Air and Rain*,quoted in J.A.Lee,M.C.Press,C.Studholme,and S.J.Woodin,"Effects of Acidic Deposition on Wetlands," in M.Ashmore,N.Bell,and C.Garretty,eds.,*Acid Rain and Britain's Natural Ecosystems*（London,1988），29.

[39]Watt Committee on Energy,28－29.

[40]L.H.Grindon,*The Manchester Flora*（London,1895），转引自 J.H.Looney,and P.W.James,"Effects on Lichens," in Ashmore,Bell,and Garretty,14。

[41]Looney and James,16.

[42]M.Press,P.Ferguson,and J.Lee,"Two Hundred Years of Acid Rain," *The Naturalist* 108（1983），125－129.

[43]OLSC Stubbs,2；Chadwick,302；Shriner,428.

[44]Watt Committee on Energy,17.

[45]Lee,Press,Studholme,and Woodin,"Effects of Acidic Deposition on Wetlands," in Ashmore,Bell,and Garretty,28－29,32.

[46]Tarr,18.

[47]Watt Committee on Energy,12；NEGTAP,"Transboundary Air Pollution：Acidification,Eurtrophication and Ground-Level Ozone in the UK," Dec.10,2001,Concentrations and Deposition of Sulphur,Nitrogen,Ozone and Acidity in the UK.

[48]Fry,3.

[49]Geoffrey H.Peake,"Recreation and Environment in the Medlock Valley：The Role and Interaction of Statutory and Voluntary Bodies"（diss.for Manchester Polytechnic Certificate in Environmental Studies,June 1983），42.

[50]NEGTAP；Platt；Department of the Environment,Transport and the Regions（United Kingdom），"National Statistics：Living in Britain," 网址：http://www.statistics.gov.uk/lib/Section.html。

[51]Watt Committee on Energy,6; Lee et al.,33.

[52]NEGTAP,Recovery.

[53]Brimblecombe,"Acid Drops".

[54]NEGTAP,Recovery.

[55]Acid Rain Information Centre (ARIC),Manchester Metropolitan University,网址：http://www.ace.mmu.ac.uk/Resources/Fact_Sheets/Key_Stage_/Air_Pollution/contents.html。

[56]NEGTAP,Concentrations and Deposition of Sulphur,Nitrogen,Ozone and Acidity in the UK.

# 第五章
# 两次世界大战间的"烟城"

安吉拉·古格里奥塔

匹茨堡两次世界大战之间的故事是一种自觉变革叙事。[1]匹茨堡的居民、观察员和评论员们对业已完成的变革、预期变革和经受过考验的变革的竞争性主张进行了筛选。应该实施哪种变革，匹茨堡城市身份的哪些方面应该被视为不可改变的基本方面而哪些方面可以改变，哪些人将得益于所建议的变革等问题，成为引发当地冲突的主题。烟尘也因关于它的减少、保持不变或令人不快的缺席等不同的主张而变成了变革故事的主题。一些有关这个变革时期市民身份认同的问题，通过考虑烟尘与长期以来定义匹茨堡城的工业、劳动者群体、自然特征和技术之间的关系而得到了澄清。这个时期被称为匹茨堡后续复兴前的"黑烟时代"。但是，这些年见证了烟尘/空气污染防治科学以及环境和工业与城市特征重要方面间关系的重塑。

20世纪10~40年代，关于匹茨堡烟尘问题的讨论一直在成就观和控制观之间展开。[2]在第一次世界大战前夕，匹茨堡的很多重工业企业已经改进了燃烧技术，从而减少了烟尘排放。当地工厂由于自身的原因已经把污染严重的蜂窝炼焦炉改成了能利用废热的炼焦炉，而那些规模最大的工厂由于采用了自动加煤机而节省了燃料。在这种既成事实的背景下，匹茨堡的烟尘防治条例才于1971年扩展适用于全市工厂。[3]在第一次世界大战期间，运输困难和煤矿罢工促使联邦政府、各相关工业和文化评论员把希望寄托在其他燃料以及提高煤炭利用效率上。[4]

煤炭工业的萎缩改变了匹茨堡建立在这个产业上的城市基础。到了20世纪20年代，一些距离煤矿和廉价劳动力储备较近的新兴钢铁城市已经开始让匹茨堡黯然失色，就如同其他燃料对煤炭构成了威胁一样。匹茨堡当地和美国其他地方的一些作者通过考察自然与城市之间的内在矛盾来反映匹茨堡及其煤炭工业所面临的威胁。在1924年卡内基理工大学（Carnegie Tech）教授哈尼尔·朗(Haniel Long)撰写并发表在《国家》(The Nation)杂志上的短篇小说《匹茨堡如何重返丛林》(How Pittsburgh Returned to the Jungle)中,工业和污染在过度膨胀的城市与茂密的植被的串谋下被从城市驱赶出去。花卉的出现本身就足以把已经面临"加里、普韦布洛和伯明翰"(Gary, Pueblo and Birmingham)这3个"比他们身材魁梧的父亲更加强壮的年轻巨人"困扰的重工业赶出城市。这篇小说采用漫画风格讽刺了匹茨堡从经济上看愚蠢的环境改造目标,但也证明了自然塑造人类事务的力量。就像煤和水把这个工业城市塑造成当时的状况那样,植物区系最初虽然被用来为资本主义利润服务,但很快就在其自然力的作用下蔓延开来,并且还能使城市去工业化。[5]同年一名匹茨堡作家写了另一篇小说《匹茨堡的猫头鹰》(The Pittsburgh Owl),其内容超越了自然与工业之间的简单对立关系。故事的主人公努力让自己的丈夫相信她早晨有时听到的鸟叫声是猫头鹰——这种野生禽类能够生活在重工业城市里——的叫声,而不是卡车的喇叭声。《匹茨堡的猫头鹰》支持匹茨堡普遍存在的一种观点,根据这种观点,技术与自然的混合赋予这座城市独一无二的优势和持久力。[6]

　　匹茨堡与其建立在自然禀赋富足基础上的工业所面临的威胁进行了斗争,而作家们则关注自然和城市衰败之间的对立关系,那些关注消烟问题的作家从正面探索了历史间断性。他们声称,这座城市已经通过自己的努力获得了新生。1924年,匹茨堡的烟尘监察和梅隆工业研究所(Mellon Institute of Industrial Research)的空气污染研究员赫伯特·梅勒(Herbert Meller)声称,他供职的烟尘监管局自1914年以来已经减少了80%的烟尘。匹茨堡的各家报纸纷纷报道梅勒关于减少冒烟天数的讲话,但报纸更多是强调其他城市的空气质量与匹茨堡一样差。[7]成就论找到了很多感兴趣的受众。20世纪20年代,反对烟尘污染的争论变得比匹茨堡历史上任何时候都不那么政治味十足。反对烟尘污染不再是反对工业,因为看得见的工业烟尘按照1917年条例监管,而很多工业企业采用了具有经济吸引力并能消除烟尘的新技术。那个年代的工厂——至少在减少看得见的烟尘方面——被作为好的榜样向国内消费者介绍。[8]

　　面对梅隆研究所含糊不清的科研成果,成就论一直持续到20世纪20年代。1923～1924年,该研究所公布了它的第二项煤灰沉降研究成果。这家研究所的所长爱德华·韦德莱茵(Edward Weidlein)把这项研究成果作为他所领导的研究所在消烟研究方面高效、领先的证据来赞美,并且报告了焦油沉积显著下降。[9]然而,沉积颗粒物总量仍然超过1912～1913年烟尘沉降研究认定的水平。焦油很快就被阐释为代表看得见烟尘的单一组分,焦油含量的减少被用来证明消烟条例收到了效果。然而，总固体含量的增加以及两次烟尘沉降研究期间相关投诉依旧持续不断，这表明问题仍然存在。[10] 1923～1924年完成的烟尘沉降研究含糊不清的结论成为一种希望赞美匹茨堡消烟成功的人士和那些被匹茨堡消烟持续失败困扰的人士玩弄于股掌的柔性工具。[11]

长期以来，烟尘沉降研究一直是梅隆研究所烟尘研究的支柱项目。在1923～1924年的研究项目结束以后，梅隆研究所的研究人员一方面开始考察以批评的目光审视烟尘沉降的研究所采用的方法，另一方面又在推进这方面的研究。他们抱怨污染监管与污染监测之间存在差异：虽然烟尘沉降研究监测所有的固体沉淀物，但烟尘防治条例只监管浓烟。[12]在1923～1924年的研究结束以后，梅隆研究所的研究人员开始把他们的注意力转向了涉及面更广的空气污染问题——肉眼看得见和看不见的颗粒物和气体。梅隆研究所的研究人员承担了研究不同空气污染测量指标之间相关性问题的任务，但实际上就是给空气污染下可操作的定义。他们明确认为，空气污染并非只限于焦油。那么，想要定义空气污染，就应该在烟尘总沉降物中检测哪些物质呢？两次烟尘沉降研究都没有检测充分多的物质，而且是远远不够充分。虽然1912～1913年的研究把烟尘总沉降物作为烟尘检测的唯一指标，但从梅隆研究所最早完成的研究项目明确可知，一些气体连同一些颗粒物都应该为烟雾造成的很多危害负责。烟尘沉降研究甚至无法捕捉到烟雾中包含的所有颗粒物，而主要捕捉到了在距离污染源较近的地方飘落下来的重粒子。这些重粒子既不是最有可能致雾的物质，也不是——就如新的职业病学证据所显示的那样——最有可能损害人体健康的物质。此外，来自于很多非燃烧源的灰尘也会以它们自己的方式进入烟尘沉降物收容器。在梅隆研究所的研究人员看来，空气应该或者不应该含颗粒物的程度就成为整个20世纪30年代的一个核心概念问题。

解决这个问题的努力就成了对污染监管极限的界定。从1931年4月开始，梅勒提出了"卫生学意义上的纯净空气"[13]的概念——就像依靠先进的公共卫生立法和基础设施监管的食品和饮用水那样纯净的空气。空气要具有卫生学意义上的纯净度，就必须充分纯净，有益于健康，但绝对不是没有颗粒物。[14]梅勒20世纪30年代从事的研究旨在以健康效果作为污染监管的依据，并且着重关注源自于工业卫生学的最大接触或暴露标准这个概念。[15]在整个30年代，梅勒试图动员医疗资源来制定这些标准。[16]遗憾的是，持续的经济萧条中断了为尖端技术研究所必需的资金供给，而这些尖端的技术研究则是检测技术与健康标准设置间相关性研究所必需的。

为了弥补梅隆研究所的资金供给缺口，梅勒转而求助于工业界。然而，投靠工业界以后,实验和观测就被换成了没有多大价值的公关工作或者断断续续的企业资助项目,而这类企业资助项目有时会削弱而不是加强污染控制。梅勒和由无烟煤研究所派到梅隆研究所的公关专家L.B.西松(Sisson)负责普及消烟工作,以便"无烟煤领地"的所有城市等大萧条结束以后更有可能采纳更加严厉的烟尘监管标准,并推动对无烟煤的利用。1933年12月,梅勒和西松向无烟煤研究所的官员汇报了他们的使命——"重新让科学基金会为空气污染防治运动服务",因此必须为无烟煤提供扩大市场份额的空前机会。西松宣称:"无烟煤迎来了千载难逢的机会。"[17]

在无烟煤研究所的赞助下,公共关系的重要性超过了梅隆研究所的研究工作。与此同时,梅隆研究所的研究人员转而加强了20世纪30年代美国矿业局为了确定空气质量标准而支持开展的职业健康和安全研究。1935年,在企业的资助下,梅隆研究所设立了空气卫生基金会(Air Hygiene Foundation),并由梅勒担任基金会总裁。基金会自述的使命就是消除有害粉尘和烟尘,或者把有害粉尘和烟尘减少到安全的浓度,但它的工作重点是"区分事实和推测",并确定雇主的责任范围。空气卫生基金会要同时处理工业粉尘暴露和城市空气污染问题。[18]设立空气卫生基金会,就像是在为无烟煤研究所工作,也是梅隆研究所空气污染研究被企业利益工具化的一种表现,而基金会的工作就是要明确,现在还没有适用于室内空气的无颗粒物标准,更不用说适用于被污染城市的相应空气标准了。职业卫生研究人员感兴趣的是颗粒物或者颗粒物化学成分、大小和形状等造成的特定危害。研究发现,被认定会对健康造成危害的颗粒物含量在职业背景下要比城市空气的含量高得多。此外,空气卫生基金会实际是在致力于通过检测工业城市环境污染程度来限制企业对空气污染的责任。1936年在空气卫生基金会资助下雇用梅勒的冶炼公司高管高兴地获悉,匹兹堡空气的二氧化硫含量标准高于联邦政府为工厂周围空气制定的标准。在他们看来,获得这个信息本身就相当于他们在空气污染研究方面的投资获得了令人满意的回报。[19]

梅隆研究所以上问题的研究特点——为了特定的经济利益为虎作伥以及把政治意识形态工具化——引发了社会对匹兹堡当时的文化更具一般性的批评。20世纪30年代,匹兹堡社会的共识是,匹兹堡的变革时机已经成熟。现在有三种不完全独立的观点认为,这个时期可被视为匹兹堡历史的分水岭。其中的一个观点认为"匹兹堡的特殊工业成就,因而匹兹堡城市本身正面临威胁",并且与认为"面临这些威胁的城市可能通过技术和工作与自然结成的关系来加以抵制"的观念不谋而合。凭借全国性报刊的宣传[20],这种观点仍然是在上文援引的短篇小说中以及一首下文要讨论的描写萧条时期匹茨堡的诗歌中最明确地被作为例子来加以描述,而且通过发展监管程度更高的经济和承认新政所体现的劳动尊严与对变革的渴望联系在了一起。这第二种观点,即按照由激进的新政确定的方针改造匹茨堡的观点,在《哈珀周刊》(*Harper's*)1930年发表的文章《匹茨堡变文明了?》(*Is Pittsburgh Civilized?*)和下文要讨论的联邦戏剧计划剧目《大厦将倾》(*The Cradle Will Rock*)中得到了最明晰的阐释。[21]第三种观点把技术改造视为文明变革的一个标志,因此在很多方面是与前两种观点相对立的。这种观点在刘易斯·芒福德(Lewis Mumford)1934年发表的《技术与文明》(*Technics and Civilization*)中得到了阐释,在梅隆研究所自定的使命中得到了体现,并且在梅隆研究所1937年建成的新大楼的建筑设计中得到了体现。[22]

在这个时期的文献中,可以普遍感觉到匹茨堡被需要解决的问题已明确,变革的时机已经成熟。1930年《哈珀周刊》发表的文章《匹茨堡变文明了?》严厉地批评了匹茨堡的社会结构,并且展望了为重塑这座城市需要解决的种族和宗教变革问题。根据这篇文章,匹茨堡的主要问题就在于城市被一个不负责任的世袭精英群体——由梅隆家族精心挑选的苏格兰—爱尔兰裔长老会的骨干分子——所统治。这个群体的特点就是缺乏社会良知,并且持有纯粹的工具主义城市观。这篇文章指出,例如,匹茨堡的精英们不可能发起为避免匹茨堡产业衰退所必需的经济多样化,因为他们已经做得太好。这篇文章还把这座城市在产业研究方面做出的令人印象深刻的努力——包括梅隆研究所所做的消烟研究——说成是为提高这些精英从这座城市攫取利润的能力而进行的操练。[23]社会批评家们称梅隆研究所空气污染研究人员将城市进步作为工具来利用的做法是匹茨堡文化的典型。尽管这篇文章严厉批评了匹茨堡这座城市日薄西山的状况,但还是预言匹茨堡能够依靠本地的自然力量以及有可能取代苏格兰—爱尔兰裔加尔文派教徒成为城市领导者的新种族而幸存下来。[24]1937年的联邦戏剧计划剧目《大厦将倾》——虽然没有明示匹茨堡——附和了《匹茨堡变文明了?》的批判。剧本虚构了一个在"密斯特"(Mister)先生——显然是一个梅隆式的人物——控制下的"钢城"。在这部戏中,所有的社会成员只能通过以某种方式卖身投靠密斯特先生来谋生。该戏的结尾是:一名工会领导人拒绝接受密斯特先生的贿赂,从而动摇了这个城市的权力基础。工会领导人站起来,走向密斯特先生讲述了工会会员们的团结和美国精神以及他和他的工会打算组织一个充满欢乐的团体。[25]由本地诗人埃莉诺·格雷厄姆(Eleanor Graham)的诗作《匹茨堡:1932》(*Pittsburgh 1932*)[26]着重反映了一个类似但矛盾冲突比较微妙的主题。这篇诗作把匹茨堡在大萧条时期无烟可冒比作它的年迈衰老。根据这篇诗作,匹茨堡不可能依靠"商会和梅隆银行",而要靠自然条件——河流、"满腹煤炭"——以及被表现为"烟蒂扔入河中生成蒸汽"的自然规律。[27]本地的自然条件和劳动者为匹茨堡的未来提供了活力和生机。

同匹茨堡改造观以及美国工业社会建基于特定地点与自然和劳动间长期关系的观点相对立的是,刘易斯·芒福德在《技术与文明》(1934年)中提出的观点。芒福德把正在进行的变革理解为既由技术驱动又表现为技术的文明变革,并且把工业社会理解为正处在从旧工业时代技术体系向新工业时代技术体系的转型过程中。在芒福德那里,旧工业时代技术体系是指铁、煤和蒸汽能技术,而新工业时代技术体系则是指"新的合金、稀土金属和轻金属"以及电能、合成化学品特别是煤炭干馏副产品。在芒福德看来,铝——轻、高导性、全球储藏少且均匀分布、精炼需要用大量的电能——是最典型的新工业技术金属。[28]像铝这样的全球储藏量少、分布均匀的原料的重要意义在于重新强调对以前浪费的工业原料的爱惜。新工业时代技术还常常把废弃物转化成可取代原材料的新合成替代品。[29]以前,地方加工业都要依靠充裕的原材料供应来支撑。在芒福德看来,合成品(如利用煤焦油制作的合成品)能够"凭借当地条件提供更大的自由度"。例如,人造丝可以使服装业免受桑蚕瘟疫的困扰。对分布广泛的材料的利用以及对废弃物的再利用,就意味着新工业时代标志着工业依赖本地原材料时代的结束。新工业时代思想对匹茨堡的影响显而易见:依赖本地自然资源生存的城市是不堪应对全球性工业竞争的。[30]

一些正在匹茨堡形成的技术趋势非常适合新工业时代的思想,尤其是消烟的技术趋势。电能、效率和工业废物再利用之间的紧密相关性把新工业时代技术与对旧工业时代燃煤造成的空气污染的控制联系在了一起。长期以来,烟尘监管者一直把由中央发电站供电作为促进消烟的一项重要举措。[31]在芒福德看来,采用哪种能源将决定某些原材料的重要性。电能对煤炭(在蒸汽能时代)发起了挑战,而铝材向钢材发起了挑战。[32]芒福德还把通过煤炭副产品炼焦炉——第一次世界大战后的一项重要本地化技术改造——来利用煤焦油的做法视为"新工业时代最重要的技术进步之一"。由于煤炭副产品是从煤炭燃烧后的排放物中提炼出来的,因此副产品炼焦炉结合了新工业时代有效再利用废弃物以及生产自然资源合成替代品两者的特点,而且还能减少烟尘排放。

梅隆家族和梅隆研究所大量涉足新工业时代企业,据某些估计数据,它们在美国铝业公司(Alcoa Aluminum)、海湾石油公司(Gulf Oil)和科珀斯(Koppers)煤炭副产品炼焦公司的投资,对于梅隆家族来说,比他们的银行业务还要重要。[33]早在第一次世界大战以前，梅隆研究所参与了众多合成化学研究项目，到了20世纪30和40年代又参与了很多煤炭副产品开发项目。[34]梅隆研究所1957年的一份历史档案材料表明，当时该研究所把以煤炭和石油为原料生产合成材料视为该所那时从事的最有价值的研究。[35]

体现在梅隆研究所工作中的新工业时代思想具体表现在了研究所新造大楼——这座作为1937年献礼的科学圣殿——的设计上。这栋大楼的设计构思巧妙地把研究所在合成材料制造领域的化学研究工作比作点金术，设计师们虽然用点金术符号来装饰铝合金电梯门，但在资料室还是保留了木质护墙板，以便雕刻反映研究所研发的人造产品的天然来源图案。新大楼的装饰故意没有使用煤炭和铁这些与本地工业身份——以及旧工业时代——关系最密切的材料。[36]

芒福德和梅陇大楼的宣传材料承认了工人改行以及合成材料开发必然会导致传统工业衰退的问题。他们把这些问题看作由文化和技术进化不同步造成的问题。[37]然而，关于技术快速变化可能造成的意外后果，芒福德和梅隆研究所的宣传材料只说了一些不着边际的空话。在梅隆研究所宣传材料有关新大楼装饰的介绍中，关于以上这个问题的意见分歧显而易见。梅隆研究所新大楼装饰的特点就是引用世界重要历史人物的名句名言，亚里士多德（Aristotle）是其中最著名的："如果有一种方法优于另一种方法，那么它就是一种自然方法。"为新大楼献礼仪式和新大楼历史撰写的宣传小册子承认了亚里士多德的这句名言与梅隆研究所研究聚焦于人造物制造之间的矛盾，并且把这句名言重新诠释为自然界充满了各种可制作成人造物的"伟大事物"。芒福德在讨论新合成化学与自然的关系时使用了类似的语言。

由新工业时代技术所预示的错乱威胁，在宾夕法尼亚州西部煤炭工业惨不忍睹的状况中表现得特别明显。匹兹堡"理应"依赖本地烟煤的观点的兴衰影响了匹兹堡转型特点和依据预期的不断变化。赫伯特·梅勒曾在1926年撰文支持任何烟尘控制努力都必须利用本地的"天然燃料"的观点。[38]然而，1929年7月，梅勒把石油和天然气捧为理想的家庭取暖燃料[39]，而到了1932年4月又预言匹兹堡将成为一个以气和电为动力的"白色"城市。[40]在1934年的一次题为"空气卫生"（Air Hygiene）的讲话中，他又自觉地把"符合逻辑的"燃料或者天然燃料修正为便宜、无烟的燃料。

到了1939年，也就是匹兹堡城复兴前夕，在梅勒能够提出的空气污染控制建议中完全不见了他在10年前所做的预期。[41]这主要是因为梅隆研究所没能基于为人熟知的健康效应提供监管烟尘的科学平台。[42]1939年，在梅勒从烟尘控制部门调到工业卫生部门以后,他领导的烟尘监管局就关了门,以示萧条已经结束并欢迎繁荣的回归。同年,匹兹堡的市政领导开始期待圣路易斯城的空气污染控制实验。1941年,匹兹堡市议会通过圣路易斯式的烟尘控制条例。但由于战争,这个条例在10年间只得到了零碎的执行。在烟尘控制最终实施的几年里,关于"煤炭工业和矿工问题是由约翰·L.刘易斯(John L. Lewis)和美国矿工工会还是烟尘控制法造成的"这个问题冲突不断。[43]

虽然《大厦将倾》已经描述了新政下的匹兹堡各种不同利益集团之间类似的对立关系,但是,1942年的电影《匹兹堡》反映了一种矛盾业已解决——在第二次世界大战的严峻考验中化解了——的观点。故事讲述了两个年轻的煤矿工人"匹兹堡"[约翰·韦恩(John Wayne)饰]和"卡什"[Cach,伦道夫·斯科特(Randolph Scott)饰]追求一个煤矿主成功的女儿"亨洁"[Hunky,马琳·黛德丽(Marlene Dietrich)饰],并且参与了一个本地医生鲍威斯(Powers)"博士"[弗兰克·克雷文(Frank Craven)饰]做的煤焦油产品实验。匹兹堡在亨洁的敦促下,并且通过对其朋友、生意伙伴和雇用的工人采取冷酷无情的行为,从煤矿工人变成了钢厂老板。

所有预期匹兹堡转型的三种观点,就像在大萧条期间发生的那样,在影片中显得非常协调。影片采用了倒叙的手法,在鲍威斯博士的画外音中展现了20世纪40年代初的战时生产背景。鲍威斯解说道:"20年代煤炭并没有被视为财宝,而煤焦油则被视为废物,因此向科学提出了挑战。"鲍威斯的解说与芒福德提出的观点完全吻合。芒福德认为,少量利用原材料在新工业时代技术体系中的重要性鼓励人们更多地关注效率以及对旧工业时代产业废弃物的再利用。影片中的很多镜头聚焦于煤炭矛盾的寓意:煤炭是依靠煤焦油研究而成为未来利润的来源并能避免矿工生活水平下降,还是不可避免地只与矿难和烟尘相关?

在匹兹堡背叛和冷落他的朋友们以后,他不但拒绝向其朋友的研究提供资金,而且还拒绝帮助他那些参加工会的工人。这反映了历史上对匹兹堡城市精英行为的批判。在匹兹堡与他的工人们发生暴力冲突(顺便说一下,亨洁在这场冲突中受伤)以后,匹兹堡对自己的一生进行了重新评价。当他做慈善失败后,在战时工作中找到了答案。战争会改变匹兹堡这个人,而我们也应该改变对匹兹堡城的看法。"打仗的武器已经被熔化,那么您作为人呢?"鲍威斯博士在画外问匹兹堡。危机过后,匹兹堡发誓要改变自己,并且打扮成一个无名工人,与他老朋友一起在一次狂欢聚会中言过其实地大侃战时生产和工会民主。当地的劳动力和自然资源经过新工业时代的技术改造后使城市获得了重生。[44]

战争刚结束,烟尘控制运动就预示着一个类似的巧合。用本地煤加工成的无烟煤、煤焦油产品以及实施的煤气化应该能够允许煤炭工业重新占据在消烟时期丢失的市场,并且理应提供——但正如乔尔·塔尔所指出的那样,事实上没能提供——一种无成本解决方案。[45]烟尘控制支持者们辩称,通过发展新的煤炭加工业应该能够创造而不是减少工业和采煤业的就业机会。[46]然而,1946～1947年间,当地的一些评论员谴责约翰·L.刘易斯和美国矿工工会鼓吹煤炭因燃料油和天然气丧失了本地的家庭燃料市场。1947～1949年间,随着有关改用天然气的争论的持续,报纸纷纷撰文许诺通过煤气化来拯救煤矿工人。但到了1950年,新煤炭工业计划因为无利可图而被当地企业所唾弃。《匹茨堡新闻报》(*Pittsburgh Press*)因情况发展到这种地步而发文谴责刘易斯,并且声称煤炭已经沦落为"不需要劳动力的燃料"。[47]匹茨堡的报纸都认为,放弃梅勒所说的匹茨堡的"天然燃料"而改用"不需要劳动力的燃料"是完全合理的。

新工业时代技术根本就没能拯救匹茨堡的工业。缺少多样化和技术陈旧始终困扰着匹茨堡,一直到20世纪80年代钢铁工业最终完全衰败为止。然而,新工业时代技术的思想开始受到匹茨堡企业主的青睐,他们纷纷撤离自己在钢铁业、本地劳动力和自然资源密集型行业的投资,并且把投资转向了全球市场。然而,匹茨堡复兴背后的努力反映了梅隆家族一反常态地对某一特定地点表现出来的非新工业时代技术的依恋。由于地方历史的力量,梅隆家族和其他左右匹茨堡复兴的家族都把自己的注意力集中在了这个特定城市上。匹茨堡的历代钢铁大师由于缺乏公共精神而遭到了批评。现在可能是在没有根本威胁到其商业利益的前提下采取行动回应这种批评的一个机会。从以下三个原因看,这话没有说错。首先,他们最重要的商业利益很多主要在其他地方或领域——全球化、多样化和新工业时代技术。其次,在战后的竞争氛围中,当地银行和公司总部需要控制烟尘,以便把专业人才吸引到匹茨堡安家落户。最后,新工业时代技术甚至已经把本地钢铁业改造成了依靠再利用自己废弃物的行业。回收副产品自第一次世界大战结束以来就已经成为工厂的标准做法。1941年通过新的消烟条例时,工业用户是第一类被要求遵守新条例的烟尘制造者。按照新条例规定的水平以及预期的新技术标准,工业的消烟任务几乎已经完成。

关于匹茨堡复兴的另一种讽刺依然存在。在两次世界大战间的岁月里,匹茨堡的烟尘问题被科学地重新定义为空气污染问题。然而,这个时期负责研究和监管空气污染问题的人士在定义、检测空气污染以及证明反空气污染行动合理性方面遇到了很多困难。在考察无论是这个时期还是后来的匹茨堡复兴时期提出的各种成就观时,重要的是应该关注怎么会出现这些困难和意见分歧。虽然根据多个检测指标,匹兹堡的空气污染因贯彻新的控制条例而显著减轻,但是,空气污染改善状况与梅勒在 20 世纪 30 年代所做的预期仍然相去甚远。梅勒提出的关于空气污染定义和检测以及供监管用的健康标准等方面的难题从未得到解答,而已经通过的空气污染控制条例与这些问题只有很小的关系。看得见的空气污染物,尤其是工厂排放的粉尘仍然是个问题。浓烟天数虽然有所减少,但观测到烟雾的天数仍然居高不下。[48]在还没有找到解答梅勒在 30 年代提出的问题的答案之前,我们难以评估现有发现的意义。迪特里希和韦恩(Dietrich and Wayne)以及 1941 年条例的巧合——大量的就业机会、采用新工业时代技术的产业和清洁空气——从未光顾匹兹堡:不但在 20 世纪 50 年代没有,而且在 30 年后钢铁业最终衰落之后肯定也没有。

• 注释:

[1]在两次"大战"之间的岁月里,本地作家和全国性报刊持续不断地描述或报道匹兹堡作为一座经历、忍受或预期重大转型的城市的形象。这方面的小说、诗歌和文章纷纷提出或反映了这些不同的观点。本章只讨论其中最具意义的几个例子。Haniel Long, "How Pittsburgh Returned to the Jungle," *The Nation* 116, June 20, 1923, 717－718; Frances Lester Warner, *The Pittsburgh Owl* (Pittsburgh: n.p., 1925); "No Mean Cities of the Middle West," *New York Times*, November 4, 1923; French Strother, "What Kind of a Pittsburgh is Detroit?" *World's Work* 52 (October 1926): 633－639; "The Mighty Symphony," *New York Times*, October 14, 1927; "A Tower of Inspiration to a Busy City," *New York Times*, June 17, 1928. George Seibel, "Pittsburgh Peeps at the Stars," *American Mercury* 11 (July 1927): 300－306; R. L. Duffus, "Our Changing Cities: Fiery Pittsburgh," *New York Times*, February 13, 1927; C. W. Simpson, G. L. Ralston (illustrator), "Pittsburgh," *Ladies Home Journal* 46, October 1929, 6－7; R. L. Duffus, "Our Cities in a Census Mirror," *New York Times*, June 29, 1930; R. L. Duffus, "Is Pittsburgh Civilized?" *Harper's Monthly* 161, October 1930, 537－545; G. Seibel, "Pittsburgh: The City That Might Have Been," *American Mercury* 28 (March 1933): 326－329; Haniel Long, "Pittsburgh Memoranda," *Survey Graphic* 24 (March-April 1935): 119－123, 181－185; D. Macdonald, "Pittsburgh: What a City Shouldn't Be," *Forum* 100 (October 1938): Supplement 7; M. F. Byington, "Pittsburgh Studies Itself," *Survey Graphic* 27 (February 1938): 75－79+; R. L. Duffus, "American Industry: Many-

Headed Giant," *New York Times*, March 13, 1938; "Pittsburgh's Cleanup Campaign Began in 1935," *American City* 53 (March 1938): 15; "What Pittsburgh Suggests," *Journal of Home Economics* 30 (April 1938): 246 – 247; Glenn E. McLaughlin and Ralph J. Watkins, "The Problem of Industrial Growth in a Mature Economy," *American Economic Review* 29 (March 1939): 1, supplement, Papers and Proceedings of the Fifty-first Annual Meeting of the American Economic Association, 1 – 14; "Pittsburgh Begins to Rebuild," *American City* 54 (March 1939): 49; "Report: Pittsburgh at Capacity," *Fortune* 24, December 1941, 38+.

[2] "Smoky Days in City Cut to Seven for Year," *Pittsburgh Dispatch*, December 14, 1920; "The War against Smoke," *Pittsburgh Sun*, July 15, 1920; "Pittsburgh's Cleanliness," *Pittsburgh Gazette Times*, July 23, 1920; "News is Colorless—Smoke Here and Abroad," *Pittsburgh Post*, July 27, 1922; "Pittsburgh Model of Spotlessness," *Pittsburgh Gazette Times*, December 7, 1922; "Smoke Bureau Has Been Successful—Miller [sic] Says Department Has Reduced Smoke 80 Per Cent since 1914—Few Violations are Seen," *Pittsburgh Chronicle Telegraph*, January 29, 1923; "Know Your City," *Pittsburgh Sun*, February 19, 1924; "King Smoke Losing Grip on Pittsburgh, Research Reveals—Tar Content Removal is Great, Inquiry Shows—City's Record Beats London," *Pittsburgh Post*, October 1, 1924; "The Smokiest Cities," *Literary Digest*, April 24, 1927; "Pittsburgh World's Best Example of What Smoke Regulation Will Do," *Greater Pittsburgh*, August 27, 1927 (reprint from the *New York Sun*); "Smoke Abatement," *Pittsburgh Post Gazette*, September 1, 1927; "Pittsburgh and Collars," *New York Times*, October 21, 1927; "Find More Soot Here Than in Pittsburgh," *New York Times*, April 1, 1928; "Pittsburgh No Longer Smokiest City in U.S.," *Pittsburgh Sun Telegraph*, April 31, 1928; "Pittsburgh Model of Spotlessness," *Pittsburgh Gazette Times*, December 7, 1928; "Officers Told 'To Go Limit' in Smoke War," *Pittsburgh Press*, January 12, 1929; "Pittsburgh's Fight on Smoke," *Greater Pittsburgh*, March 23, 1929; "Authority of Experience," *New York Times*, February 18, 1929; "Six Carloads of Dirt in Pittsburgh Air Daily," *Pittsburgh Post Gazette*, July 12, 1929; "City Bureau Begins Drive against Many Violators of Smoke Laws—Railroad Firemen Held Chief Offenders—Ordinance to Be Enforced Enforced," *Pittsburgh Post*, July 11, 1929; "Pittsburgh Air Found Cleaner," *Pittsburgh Press*, March 20, 1930; Henry Obermeyer, *Stop That Smoke*! (New York and London: Harper and Brothers, 1933); "Progress against Smoke," *Pittsburgh Post Gazette*, January 16, 1934; "Pittsburgh

Loses 'Smokiest' Title," *Pittsburgh Sun Telegraph*, November 27, 1934; "What Pittsburgh Suggests," *Journal of Home Economics* 30 (April 1938): 246—247; D. Macdonald, "Pittsburgh: What a City Shouldn't Be," *Forum* 100 (October 1938): supplement 7.

[3] Joel A. Tarr, "Searching for a Sink for an Industrial Waste: Iron-Making Fuels and the Environment," *Environmental History Review* 18 (Spring 1994): 9—34.

[4] John G. Clark, "The Energy Crisis of 1919—1924: A Comparative Analysis of Federal Energy Policies," *Energy Systems and Policy* 4, no. 4 (1980): 230—271.

[5] Haniel Long, "How Pittsburgh Returned to the Jungle," *The Nation*, June 20, 1923.

[6] Frances Lester Warner, *The Pittsburgh Owl* (Pittsburgh: n.p., 1925).

[7] "Smoky Days in City Cut to Seven for Year," *Pittsburgh Dispatch*, December 14, 1930; "Pittsburgh's Cleanliness," *Pittsburgh Gazette Times*, July 23, 1920; "The War against Smoke," *Pittsburgh Sun*, July 15, 1920; "News is Colorless—Smoke Here and Abroad," *Pittsburgh Post*, July 27, 1922; "Smoke Bureau Has Been Successful—Miller [sic] Says Department Has Reduced Smoke 80 Per Cent since 1914—Few Violations are Seen," *Pittsburgh Chronicle Telegraph*, January 29, 1923; "Know Your City," *Pittsburgh Sun*, February 19, 1924.

[8] H. B. Meller, "Smoke Abatement, Its Effects and Its Limitations," *Mechanical Engineering*, mid-November 1926; H. B. Meller, "Memorandum" (Mellon Institute of Industrial Research, Pittsburgh, 1923). 1924年，埃利奥特(Elliot)苗圃打赢了告迪凯纳照明公司(Duquesne Light)污染空气损害树苗的官司。受理这个案子的法官拒绝采用损害主张相同的赫克斯廷(Huckenstine)上诉案(70 Pa. 102)引用的平衡推理原则。克利斯蒂·罗森(Christine Rosen)在文献"'Differing Perceptions of the Value of Pollution Abatement across Time and Place: Balancing Doctrine in Pollution Nuisance Law, 1849—1906,' *Law and History Review* 11 (1993): 303—381"中讨论这个上诉案。安吉拉·古格里奥塔在文献"'Class, Gender and Coal Smoke: Gender Ideology and Environmental Injustice in Pittsburgh, 1868—1914.' *Environmental History* 2 (2000): 165—193, discussion on 168"中讨论了司法意见措辞的本土文化意义这个问题。这个案子的判决严重偏离了那种把防止植物受到危害的意愿视为非经济奢侈品的社会思潮。赫伯特·梅勒通过对20世纪30年代的回顾，认为匹兹堡的反烟尘运动在1924年达到了顶峰。

[9] "King Smoke Losing Grip on Pittsburgh, Research Reveals—Tar Content

Removal is Great, Inquiry Shows—City's Record Beats London," *Pittsburgh Post*, October 1, 1924.

[10]梅勒曾经指出,灰尘是公众抱怨的一个重要问题;当时,灰尘还没有列入监管范畴。梅隆研究所在初始调查后采纳的消烟技术实际导致了灰尘问题。为了提高充分燃烧的可能性,梅隆研究所和烟尘监察办公室曾力劝往高炉里多吹空气。结果导致高炉风速提高,进而导致高炉烟囱排放出更多的颗粒物。这些颗粒物在风力较小的情况下就会留在高炉炉膛内。

[11] H. B. Meller, "Smoke Report: Air Pollution Problem of Pittsburgh" (draft) (Mellon Institute of Industrial Research, Pittsburgh, 1924).

[12] H. B. Meller, "The Air Pollution Problem of Pittsburgh" (draft) (1924).梅勒关心的是弄清污染物很多成分的性质,希望最终能够把它们纳入监管范畴。但1924年,梅勒表示不可能比现行条例更加严厉地把烟尘和其他污染物纳入监管范畴,因为现在还没有满足这样监管要求的设备。但不管怎样,已有的监管条例在20世纪20年代后半期讨论时就显示了它的充分性。梅勒寻找了没有被监管条例列入监管范畴而改进控制可能不会受已有技术能力制约并且不会带来最新烟灰沉降研究提到的成分的烟尘来源。周边地区加重匹茨堡污染负荷的相对较轻的悬浮颗粒物可能没有被作为烟灰沉降物来检测。1925年,梅勒呼吁设立一个把排放物促成匹茨堡上空烟雾罩的全部城市包括在内的"大都市烟雾区"("Smoke Nuisances of the Suburbs," Pittsburgh Post, September 26, 1925)。

虽然梅勒寻求扩大技术可行的法律控制范畴,但在很多污染物的种类和来源没有被已有条例列入监管范畴的情况下,他极力反对要求烟尘监察承担彻底消除空气污染的责任。尽管梅勒不断努力,坚持进步主张,但是,匹茨堡市议会在1926年仍要求梅勒领导的烟尘监管局采取更加积极的烟尘控制行动。1928年,市议会有议员抱怨污染有增无减。在梅勒看来,这些抱怨主要是针对没有被已有条例纳入监管范畴的污染物——主要是由家庭冬季取暖造成的烟尘、城外工厂造成的污染和铁路煤渣——的。1929年,梅勒抱怨道,烟尘监察在天气好的时候无人关心,而在天气不好的时候就会受到指责。他为工业进步而感到高兴,并且为他领导的烟尘监管局在没有把任何一家工厂赶出城的情况下争取到了工业界的合作而感到骄傲。这种情况导致梅勒持有这样一种观点:家庭烟尘——没有被列入匹茨堡烟尘监管条例的监管范畴——在冬季是造成匹茨堡空气污染的最大问题。在这个怨声载道的时期里,监管机构和报纸继续重申他们的进步主张。尽管梅勒努力证明现有烟尘监管范围太窄,但他把自己的全部科研精力都集中用于认定和公布更加广泛的空气污染问题。

在1928年的一次空气污染研讨会上,梅勒和其他一些学者讨论了扩大空气污染防治条例适用范围的问题,并且明确提到了可供利用的可行新技术。他们指出市场上能买到尘埃收集器,但认为还必须对它们进行改进,才能使它们成为符合规定的设备。研讨会的与会者还介绍了一些他们对评价不同空气污染威胁成分以及根据评价结果制定政策时应该进行种类区别的新认识。他们还特别指出,粉尘最有害健康,而且也是污染控制设备最难捕捉到的污染物[H. B. Meller,"Damage due to Smoke—Enormity of the Destruction and Defacement Caused by Air Pollution Owing to the Unrestrained Products of Combustion," Transactions of the American Society of Mechanical Engineers 50, no.33（1928）: 213—221)]。

[13]H. B. Meller,"What Smoke Does and What to Do about It," American City （April 1931）.

[14]梅勒已经开始把自己在梅隆研究所的空气污染研究工作与矿业局 1930~1931 年的工业粉尘研究项目联系起来(H.B.Meller,"Progress Report for the Week Ended February 11, 1930, Smoke Abatement Industrial Fellowship No.3," Archives of Industrial Society, Mellon Institute of Industrial Research, Series 1, Box 2, F 24, 1930)。

[15]其他研究人员也进行了这个方向的研究。1933 年,大都会人寿保险公司开展了一项肺炎和煤肺病研究,旨在确定人肺安全碳负荷(H.B.Meller,"The Proposed Pneumonia Studies of the Metropolitan Life Insurance Company," Archives of Industrial Society, Mellon Institute of Industrial Research, Series 2, Box 2, F 1, 1933)。

[16]尽管梅勒在为空气污染控制进行辩护时坚持以健康主张为核心,但是,烟尘与健康之间的关联仍然被认为非常脆弱。在整个 20 世纪 20 和 30 年代,梅勒一直呼吁更多的医生参与甚至领导反空气污染运动。1928 年,梅勒谈到了他希望收集更加有力的烟尘和健康关系证据的意愿,并且邀请医生来指导取证的方法。1931 年 11 月,梅勒再次谈到了由医生来领导的必要性,并且在 1933 年 8 月又呼吁医生开展空气污染防治教育。

[17]L. B. Sisson,"Annual Report: Anthracite Institute Fellowship, Dec.3, 1931 to Dec.31, 1933," Archives of Industrial Society, Mellon Institute of Industrial Research, Series 1, Box 2, FF 28. 在他们 1932 年与无烟煤研究所的书信来往中,梅勒和西松表示,新政的恢复必须包括消烟,他们将为在无烟煤领地实施更加严厉的监管条例而努力。他们期待新政能聚焦于住房改善和贫民区改造,为促进消烟工作创造新的机会。他们希望通过把新的"自动加煤无烟煤炉"(anthramatic)纳入联邦住宅计划来满足无烟煤研究所赞助商的要求。请参阅 H. B.Meller: City Air Pollution in a Period of Industrial Depression(Archives of Industrial Society, Mellon Insti-

tute of Industrial Research, Series 2, Box 3, 1934)以及 L. B. Sisson: Summary Report for the Anthracite Institute(Archives of Industrial Society, Mellon Institute of Industrial Research, Series 1, Box 2, FF 28)。梅勒在同年(1934年)发表在《矿工》(Collier)杂志上的一篇文章中进一步强调了贫民窟改造与烟尘控制的关联性,他表示在不控制空气污染的情况下是不可能彻底解决贫民窟问题的("Smoke Review," Bulletin Index, January 25, 1934)。

[18] H. B. Meller, "Science and Industry Combine in Campaign to Control Dust Diseases," American Mutual Magazine, Spring 1936; History of Industrial Hygiene Foundation: A Research Association of Industries for Advancing Industrial Health and Improving Working Conditions (Pittsburgh: Mellon Institute, 1956).

[19] George R. Hill, "Letter of George R. Hill to H. B. Meller" (1936), Joel Tarr, personal files.

[20] "No Mean Cities of the Middle West," New York Times, November 4, 1923; R. L. Duffus, "Our Changing Cities: Fiery Pittsburgh," New York Times, February 13, 1927; C. W. Simpson, G. L. Ralston (illustrator), "Pittsburgh," Ladies Home Journal 46, October 1929, 6—7; G. Seibel, "Pittsburgh: The City That Might Have Been," American Mercury 28 (March 1933): 326—329; Haniel Long, "Pittsburgh Memoranda," Survey Graphic 24 (March-April 1935): 119—123, 181—185; D. Macdonald, "Pittsburgh: What a City Shouldn't Be," Forum 100 (October 1938): supplement 7; M. F. Byington, "Pittsburgh Studies Itself," Survey Graphic 27 (February 1938): 75—79+。

[21] 这种观点在其他全国性报刊文章中也有介绍:D. Macdonald, "Pittsburgh: What a City Shouldn't Be," Forum 100 (October 1938): supplement 7; Glenn E. McLaughlin and Ralph J. Watkins, "The Problem of Industrial Growth in a Mature Economy," American Economic Review 29 (March 1939): 1, supplement, Papers and Proceedings of the Fifty-first Annual Meeting of the American Economic Association, 1—14; "Report: Pittsburgh at Capacity," Fortune 24, December 1941, 38+; "What's Itching Labor? Survey of Opinion of Workers In Pittsburgh Area," Fortune 26, November 1943, 100—102+。

[22] 长期以来,梅隆家族一直关注煤炭新用途的研究。"Fuel Men to Confer on Soft Coal Uses," New York Times, November 24, 1926; "Says Coal and Wood Assure Us Food," New York Times, November 18, 1926.

[23] R. L. Duffus, "Is Pittsburgh Civilized?" Harper's Monthly 161, October 1930, 537—545.

［24］R. L. Duffus,"Is Pittsburgh Civilized?" *Harper's Monthly* 161, October 1930,537—545.

［25］Mark Blitzstein, *The Cradle Will Rock* (New York: Random House,1939).

［26］Clipping file,"Pittsburgh,Poems about Pittsburgh," Pennsylvania Department, Carnegie Library of Pittsburgh, Pittsburgh, Pa. Eleanor Graham was a Pittsburgh poet who published verse in the *Saturday Evening Post*, the *New Yorker*, *Good Housekeeping*, and *Ladies Home Journal*, along with three books of poetry, *For These Moments* (1939), *Store in Your Heart* (1950), and *It Happens Every Day* (1962)。关于格雷厄姆的传记信息可在以下文献中找到:"Girl Who Beat Paralysis Publishes Volume of Verse," *Pittsburgh Post Gazette*, September 20,1939, 和"Class A Contributor," *Bulletin Index*, September 14,1939.

［27］Eleanor Graham,"Pittsburgh 1932" in "Pittsburgh, Poems about Pittsburgh".

［28］Lewis Mumford, *Technics and Civilization*, 1963 ed. (San Diego: Harcourt, Brace Jovanovich,1934).

［29］Lewis Mumford, *Technics and Civilization*, 1963 ed. (San Diego: Harcourt, Brace Jovanovich,1934).

［30］本地"天然燃料"观从消烟言论中的消失以及在无烟煤研究所的赞助下梅隆研究所开展聚焦于竞争性煤种的研究,也同样能证明这一点。

［31］"Garland Makes Move to Bring Smokeless Era—Resolution Asks Mayor for Inquiry on Railroad Plans for Electrification—Councilmen in Accord," *Pittsburgh Sun*, February 24, 1926; "Pittsburgh's Fight on Smoke," *Greater Pittsburgh*, March 23,1929.

［32］铝和中央发电站在同一时期被研发出来。

［33］John W. Servos,"Changing Partners: The Mellon Institute, Private Industry and the Federal Patron," *Technology and Culture* 35, no.2 (1994).

［34］John W. Servos,"Changing Partners: The Mellon Institute, Private Industry and the Federal Patron," *Technology and Culture* 35, no.2 (1994).

［35］*A Description of the Symbolism in Mellon Institute* (Pittsburgh: Mellon Institute,1957).

［36］*A Description of the Symbolism in Mellon Institute* (Pittsburgh: Mellon Institute,1957).

［37］*Addresses at the Exercises and Science Symposium during the Dedication of the New Building of Mellon Institute* (Pittsburgh,1937).

[38] H. B. Meller, "Smoke Abatement, Its Effects and Its Limitations," *Mechanical Engineering* (mid-November 1926).

[39] "City Bureau Begins Drive against Many Violators of Smoke Laws—Railroad Firemen Held Chief Offenders—Ordinance to Be Enforced," *Pittsburgh Post*, July 11, 1929.

[40] H. B. Meller, "What Smoke Does and What to Do about It," *American City* (April 1931).

[41] H. B. Meller, "Practical Procedures and Limitations in Present-Day Smoke Abatement," *American Journal of Public Health* 29 (1939): 645—650.

[42] H. B. Meller, "Practical Procedures and Limitations in Present-Day Smoke Abatement," *American Journal of Public Health* 29 (1939): 645—650; Joel Tarr, "Changing Fuel Use Behavior and Energy Transitions: The Pittsburgh Smoke Control Movement, 1940—1950—A Study in Historical Analogy," *Journal of Social History* 14 (1982): 561—588.

[43] "District Has Best Chance Now to Clear the Atmosphere," *Pittsburgh Press*, November 5, 1945; "Mine Leaders Fight Pennsy Diesel Plan," *Pittsburgh Sun Telegraph*, January 23, 1947; "Super-Salesman," *Pittsburgh Press*, December 11, 1947; "Oil vs. Coal," *Pittsburgh Post Gazette*, December 11, 1947; "Dealers Say Lewis Undermines Coal," *Pittsburgh Press*, October 4, 1949; "John L.'s Heavy Hand," *Pittsburgh Press*, January 3, 1950. Joel Tarr, "Changing Fuel Use Behavior and Energy Transitions: The Pittsburgh Smoke Control Movement, 1940—1950—A Study in Historical Analogy," *Journal of Social History* 14 (1981): 561—588. I am indebted to Joel Tarr for calling to my attention these and the following articles from 1940s and 1950s Pittsburgh newspapers.

[44] *Pittsburgh* (1942), Universal Pictures.

[45] Joel Tarr, "Changing Fuel Use Behavior and Energy Transitions: The Pittsburgh Smoke Control Movement, 1940—1950—A Study in Historical Analogy," *Journal of Social History* 14 (1981): 561—588; Gilbert Love, "Writer Gives Answers to Smog Quiz," *Pittsburgh Press*, November 9, 1945; "Coal Official Raps Gas Companies," *Pittsburgh Sun Telegraph*, February 6, 1947; "Biggest Story in the History of Coal: $120 000 000 Plant to Turn Coal into Gas and Oil Here," *Pittsburgh Press*, March 25, 1947; "By-Products Plant Slated for District, *Pittsburgh Post Gazette*, March 26, 1947; Stefano Luconi, "The Enforcement of the 1941 Smoke-Contral Ordinance and Italian Americans in Pittsburgh," *Pennsylvania His-

*tory* 66 (1999):580—594.

[46] "Newspaper Articles Pertaining to Smoke Control, 1941—1950," notes by Joel Tarr, personal files.

[47] 到了1945年,煤炭业由于柴油机车取代了蒸汽机车而遭遇了不幸。由于煤矿工人抱怨这些技术的发展,煤炭商们表达了他们对来自天然气的竞争的担忧,因为天然气开始通过原先为战时生产输油的各种口径不同的管道来输送。各大报刊纷纷撰文发表自己的观点,如"Super-Salesman"(*Pittsburgh Press*, December 11, 1947)、"Oil vs. Coal"(*Pittsburgh Post Gazette*, December 11, 1947)、"Dealers Say Lewis Undermines Coal"(*Pittsburgh Press*, October 4, 1947)、"Coal Official Raps Gas Companies"(*Pittsburgh Sun Telegraph*, February 6, 1947)、"Biggest Story in the History of Coal:$120 000 000 Plant to Turn Coal into Gas and Oil Here"(*Pittsburgh Press*, March 25, 1947)、"By-Products Plant Slated for District"(*Pittsburgh Post Gazette*, March 26, 1947)、"John L.'s Heavy Hand"(*Pittsburgh Press*, January 3, 1947)以及"Big Coal Firm May Market Other Fuels"(*Pittsburgh Press*, March 22, 1950)。

[48] Henry W. Castner, "Sootfall in Pittsburgh: An Evaluation of the Sootfall at Selected Stations before and after Smoke Control" (masters thesis, University of Pittsburgh, 1960).

# 第六章

# 预防原则的优点

## ——1945年前德国和美国如何控制汽车尾气

弗兰克·尤克艾特

这一章试图解释1945年前德国和美国汽车尾气控制惨遭失败的原因。根据当时对汽车尾气的定义,本章集中关注以下三个问题:(1)汽车尾气中闻得到的难闻成分;(2)一氧化碳问题;(3)由使用四乙铅作为燃料防爆添加剂导致的铅排放。关于这三个问题,当代知识可用来说明关注它们的道理,但减排从未超越第一阶段的水平。关键的问题就在于相关各方之间沟通不够。广大公众通常强调汽车尾气中闻得到的难闻成分,而科学专家则关心一氧化碳和铅排放问题。结果,政府官员在不经意中变成了"毫无生气的合作伙伴":科学家们正为是否要证明"汽车尾气对公众健康是一个明确、紧迫的威胁"而左右为难,而政府官员们则在为是否要推动科学家们对汽车尾气问题进行系统的调查研究而迟疑不决。直到1945年以后才出现了一种可选择的行动理由,关键的创新就在于预防原则的提出,这种原则允许根据环境证据而不是明确的医学危害证据来制定汽车尾气控制措施。从这个视角看,1945年前不幸遭遇失败的汽车尾气控制证明了预防原则的优点。

直到近几年,环境史学家和技术史学家才发现了伴随汽车购买热出现的争议。直到1989年,德国技术史学家亚克西姆·拉德考(Joachim Radkau)在评论惨不忍睹的研究状况时指出:"与19世纪铁路业的崛起不同,20世纪汽车购买热的出现好像是一个自然过程。从叙事的角度看,20世纪汽车购买热的形成过程既没有出现关键的行为主体和决策,也没有呈现出阶段化特点。"[1]然而,同时有很多出版物帮助纠正了这种印象,并且表明早期汽车在德国和美国都遇到了顽强的抵制,这种抵制绝不是对现代性的顽固反对,而是对汽车用户早期的过度行为做出的十分可以理解的反应。[2]不过,汽车尾气在这之前是这个新兴研究领域的一个次要问题。乍一看,这似乎只是一个微不足道的遗漏。总的来说,当代观察家们一致认为,与汽车购买热导致的其他问题相比,汽车尾气确实是个次要问题。同样,1945年前的汽车尾气问题讨论没有产生任何显著的政策影响。不过,正是这种影响的缺失,使得1945年前的汽车尾气问题讨论变得重要,因为这个领域遭遇的失败暴露了当时一般空气污染控制所存在的基本缺陷。本章将证明,1945年前的汽车尾气控制状况表明,德、美两国在空气污染控制方面存在严重的不足。我们的论点是:汽车尾气控制失败是奉行在能够采取有效行动之前必须先取得危害健康的临床证据这一理性原则的必然结果。从这个角度看,1945年前不幸的汽车尾气控制也承载着一个重要的政治信息,并且以与众不同的方式证明了预防原则所具有的优点。

在讨论这个主题的过程中,重要的是必须清晰地认识到,当时研究这个问题的目的明显不同于环境保护时代的目的。不过,下文并不准备讨论早期汽车购买热造成的第四个空气污染问题——在未铺设路面的道路上造成的尘害,因为这个问题很快就被视作一个属于基础设施建设政策范畴的问题,而不是污染监管政策范畴的问题。[3]

## 作为研究问题的汽车尾气

在本章开篇时提到的三个问题中,研究人员通常最不关心汽车尾气中闻得到的难闻成分。[4]这部分是因为这个问题在有眼睛能看、有鼻子能闻的任何人看来都是明白无误的问题。对于这个在每个城市居民看来完全显而易见的问题,很多研究人员觉得寻找能证明"汽车尾气是个问题"的科学证据多少有点多余。"我们只要在城市主干道行驶就能发现这种邪恶,"在第一批发表汽车尾气问题论文的作者中有一位如是说。[5]此外,研究人员缺乏明确的研究对象,因为通常被称为"气味"的现象实际上是多种气体和颗粒物的混合物,这种混合物的成分因具体情况而异。[6]当时汽车尾气问题没能引起科学家兴趣的最重要原因就是,专家们很快在技术可能性和消除尾气的卫生必要性方面达成了一致:如果一辆汽车排放烟气,那么不是燃油燃烧不充分就是润滑油意外燃烧[7],这就说明不能从公共卫生的角度,而应该从技术和经济的角度去考虑解决方法。毕竟,难闻的尾气意味着燃油的浪费和汽车发动机的过度磨损。20世纪20年代,著名的德国空气污染研究专家威廉·利泽冈(Wilhelm Liesegang)计算认为,柏林每年因汽车燃油燃烧不充分而丢失的热能当量相当于柏林燃气厂1/4的年燃气产量。[8]于是,很快就有观察家指出"公共利益与汽车车主的利益是完全一致的"。[9]同样,减排也很快就变得无可争议。1911年一篇广为转引的文章表示,"要想保证机动车卫生和经济地行驶,就必须满足三个最重要的必要条件:

气化性能良好；燃油质量达标；发动机不过于陈旧，润滑状况良好"。[10]换句话说，只要系统利用当时的技术手段，就能解决汽车烟气减排问题。1909年，德国《公共卫生杂志》(Blätter für Volksgesundheitspflege)发文表示，汽车之所以排放难闻的尾气，仅仅"是因为司机先生太懒，没能保持汽车发动机处于清洁和适当的状态"。[11]

在当时的文献中常能见到要求警察采取严厉的纠正措施来治理司机先生们这种懒惰的文字。例如，一位公共卫生专家在1914年写道，应该"知道警察手中掌握着现成的减少空气中灰尘的法律工具。唉，我们只是希望这些工具能够被更经常地动用"。[12]没人认为这类陈述有什么特别惊人之处。毕竟，没人十分关注难闻的汽车尾气。就连汽车工业——当今环保政策措施经常的反对者——也不敢对激昂的战斗口号发起挑战。恰恰相反，"我们的机动车辆严重污染了我们城市的街道，随之而来的烦恼随着汽车和出租车数量的快速增长而不断增加。警方甚至威胁要强制推行更加严厉的规则，此举肯定能得到广大公众的热情支持。"德国汽车生产商、化油器之父威廉·迈巴赫(Wilhelm Maybach)在1910年发表的一篇有关"汽车烟气问题"的文章中如是说。[13]汽车工业的代表在1924年德国交通部主持的一次会议上表达了一种类似的观点。在讨论汽车尾气和噪音问题时，他们一致要求"警方实施更加严厉的监督"。一名游说者甚至表示，警方"不应该仅满足于罚款，还必须淘汰造成公害的汽车"。[14]在当时的观察家们看来，这并不值得大惊小怪。早在1908年，德国的一家报纸就声称，如果汽车尾气问题能得到解决，那么就会"有助于汽车购买热升温"。[15]

然而，伴随着这种支持减排汽车尾气达成的广泛共识一起出现的是，对净化发动机排出的废气的管末装置提出的同样广泛的怀疑。[16]有发明者很快就想出了解决这个问题的妙招。例如，总部设在慕尼黑的德国萨顿恩(Saduyn)公司试图销售一种汽车尾气在排入大气之前先要经过的特殊净化装置。[17]另有发明者甚至建议在汽车尾气中添加香精以"盖住"难闻的气味。[18]可以肯定的是，并不是所有的建议都是忽悠人的骗局。1928年有一篇文章指出，尾气催化净化是最有发展前途的汽车尾气净化方法，而且早在1913年，德国卫生学家格奥尔格·沃尔夫(Georg Wolff)就对一种净化方法发表评论意见说"通过使用铂金点火器来浓缩尾气"——今天的催化转化器所采用的原理。[19]不管怎样，汽车尾气净化装置的发明者们在当时的工程圈内外打响了一场艰难的战斗，人们当时一般认为，调试好发动机是取得汽车尾气减排成功的关键，而研发特别的净化装置则是多余之举。尽管几十年后有关难闻的汽车尾气的抱怨并没有消失，但是，以上这种观点一直没变。直到1928年，还有人在汽车燃料科学委员会的一次会议上表示"那种汽车臭气肯定仍然还在"。[20]

越仔细观察看似一致的汽车尾气减排呼吁，就越能发现其中的矛盾。毕竟，尾气减排呼声的出现频率与专家观点的科学依据多少有点脆弱这一事实形成了鲜明的对照。很多研究人员在评论这个问题时都发表了含糊其辞的讲话。"汽车尾气的气味如此难闻，可能会影响睡眠"[21]，"肯定不是一个使当时读者感到震惊的发现。"纽约医学会1931年的一项决议如是说。有些科学家甚至辩称，汽车尾气的恶臭成分根本不是一个医学问题。例如，一名研究人员在1923年表示，"据我们目前所知，汽车尾气尽管肯定非常难闻，但在正常的环境空气浓度下并不会对人体健康产生可计量的影响"。[22]工业卫生专家费迪南德·弗卢里(Ferdinand Flury)和弗兰茨·泽尔尼克(Franz Zernik)在他们1931年出版的有关有害气体的书中比较谨慎地表示："到目前为止，我们必须承认，汽车尾气是否会产生慢性危害的问题仍然没有定论。"[23]不管怎样，从一名研究人员的立场出发，揭开这个问题的神秘面纱根本没有吸引力。当然，我们可以指向对健康的间接影响，如降低呼吸深度。[24]然而，那些要求进一步证据的人一不小心就去了"阴曹地府"，也就是当时只有很多模糊迹象和很少明确证据希望的慢性健康危害世界。可以肯定的是，当时已经取得了有可能令人不安的发现。在德国公共卫生服务机构和化学巨头I.G.法尔本(Farben)赞助下完成的一系列实验表明，实验动物在呼吸了汽车尾气浓缩物后肺部受到了严重伤害——不过，这些实验是在远高于正常环境空气浓度的条件下完成的。[25]斯图加特的一名病理学家把实验兔子暴露在一台柴油发动机排放的烟气颗粒物下，结果发现了许多完整的肺病病症。不过，他的结论不冷不热，他写道："避免烟气的生成，也许是值得的。"[26]另一名作者指出，"有些医生在发言中把近来的肺癌发病率上升归因于汽车对城市空气的污染"，并且同时声称"先验地讲，这是不可能的"。[27]因此，在科学文献中有很多令人不安的研究发现和潜意识的怀疑表明，确实存在一种隐蔽的危害。[28]但与此同时，研究人员不愿深入研究这个问题，显然是在等待别人出头。国家从来没有要求开展系统研究，而研究人员普遍保持着他们那种提不起兴趣的状态。所以，科学文献往往把闻得到的难闻汽车尾气看作一种名副其实的公害，而不是一种明确的健康危害因素。[29]

一氧化碳问题多少受到研究人员的一点关注。与他们对汽车烟气和气味危害的模糊描述相比，科学家们能够用明确无误的术语来描述一氧化碳对健康的危害。"一氧化碳就其发生频率、隐蔽性和因果性而言是一种无与伦比的毒素。"《工业卫生杂志》1929年发文如是说。[30]从医学的角度看，一氧化碳有很多令人不安的特性。一氧化碳一旦充斥血液，就会严重阻止氧气输送。一氧化碳无气味,因此会导致受害者逐渐失去知觉,从而导致受害者难逃死神的眷顾。而且,即使低浓度的一氧化碳也有毒——科学家一般认为临界中毒水平在50/1 000 000～200/1 000 000之间。[31]更进一步说,一氧化碳是典型的碳基燃料不充分燃烧的产物,从而也意味着汽车尾气绝不是唯一的一氧化碳来源。"一氧化碳是日常生活中最常见的有毒物质,"威廉·利泽冈在1934年这样写道;而弗卢里和泽尔尼克(Flury and Zernik)则把一氧化碳称为"最危险的工业毒品"。[32]一氧化碳对家庭构成最显著的危害:1926～1930年间,德国家庭每年要发生490～665起一氧化碳致死事件——不包括自杀,同期每年的自杀人数在1 986～2 918人之间。[33]

因此,研究人员很快就提醒人们注意汽车尾气中的一氧化碳对健康的危害。早在1911年,德国卫生学家A.科尔夫-皮特森(A. Korff-Petersen)就警告称,"在交通繁忙的十字路口和出租车扬招站可能出现惊人的一氧化碳累积"。[34]然而,直到纽约和匹茨堡修建长距离汽车隧道才再次引发了一场更加旷日持久的汽车一氧化碳排放问题的讨论。[35]同样,还有人在热烈讨论停车库和汽车维修店的汽车废气累积问题。[36]但与此同时,科学家们一般都同意这些都是"对一般空气污染问题没有意义"的特殊情况。[37]毕竟,隧道和车库的一氧化碳问题显然有一个简便的解决方法:适当通风。[38]减少环境空气中的一氧化碳,更多是一个与减排技术有关的挑战,从而赋予即将开始的汽车一氧化碳排放问题的讨论一定程度的戏剧性。如果科学家们在环境空气中检测到不安全的一氧化碳浓度,那么就需要开发低污染汽车或者实行汽车交通限制——两个源于监管政策观的恐怖场景。可以肯定的是,通过适当调试发动机和化油器,有可能降低汽车尾气的一氧化碳含量。检测显示,汽车尾气的一氧化碳浓度可以有好几个百分点的变异。[39]但是,在实验室进行调试是一回事,而系统控制全部在用汽车的调试结果则完全是另一回事。有些研究人员提出了一个替代方案,建议在汽车上安装稀释尾气的特别装置[40],扬德尔·亨德森(Yandell Henderson)和霍德华·哈格德(Howard Haggard)在美国提出的一种像烟囱的设计方案也许是当时最具吸引力的汽车尾气稀释装置。[41]然而,这种装置在当时被普遍认为是一种权宜之计。1925年,有一名研究人员就类似的创意评论说,"有希望想出某种比这些解决方案中任何一个都好的解决方法"。[42]

没有任何已有文献显示,科学家们承受着减少汽车尾气中一氧化碳对健康危害的直接压力。但间接压力应该很大。毕竟,研究人员应该意识到证明汽车尾气对人体健康产生明确的即刻危害的深远意义。因此,我们似乎可以合理地认为,正是因为研究人员完全明白这些深远的意义,所以,他们变得特别谨慎。

研究人员的这种一般取向具有特殊的重要意义,因为他们的研究发现存在歧义。大部分检测结果显示汽车尾气中一氧化碳浓度低于临界标准,而有些检测结果则表明一氧化碳浓度达到或超过 200/1 000 000——有一次甚至还检测出了超过 700/1 000 000 的结果。[43]当然,我们能够(并且实际)认为,虽然这样的一氧化碳浓度确实会对人体健康造成危害,但是几乎没有人必须长时间地在街头呼吸被严重污染的空气。[44]可是,这种说法就意味着我们赞同全体像警察这样在街头工作的人面临这种特殊的健康危害。1926 年,《美国医学会学报》(*Journal of the American Medical Association*)发表了一篇被广为转引的研究论文。文章认为,费城的警察执勤一天下来血液中一氧化碳的饱和水平高达 30%。[45]血液中这么高的一氧化碳饱和水平不但会导致头痛和头昏眼花(费城的警察确实也经常抱怨)[46],而且还非常危险地接近危及生命的水平。科学家们一般认为,血液中一氧化碳饱和水平一旦超过 40%,"人体的自愈机制就会出现问题"。[47]然而,那个时代的科学家都回避根据自己的研究发现提出警示的做法。"迄今为止,检测没有发现德国街头存在伤害人体的一氧化碳浓度,"1936 年的一份报告如是说。[48]当然,始终有人心照不宣地怀疑一氧化碳会对健康导致慢性危害,这种情况非常类似于人们对汽车烟气长期影响效应的担心。"我们还没有充分了解低浓度一氧化碳的影响效应,"德累斯顿理工大学的一名工科博士如是说。[49]不管怎样,国家当时没有要求研究人员更加仔细地研究汽车尾气造成的烟雾和气味问题。

研究人员对待汽车尾气造成的烟雾和一氧化碳问题的态度,总体来说是不冷不热。有些研究人员态度并不明朗,更多是把它说成一种公害,而较少把它视为健康危害因素。相比之下,在四乙铅于 1923 年作为燃料防爆添加剂使用以后,研究人员很快就开始了关于四乙铅问题的讨论。[50]四乙铅在一些科学家中间引发了无论烟雾还是一氧化碳都望尘莫及的反应——恐慌。毕竟,铅是一种众所周知的有毒物质,很多工业卫生领域的从业人员为研究减少与铅的接触已经花费了多年时间。[51]面对由含铅汽油使用导致的铅这种有毒物质广泛分布的前景,研究人员们立即做出了反应。"'毒害'我们的交通环境,特别是用气态铅化合物来'毒害'我们的交通环境,是一种难以忍受的不正常现象;如果气态铅化合物大量存在于空气中,那么,我们的居民将受到难以估量的危害。"格奥尔格·沃尔夫在 1925 年公开表示。他还补充说:"现在已经极难控制工业来源的铅排放问题。"[52]同样,扬德尔·亨德森告诫说,"铅是一种可以一点一点长期累积直至达到中毒量的物质的完美例子"。亨德森详细讲述了司机和城市居民普遍铅中毒的可怕情景。[53]就连普鲁士公共福利部一名职位较高的官员——向来说话谨慎——也惊恐地表示这种物质"是医学上公认的神经剧毒物",他"担心在广大市民中间会出现很多严重的铅中毒病例"。[54]如果能够根据医学专家的直觉反应,就这个问题做出决定,那么,含铅汽油就绝不会有机会得到广泛使用。

然而,医生在当时很难用确凿的医疗事实来支持他们的直觉反应。可以肯定的是,造成这种状况的原因不但是缺乏科学仪器,而且还有问题本身的特点。1925年,瑞士卫生学家H.桑格(Zangger)正确地指出,即将发生的慢性铅中毒将会导致一种明确的"医学影像",因此,医生们"会不得不承认,即使我们与化学界联手,就是在发生大量中毒的情况下,我们也没有能力确定这种有毒物质与由它造成的结果之间的因果关系"。[55]随后发生的医学争论很快就聚焦于那些危害迫在眉睫的情景——并不是因为没有觉得铅会导致疾病,而主要是因为这些情景最有可能为医生们的担心提供了临床证据。于是,四乙铅的产生和分布连同汽车维修店一起成为这场争论的关键议题。由于很快就"雇员如能遵守很多安全措施,就不会受到急性健康危害"这个问题达成了共识,因此就丧失了继续讨论广大市民可能受到危害的基础。[56]这个故事中的一个关键人物是辛辛那提大学(University of Cincinnati)凯特琳实验室(Kettering Laboratory)主任罗伯特·阿瑟·基欧(Robert Arthur Kehoe),他当时指出,四乙铅这种物质只要处理得当,绝不会发生中毒的情况。基欧不但在很多文章中,而且还作为四乙铅生产商的专家证人表达了这种观点;但克里斯托弗·塞勒斯(Christopher Sellers)也不无道理地表示,基欧在这样做的时候是否觉得自己的行为完全符合科学精神。[57]

这个议题从科学界的"雷达荧光屏"消失的速度快得惊人。矿业局仅仅在2年以后就放弃了它的研究努力。"通过动物实验就能确定正常使用乙基铅汽油是否存在明显的危险,"矿业局下结论说。[58]当时有一名公共卫生服务委员会呼吁开展长期研究,但没人愿意响应跟进——而且,过了30多年以后才有人为此感到惋惜。[59]直到石油工业在20世纪50年代末试图通过第三方提高汽油的最大含铅量时,四乙铅的健康影响问题才再度受到医学界的注意。由于独立研究当时基本上都停了下来,因此,研究人员必须解决大量的不确定性问题。[60]具体而言,美国外科医生总会特别委员会1959年的一份报告开宗明义地宣称,"本委员会有意说明,由于缺乏医疗数据,目前不可能做出结论性的回答"。[61]

虽然美国的相关研究是分散进行的,但德国就连分散进行的相关研究都没有。原因很简单:在20世纪20年代,德国没有使用四乙铅。[62]因此,德国公共卫生局在1927年觉得"目前没有理由对四乙铅进行更加深入的研究",而是满足于对已有研究文献进行评论,"以便不至于对这个问题一无所知"。[63]同样,德国交通部在1928年表示没有必要开展进一步的研究。不过,德国交通部毫无讽刺意思地建议"跟踪美国目前正在进行的大规模实验"。[64]

在了解以上介绍的言论以后,对这个问题的沉默占据上风应该没有什么可奇怪的。即便1939年德国一道部级法令最终允许汽车使用四乙铅,但也没人愿意开展独立的科学调查。随这道法令一起发表的文章大段引用罗伯特·基欧的著述,提到了其他国家进行的调查,并且最终断言这些研究"通常得出了相似的发现,结果导致了所希望的正面解释"。[65]就如美国一样,早年的担忧情绪已经消失得无影无踪。

## 公众对汽车尾气的看法

"关于这些汽车,我可以说,在我们整个国家,尤其是在农村地区,有些车主深感痛苦,"巴伐利亚州议会的一名议员在1905年10月这样说道。其他议员随后的附和态度——"哦,是的"——表明,这绝不是一种奇谈怪论。[66]事实上,早期的汽车使用者掀起了一股巨大的公愤浪潮,但是,公众对早期汽车使用者的愤怒跟妒忌或者基要派(fundamentalist)反对技术进步没有多大的关系,但与早期汽车流行的社会成本有很大的关系。[67]批评的矛头主要是针对超速驾驶的司机、不计后果的驾驶习惯以及由此造成的交通事故,但也有一些抱怨是针对汽车尾气的。例如,德国威斯巴顿(Wiesbaden)市的一名市民抱怨说,城市发展成了"头号臭气中心""汽车司机把臭气和垃圾排放在周围环境的行为是与人类的彼此尊重和相互爱护传统格格不入的"。[68]一般来说,愤怒的抱怨总是要求采取严厉的惩罚措施。例如,一名主要是被"冒烟"出租车激怒的纽约居民建议说:"如果各出租车公司的老板每人都被监禁30天,那么就不会有那么多的出租车,并且可以减少75%的烟害。"[69]德国一篇有关这个主题的论文的匿名作者呼吁"设立汽车监察制度,以采取充分的保护措施防止车主过度使用汽车"。[70]还有一些观察员发表了悲观的预言:如果汽车实际成为未来的交通工具,那么,"柏林很可能成为世界上最臭的城市,"一名普鲁士议员如是说。[71]一个总部设在柏林的下腓特烈州(Lower Friedrichstadt)同乡会提出了类似的看法:如果继续允许汽油动力车"抢劫氧气"的行径,那么,"肺结核、淋巴结核、佝偻病、代谢病、眼损伤等就会摧毁儿童和成人的健康"。[72]德国南部一名不愿署名的法官写道:人们经常正确地把汽车叫作"臭车"(Stinkkarren);毕竟,汽车"经常散发臭气,每一个嗅觉正常的人都会觉得它是一种危害"。[73]针对汽车的愤怒情绪并没有在政治倾向面前停留下来。当一名右翼议员在德国国会大厦揭露公园里弥漫着"汽油和蒸气云",并且反问"星期天人们去哪里放松"时,他为能够受到社会党议员奥古斯特·倍倍尔(August Bebel)表示同情的评论而感到高兴。[74]

但是,抗议很少超过发表诸如此类的宣言或者言论,很少有人投诉导致过度空气污染的特定汽车。即使有人投诉,常常都是一些轶事性质的案例。例如,不莱梅一个名叫弗里茨·万内克(Fritz Vielhaben)的市民在1926年多次提起投诉,开始了某种个人的反冒烟汽车运动。[75]威斯巴顿市议会于1907年投票"敦促当地警察局以后只向无气味出租车发放营运许可证",但真正采取这种具体措施的情况显然只是些例外。[76]毕竟,柏林卫生学家朱利叶斯·赫希(Julius Hirsch)绝不是无缘无故地在1928年抱怨广大公众对汽车尾气表现出了"难以解释的宽容"。[77]当时,美国也没人发起反恶臭汽车的永久性运动。纽约有影响力的市民组织,如第五大道协会和妇女城市联盟,曾经就这个问题做过调查,但过后很快就转而关注其他事情。[78]民间组织一度曾非常热情地关心过这类问题,尤其是城市问题,但关于汽车尾气的民间活动则暴露了特别明显的软弱性。[79]

民间组织不但对汽车尾气闻得到的恶臭成分表现得软弱无力,而且几乎没有针对一氧化碳危害采取任何行动。[80]如果公众在这个问题上可以发挥什么作用的话,那么无疑是消极被动的作用:公众往往是被呼吁予以关注的对象,而不是敦促研究人员和官员关心这个问题。"当然,外行人只知道那些冲鼻刺眼的汽车尾气成分,"一名专家在1928年写道。他还抱怨"多数人根本就没有意识到"一氧化碳的危害性。[81]这种状况的必然结果就是一氧化碳在封闭的空间里致人死亡的案例多得惊人。就像弗卢里和泽尼克沮丧地指出的那样,"在车库窒息而死,在今天绝不是什么罕见的事情"。[82]一名美国研究者甚至断言:"冬天,我们打开报纸几乎总能看到某个可怜的人因汽车发动机排放的一氧化碳窒息而死的报道。"[83]科学家们一而再再而三地强调车库和车铺必须通风。[84]但是,这些告诫是否有人听从仍然是一个悬而未决的问题。一方面,威廉·利泽冈在1932年的一篇文章中提到过一氧化碳中毒的案例由于专门规则和监管以及相应的媒体宣传而显著减少。[85]另一方面,直到1939年才有一本公共卫生杂志刊登一篇评论文章指出,德国由汽车尾气造成的伤亡事件"每年总共要达到200～300起"。[86]

不管怎么说,当时民间显然没人发起促成一氧化碳问题解决方案的游说活动,也没人组织针对四乙铅问题的游说活动。恰恰相反,如果科学研究表明对人体健康没有危害,那么,公众显然愿意平静下来。《纽约时报》按照一种特有的方式评论很多科学研究称,这些研究表达了"对这个问题的科学看法,而没有感情用事"。[87]可以肯定地说,一种模糊地怀疑含铅汽油优点的态度似乎持续了一段时间,直到20世纪30年代太阳石油公司(Sun Oil)把它生产的无铅汽油作为"无毒汽油"来营销为止。[88]不管怎样,这种怀疑态度从未导致任何结果,毕竟,含铅汽油显然找到了自己的用户。结果就是在汽车尾气问题上出现了不协调的解决议程:公众对研究人员认为最重要的问题的抗议显得软弱无力,而研究人员对于公众认为最重要的问题也并不重视——对于必须就这个问题决定该做什么的政治家和官员来说,这可不是一种理想的状况。

## 政府的反应

那个时代的观察家大多认为,控制汽车尾气是政府的职责。然而,这个问题并不像它刚出现时那么不证自明。从理论上讲,也可以采取基于自律的解决方法,因为20世纪的头10年里汽车俱乐部在反对野蛮驾驶的斗争中,至少在德国显示了自己的助益作用。[89]有人建议采取一种类似的方法来解决汽车污染问题。例如,格奥尔格·沃尔夫在1911年写道:"汽车用户通过迅速、有效地控制汽车的负面影响来安抚广大公众,应该是一种明智的行动。"[90]然而,绝大多数观察人士——通常在政府监管还没有变得太具体时——仍然宁可相信政府的监管权力。具体而言,德国研究人员已经表现出一种任由政府制定政策问题的倾向。[91]

德国和美国采用的解决汽车尾气问题的方法多少有所不同,但是,最终结果基本相同。在美国,政府的行动(如果确实存在的话)通常采取运动的形式。有关冒烟汽车问题的运动通常一上来就通过一项专门法令。在第一批这类法令中,有一项法令于1908年在纽约付诸实施,这项法令限制冒烟汽车驶入中央公园。[92]1910年,这项禁令的执行范围又扩大到了全市,而且一上来执行还是比较严厉的:第一年,法院就受理了2 000多起违反法令的案件。[93]但2年以后,《纽约时报》抱怨政府降低了关注度:"汽车排气管排放出来的浓烟……正在重新变得冲鼻子、刺眼睛。"[94]官员们反应迅速,立刻处罚了很多在第五大道行驶的冒烟太厉害的汽车。然而,此类行动的长期效应似乎比较有限,尤其是考虑到违法司机通常只受到缴纳2~5美元罚款的处罚。[95]几年之后,关于冒烟汽车的处罚规定就成了一纸空文。就如一名纽约人在1924年所说的那样,"尽管很多城市都颁布了反汽车污染法令,但是,汽车造成的烟害仍然经常肆虐"。[96]

在美国解决四乙铅问题的方法中有一种类似的计划。有趣的是，不是医学专家对广大公众的担心，而是一家生产四乙铅的工厂发生的意外事故激起了政治反应。1924年10月26日，标准石油公司（Standard Oil）在新泽西州的一家工厂有40名工人出现了严重的铅中毒症状，其中2人几天后就因铅中毒而死亡。在以《纽约时报》为先锋发起的密集的新闻报道攻势下，包括纽约和费城在内的很多城市以及很多州很快就采取行动禁止销售含铅汽油。[97]事实上，当时的形势变得非常紧张，以至于四乙铅生产在1925年实际停止了9个月。然而，有人最终觉得工作场所发生的一起意外事故并不能为全面禁止四乙铅生产和销售提供充分的依据。由于相关科学研究描绘了一个相当令人宽慰的前景，因此，含铅汽油销售禁令几乎就像通过时立即付诸实施那样迅速地停止实施。纽约禁售含铅汽油的法令在实施大约2年后停止执行，似乎是同类法令中最后停止实施的法令。[98]"你们的委员会请求我们报告，在他们看来，只要乙基铅汽油的销售和使用受到适当监管控制，现在还没有禁止把乙基铅汽油作为汽车燃油销售的充分理由。"联邦公共卫生委员会的一名成员在1926年1月如是说。[99]因此，在美国联邦政府于20世纪70年代逐渐禁止使用含铅汽油之前，四乙铅一直是美国汽油中的一种常见成分。[100]

德国的汽车尾气治理在某种程度上不同于美国运动式的监管方法。德国的汽车尾气监管方法是相关规章制度的迅速执行与极其宽松的执行策略的一种奇特混合。从司法的角度看，这个问题在过了一小段时间以后就变得非常清楚。"汽车排放或散发令人讨厌的烟、气、味，为违法。"莱茵兰省（Rhineland）1901年通过的一部法律如是规定。[101]同样，巴伐利亚内政部1902年实施的法规规定"机动车辆的制造和装备必须尽可能避免引发火灾、爆炸或者对人体有危害的噪音或气味以及妨碍马车行驶的可能性"。[102]这种条款很快就成为德国汽车法律的标准内容。[103]就如柏林一家法院1908年的一项判决所显示的那样，这些条款对于汽车车主的法律影响的确非常深远。这家法院驳回了司机关于烟气问题是在行驶过程中发生的辩词，并且认为"即使在车辆行驶过程中，司机也有义务减排烟气"。[104]德国官员还被允许"在任何时候责令车主自己承担费用进行车辆检测，以便审核车辆是否符合相关规定"——就像德国交通部在1924年的一份备忘录中所写的那样，目的在于"通过这种强制性的车辆检测来大幅增加车主的麻烦感和成本"。[105]与美国在一群改革者把汽车尾气问题提上议事日程之前什么事情都没有发生的情况不同，德国官员完全通过自己就急切制定了有关汽车烟气问题的规定，因此，他们（就如普鲁士政府曾经表示的那样）"很快就有了用于淘汰在街头制造噪音和刺鼻气味的汽车的'工作手段'"。[106]

然而，相关规定的执行是一个完全不同的故事。投诉处理缓慢，而且明显令人厌烦。1910年，普鲁士议会的一名议员讲述了他试图推动柏林警方起诉几个汽车尾气排放违法者的不幸遭遇。据这名议员介绍，警察的惯常反应就是耸耸肩膀，然后懒洋洋地说一些"好吧，如果您想投诉，您有这样做的权利"之类的话。[107]弗里茨·维勒哈本（Fritz Vielhaben）在不莱梅多次投诉冒烟汽车，但也没有取得更好的结果。由于警察明显认为控制汽车尾气排放并不是他们的职责，因此，他们从一开始就缺乏兴趣。具体而言，警方（在维勒哈本向警方投诉以后、警方核实投诉的真实性之前）出具的第一份报告在附录中写道，"维勒哈本给人以非常神经质的印象"。[108]在检查了很多汽车以后，警官们觉得他们的怀疑得到了证实。"维勒哈本在这方面是一个彻底的门外汉，他甚至不知道汽车的尾气排放标准。"警方出具的报告如是说。警方决定谨慎对待此事，以防维勒哈本再次投诉。[109]20世纪20年代，所谓的"斗牛犬"拖拉机因尾气问题多次遭到投诉。于是，普鲁士商业部干脆就颁布法令规定这些机器必须使用"阻止烟气和气味形成的燃油"。[110]然而，姑且不论这项法令只适用于在城市范围内使用的斗牛犬拖拉机这一事实——由于没有收到来自农村地区的投诉，因此，普鲁士商业部随即就表示斗牛犬拖拉机可以污染农村[111]，就是在城市也几乎未曾付诸实施。例如，汉诺威警察局干脆就把自己的努力仅限于一次性告知全局警察以及在当地报纸刊登一则简短的告示。[112]在柏林，警察局持续进行了一段时间的特别"烟气"巡察。这至少是一个政府代表在议会面前为回应屡次三番指责政府对此问题不采取立场的投诉进行述职时这样说的。[113]但是，这些措施是否像行政当局声称的那样"取得了成功"仍值得怀疑。[114]奥格斯堡（Augsburg）市在1929年采取了类似的措施以后，噪音问题很快就引起了极大的关注，到最后只收到4份有关冒烟车辆的投诉报告。[115]

政府的档案文献一次又一次地证明，政府执法以慵懒为先。例如，德国卫生局在1910年收到投诉后仅限于回复：汽车尾气问题已经"众所周知"，它是一个超越本局权限的"技术问题"。[116]同样，全德水、土地和空气卫生委员会主席在1928年写道，警察检查冒烟汽车"比以前频繁"，并且令人费解地补充说眼下应该避免采取"进一步的措施"，"因为从某种程度上看，改进应该顺其自然"。[117]1927年，普鲁士公共福利部要求"步子再大一些"时，内政部长却拒绝配合："本人多次告诫柏林警方多关注汽车的烟害问题"，并且认为"这是避免再次告诫的充分理由"。[118]显然，已有的相关规章制度虽然几乎没有付诸实施，但完全能够为证明政府官员不作为提供托词。

也许,德国政府方向感有问题的最有力证据,就是缺乏如何处理上述特殊净化装置的明确政策。德国总理办公室接受了德国萨邓恩公司(Deutsche Saduyn-Gesellschaft)论证其装置用途的邀请,鉴于技术问题通常由其他机构负责,这可是一个非同寻常的举动。然而,结果并非十分令人信服:"这个装置完全不能去除气味,只能去除汽油蒸气,但无法去除汽车尾气中强烈的苦杏仁味,"一名官员如是说。这名官员还称这家公司"不明智地为所有汽车开出一种通用处方"。[119]与此同时,这名官员还多少有点乐观地表示:"我们可以谈谈这个装置经过一些改进后的用途。"[120]然而,1年后,当萨邓恩公司告诉德国总理办公室他们推出了新型号的净化装置时,已经没人记得先前对这种装置的兴趣。官员们只是把材料送到了皇帝专利局(Emperor's Patent Office)"为它们申请专利",等材料返回来后填写文件。[121]由于官员们没能在这个普遍认为专门净化装置用途有限的领域奉行明确的政策,因此,我们能够推断官僚作为一个整体在这个问题上有多么无能。

政府有关一氧化碳问题的档案文献显示,政府在这方面的作为并没有好多少,唯一的例外就是明确了一氧化碳在车库里的危害以及这些地方适当通风的必要性。[122]关于环境空气里的一氧化碳问题,官员们基本上都避免采取任何措施。事实上,德国交通部早在1924年(这个问题的研究才刚刚开始)就觉得没有必要采取矫正措施:"到目前为止,我们没有收到一例街头交通一氧化碳中毒的报告,"交通部发言人在谈到环境空气一氧化碳含量"大大被稀释"时如是表示。[123]由于相关研究缓慢地趋向于得出类似的结论,因此,关于控制汽车来源的一氧化碳的辩论始终没有取得进展。最后,科学家们与官员们"同流合污",都成了"慵懒的合作伙伴":当科学家们在强调一氧化碳对人体健康危害方面表现得犹豫不决时,官员们却在为是否提出这个关键问题迟疑不定。科学家们没有更加仔细地研究这个问题,而官员们也没有迫使他们这么做。因此,汽车的大量使用导致的一氧化碳问题一直推迟到环境保护时代才得到解决。

德国解决四乙铅问题的策略多少有点不同于它处理一氧化碳和汽车冒烟问题的策略,至少给人的初步感觉是这样。德国政府很快就认识到四乙铅是一个重要问题,而官员们则密切关注着当时美国正在进行的辩论。事实上,德国卫生局早在1925年就宣称,"像四乙铅这样的有毒物质在交通中不应该有它的位置"。[124]如果德国已经重新出售含四乙铅的汽油(制定超前的禁令被认为是不利于外贸的不明智举措),那么,德国政府就有可能通过一部禁止含铅汽油的法律。[125]德国政府的这种机灵反应更加引人关注,因为关于这个主题,专家们并没有进行超越直觉的推理。"对于像我这样的化学家来说,铅就是一种我们绝对不能信任的物质",德国卫生局的一名专家官员奥斯卡·施皮塔(Oskar Spitta)在1928年的一次内部会议上如是说,并且敦促"极其谨慎地对待这种物质"。[126]事实上,施皮塔利用这次机会阐述了医务官员的职业精神:"考虑到汽车交通目前获得的发展,因此,在发生什么情况之前无为地等待,可能是一种不负责任的行为。当然,我们应该采取预防措施来制止任何危害。"[127]

然而,在评价施皮塔吹嘘的职业精神时,重要的是要记住:这里并不牵涉风险问题。在同一次会议上,德国石油协会的一名代表在施皮塔慷慨陈词后表示:"我们目前没有在德国销售四乙铅,我们在未来也没有这种计划。"[128]此外,与美国相比,德国对四乙铅的技术需要也没有那么紧迫。首先,德国也有大量的苯,而苯是一种相对比较抗暴的物质。[129]其次,德国巴斯夫(BASF)化学公司(很快就被并入化学巨头I.G.法尔本)已经开发出一种铁基而不是铅基防爆添加剂,并且从1926年开始就以"莫塔林"(Motalin)的商标名在销售。[130]直到20世纪30年代中叶,I.G.法尔本公司才开始建造2家生产四乙铅的工厂,而这2家工厂的产品专门用于航空业,因为航空业迫切需要附加燃料动力。[131]四乙铅何时、如何也被用于德国汽车交通,目前还不完全清楚;但这可能是臭名昭著的德奥合并造成的一个奇特的副作用,因为四乙铅被用于改善奥地利劣质汽油的质量。[132]不过,可以肯定的是,使用量似乎很小,而且一直很小。因为,从纳粹政府的角度出发,空军的需要显然优先于民用汽车司机的需要。但是,德国劳工部在1939年6月9日的法令中正式认可了对四乙铅的使用。[133]这样,德国政府的认识便达到了美国官员大约在10年前就达到的水平:只要没有确凿的证据证明四乙铅会对人体健康造成即刻危害,就没有充分的理由禁止使用乙基汽油。

事实上,这是一个第二次世界大战爆发以前德国和美国有关政府辩论的关键问题。在当时构成汽车尾气问题的3个议题中,关键的议题与认知不确定性有关——在所有3个议题中,认知不确定性并没有进一步推动相关研究甚或采取预防措施,而恰恰相反是促进了一种慵懒态度的合法化。事实上,现代国家就是一种基于科学的监管型国家,需要科学专家与政府官员之间深入细致的协商。然而,在汽车尾气的问题上,科学专家与政府官员之间的沟通导致了一种很成问题的使双方慵懒合法化的倾向。研究人员认识到了临床危害取证难的问题,因此不愿过分强调汽车尾气对健康的危害,而官员们从不愿意一针见血地提出问题或者敦促科学家们更加直言不讳。"认知不确定性可能意味着需要行动起来,而不是无动于衷"这种简单的思想对于相关各方来说仍然非常陌生,因此,我们似乎可以合理地认为,1945年以前遭遇的汽车尾气控制失败是奉行一种根本错误的监管理念的结果。在取得汽车尾气的临床危害证据之前，当时人们显然缺乏一种要求政府干预的行为准则——要求政府出面干预减少汽车尾气排放或者发起进一步的研究。这也可以说是我们这个故事所体现的道德意义。

## 结论：预防原则的优点

1970年11月，美国加利福尼亚州空气资源委员会举行的一次听证会，成为两种空气污染控制理念之间一次令人难忘的对决的论坛。当时争论的问题是州范围内环境空气质量的铅标准问题，加州政府建议的标准实在太高，因此必须立刻采取限制铅排放的严厉措施。由于一些显而易见的原因，四乙铅的生产商们决定反对这个标准。他们的专家证人不是别人，正是罗伯特·阿瑟·基欧，当时已是76岁高龄，在辛辛那提大学担任职业医学名誉教授多年。不出众人所料，基欧的论点延续了他过去有关这个主题的研究发现。在列举了他对健康成年人所做的实验研究以后，基欧抱怨"所建议的含铅量标准实在太高"，并且要求做相应调整。[134]自20世纪20年代以来，这种论调就一直没有变过。但是，在这次听证会上，很多人发言表达了一种完全不同的观点，其中就有医学博士、药学教授萨姆纳·M.卡尔曼（Sumner M. Kalman）。他这次"代表环境保护基金会（Environmental Defense Fund）、塞拉俱乐部（Sierra Club）、地球之友（Friends of the Earth）和圣克拉拉县医疗协会（Santa Clara County Medical Society）"参加听证会。卡尔曼在会上指出："目前很多有文献证明的影响效应都来自于对健康的男性青年进行的研究。有特殊问题的人和儿童都需要更低水平的含铅量标准。"他还补充说道："美国大约有300万人现在被认为铅负荷还在正常范围内，但很可能属于高危人群。"[135]同样，圣克拉拉—圣贝尼托（San Benito）县结核和呼吸道疾病防治协会（Tuberculosis and Respiratory Disease Association）空气保护委员会现任会长R.克里·皮尔斯伯里（R. Cree Pillsbury）医学博士通报了他已经观察到的很多令人不安的迹象："作为一名医生，我遇到过很多做非特异自诉（如头痛、肠胃不适、腿抽筋、萎靡不振和贫血）的病人……这些自诉症状与有铅中毒临床经历的人的症状相同。因此，我建议大家注意，很多经常唠叨自己有其中某些症状的人有可能与空气污染造成的中毒有关。"[136]参加听证会的另一名医生最后指出，现在已经无可争议，铅是一种已经被证实的有毒物质。在对"使用含铅汽油和某些违禁药品"进行比较以后，他表示："与这些违禁药品对人体的影响相比，我们更加确定铅对人体的危害。"[137]

此外,"铅对环境没有任何益处,而对很多生命形态有毒,因此应该被作为一种潜在的危险物质予以淘汰"。[138]

我们有必要更加仔细地考察这些不同的观点。基欧的观点基本上就是延续了上述1945年前在科研界占据主导地位的行为准则:关键在于危害影响的临床证据;如果找不到这样的证据,就没有充分的理由采取反对行动。正如基欧在听证会上尖锐地指出的那样,"含铅量标准应该根据实际检测到的影响效应来制定"。[139]与此相反,反对者、发展迅速的环保运动的成员,他们提到了间接证据——无法解释的症状或者普通公民血液中的高铅浓度。他们的基本观点是:虽然这些症状单独没有一个能够证明含铅汽油的危害性,但是合在一起就能为采取矫正措施提供充分的理由。根据这种观点,等待临床证据——基欧的观点——是不必要的,甚至是不道德的。毕竟,基欧的观点意味着为了医学研究而容忍潜在有害的环境。健康危害的高概率被认为是采取有效措施的一个充分理由,因此,不用顾忌"至于这些措施的效果,我们可能永远也不会知道我们的怀疑是否正确"这样的反对意见。

1970年发生不同观点的直接交锋绝不是什么巧合,各种环境保护观点反映了预防原则在截至并包括1970年在内的这个年代里在德国和美国的崛起。[140]虽然在预防原则确切含义这个问题上还存在一些意见分歧[141]——如一篇最近发表的德语文章表示,预防原则首先是一种"伦理原则"[142],一个重要的观点对预防原则与控制眼前威胁的传统的警察职能进行了区分。预防原则并非只关注那些证据确凿的案例,而且还应该关注潜在的危险。[143]这可是降低政府干预门槛的关键,并且不但有利于控制已经得到证明的风险,而且也有利于控制疑似风险;也意味着政府论证资源的大幅度扩展使用,而环保人士们显然渴望在加州听证会上动用新的资源。

这种新的行为准则的最明确表达也许就是,环保人士不会致力于某个标准的制定或者实施,但会致力于尽可能减少排放的目标的实现。即使严厉的标准得到了遵守,环保人士仍会觉得最好进一步减少排放。他们在加州听证会上宣称:最终目标是"到1973年1月1日实现机动车辆零铅排放"。[144]此外,采取预防原则会导致政府权力发生巨大变化:在1945年前徒劳地关注确凿危害证据争论的背景下,预防原则意味着政府干预可能性的一次最具革命性的扩张。

预防原则在1970年前后的兴起已经导致了一场根据已经成为相关辩论常见定式的观念来变革监管策略的经常性运动。当然,对这一原则的阐释是一个正在讨论的也是足以使环保人士和他们的反对者们忙得不亦乐乎的问题。与每一项伦理原则一样,预防原则是一种向不同的解读开放的原则,而一致认可的定义现在仍毫无踪影。不管怎样,虽然相关辩论正进行得如火如荼,但值得注意的是,很少有人把预防原则作为一个原则性问题来质疑:大多数人认为,这是一个现代监管型国家不言自明的"自然"法则。[145]不管怎样,回顾1945年前的汽车空气污染控制历史,预防原则不只是一种自明之理这一点就变得明白无误:它实际上是环保时代取得的一项最重要成就。毕竟,我们不能夸大1945年前政府在控制汽车污染方面遭遇的失败:政府没有设定明确的目标和有意义的标准,没有进行明确的责任分工,甚至也没有努力去制定适当的监管策略。当然,研究人员和公众在汽车尾气问题上的不同看法是这个故事的一个重要内容。但是,从政治的角度看,更令人不安的一个问题是当时各社会主体所表现出来的漠不关心的程度:如上文所援引的那样,德国交通部认真谈到了在美国进行的"大规模四乙铅实验",但没人想过"如果实验结果不佳,应该怎么办"。当然,德国的做法和美国的做法两者之间也存在很多差别。但更加令人吃惊的很可能是,尽管这两个国家的做法大相径庭,但是,两国政府在这方面遭遇失败则有一个共同的原因:汽车尾气控制措施要以确凿的医疗伤害证据为前提。从这个视角来看,1945年前运气不佳的汽车尾气控制倒是令人眼前一亮地展示了预防原则的优点。

• 注释:

[1]Joachim Radkau, *Technik in Deutschland. Vom 18. Jahrhundert bis zur Gegenwart* (Frankfurt/Main,1989),p.299.[All translations by the author—F.U.]

[2]Cf.Christoph Maria Merki,"Den Fortschritt bremsen? Der Widerstand gegen die Motorisierung des Straßenverkehrs in der Schweiz," *Technikgeschichte* 63(1998),pp.233—255; Christoph Maria Merki,"Plädoyer für eine Tachostoria," *Historische Anthropologie* 5 (1997),pp.288—292; Angela Zatsch, *Staatsmacht und Motorisierung am Morgen des Automobilzeitalters* (Konstanz,1993); Barbara Haubner, *Nervenkitzel und Freizeitvergnügen. Automobilismus in Deutschland* 1886—1914 (Göttingen,1998); Clay McShane, *Down the Asphalt Path. The Automobile and the American City* (New York,1994); Tom McCarthy,"The Coming Wonder? Foresight and Early Concerns about the Automobile," *Environmental History* 6 (2001),pp.46—74; Maxwell G. Lay, *Die Geschichte der Straße. Vom Trampelpfad zur Autobahn* (Frankfurt/Main and New York,1994); Gijs Mom,"Das 'Scheitern' des frühen Elektromobils (1895—1925). Versuch einer Neubewertung," *Technikgeschichte* 64 (1997),pp.269—285; Dietmar Fack,"Das deutsche Fahrschulwesen und die tech-

nisch— rechtliche Konstitution der Fahrausbildung 1899—1943," *Technikgeschichte* 67(2000), pp.111—138; Elfi Bendikat, "Umweltbelastung und Stadtverkehr: Fachdiskussionen, Bürgerproteste und Immissionsschutzmaßnahmen, 1900—1935," *Informationen zur modernen Stadtgeschichte* 1 (1997), pp.14—19; Dietmar Klenke, *Bundesdeutsche Verkehrspolitik und Motorisierung. Konfliktträchtige Weichenstellungen in den Jahren des Wiederaufstiegs* (Stuttgart, 1993).关于综述文章,请参阅 Barbara Schmucki: Automobilisierung. Neuere Forschungen zur Motorisierung[*Archiv für Sozialgeschichte* 35 (1995), pp.582—597]; Michael L. Berger 的著作[*The Devil Wagon in God's Country. The Automobile and Social Change in Rural America*, 1893—1929 (Hamden, 1979)]以及 Joachim Radkau: Ausschreitungen gegen Automobilisten haben Überhand genommen. Aus der Zeit des wilden Automobilismus in Ostwestfalen-Lippe"[*Lippische Mitteilungen* 56 (1987), pp.9—23)]——可被视为早期的开创性研究成果。

[3]关于尘害,请参阅 Louis Edgar Andés: *Die Beseitigung des Staubes auf Straßen und Wegen, in Fabriks-und gewerblichen Betrieben und im Haushalte* (Vienna and Leipzig, 1908: 33—172); Robert Weldert: *Übersicht über das in den Jahren 1911 bis Anfang 1924 erschienene Schrifttum auf dem Gebiet der Lufthygiene, dargestellt vom chemischen, technischen und medizinischen Standpunkt aus* (Munich and Berlin, 1926: pp.60—69)以及 W. Liesegang: *Die Reinhaltung der Luft* (Ergebnisse der angewandten physikalischen Chemie vol.3: 1—109, Leipzig, 1935: 40—44)。

[4]Cf. A. Korff-Petersen, "Gesundheitsgefährdung durch die Auspuffgase der Automobile," *Zeitschrift für Hygiene und Infektionskrankheiten* 69 (1911), pp.135—148, p.136n.; Hermann Koschmieder, "Die Tätigkeit der Gesundheits-Kommissionen in den Jahren 1906/1908 nach den Berichten in der Zeitschrift 'Gesundheit'," *Gesundheit* 34 (1909), cc.97—109, 129—139, 167—176, c.176.

[5]G. Wolff, "Die Bekämpfung der Automobilauspuffplage," *Die Städtereinigung* 5 (1913), pp.99—100, 110—111, 122—123, p.99. 还请参阅 J. J. Bloomfield and H. S. Isbell: The Problem of Automobile Exhaust Gas in Streets and Repair Shops of Large Cities, *Public Health Reports* 34 (1909), pp.97—109, pp.129—139, 167—176, c.176。

[6]Cf. Georg Wolff, "Straßenhygiene und Automobilauspuff," *Gesundheits-Ingenieur* 44 (1921), pp.271—274, pp.272—274; Wolff, "Bekämpfung," pp.100, 110, 122; Sander, "Die Auspuffgase der Automobilmotoren," *Technische Monatshefte* 3

(1912),p.248; Wilhelm Liesegang,"Die unvollkommene Verbrennung im Kraftwagenmotor,ihre wirtschaftliche und hygienische Bedeutung," *Zeitschrift für angewandte Chemie* 41 (1928),pp.712—713,p.712.

［7］Friedrich Barth,*Wahl*,*Projektierung und Betrieb von Kraftanlagen. Ein Hilfsbuch für Ingenieure*,*Betriebsleiter*,*Fabrikbesitzer* ( th ed., Berlin, 1925), p.408n.;Wolff, "Bekämpfung," p.99; Julius Hirsch, "Die hygienische Beurteilung der Auspuffgase," *Gewerbefleiß. Zeitschrift des Vereins zur Beförderung des Gewerbfleißes* 107 (1928), pp.57—62, p.58; E. Keeser, V. Froboese, R. Turnau, E. Gross, E. Kuss, G. Ritter, and W. Wilke, *Toxikologie und Hygiene des Kraftfahrwesens (Auspuffgase und Benzine)* (Berlin,1930),p.94.

［8］Wilhelm Liesegang,"Ueber Automobil-Auspuffgase,ihre Zusammensetzung und ihre gesundheitlichen Eigenschaften," *Technisches Gemeindeblatt* 30 (1927/1928),pp.86—91,p.90. Also see F.Sass,"Die Verbrennung im Kraftwagenmotor, ihre Gefahren und ihre Unwirtschaftlichkeit," *Gewerbefleiß.Zeitschrift des Vereins zur Beförderung des Gewerbfleißes* 107 (1928), pp. 77—87, p. 83; Bundesarchiv (BArch) R154/159,Verein zur Beförderung des Gewerbfleisses,Entwurf eines Preisausschreibens.

［9］Korff-Petersen, "Gesundheitsgefährdung," p.144. Similarly, Keeser et al., *Toxikologie*, p.94; Liesegang, "Unvollkommene Verbrennung," p.713; Friedrich Barth,*Wahl*,*Projektierung und Betrieb von Kraftanlagen.Ein Hilfsbuch für Ingenieure* ,*Betriebsleiter*,*Fabrikbesitzer* (Berlin,1914),p.402.

［10］Korff-Petersen,"Gesundheitsgefährdung," p.145.Also see Wolff,"Bekämpfung," pp.99n.,111; Georg Wolff, "Straßenhygiene und Automobilverkehr," *Gesundheits-Ingenieur* 48 (1925),pp.528—531,p.528n.; Sander,"Auspuffgase," p.248.

［11］*Blätter für Volksgesundheitspflege* 9 (1909),p.145.Similar Oskar Spitta, "Gesundheitliche Bedeutung der Luftverunreinigung durch die Auspuffgase der Kraftfahrzeuge," *Die Medizinische Welt* 2 (1928),pp.1649—1651,p.1650; Wolff, "Straßenhygiene und Automobilauspuff," p.274; *New York Times*,Mar.7,1910,p.8 c.4 and Mar.12,1910,p.16,c.4.

［12］Karl Kisskalt, "Die Gesundheitsschädigung in der Wohnung durch schlechte Luft, Rauch, Lärm usw. und ihre Beurteilung," *Deutsche Vierteljahresschrift für öffentliche Gesundheitspflege* 46 (1914), pp. 545—554, p.550. Cf. Robert Weldert, "Die Luft in den Städten.Stand und Aussichten der Arbeiten über Lufthygiene," *Wasser und Gas* 13 (1922/1923), cc.643—651, c.648; Wilhelm Liesegang, "Die Auspuffgase der

Kraftwagenmotoren," *Gesundheits - Ingenieur* 52 (1929), pp. 385 — 391, p. 390; H. Schäffer, "Die Bekämpfung der Staub-und Rauchplage in den Kurorten," *Die Medizinische Welt* 1 (1927), pp. 247—248, p. 247; Korff-Petersen, "Gesundheitsgefährdung," p. 147; Spitta, "Gesundheitliche Bedeutung," p. 1651; Gerhard Buhtz, "Die Beurteilung der durch die Zunahme des Kraftwagenverkehrs bedingten Belästigungen der Bevölkerung und der hiergegen zu ergreifenden Maßnahmen vom Standpunkt der öffentlichen Gesundheitspflege," *Veröffentlichungen aus dem Gebiete der Medizinalverwaltung* 30 (1929), pp. 51—99, p. 89; Friedrich H. Lorentz, "Autoverkehr und Straßenhygiene," *Technisches Gemeindeblatt* 30 (1928), pp. 273—278, 287—290, p. 275; M. Hahn and J. Hirsch, "Studien zur Verkehrshygiene. I. Eine Methode zur Bestimmung kohlenstoffhaltiger Gase in der Luft," *Zeitschrift für Hygiene und Infektionskrankheiten, medizinische Mikrobiologie, Immunologie und Virologie* 105 (1926), pp. 165—180, p. 180; *Blätter für Volksgesundheitspflege* 9 (1909), p. 45; *Rauch und Staub* 15 (1925), p. 54; BArch R 154/164 p. 89.

[13] Stadtarchiv Bielefeld GS 21, 110, W. Maybach, "Ueber Rauchbelästigung von Automobilen".

[14] BArch R 15.01 No. 14144, Minutes of the Meeting on Dec. 16, 1924, p. 5.

[15] *Leipziger Tageblatt* No. 48 (Feb. 18, 1908), supplement 4, p. 3. Cf. G. Wolff, "Hygiene und Automobilverkehr," *Gesundheit* 36 (1911), cc. 69—73; c. 73; Wolff, "Straßenhygiene und Automobilverkehr," p. 531; K. Süpfle, "Die Stadtluft als Problemder Städtehygiene," *Medizinische Klinik* (1936), pp. 1288—1290, p. 1290; *Verhandlungen des Reichstags* 12. *Legislaturperiode*, 1st session, vol. 228 (Berlin, 1907), p. 889.

[16] Cf. Korff-Petersen, "Gesundheitsgefährdung," p. 147; Buhtz, "Beurteilung," p. 87n.; H. Görlacher, "Über die Schädlichkeit der Auspuffgase von Explosionsmotoren," *Gesundheits - Ingenieur* 55 (1932), pp. 301—304, p. 303; Robert Meldau, *Der Industriestaub. Wesen und Bekämpfung* (Berlin, 1926), p. 4; BArch R 86 no. 2367 vol. 1, note of Spitta, June 19, 1920, and Commissioner of Police to the Federal Public Health Service, Sept. 15, 1920.

[17] Cf. BArch R 15.01 no. 13927/1, Deutsche Saduyn-Gesellschaft to the President of the Federal Public Health Service, Jan. 10, 1909, and R 15.01 no. 13940, Deutsche Saduyn-Gesellschaft to the German Department of the Interior, Apr. 2, 1909.

[18] Cf. Korff-Petersen, "Gesundheitsgefährdung," p. 145n.; Hirsch, "Beurteilung," p. 62; Wolff, "Straßenhygiene und Automobilverkehr," p. 529; Georg Wolff,

"Straßenteerung, Auspuffbekämpfung und Straßenhygiene," *Die Städtereinigung* 18 (1926), pp. 63—67, p. 67; Liesegang, "Automobil-Auspuffgase," p. 389; Georgius, "Neue Vorrichtungen zum Reinigen und Geruchlosmachen von Motorabgasen," *Rauch und Staub* 3 (1912/1913), pp. 220—222, p. 221; BArch R 154/18.

[19] M. Hahn, "Zur großstädtischen Verkehrshygiene," *Gesundheits-Ingenieur* 51 (1928), pp. 231—234, p. 233; Wolff, "Bekämpfung," p. 123. 还请参阅 Keeser et al., *Toxikologie*, p. 94n。

[20] BArch R 154/40, Minutes of the Meeting of the Committee for Studies on Automobile Fuels on Sept. 14, 1928, p. 1. 还请参阅 Karl Süpfle: Hygiene und Kraftverkehr, *Gesundheits-Ingenieur* 62 (1939), pp. 361—364, p. 361; Arthur C. Stern, "Atmospheric Pollution through Odor," *Heating and Ventilating* 41, no. 11 (November 1944), pp. 53—57, p. 57; Philip Drinker: Atmospheric Pollution, *Industrial and Engineering Chemistry* 31 (1939), pp. 1316—1320, p. 1318; Buhtz, "Beurteilung," p. 88n。

[21] Milwaukee County Historical Society, Daniel Webster Hoan Collection Box 1, File 2, Air Pollution, "Effect of Air Pollution on Health. Report of the Committee on Public Health Relations of the New York Academy of Medicine," p. 2.

[22] Weldert, "Luft in den Städten," c. 647. Also see Kisskalt, "Gesundheitsschädigung," p. 550; Sass, "Verbrennung," p. 80; *New York Times*, Mar. 3, 1924, p. 16, c. 7. The Landesanstalt für Wasser-, Boden- und Lufthygiene was a scientific institution that provided the most highly regarded expert opinion on issues of environmental pollution in the state of Prussia.

[23] Ferdinand Flury and Franz Zernik, *Schädliche Gase. Dämpfe, Nebel, Rauch und Staubarten* (Berlin, 1931), p. 487. Similarly, Hans Lehmann, "Die Wirkung des Kohlenoxyds auf den menschlichen Organismus und ihre Bedeutung für die öffentliche Gesundheitspflege," *Kleine Mitteilungen für die Mitglieder des Vereins für Wasser-, Boden- und Lufthygiene* 6 (1930), pp. 199—215, p. 213.

[24] Cf. Korff-Petersen, "Gesundheitsgefährdung," p. 136, 142; Hahn and Hirsch, "Studien zur Verkehrshygiene Ⅰ," p. 167; Hirsch, "Beurteilung," p. 62; Lehmann, "Wirkung des Kohlenoxyds," p. 214; Buhtz, "Beurteilung," p. 86.

[25] Keeser et al., *Toxikologie*, p. 94.

[26] M. Schmidtmann, "Über chronische Autoabgasschäden. Untersuchungen am Dieselmotor," *Archiv für Gewerbepathologie und Gewerbehygiene* 8 (1937/1938), p. 1—13, p. 5, 13.

[27] Spitta, "Gesundheitliche Bedeutung," p.1651. 还请参阅 BArch R 86 no. 2367, vol.4, Minutes of the Meeting on Nov.22, 1929, p.5n。

[28] Cf. BArch R 154/64 p. 89; Liesegang, *Reinhaltung*, p. 47; Hahn, "Zur großstädtischen Verkehrshygiene," p. 233; Korff - Petersen, "Gesundheitsgefährdung," p. 139; Weldert, "Luft in den Städten," c. 648; Görlacher, "Schädlichkeit," p. 302, 304; Friedrich H. Lorentz, "Automobilverkehr und Städtehygiene," *Technisches Gemeindeblatt* 26 (1923), pp.127−130, p.128; Hahn and Hirsch, "Studien zur Verkehrshygiene I," p. 166; Paul Schmitt, "Straßenhygiene," *Gesundheits-Ingenieur* 51 (1928), pp.701−704, p.702.

[29] BArch R 154/9, President of the Prussian Institute for Water, Soil, and Air Conservation to the Prussian Minister of Public Welfare, May 13, 1927.

[30] F. Wirth and O. Küster, "Das Kohlenoxyd, seine Gefahren und seine Bestimmung," *Zentralblatt für Gewerbehygiene* 16 (1929), pp.149−153, p.149.

[31] Carl Flügge, *Grundriss der Hygiene für Studirende und praktische Ärzte, Medicinal-und Verwaltungsbeamte* (5th ed., Leipzig, 1902), p.531; Fritz Wirth and Otto Muntsch, *Die Gefahren der Luft und ihre Bekämpfung im täglichen Leben, in der Technik und im Krieg* (Berlin, 1933), p. 54; Lehmann, "Wirkung des Kohlenoxyds," pp. 201, 203; Hans Lehmann, "Entwicklung, Zweck und Ziel der Lufthygiene im Hinblick auf die menschliche Gesundheit und öffentliche Gesundheitspflege," *Kleine Mitteilungen für die Mitglieder des Vereins für Wasser-, Bodenund Lufthygiene* 8 (1932), pp. 308 − 334, p. 317n.; Wirth and Küster, "Kohlenoxyd," p.149; Spitta, "Gesundheitliche Bedeutung," p.1651; J. Goldmerstein and K. Stodieck, *Wie atmet die Stadt? Neue Feststellungen über die Bedeutung der Parkanlagen für die Lufterneuerung in den Großstädten* (Berlin, 1931), p.12; Sass, "Verbrennung," p. 80; Hirsch, "Beurteilung," p. 61; Leo G. Meyer, "Über Luftverunreinigung durch Kohlenoxyd, mit besonderer Berücksichtigung einiger weniger bekannter Quellen derselben," *Archiv für Hygiene* 84 (1915), pp. 79 − 120, p.80; Liesegang, "Automobil-Auspuffgase," p. 61; Georg Bartsch, "Untersuchungen über den Gehalt an Kohlenoxyd, Kohlenwasserstoffen und Kohlensäure in der Luft von Straßen, Autobussen, Garagen und Betrieben Dresdens" (diss., TH Dresden, 1931), p.33; Yandell Henderson, Howard W. Haggard, Merwyn C. Teague, Alexander L. Prince, and Ruth M. Wunderlich, "Physiological Effects of Automobile Exhaust Gas and Standards of Ventilation for Brief Exposures," *Journal of Industrial Hygiene* 3 (1921), pp.79−92, 137−146, p.80; S. H. Katz, "The Hazard of Car-

bon Monoxide to the Public and to Industry," *Industrial and Engineering Chemistry* 17 (1925), pp.555—557, p.555; F.W.Hutchinson, "Atmospheric Sabotage," *Heating and Ventilating* 39, no.7 (July 1942), pp.47—49, p.47; Bloomfield and Isbell, "Problem," p.750.

[32]Liesegang, *Reinhaltung*, p.79; Flury and Zernik, *Schädliche Gase*, p.197. Cf.Josef Rambousek, *Lehrbuch der Gewerbe-Hygiene* (Vienna and Leipzig, 1906), p.38; Alice Hamilton, *Industrial Poisons in the United States* (New York, 1925), p.371; *New York Times*, July 10, 1925, p.1, c.2.

[33]Liesegang, *Reinhaltung*, p.9. Cf. E.R. Hayhurst, "Carbon Monoxide and Automobile Exhaust Gases," *American Journal of Public Health* 16 (1926), pp.218—223, p.221.

[34]Korff-Petersen, "Gesundheitsgefährdung," p.139.

[35]Cf. Henderson et al., "Physiological Effects"; H.B.Meller, "Clean Air, An Achievable Asset," *Journal of the Franklin Institute* 217 (1934), pp.709—728, p.722; Arnold Marsh, *Smoke. The Problem of Coal and the Atmosphere* (London, 1947), p.275n.; A.C.Fieldner, W.P.Yant, and L.L.Satler Jr., "Natural Ventilation in the Liberty Tunnels," *Engineering News-Record* 93 (1924), pp.290—291; A.C. Fieldner, W.P.Yant, and L.L.Satler Jr., "Carbon Monoxide under Traffic in Liberty Tunnels," *Engineering News-Record* 93 (1924), pp.1022—1024; A.C.Fieldner, S. H.Katz, and E.G.Meiter, "Continuous CO Recorder in the Liberty Tunnels," *Engineering News-Record* 95 (1925), pp.423—424; C.B.Maits et al., "Carbon Monoxide Survey in Liberty Tubes, Pittsburgh," *Journal of Industrial Hygiene* 14 (1932), pp.295—300; George A.Soper, "The Atmosphere and Its Relation to Human Health and Comfort," *Proceedings of the American Society of Civil Engineers* 51 (1925), pp.1160—1165, p.1162; Katz, "Hazard," p.557.关于德国的反应,请参阅 Liesegang-de: *Reinhaltung* (p.44); Wirth and Küster: Kohlenoxyd (p.151) 以及 Görlacher: Schädlichkeit(p.302)。

[36]Flury and Zernik, *Schädliche Gase*, p.197, 486; Wirth and Küster, "Kohlenoxyd," p.153; Meyer, "Luftverunreinigung," pp.116—119; Wirth and Muntsch, *Gefahren der Luft*, p.59; A.Lion, "Wirken unsere Kraftfahrzeugbetriebsstoffe giftig?" *Zentralblatt für Gewerbehygiene* 16 (1929), pp.212—213, p.212; Liesegang, "Unvollkommene Verbrennung," p.713; Liesegang, "Automobil - Auspuffgase," p.386n.; Rumpf, "Die Kohlenoxydgefahr in Autogaragen," *Der Motorwagen* 31 (1928), pp.346—347, p.346; Yandell Henderson and Howard W.Haggard, "Health

Hazard from Automobile Exhaust Gas in City Streets, Garages and Repair Shops," *Journal of the American Medical Association* 81 (1923), pp. 385 — 391, p. 390; Hamilton, *Industrial Poisons*, p. 393n.; Ettore Ciampolini, "Carbon Monoxide Hazard in Public Garages," *Journal of Industrial Hygiene* 6 (1924), pp. 102 — 109, p. 102; Bloomfield and Isbell, "Problem," p. 763; C.-E. A. Winslow, "The Atmosphere and Its Relation to Human Health and Comfort," *Proceedings of the American Society of Civil Engineers* 51 (1925), pp. 794 — 810, p. 806; Meller, "Clean Air," p. 722.

[37] Lehmann, "Wirkung des Kohlenoxyds," p. 208.

[38] Cf. P. Mensing, "Lüftungsfragen in Einstellräumen und Instandsetzungswerkstätten für Kraftfahrzeuge," *Gesundheits-Ingenieur* 60 (1937), pp. 39 — 40; H. Kämper, M. Hottinger, and W. von Gonzenbach, *Die Heiz - und Lüftungsanlagen in den verschiedenen Gebäudearten* (2d ed., Berlin, 1940), pp. 311 — 313; Meyer, "Luftverunreinigung," p. 120; Wirth and Muntsch, *Gefahren der Luft*, p. 59; Meldau, *Industriestaub*, p. 16; Fieldner et al., "Natural Ventilation"; Fieldner et al., "Carbon Monoxide"; Fieldner et al., "CO Recorder," p. 42; Maits et al., "Carbon Monoxide Survey," p. 300; Carroll M. Salls, "The Ozone Fallacy in Garage Ventilation," *Journal of Industrial Hygiene* 9 (1927), pp. 503 — 511, p. 510; Ciampolini, "Carbon Monoxide Hazard," p. 108; Bloomfield and Isbell, "Problem," p. 763n.; Katz, "Hazard," p. 557; *S.A.E. Journal* 22 (1928), p. 573.

[39] Bartsch, "Untersuchungen," p. 2; Wilhelm Liesegang, "Die Bekämpfung von Rauch, Staub und Abgasen als hygienische Aufgabe," *Zeitschrift für Desinfektions-und Gesundheitswesen* 22 (1930), cc. 332 — 338; c. 338; Liesegang, "Automobil-Auspuffgase," pp. 385, 389; Wirth and Küster, "Kohlenoxyd," p. 150n.; Görlacher, "Schädlichkeit," p. 310n.; O. Ulsamer, "Großstadtluft und ihre Bedeutung für die menschliche Gesundheit," *Kleine Mitteilungen für die Mitglieder des Vereins für Wasser-, Boden-und Lufthygiene* 6 (1930), pp. 169 — 191, p. 173; A. C. Fieldner, A. A. Straub, and G. W. Jones, "Gasoline Losses due to Incomplete Combustion in Motor Vehicles," *Journal of Industrial and Engineering Chemistry* 13 (1921), pp. 51 — 57, p. 55; Norman Fuchsloch, *Sehen, riechen, schmecken und messen als Bestandteile der gutachterlichen und wissenschaftlichen Tätigkeit der Preußischen Landesanstalt für Wasser-, Boden-und Lufthygiene im Bereich der Luftreinhaltung zwischen* 1920 *und* 1960 (Freiberg, 1999), p. 357.

[40] H. Wislicenus, "Ueber die hygienische Aufgabe und Zweckgestaltung der

Abgasschlote,Industrieschornsteine und anderer technischer Abgasquellen," *Rauch und Staub* 1 (1910/1911), pp.2－7, p.7; Julius Hirsch, "Studien zur Verkehrshygiene.II.Die Anwendung der titrimetrischen Bestimmung kohlenstoffhaltiger Gase in der Praxis der Autoabgas-Analyse," *Zeitschrift für Hygiene* 109 (1928), pp.266－271, p. 267; Liesegang, "Automobil - Auspuffgase," p. 389; Hahn, "Zur großstädtischen Verkehrshygiene," p.233; *New York Times*, May 23, 1925, p.17, c. 2.

[41] Henderson and Haggard, "Health Hazard," p.385.关于反应,请参阅 Winslowde:Atmosphere (p.806); Drinkerd:Atmospheric Pollution(p.1318)以及 Flury 和 Zernik: *Schädliche Gase* (p.486): *New York Times*, May 20, 1923, part 8, p.6,c.4n。

[42] Soper, "Atmosphere," p.1165.Cf.Keeser et al., *Toxikologie*, p.70; *New York Times*, Sept.21,1924,part 8,p.11,c.2n..

[43] Keeser et al., *Toxikologie*, p.73,75; Spitta, "Gesundheitliche Bedeutung," p.1651; Görlacher, "Schädlichkeit," p. 302; Bloomfield and Isbell, "Problem," p. 757; Henderson and Haggard, "Health Hazard," p.386n.; Liesegang, "Automobil-Auspuffgase," p.386; Liesegang, *Reinhaltung*, p.46; K.B.Lehmann, *Kurzes Lehrbuch der Arbeits - und Gewerbehygiene* (Leipzig, 1919), p.183; Hirsch, "Beurteilung," p.62。

[44] 例如,请参阅 Keeser et al., *Toxikologie*, p.93。

[45] Elizabeth D.Wilson, Irene Gates, Hubley R.Owen, and Wilfred T.Dawson, "Street Risk of Carbon Monoxide Poisoning," *Journal of the American Medical Association* 87 (1926), pp.319－320.关于反应,请参阅 Bloomfield and Isbell:Problem, p.752; Spitta:Gesundheitliche Bedeutung, p.1651; Liesegang:Unvollkommene Verbrennung, p.713; Lehmann:Wirkung des Kohlenoxyds, p.211; Lehmann:Entwicklung, p. 318; Goldmerstein and Stodieck:*Wie atmet*, p. 12; Wirth and Küster: Kohlenoxyd, p.151。

[46] Wilson et al., "Street Risk," p.319.

[47] Liesegang, *Reinhaltung*, p.47.

[48] Süpfle, "Stadtluft," p.1289.Similarly, Süpfle, "Hygiene," p.361n; Spitta, "Gesundheitliche Bedeutung," p. 1651; Lehmann, "Wirkung des Kohlenoxyds," p.209; Flury and Zernik, *Schädliche Gase*, p.487; Liesegang, "Automobil-Auspuffgase," p.386; L. H. Kramer, "Vergiftet das Auto die Luft?" *Rauch und Staub* 22 (1932), pp.76－77, p.77; Wirth and Muntsch, *Gefahren der Luft*, p.39; Hirsch,

"Beurteilung," p. 61; Lorentz, "Automobilverkehr," p. 129; Bloomfield and Isbell, "Problem," p. 762; Meller, "Clean Air," p. 722; Joel I. Connolly, Mathew J. Martinek, and John J. Aeberly, "The Carbon Monoxide Hazard in City Streets," *American Journal of Public Health and the Nation's Health* 18 (1928), pp. 1375−1383, p. 1383; *New York Times*, Oct. 26, 1924, part 9, p. 18, c. 1; Nov., 1925, p. 27, c. 7; *Baltimore Sun*, May 6, 1928, Sports Section, p. 15, c. 1; *Engineering News-Record* 100 (1928), p. 807; *Transit Journal* 80 (1936), p. 441n.

[49] Bartsch, "Untersuchungen," p. 33. Cf. Wilhelm Liesegang, "Die Giftigkeit der Motorentreibstoffe und ihrer Verbrennungsprodukte," *Angewandte Chemie* 45 (1932), pp. 329−330, p. 329; Liesegang, *Reinhaltung*, p. 44; Hirsch, "Beurteilung," p. 62; Kramer, "Vergiftet," p. 77; Lehmann, "Wirkung des Kohlenoxyds," p. 209; Flury and Zernik, *Schädliche Gase*, p. 209; Hamilton, *Industrial Poisons*, p. 385; Connolly et al., "Carbon Monoxide Hazard," p. 1383; Soper, "Atmosphere," p. 1160; Winslow, "Atmosphere," p. 806; Hutchinson, "Atmospheric Sabotage," p. 47n.

[50] David Rosner and Gerald Markowitz, "'A Gift of God'? The Public Health Controversy over Leaded Gasoline during the 1920s," in David Rosner and Gerald Markowitz (eds.), *Dying for Work: Workers' Safety and Health in Twentieth-Century America* (Bloomington and Indianapolis, 1987), pp. 121−139, p. 122.

[51] Cf. Christopher C. Sellers, *Hazards of the Job. From Industrial Disease to Environmental Health Science* (Chapel Hill and London, 1997); Peter Brimblecombe, "Themes in the History of Lead," *Environmental History Newsletter* 5 (1993), pp. 39−42, p. 39n.

[52] Wolff, "Straßenhygiene und Automobilverkehr," p. 528. Similarly, H. Zangger, "Eine gefährliche Verbesserung des Automobilbenzins," *Schweizerische Medizinische Wochenschrift* 55 (1925), pp. 26−29, p. 26.

[53] *New York Times*, Mar. 3, 1924, p. 16, c. 8. Cf. Alice Hamilton, Paul Reznikoff, and Grace M. Burnham, "Tetra-Ethyl Lead," *Journal of the American Medical Association* 84 (1925), pp. 1481−1486, p. 1486.

[54] Alfred Beyer, "Gesundheitsschädliche Automobilstoffe," *Zentralblatt für Gewerbehygiene und Unfallverhütung* 3 (1926), pp. 223−225, pp. 233, 224.

[55] Zangger, "Gefährliche Verbesserung," p. 28n. Cf. Frederick B. Flinn, "Some of the Potential Public Health Hazards from the Use of Ethyl Gasoline," *Journal of Industrial Hygiene* 8 (1926), pp. 51−66, p. 64.

[56] 参见 W. H. Howell, A. J. Chesley, D. L. Edsall, R. Hunt, W. S. Leathers, J.

Stieglitz, and C. E. A. Winslow, "Report on Tetraethyl Lead," *Journal of Industrial Hygiene* 8 (1926), pp. 248—256, esp. p. 255; CarrollM. Salls, "Tetraethyl Lead a Menace to GarageWorkers," *Nation's Health* 7 (1925), pp. 169—171, esp. p. 174; Hayhurst, "Carbon Monoxide," p. 222n; *Monthly Labor Review* 20 (1925), p. 174n.; *Industrial and Engineering Chemistry* 18 (1926), p. 432n. 这篇文章的确似乎认为科学家们取得了正常情况下生产四乙铅的危害证据。即使威廉·格雷布纳(William Graebner,他的文章严厉批评了这种产品和它的生产商)也承认"直到1960年似乎没有再发生贝威(Bayway)灾难"(William Graebner, "Hegemony through Science: Information Engineering and Lead Toxicology, 1925—1965," in Rosner and Markowitz [eds.], *Dying for Work*, pp. 140—159, p. 140)。

[57]Sellers, *Hazards*, p. 206. 塞勒斯关于工业和工业卫生有助于促进两者之间的增强型互利关系的"pax toxicologica"的论点是对格雷布纳、罗斯纳(Rosner)和马科维茨(Markowitz)的片面表述的有力且令人信服的回应(Compare Sellers, *Hazards*, esp. chap. 5 with Graebner, "Hegemony," pp. 140—145; and Rosner and Markowitz, "Gift," p. 129,135)。

[58]National Archives of the United States of America (NA USA) RG 70 A 1 Entry 102, Box 1, "Sixteenth Annual Report of the Director of the Bureau of Mines to the Secretary of Commerce for the Fiscal Year Ended June 30, 1926," p. 14n. Cf. R. R. Sayers, A. C. Fieldner, W. P. Yant, and B. G. H. Thomas, *Experimental Studies on the Effect of Ethyl Gasoline and Its Combustion Products. Report of the United States Bureau of Mines to the General Motors Research Corporation and the Ethyl Gasoline Corporation* (no location, 1927). For criticism, see Hamilton et al., "Tetra-Ethyl Lead," pp. 1484—1486.

[59]Rosner and Markowitz, "Gift," p. 135. Cf. Howell et al., "Report," p. 255n.

[60]Cf. Graebner, "Hegemony," p. 140.

[61]NA USA RG 90 A 1 Entry 36, Box 4, Folder "Lead," Report, Surgeon General's Ad Hoc Committee on Tetraethyl Lead, Jan. 8/9, 1959, p. 2. Cf. ibid., Tabor to MacKenzie, Dec. 24, 1958.

[62]BArch R 154/9, Prussian Institute for Water, Soil, and Air Conservation to the Minister for Public Welfare, Feb. 26, 1930, and Sept. 22, 1930.

[63]BArch R 86, no. 2367, vol. 3, Federal Public Health Service to the German Minister of the Interior, June 2, 1927.

[64]BArch R 86, no. 2368, vol. 1, Federal Department of Traffic to the German Minister of the Interior, July 23, 1928.

[65]Szczepanski,"Blei-Tetra-Äthyl als Antiklopfmittel für Motortreibstoffe," *Reichsarbeitsblatt* 19 (1939),part 3,pp.209—216,p.215.

[66]*Stenographischer Bericht über die Verhandlungen der Bayerischen Kammer der Abgeordneten*,Oct.26.1905,p.378.

[67]Merki,"Fortschritt," pp.237—240.Also see Frank Uekoetter,"Stark im Ton,schwach in der Organisation: Der Protest gegen den frühen Automobilismus," *Geschichte in Wissenschaft und Unterricht* (forthcoming).

[68]BArch R 86,no.2333,vol.2,Joseph Bittel to Geheimrat Bumm,Feb.13,1910.

[69]*New York Times*,Oct.2,1910,p.12,c.6.Cf.ibid.,Jan.23,1909,p.8,c.4.

[70] Anonymous, *Autler. Zucht-und Ruchlosigkeiten. Ein Protest gegen die Schreckensherrschaft der Straße.Von einem Rechtsfreund* (Berlin,1909),p.11.

[71]*Stenographische Berichte über die Verhandlungen des Preußischen Hauses der Abgeordneten 20.Legislaturperiode* 1st session,vol.7 (Berlin,1905),c.9967.

[72]BArch R 86,no.2367,vol.3,Society of Residents of the Lower Friedrichstadt to the President of the Federal Public Health Service,Mar.18,1927.

[73]Bayerisches Hauptstaatsarchiv München MJu 16687,Supplement to the *Allgemeinen Zeitung*,Sept.27,1905,p.594.

[74]*Verhandlungen des Reichstags 12.Legislaturperiode* 1st session,vol.230 (Berlin,1908),p.3069.

[75]Staatsarchiv Bremen 4,14/1 VI.B.16.k,file "Verschiedenes," complaint in police precinct 5,Bremen,July 9,1926,and notes of July 16,1926,and July 17,1926.

[76]Stadtarchiv Wiesbaden STVV no.57,topic no.8 of the meeting on Oct.11,1907.

[77]Hirsch,"Beurteilung," p.58.Similarly,Döllner,"Die öffentliche Pflege der Lufthygiene,"*Wasser und Gas* 15 (1924/1925),cc.57—62; c.62.

[78]Cf.*New York Times*,Feb.4,1910,p.5,c.3,Mar.10,1910,p.8,c.5.

[79]例如,请参阅 Melvin G. Holli: Urban Reform in the Progressive Era, in Lewis L.Gould (ed.),*The Progressive Era* (Syracuse,1974),pp.133—151,p.136。

[80]还请参阅 McCarthy:Coming Wonder, p.75。

[81]Spitta,"Gesundheitliche Bedeutung," p.1650.Similarly,Liesegang, "Automobil-Auspuffgase," p.390; Wirth and Küster,"Kohlenoxyd," p.150; Soper,"Atmosphere," p.1161; Henderson and Haggard,"Health Hazard," p.385.

[82]Flury and Zernik,*Schädliche Gase*,p.197.

[83]Winslow,"Atmosphere," p.806.Similarly,Liesegang,"Automobil-Auspuffgase," p.387; Wirth and Küster,"Kohlenoxyd," p.150; Meldau, *Industriestaub*, p.16; Hirsch,"Beurteilung," p.60; Bloomfield and Isbell,"Problem," p.750.

[84]Cf.Max Grünewald,"Ueber die gesundheitsschädigende Wirkung der Auspuffgase in Automobilgaragen," *Rauch und Staub* 22 (1932), pp.151—152; Flury and Zernik, *Schädliche Gase*, p.197; Meyer,"Luftverunreinigung," p.120; Bartsch, "Untersuchungen," p.34; Ciampolini,"Carbon Monoxide Hazard," p.108; Rumpf, "Kohlenoxydgefahr," p.346n.; Rudolf Treu, " Tödliche Kohlenoxyd - Vergiftung durch Automobil-Auspuffgas," *Der Motorwagen* 29 (1926), p.514; Hamilton, *Industrial Poisons*, p.393; *New York Times*, Sept.21, 1924, part 8, p.11, c.2.

[85]Liesegang,"Giftigkeit," p.329; Kramer,"Vergiftet," p.76.

[86]Süpfle,"Hygiene," p.361.Cf.W.Spiegel,"Kraftverkehr und Volksgesundheit," *Städtehygiene* 2 (1951), pp.165—166, p.165.

[87]*New York Times*, Nov.28,,1924,p.14,c.6.

[88]John A.Jakle and Keith A.Sculle, *The Gas Station in America* (Baltimore and London, 1994), p.58.

[89]Cf.Schmucki,"Automobilisierung," p.590; Haubner, *Nervenkitzel*, pp.157n.,164; Zatsch, *Staatsmacht*, p.290.

[90]Wolff,"Hygiene," c.73.

[91]Cf.Spitta,"Gesundheitliche Bedeutung," p.1651; Weldert,"Luft in den Städten," c.647n; Kisskalt,"Gesundheitsschädigung," p.550; Liesegang,"Automobil-Auspuffgase," p.390; Schäffer,"Bekämpfung," p.247; Korff — Petersen, "Gesundheitsgefährdung," p.147n.; Hahn and Hirsch,"Studien zur Verkehrshygiene I," p.; *Blätter für Volksgesundheitspflege* 9 (1909),p.45.

[92]*New York Times*, Aug.2, 1908, part 2, p.2, c.5; Aug.3, 1908, 4; Aug.28, 1908, p.5, c.4; Aug.5, 1908, p.12, c.1; Aug.6, 1908, p.5, c.4; Aug.28, 1908, p.2, c.3; Feb.4, 1910, p.5, c.3;有关这个情节的更多内容,请参阅 McCarthy:Coming Wonder (p.59n)。

[93]*New York Times*, June 12, 1911, p.10, c.3; Cf.ibid., April 28, 1910, p.12, c.2; June 29, 1910, p.2, c.7; July 12, 1910, p.3, c.5; Dec.2, 1910, p.8, c.3; Jan.2, 1911, p.4, c.2; May 11, 1911, p.2, c.7; July 2, 1911, p.3, c.5; Dec.2, 1910, p.8, c.3; Jan.2, 1911, p.4, c.2; May 11, 1911, p.2, c.6; June 25, 1911, p.8, c.1.

[94]*New York Times*, Oct.30, 1912, p.12, c.4.

[95]*New York Times*, Nov.10, 1912, p.11, c.1; Nov.13, 1912, p.12, c.3.

[96]*New York Times*, Sept. 21, 1924. part 8, p. 11, c. 7.

[97]Rosner and Markowitz, "Gift," p. 125n. 艾丽斯·汉密尔顿(Alice Hamilton)在 1925 年 5 月报告中称,在 3 家生产四乙铅的不同工厂发生了 7 起事故,总共有 11 名工人身亡(Hamilton et al., "Tetra-Ethyl Lead," p. 1482)。

[98]Rosner and Markowitz, "Gift," p. 121. 参见 Liesegang, "Automobil—Auspuffgase," p. 389; Flury and Zernik, *Schädliche Gase*, p. 248.

[99]Howell et al., "Report," p. 225. Cf. BArch R 86, no. 2368, vol. 2, Federal Department of Traffic to the German Minister of the Interior, Dec. 14, 1928.

[100] Cf. Samuel P. Hays (in collaboration with Barbara D. Hays), *Beauty, Health, and Permanence. Environmental Politics in the United States*, 1955—1985 (Cambridge et al., 1989), p. 196; John Opie, *Nature's Nation. An Environmental History of the United States* (Fort Worth et al., 1998), p. 439.

[101]Hauptstaatsarchiv Düsseldorf Regierung Köln no. 7648a, p. 2r.

[102]*Amts-Blatt der Königlich Bayerischen Stadt Augsburg* 57 (1902), p. 237. Cf. Geheimes Staatsarchiv Preußischer Kulturbesitz Berlin Rep. 120 BB II b 4, no. 20, vol. 1, pp. 11r—12, 57, 59, 178—178r, 210.

[103]Cf. the collection of law in BArch R 15.01, no. 13959; also R 15.01, no. 13927/1, "Aufzeichnungen über die kommissarische Beratung, betreffend die Revision der Grundzüge betreffend den Verkehr mit Kraftfahrzeugen," Feb. 8, 1909; BArch R 15.01, no. 14141, "Entwurf einer neuen Verordnung über den Verkehr mit Kraftfahrzeugen nebst dem Wortlaut der Verordnung über den Verkehr mitKraftfahrzeugen," Feb. 3, 1910, p. 4n; BArch R 15.01, no. 13976, document enclosed from Kaiserlicher Automobilclub to the German Department of the Interior, June 27, 1907, p. 5; BArch R 15.01, no. 13977, "Convention Internationale Relative à la Circulation des Automobiles," p. 1; BArch R 15.01, no. 14145, "Convention Internationale Relative à la Circulation Automobile," p. 2.

[104]BArch R 15.01, no. 13927/1, document enclosed from Minister of Public Works to the Chancellor, Mar. 14, 1909.

[105]BArch R 15.01, no. 14143, Federal Department of Traffic to all State Governments, Oct. 8, 1924.

[106]BArch R 15.01, no. 13960, Minister of Public Works to the Provincial President, in Sigmaringen, and the Commissioner of Police of Berlin, Feb. 25, 1910.

[107]*Stenographische Berichte über die Verhandlungen des Preußischen Hauses der Abgeordneten 21. Legislaturperiode* 3d session, vol. 5 (Berlin, 1910), c. 6735.

Similarly, Stadtarchiv Augsburg Polizeidirektion no.687, Polizeidirektion Augsburg to Ziegelmeier, Sept.6, 1929; ibid., no.687, Polizeidirektion Augsburg to Dr.K. Meltzer, June 5, 1935; Hirsch, "Beurteilung," p.58; *Blätter für Volksgesundheitspflege* 9 (1909), p.45. Measures taken to curb emissions from repair shops were an exception. (Cf., e.g., Stadtarchiv Essen Rep.102 Abt. XIV no.315, police decree of Dec.12, 1932; Landeshauptarchiv Magdeburg Rep.C 34, no.146, Regierungspräsident Magdeburg to Hermann Möhle, Sept.5, 1938).

[108] Staatsarchiv Bremen 4, 14/1 VI.B.16.k, file "Verschiedenes," complaint in police precinct 5, Bremen, July 9, 1926.

[109] Ibid., note of July 17, 1926.

[110] *Ministerial-Blatt für die Preußische innere Verwaltung* 88 (1927), decree of Feb.10, 1927.

[111] Ibid.

[112] Stadtarchiv Hannover HR 23, no.819, Polizeipräsident Hannover to the Magistrat Hannover, May 31, 1927.

[113] *Stenographische Berichte über die Verhandlungen des Preußischen Hauses der Abgeordneten* 21. *Legislaturperiode* 4th session 1911, vol.3 (Berlin, 1911), p.3336.

[114] Ibid., p.3337.

[115] Stadtarchiv Augsburg Polizeidirektion no.687.

[116] BArch R 86, no.2333, vol.2, Federal Public Health Service, Feb.22, 1910.

[117] BArch R 154/9, President of Prussian Institute to the Minister for Public Welfare, Feb.22, 1910.

[118] Ibid., Prussian Minister for Public Welfare to the German Minister of the Interior, July 12, 1927, and response of the Innenminister of Aug.4, 1927. Similarly, BArch R 154/65, Commissioner of Police in Berlin to the Prussian Institute for Water, Soil, and Air Conservation, Oct.12, 1932.

[119] BArch R 15.01, no.13939, brochure of the German Saduyn-Society, Munich, note of July 14, 1907.

[120] Ibid.

[121] Ibid., note of Jan.18, 1909.

[122] 例如，BArch R 15.01, no.14143, "Entwurf zu einer Polizeiverordnung für den Bau und die Einrichtung von Einstellhallen für Kraftwagen mit Verbrennungsmotoren," p.3n.; BArch R 3101, no.13731, p.61—62。

[123]BArch R 86, no. 2367, vol. 2, Federal Department of Traffic to the German Minister of the Interior, Sept. 22, 1924, p. 3.

[124]Ibid., Federal Public Health Service to the German Minister of the Interior, July 15, 1925, p. 5n. 关于对美国辩论的反应,请参阅 BArch R 86, no. 2367, vols. 2 and 3。

[125]Cf. BArch R 86, no. 2367, vol. 2, Federal Public Health Service to the German Minister of the Interior, Mar. 16, 1926; BArch 86, no. 2367, vol., Federal Public Health Service to the German Minister of the Interior, Mar. 21, 1928, and Prussian Minister for Public Works to the German Minister of the Interior, Feb. 4, 1928; BArch R 86, no. 2368, vol. 1, minutes of the meeting on June 4, 1928, pp. 5—7.

[125]BArch R 86, no. 2368, vol. 1, minutes of the meeting on June 4, 1928, p. 6.

[127]Ibid.

[128]Ibid., p. 9.

[129]Buhtz, "Beurteilung," p. 63; Szczepanski, "Blei-Tetra-Äthyl," p. 210.

[130]BArch R 86, no. 2368, vol. 1, report on the meeting on Mar. 24, 1927, and "Gutachten des Reichsgesundheitsamts über das synthetische Benzin und das Motalin der I. G. Farbenindustrie Aktiengesellschaft," Jan. 15, 1929; BArch R 86, no. 2367, vol. 3, Federal Public Health Service to the German Minister of the Interior, June 2, 1927, and Prussian Minister for Public Works to the German Minister of the Interior, Feb. 4, 1928.

[131]Wolfgang Birkenfeld, *Der synthetische Treibstoff 1933—1945. Ein Beitrag zur nationalsozialistischen Wirtschafts - und Rüstungspolitik* (Göttingen, 1964), pp. 60n., 64—66.

[132]Ibid., p. 66.

[133]*Reichsarbeitsblatt* N. F. 19 (1939), part 3, p. 208.

[134]California State Archives, Sacramento, F 3935, Air Resources Board Records Folder 4, Air Resources Board, "Summary of Testimony Presented at the November 9th and 10th Hearings on Ambient Air Quality Standards," p. 3.

[135]Ibid.

[136]California State Archives, Sacramento, F 3935, Air Resources Board Records Folder 8, R. Cree Pillsbury, "Statement on the Proposed Changes in the Present Statewide Ambient Air Quality Standards," Nov. 19, 1970, p. 2.

[137]Ibid., H. R. Hulett, "Remarks Prepared for Presentation to the Air Resources Board, State of California, at a Public Hearing in Oakland," Nov. 10, 1970, p. 1.

[138]California State Archives, Sacramento, F 3935 Air Resources Board Records Folder 4, Air Resources Board, "Summary of Testimony Presented at the November9 th and 10th Hearings on Ambient Air Quality Standards," p.5.

[139]Ibid., p.4.

[140]1968年欧洲议会的一份声明通常被认为是这项原则的首次官方明确表达(Cf. Walther Liese, "Umweltschutz—staatliches und gesellschaftliches Ordnungsprinzip," *Gesundheits-Ingenieur* 93[1972], pp.66—71, p.70; Heinrich Stratmann, "Zielsetzung im Bereich des Immissionsschutzes," *Arbeitsgemeinschaft für Rationalisierung des Landes Nordrhein-Westfalen* Heft 133 [1972], pp.7—29; p.18)。

[141]Cf. Michael Kloepfer, *Umweltrecht* (2d ed., Munich, 1998), p.167n.

[142]Heinrich Freiherr von Lersner, "Vorsorgeprinzip," in Heinrich Freiherr von Lersner, Otto Kimminich, and Peter-Christoph Storm (eds.), *Handwörterbuch des Umweltrechts*, vol.2 (2d rev.ed., Berlin, 1994), cc.2703—2710, c.2709.

[143]Hans D. Jarass, *Bundes-Immissionsschutzgesetz (BImSchG). Kommentar* (4th rev.ed., Munich, 1999), p.160.

[144]California State Archives, Sacramento, F 3935, Air Resources Board Records Folder 4, Air Resources Board, "Summary of Testimony Presented at the November 9th and 10th Hearings on Ambient Air Quality Standards," p.2.

[145]关于例外情况,请参阅 Aaron Wildavsky, *But Is It True? A Citizen's Guide to Environmental Health and Safety Issues* (Cambridge and London, 1995)。该文献最后一章为"如何抵制预防原则"。

# 第七章

# 如何阐释 1952 年的伦敦雾灾

*彼得·索谢姆*

伦敦一直是雾都的同义词,尤其是在每年 11 月和 12 月这两个潮湿和寒冷的月份里。然而,1952 年,伦敦人经历了一个持续很长时间的浓雾期。整整 5 天,1 000 多平方英里都被笼罩在大雾中。那场大雾是那么的浓密,以至于几英尺以外就什么都看不清了。无风和逆温现象造成了这场大雾,并且把数百万只煤炉排放的煤烟全部留在了伦敦这个大都市的上空,而且还导致空气中的悬浮颗粒物和二氧化硫含量上升到了临界水平。伦敦检测空气中悬浮颗粒物的装置有一半爆表,不再能使用,而二氧化硫达到了自 1932 年开始检测以来的最高浓度。[1] 尽管随着雾灾的加剧,报纸给予了很大的关注,但是,最初的报道很少说到浓雾对人体健康的影响。虽然有一篇报道称,很多伦敦人因患上了"雾咳嗽"去就医,但又安慰读者说健康人只要通过鼻子呼吸就用不担心,因为鼻子被认为能够过滤掉空气中的烟尘粒子。[2] 虽然这个故事暗示与雾相关的健康问题并不严重,但数以千计的伦敦人很快就死于这场浓雾。1952 年 12 月的大雾过去不久,就有人把大约 4 000 个伦敦人——比 2001 年 9 月恐怖袭击造成的死亡人数还要多——的死亡归因于这场大雾。

想要彻底明白 1952 年伦敦遭遇的那场雾灾,我们必须不只局限于确定导致疾病和死亡的环境条件和有毒化学物质,因为各种导致这些污染物产生并且左右人们理解它们影响作用的态度、意识形态和观点同样也非常重要,应该予以关注。根据人类学家玛丽·道格拉斯(Mary Douglas)"有关污染的看法受到文化影响"的观点,历史学家比尔·乐金(Bill Luckin)指出:"环境绝不可能直接、'自然'地被体验。相反,意识形态方面的偏见以及科学理论或者主要科学理论会共同塑造个人和社会群体的看法,进而使他们能够明确表达由污染感知水平造成的焦虑,然后促使他们设法减少这种焦虑。"[3] 1952 年的雾灾事件提出了一系列的问题:有多少人因此而患病或者死亡?为什么这场大雾如此致命?

在"正常"的污染水平下暴露多久才有危险？这些问题和其他问题的答案严重受到科学理论、政治和统计数据相互作用的影响，而科学理论、政治和统计数据则扮演了人们用来反映伦敦经历的最致命雾灾的镜子这种角色。

## 雾的性质

雾存在于自然与文化的交叉层面，它自由地漂浮在农村与城市之间，并且提醒人们农村与城市两者之间的关系。在19世纪上半叶，大多数人相信，雾绝不会起源于城区，而是形成于荒无人烟的"荒郊野外"。雾把危险的水汽从荒郊野外带到城市中心。作为"雾是文明对立面"的思想的反映，雾在城市中的出现通常被说成是一种"天灾"。因此，城市雾就成了一个出现在适当地方的问题——一个农村污染城市的例子。就像一名作家在1853年所说的那样，"科学告诉我们造成伦敦雾的原因是伦敦东面和南面泰晤士河滩和沼泽地的排水存在缺陷"。[4]

随着英国城市化和工业化水平的不断提高，19世纪下半叶出现了关于雾的新思想。一些观察家不赞同早些时候认为雾完全是自然环境产物的观点，他们断定雾也可能在城市生成。在他们看来，雾不再是完全的自然产物，而是一种人类和环境互动的产物。正如查尔斯·狄更斯在《我们共同的朋友》(*Our Mutual Friend*, 1864)中指出的那样，城市雾的性质不同于农村雾。"农村的雾是灰白色的；伦敦边缘的雾是深黄色的；而到了城区，雾就变得有点褐色，然后越往市中心，雾的颜色就越深；而到了市中心，雾就变成了铁黑色的"。10年以后，《柳叶刀》评论道，虽然雾在全英国十分常见，但是，"真正的'伦敦雾'并不像普通的农村雾"。气象学家罗洛·拉塞尔(Rollo Russell)也坚持认为，农村地区的雾不含有毒物质，但是，城市的雾含有危害植被和人类的烟灰和酸性物质。[5]

在很多人看来，由雾造成的低能见度不但带来了不便，而且还有危险。一名观察员在19世纪90年代用人类学家的话提醒说，"英国人长期以来已经熟悉的农村雾正在让位于那些具有'城市特点'的雾"。早在阿瑟·柯南·道尔爵士(Sir Arthur Conan Doyle)用雾作为他的侦探小说的素材之前就有观察员指出，雾为非法行为尤其是偷窃和袭击提供了高度有效的环境条件。正如一家通俗刊物在1855年指出的那样，"伦敦的雾天是小偷们的狂欢日子"。扒手们在伦敦雾的掩护下"会设法摸走你的零花钱、放在口袋里的袖珍书或者诱人的挂表。尽管你很可能会为自己被偷而感到悔恨，但仍不得不佩服扒手们身手敏捷"。[6]除了把城市雾与刑事犯罪联系起来外，很多人还把城市雾说成交通事故的罪魁祸首。在大雾中，船舶触礁搁浅，行人被车辆撞倒，客车相撞，还有人不慎掉入运河和海港而溺水身亡。有一份报告称，1873年12月12日傍晚，伦敦被笼罩在一场大雾之中，大雾是那么的浓密，连街边的汽灯都看不清；街上仅有的一些出租车和公共汽车只有在手擎火炬的人的护送下才能冒险缓慢行驶。在火车站，雾警信号灯不断爆炸，而雾号发出的凄凉声音使大雾下阴暗的火车站变得更加阴郁。很多人还因大雾送了性命，在沃平(Wapping)，有两名男子从船梯上掉进了河里溺水身亡。同样的命运也落在了两名受人尊敬的工匠头上，他俩从作坊下班回圣约翰林(St. John's Wood)，结果在大雾中走进了摄政王运河。据说，光泰晤士河北岸码头就有15人坠河溺水身亡。[7]

然而，谋杀和意外死亡只占大雾造成的死亡很小的比例，患急性呼吸道疾病死亡的人要多得多。1873年致使伦敦瘫痪的那场浓雾导致史密斯菲尔德(Smithfield)牲口市场很多牲口因呼吸衰竭而死亡，而人的死亡率比之前一周上涨了40%。《柳叶刀》声称这场大雾将在人们的记忆中留下最长久的印象，同时还报道说，伦敦的空气"充斥了烟尘，简直就是糟得令人厌恶"。作为回应，《泰晤士报》推荐了一种目光短浅的解决方法：创建一支着装统一的向导队伍，在雾天帮助警察引导街上的行人和车辆。[8]

尽管有人坚持认为，煤烟与雾的生成、持续或者特点没有多大的关系，但很多人却有不同的想法。罗洛·拉塞尔在强调"雾的问题几乎全是烧烟煤的结果"的同时又指出，"与周边农村相比，浓雾不会更多地光顾以木材、无烟煤、天然气或者石油为燃料的城市"。在进行了比较之后，他断言，"所有燃烧烟煤的大城市都会遭遇浓雾和黑烟的侵袭"。[9]约翰·艾特肯(John Aitken)在19世纪90年代初完成的研究显示，烟雾和二氧化硫是高效的水汽凝结核，因而会提高雾气生成的可能性。[10]化学家爱德华·弗兰克兰(Edward Frankland)的研究又补充了艾特肯的研究发现。弗兰克兰研究发现，烟尘中的焦油状化合物通过给水珠包裹上一层防蒸发的油膜来延长雾气的存续时间。路易斯·帕克斯(Louis Parkes)医生根据这些研究发现指出，认为伦敦雾是伦敦这个大都市的地理和气象条件造成的一种自然现象的观点是错误的。他在1892年告诉皇家环境卫生学会的成员说："黄雾是燃煤产生的烟雾与自然界白色雾气相混合的产物，自然界的雾气比较而言相对无害。"[11]烟和雾之间的紧密相关性导致很多人把它们合并称为"伦敦雾"。这样一来就产生了把污染自然化的结果，因为这意味着烟就像天气一样人类是无法控制的[12]，而且还暗示空气污染只有在雾出现时才会成为问题。然而，并不是所有的雾都与高浓度的烟联系在一起的，有时高水平的污染会出现在无雾的条件下。为了让人们认识到烟含量高的雾既不是自然现象也并非不可避免，H.A.德福(Des Voeux)医生在1905年创造了"雾霾"（smog）一词。[13]虽然有些人采纳了"雾霾"这个词，但大多数人继续用"雾"（fog）来指称常常尤其是在秋冬充斥伦敦空气的湿气和煤烟的混合物。

## 雾与政治

1952年大雾期间，报纸报道几乎只字未提这场大雾可能对人体健康造成的危害，大多数文章聚焦于雾的视觉影响。有些报纸在赞美浓雾改变伦敦外观的能力的同时还配发了一组把被浓雾包裹的城市描绘成神秘、壮丽的恐怖照片。它们这样做是在延续一种悠久的传统。99年前，也就是1853年，《闲暇时间》(Leisure Hour)同样用下面这种时隐时现、变幻莫测的幻象来描述大雾神奇地改变伦敦景色的能力："巨猛犸象和大地懒（史前树懒）在罗兹岛动作夸张的神秘巨人的驱赶下，拉着巨大的高山缓慢前行。其实，这些移动的大山就是在大雾中被放大的我们都相当熟悉的公共汽车。在浓雾中，隔一点距离看，迎面过来的人要比真人大好几倍，当他们与你擦肩而过时才恢复真实的体形。"[14]

虽然有为数不多的文章描绘了浓雾中伦敦令人神往的景色，但是，大多数文章还是表示雾的出现并不受欢迎。不管怎样，即使对雾最负面的新闻报道也认为，它是一种纯粹的视觉现象。《泰晤士报》发表的关于1952年那场大雾的第一篇文章取名"大雾延误飞机航班"（Fog Delays Air Services），也反映了对雾的这种理解。除了所有进出伦敦（希斯罗）机场的航班几乎全部停飞以外，糟糕的能见度还导致一些线路的公共汽车和电车停运，迫使泰晤士河上的船舶全部停航，并且促使汽车协会提醒汽车司机等能见度好转后再开车出门。大雾持续3天后，《泰晤士报》报道称："那些在黑夜一样的白天里冒险驾车上路的司机几乎就是寸步难行，而很多人不得不把车抛在路边步行赶路。"1952年，很多报纸就像19世纪出现大雾时那样报道说，犯罪分子巧妙地利用浓雾作掩护大肆从事"盗窃、袭击和抢劫活动"。原定12月6日在伦敦进行的5场足球联赛全部因为"一片漆黑"而取消，而温布利球场自1923年开业以来第一次被迫关闭。伦敦南部一场越野赛跑的组织者按原计划进行比赛，大雾严重影响了观众和参赛选手的视线，他们只能看清10码以内的东西，而赛跑运动员很快就"消失在一片黑暗之中"。就连英国广播公司也受到了影响，很多工作人员照常出门上班，但出了家门就发现根本就不可能按时达到播音室。浓雾的影响并不只限于室外，它们还渗入住宅、办公室和音乐厅。有一位音乐评论员在报道12月5日在牛津广场附近举行的一场音乐会时抱怨从观众席上透过浓雾很难看清台上的演奏。这名评论员注意到歌手很难达到高音部，并且指出"天气也许是罪魁祸首"。12月8日,赛德勒井剧院(Sadler's Wells Theatre)内雾变得如此浓密,以致歌剧《茶花女》(*La Traviata*)在演完第一幕后不得不停演。宣布给每位观众退票的剧院经理表示,这样的停演在这家剧院的历史上还从未有过。[15]

对于很多伦敦人来说,1952年12月的那场大雾只不过导致了喉咙发炎和交通困难而已。但是,对于数以千计的其他人,那场大雾导致呼吸不畅。一个负责协调住院事宜的机构——急救病床服务机构,在那场大雾期间遇到了前所未有的住院治疗需求。在12月13日结束的这个星期里,它帮助2 019名病人解决了病床问题,比该机构已有周记录高出73%,比1951年同一星期该机构帮助解决住院治疗的病人整整多了2倍多。在那场大雾的最后一天,有492名病人申请急诊住院治疗,但其中102人因为医院人满为患而被拒之门外。[16]

虽然医务人员注意到了在那场大雾期间健康问题急剧增加,但公众是慢慢认识到那场大雾的灾难性影响的。[17]对那场大雾的滞后反应部分可归因于收集和分析死亡统计数据需要时间,但也应归咎于执政的保守党企图逃避对这场悲剧负有的责任以及采取更严厉的空气污染控制措施需要承受的压力。12月16日,一名工党议员要求卫生大臣披露"大伦敦地区到底有多少人因为最近的这场大雾而死于支气管或者其他疾病"。艾恩·麦克劳德(Iain Macleod)大臣最初以"现在还没有12月6日后的数据"为由回避问题。第二天,还是这名议员要求成立一个委员会来研究"伦敦雾成因和治理"问题。公共工程部的一名代表断然拒绝了这个提议,并且声称"已经有一个委员会——空气污染研究委员会——归燃料研究委员会领导,而且还有各有关部门的代表参加"。12月18日,为了回答这次是由保守党议员提出的另一些问题,卫生大臣发表了以下令人震惊的声明:"大伦敦在12月13日结束的这一周里因各种原因死亡的人数是4 703人,而1951年同一周的死亡人数是1 852人。"报纸的头条新闻触目惊心,"雾周死亡人数增加了2 800人",而素来不追求轰动效应的《英国医学杂志》也称,这样的死亡率增长幅度堪称"空前绝后"。[18]

在大雾之后接下来的几个月里,政府试图最大限度地降低由这场大雾导致的死亡人数规模和意义,但公众的关注和担心仍然处于高水平。大雾散去6个星期以后,下议院的一名议员要求卫生大臣说明卫生部是如何派代表参加空气污染研究委员会的。对照政府早些时候关于这个委员会由所有各相关部派代表参加的要求,麦克劳德承认,卫生部确实没有派代表参加该委员会。对政府处理那场雾灾的方法的批评不断升温,而工党议员想方设法把保守党政府说成是一个麻木不仁、冷酷无情的政府。在卫生大臣公开抱怨他似乎"除了在雾及其对人体健康的影响方面受到质疑以外是一无所获。'说实在的,你们也知道,'他说道:'还有人可能认为,从我当了卫生大臣以后伦敦才开始有雾的'"。[19] 2天以后,这种印象进一步加深。

未来的首相、当时的住房大臣哈德罗·麦克米伦(Harold Macmillan)以及伦敦地方政府在议会也受到了严厉的批判。1953年1月下旬,一名工党议员质问麦克米伦"大臣阁下难道没有注意到1952年仅大伦敦因空气污染窒息而死的人就要比全国道路交通事故死亡人数还多?鉴于针对没有影响那么多人的空气和铁路灾难都进行了调查,为什么不对这次雾灾进行公开调查呢?"另一名议员也加入了质问的行列,并且质问道"大臣阁下您是否认识到您在处理这个问题上的自满情绪正在导致很多失望……"那场大雾散去2个月后,政府继续以没有必要重复大气污染研究委员会的工作为借口不理睬要求展开调查的呼吁。然而,2月12日,这种策略被曝光说成是在转移注意力。当被问及大气污染研究委员会为回应12月的那场大雾采取了什么措施时,政府的一名发言人不可思议地回答说"什么措施也没有采取"。这个委员会基本上就是一个致力于大气污染检测和数据收集及预防研究的咨询机构。在回答进一步的提问时,他表示,这个委员会在上一年只举行过2次会议。在这一令人难堪的真相被披露后不久,卫生大臣宣布他领导的卫生部已经开始对雾致死机理进行研究——结论到1954年才公布于众。[20]虽然这一行动意味着政府已经开始更加认真地对待空气污染问题,但并没能令许多批评者感到满意。这场大雾的故事结束5个月以后,工党议员诺尔曼·多兹(Norman Dodds)在下议院宣称:

"12月份的那场大雾以后,公众仍因长长的死亡者名单(原文如此)和大量的病患而感到惊恐万状。这种状况由于政府至少外表上令人震惊的冷漠而严重加剧。大多数为此感到震惊的人就是不明白在数千人窒息死亡后政府为什么还不进行公开调查。"

多兹预言未来的雾甚至有可能"杀死"更多的人,因此警告称伦敦还可能到处听到瘟疫后的哭喊声"拉出去,死了"。住房和地方政府部副大臣回答多兹的话称,政府会成立一个委员会"对空气污染的原因和后果进行全面的评估"。[21] 1953年7月,那场大雾散去7个月以后,政府终于成立了这个委员会,并且指定由工程师和工业家休·比弗(Hugh Beaver)爵士领衔。就如我们很快就会知道的那样,比弗委员会在距离1952年那场大雾2周年纪念日只差1个月的时候才公布了他们的最终报告。[22]

## 如何统计死亡

能否把1952年的大雾视为灾害,关键要取决于对统计数据的收集和解释。

与通常直接确定灾难（如火灾、洪灾和火车事故）伤亡人数的做法相比，确定 1952 年大雾造成的死亡人数是一项复杂、难以完成的任务。

伦敦市内和周边每天和每周死亡的人数都有详细的记录，但是，具体的死亡时间和地点却没有准确的记录。调查必须先决定地域范围：有人认为应该以由伦敦郡议会管辖的伦敦行政郡为调查范围，包括 340 万居民；但又有人认为应该以大伦敦为调查范围，涉及人口 840 万，其中包括米德尔塞克斯（Middlesex）、萨里（Surrey）、肯特（Kent）、赫特福德（Hertfordshire）和埃塞克斯（Essex）等郡的部分地区。另一个重要问题是调查的时间范围：是否应该只包括大雾直接持续期或是还应该包括大雾过后的几个星期？只有在这些问题解决以后，才可能确定大雾期间到底有多少人死亡。当然，这样一个程序还没有区分因雾而死的人与因其他原因而身亡的人。虽然查阅每个死者的病历可以确定他们的死亡是否由雾所致，但是，这种方法耗时费事。此外，这么做有可能导致不确定的结果，因为要确定大雾是不是导致慢性患者死亡的决定性因素可能是一种充满模糊性的判断。因此，有专家对大雾期间的死亡总人数与在没有大雾的情况下可能的死亡人数估计值进行了比较，而没有对每个死亡者进行个案调查。虽然这种方法看起来可能比较简单，但不能确定是否可行。有些统计学家建议把大雾发生前的那个星期作为参照点，而另一些统计学家则建议采用上一年相应星期的数据。第三种方法为了控制大雾前一周或者上一年相应周死亡人数非典型这种可能性，于是拿 1952 年大雾期间以及大雾以后的死亡人数与前 5 年同期的平均数进行了比较。[23]

大雾过后 2 个月，《英国医学杂志》报道称，1952 年 12 月 13 日结束的这个星期伦敦的总死亡率接近 1866 年英国遭遇最严重的霍乱疫情时出现的死亡率。如果我们拿这些数据与每个时期的一般死亡率进行比较，那么，伦敦人在 1952 年 12 月初显然经历了比 1866 年霍乱流行时期更大的死亡风险。在 12 月 7~13 日这个星期里，伦敦行政郡的死亡率是上一周死亡率的 2.6 倍。大伦敦的死亡率也急剧上涨，上涨因子是 2.3。伦敦两个受到特别严重打击的行政区东汉姆（East Ham）和斯特普内（Stepney）的周死亡率上涨了 4 倍。[24]

卫生大臣在扔下了大雾导致 2 851 人死亡的"重磅炸弹"几个星期后又宣布了大雾导致近 6 000 人死亡的新估计数。这个数字是通过比较大伦敦包括 1952 年那场大雾在内的 5 周里的死亡人数与上一年同期的数据获得的。[25] 就在麦克劳德增加了官方死亡人数后不久，政府首席医疗统计师 W. P. D. 洛根（Logan）就辩称死亡人数没那么多。尽管他表示 1952 年的大雾"属于头等灾害，在短短的几天里死亡率就达到了在过去的 100 年里只有很少几次被超越的水平,如达到了1854年霍乱流行和1918~1919年流感流行时期的高位",但他认为这场大雾的影响仅限于2个星期,并且把自己的注意力主要放在了伦敦行政郡,涉及人口要比大伦敦少500万。洛根承认"不能肯定……那场大雾造成的死亡人数在12月13日和20日结束的2周里能够全部登记到位。假设它们都被登记到位,大雾造成的死亡人数可被估计在3 717人(1952年12月13日和20日结束的2周超过1952年12月6日结束的这一周的死亡人数)与4 075人(1952年12月13日和20日结束的2周超过1947~1951年同期的平均死亡人数)之间"。[26]不可理解的是,虽然那场大雾是从12月5日早晨开始的,而且他采用的数据表明这个星期的死亡人数比前5年同期平均死亡人数多257人,但是,他没有考虑1952年12月6日结束的这一周登记的死亡人数是否都与那场大雾有关。洛根根据他的计算结果做出的假设就更有意思,12月20日以后的死亡人数应该不能都归因于大雾。但是,在洛根调查的时间截止点过了很长一段时间后,死亡率仍然居高不下。在从1952年12月中旬到1953年2月中旬期间,伦敦的死亡人数要比一年前同期将近多出8 000人。政府的首席空气污染问题专家E. T. 威尔金斯(Wilkins)指出,这些人也正好是在空气污染大大超出通常水平的情况下死亡的。用他的话来说,空气污染超过通常水平"对抵抗力已经因大雾事件而有所下降的伦敦人构成了二次污染打击"。[27]另一些人拒绝接受威尔金斯的观点,坚持认为流行性感冒才是1953年死亡率上涨的唯一原因,卫生部也认同这种观点。从政府力图最大限度地减小这场雾灾的影响程度这一点来看,政府把洛根死亡4 000人的计算结果作为"最佳死亡人数估计值"的做法就并不令人意外了。然而,最近发表的一篇研究论文结论支持比威尔金斯的估计大得多的死亡人数。这篇论文的作者米歇尔·L. 贝尔(Michelle L. Bell)和德弗拉·李·戴维斯(Devra Lee Davis)指出,即使把流感死亡病例排除在外,1952年雾灾期间和灾后不久伦敦发生的死亡病例大约也要比通常多出7 700例。[28]

## 空气污染与人体健康

1952年雾灾以后,专家们在受污染空气对"一般公众"造成相对风险的问题上存在意见分歧。实际上,卫生部在实际责怪受害者时声称"真正的'雾霾'问题是那些受心肺功能衰竭困扰的人——尤其是受心肺功能衰竭困扰的老年人——的问题"。[29]相比之下,伦敦郡议会卫生委员会发布的一份报告强调称,1952年12月第二周"虽然婴儿和老人死亡率的上涨比较明显,但并不局限于任何特定年龄段的人"。[30]《英国医学杂志》(British Medical Journal)赞同这种观点表示,"大雾差点杀害了伦敦一名35岁的健壮警察,他在街头执勤时突然倒下,幸好被及时送进医院接受输氧和休克治疗才挽回了生命"。根据这本杂志报道,"大雾对婴儿和老人的明显影响有可能分散了人们对大雾可能对中年人造成危害的关注"。[31]《规划》(Planning)杂志更加尖锐地指出:"这并不是一个像某些人说的那样,仅仅涉及无论怎样都快要死去的老人被雾害死的问题。很多因雾害丧命的人本来还可能多活好些年。"[32]

关于"正常人"(也就是青壮年健康人)在1952年这场雾灾中没有受到伤害的问题,有人认为是因为日常空气污染水平还在可接受的范围之内。由于1953年雾季临近,卫生部为了安抚公众而宣称长时间浓雾是一个"出现概率极小的事件";"重要的是不要把它与我们长期以来已经习惯的更加常见的雾相混淆,也不要夸大它对正常健康人的影响"。[33]《泰晤士报》持不同的观点,它认为:虽然1952年的那场大雾"应该被认定为特殊事件,但显然,即使在程度较轻的异常条件下,受污染空气中的有毒物质必然也会对人类与动物健康和舒适产生有害的影响;当然,影响不会那么凶险,但会更加持久"。[34]由于英国与空气污染有关的呼吸道疾病造成的死亡人数比欧洲其他国家多出好几倍,因此,英国人对统计数据的信任转变成了担心。1952年,英格兰和威尔斯支气管炎患者的死亡率是62.1/100 000,而比利时、法国和丹麦分别是18.3/100 000、4.5/100 000和3.4/100 000。[35]除了拿英国与其他欧洲国家比较外,比弗委员会还表示,英国大城市的支气管炎死亡率也比受污染较轻的农村高出许多。[36]在他经常发表的公开讲话中,比弗同样也进行了历史比较以努力构建清洁空气的支持力量。例如,他曾比较说,20世纪50年代英国由可归咎于空气污染的呼吸道疾病造成的死亡人数占比高于19世纪70年代伤寒造成的死亡人数占比。[37]

1952年的雾灾结束以后,很多专家认为,公众必须分清自然雾和非自然雾。为了设法向读者灌输这方面的知识,《泰晤士报》发文指出,"雾是一种自然现象,人类的能动作用奈何不了它。除了降低海上和陆地能见度外,自然生成的雾比较而言本身无毒无害,在受到大城市和工业区人为杂物的污染以后就会变得危险"。[38]比弗还着重区分了自然雾和人为雾,他在1955年谈到伦敦大雾时表示:"虽然是大自然生成了雾,但是,我们人类制造了烟尘。这可是我们几代人做的孽,而且已经到了我们几乎把它作为自然和不可避免的东西来接受的程度。"[39]

比弗的观点是与威尔金斯的观点相呼应的。长期以来,皇家环境健康学会在减少空气污染的努力中扮演了重要的角色。威尔金斯在1953年写给该学会的一封信中指出:"空气污染的不良影响当然不限于有雾霾的时候,因为有证据表明,即使对于很多人口稠密区域来说,正常的低浓度雾霾也会对人体健康、植物和各种材料产生持久、隐伏的影响。因此,从某些方面看,雾霾问题是一般大气污染问题的短期集中表现。"他还在信中指出:"由于平常污染的影响无时不在,因此,从长期看,对于个人和全体国民来说,它们无疑意味着比偶然的雾霾事件有可能造成更加严重的危害和损失。"[40] 在比弗领衔的委员会结束了它的工作以后,比弗回忆说:"我们明确没有把我们的论点建立在特定事件——如1952年的伦敦雾灾——对人体健康有害的基础上,也没有以任何方式低估那场灾害,但是,我们觉得,如果过度强调它的影响,就有可能分散我们关注'雾霾对健康的危害和对生命的危险日复一日、年复一年地威胁着我们整个国家'的注意力。"正如他所说的那样,英国各个地区变成了一个"独一无二的永久污染区"。[41]

## 结束语

人们对1952年伦敦雾灾的最初反应就是把它说成是一种无法预见或者预防的自然灾害。宿命论和短视症虽然能够轻松面对这场悲剧,但是以隔断历史相关性为代价。伦敦以前也发生过浓雾,而且在从19世纪中叶到20世纪中叶的一个世纪里,它们在很多方面的影响是相似的。在这个时期里,伦敦的空气受到了数以百万计的煤炉排放出来的烟雾、烟尘和二氧化硫的污染。不寻常的是,空气与表面低温——导致雾生成的不变条件——促使空气污染浓度上升到影响呼吸的程度,并且导致数以千计的支气管炎、哮喘病以及其他呼吸和循环系统疾病患者死亡。

就像玛丽·道格拉斯和比尔·乐金所指出的那样,污染不但会影响健康和环境,而且还会对文化产生影响。换句话说,某个特定社会感知污染并赋予其意义的方式提供了一种重要的观察其文化反映其污染价值观和看法的透视镜。长期形成的对雾的看法——尤其是一种认为雾主要会造成视觉影响的倾向随着1952年的那场大雾重新现身。但是,1952年公众对大雾的反应明显比19世纪强烈。很多人并不是以一种幸灾乐祸或者自鸣得意的感觉去看待1952年的那场大雾,而是认为那场大雾是可以预防的,政府有责任这样来看待那场大雾。如果在有雾的天气条件下死亡人数不是因为温度低或湿度高,而是因为雾天的空气污染更加严重而增加,那么就意味着即使在没雾的天气条件下空气污染也有害健康。确定1952年12月到底发生了什么,是一个复杂而且争议激烈的过程，但最终导致了空气污染问题的新看法和净化空气的新政策的问世。最初被视为自然灾害的大雾最终被认为是一场由人类推波助澜而导致的灾害——而且也是人类应该防止它再次发生的灾害。

• 注释：

[1] C. K. M. Douglas, "London Fog of December 5-8, 1952," *Meteorological Magazine* 82 (1953): 67-71; E. T. Wilkins, "Air Pollution and the London Fog of December, 1952," *Journal of the Royal Sanitary Institute* 74 (Jan. 1954): 1-21; Ministry of Health, *Mortality and Morbidity during the London Fog of December 1952* (London: HMSO, 1954), table 3.

[2] *Daily Mirror*, 8 Dec. 1952.

[3] Mary Douglas, *Purity and Danger: An Analysis of Concepts of Pollution and Taboo* (1966; reprint, London: Routledge, 1992), esp. 1-6, 159-179; Bill Luckin, *Pollution and Control: A Social History of the Thames in the Nineteenth Century* (Bristol: Adam Hilger, 1986), 52.

[4] "A London Fog," *Leisure Hour*, 1 Dec. 1853, 772-774, quotation on 774.

[5] Charles Dickens, *Our Mutual Friend*, ed. Michael Cotsell (Oxford: Oxford University Press, 1989), 420; "The Fog in London," *Lancet*, 3 Jan. 1874, 27-28, quotation on 27; Francis Albert Rollo Russell, *The Atmosphere in Relation to Human Life and Health* (Washington, D.C.: Smithsonian Institution, 1896), 32-35.

[6] Robert H. Scott, "Fifteen Years' Fogs in the British Islands, 1876-1890," *Quarterly Journal of the Royal Meteorological Society* 19 (1893): 229-238, quotations on 232; "Observations in a London Fog," *Hogg's Instructor* 5 (1855): 33-35, quotation on 55.

[7] G. Hartwig, *The Aerial World: A Popular Account of the Phenomena and Life of the Atmosphere* (New York: D. Appleton, 1875), 138-139.

[8] "The Fog in London," *Lancet*, 3 Jan. 1874, 27-28, quotation on 27; *Times* (London), 12 Dec. 1873, 7.

[9] Russell, *Atmosphere*, 34; idem, "Haze, Fog, and Visibility," *Quarterly Journal of the Royal Meteorological Society* 23 (1897): 10-24, quotation on 19.

[10] John Aitken, "On Dust, Fogs, and Clouds," *Nature* 23 (30 Dec. 1880): 185-197; idem, "Dust and Fogs," *Nature* 23 (3 Feb. 1881): 311-312. For contemporary discussions of Aitken's theories, see Douglas Galton, "Inaugural Address," *Transac-

tions of the Sanitary Institute of Great Britain 4 (1882—1883): 21—54,esp.33; "The Etiology of Fogs," Lancet,26 Feb.1887,443.

[11]Louis C.Parkes,"The Air and Water of London: Are They Deteriorating?" Transactions of the Sanitary Institute 13 (1892): 59—69,quotation on 62.

[12]在灾难的发生不局限于英国时试图否定人类的罪责。请参阅 Theodore Steinberg:Acts of God: An Unnatural History of Natural Disaster in America (New York:Oxford University Press,2000,esp.xvii—xx,151—152)。

[13]《不列颠百科全书》"smog"词条。关于消烟学会以及第一次世界大战前旨在减少煤烟的其他团体的更多内容,请参阅 David Stradling 和 Peter Thorsheim: The Smoke of Great Cities: British and American Efforts to Control Air Pollution, 1860—1914[Environmental History 4 (Jan.1999): 6—31]。

[14]"A London Fog,"Leisure Hour,1 Dec.1853,772—774,quotation on 773.

[15]Times (London),6 Dec.1952,6; ibid.,8 Dec.1952,3,8; ibid.,9 Dec.1952.

[16]G.F.Abercrombie,"December Fog in London and the Emergency Bed Service," Lancet,31 Jan.1953,234—235.

[17]John Fry,"Effects of a Severe Fog on a General Practice," Lancet,31 Jan. 1953,235—236.

[18]Parliamentary Debates,Commons,5th ser.,vol.509 (1952),cols.188,221, 237; Daily Telegraph,19 Dec.1952; "Deaths in the Fog," British Medical Journal,3 Jan.1953,50.

[19]Parliamentary Debates,Commons,5th ser.,vol.510 (1953),col.382; Evening Standard,24 Jan.1953,quoted in Parliamentary Debates,Commons,5th ser., vol.515 (1953),cols.842—843.

[20]Parliamentary Debates,Commons,5th ser.,vol.510 (1953),cols.828—830; ibid.,vol.511 (1953),col.75; ibid.,vol.513 (1953),col.189.

[21]Parliamentary Debates,Commons,5th ser.,vol.515 (1953),cols.841—850.

[22]Committee on Air Pollution,Report,Cmd.9322 (1954).

[23]Ministry of Health,Mortality and Morbidity,table 1.

[24]Times (London),31 Jan.1953,3; "The Toll of Fog," British Medical Journal,7 Feb.1953,321; Ministry of Health,Mortality and Morbidity,2; W.P.D. Logan,"Mortality in the London Fog Incident,1952," Lancet,14 Feb.1953,336—338,quotation on 337.

[25]Parliamentary Debates,Commons,5th ser.,vol.510 (1953),col.42.

[26]Logan,"Mortality," 336.Emphasis added.

[27]Wilkins,"Air Pollution," 11.

[28]Ministry of Health, *Mortality and Morbidity*, 14; Michelle L. Bell and Devra Lee Davis,"Reassessment of the Lethal London Fog of 1952: Novel Indicators of Acute and Chronic Consequences of Acute Exposure to Air Pollution," *Environmental Health Perspectives* 109, supp.3 (June 2001): 389—394.还请参阅 Devra Lee Davis: *When Smoke Ran like Water: Tales of Environmental Deception and the Battle against Pollution* (New York: Basic Books, 2002), 42—54。

[29]*Parliamentary Debates*, Commons, 5th ser., vol.518 (1953), col.407.

[30]转引自 *Times* (London), 31 Jan.1953, 3。

[31]"The Toll of Fog," *British Medical Journal*, 7 Feb.1953, 321.

[32]"The Menace of Air Pollution," *Planning* 20 (16 Aug.1954): 189—216, quotation on 193—194. Similar debates about the "reality" of deaths attributed to public health disasters have occurred in other contexts.请参阅 Eric Klinenberg: *Heat Wave: A Social Autopsy of Disaster in Chicago* (Chicago: University of Chicago Press, 2002), esp.24—31。

[33]*Parliamentary Debates*, Commons, 5th ser., vol.520 (1953), col.105.

[34]*Times* (London), 20 Apr.1953, 7.

[35]Committee on Air Pollution, *Report*, Cmd.9322 (1954), 8. 该委员会对英国相对于其他国家的高支气管炎发病率的注意有可能受到了内维尔·C.奥斯瓦尔德(Neville C.Oswald)等的以下文献的影响:"Clinical Pattern of Chronic Bronchitis" (*Lancet*, 26 Sept.1953, 630—643); United Nations, "*Demographic Yearbook*, 1954" (New York: United Nations, 1954)。

[36]Committee on Air Pollution, *Report*, Cmd.9322 (1954), 9.

[37]Hugh Beaver, typescript of a speech to the Engineering Institute of Canada, 17 March 1955, Beaver Papers, British Library of Political and Economic Science, London.

[38]*Times* (London), 20 Apr.1953, 7.

[39]Hugh Beaver, typescript of a speech delivered at London University, 1 Dec. 1955, 4, Beaver Papers, British Library of Political and Economic Science, London.

[40]Wilkins,"Air Pollution," 14.

[41]Committee on Air Pollution, *Report*, Cmd.9322 (1954), 5; Hugh Beaver, typescript of a speech delivered in New York, 2 March 1955, 11—12, Beaver Papers, British Library of Political and Economic Science, London.

# 第八章

## 如何界定雾霾

### ——治疗景观中的文化背叛

约书亚·邓思碧

1946年5月,洛杉矶市长办公室举行了一次如何应对雾霾不断加剧问题的会议。洛杉矶县监事会一个名叫安森·福特(Anson Ford)的成员在会上先读了一封被他称为"典型公民"的男士的来信。这封信讲述了一个西雅图家庭,他们"为了像加利福尼亚州广为宣传的那样享受这里的阳光,美妙、清新的山区空气以及有益健康的自然环境,从家乡来到马德雷(Sierra Madre)——圣盖博山脉(San Gabriel)南麓帕萨迪纳(Pasadena)附近的一个小镇——小住"。写信人患有哮喘病,有人肯定地告诉他,马德雷是"世界第三个最有益哮喘病人康复的疗养胜地"。然而,就在他搬到这里住下以后,他的病仅在4月份就严重发作了5次。他说,在雾霾严重的日子里,他"眼睛就会疼痛、发热,喉咙发痒、肿胀,而且还伴有间歇性头痛"。写信人最后说道:"我们就是想在南加州住下,所以花大价钱在这个美丽的地方买下了一块地,还花钱在这块地上盖了房子。可现在,雾霾遮挡了前面的山景,而且还污染了有益健康的干燥空气。请你们替我们想想,还有我们跟其他许多新来者聊起过此事,他们现在会(对此事)怎么想?"[1]

对雾霾的感知以及解读雾霾意义的社会过程——社会对雾霾的认知过程——会形塑集体反应。在20世纪40年代初期,雾霾在洛杉矶市和洛杉矶县引发并推助了一场在当时算得上重大的政治论战。虽然生活在像马德雷这样的地方的住户主要是白人中产阶层,他们往往对有益健康的环境抱有非常高的期望,但是,整个洛杉矶地区的居民正越来越意识到能见度在不断下降,而雾霾越来越具有刺激性。在媒体利用照片、令人不安的新闻提要以及动人的亲历故事对雾霾进行戏剧化渲染的作用下,雾霾因它会对人体感官产生直接有时甚至是非常强烈的影响而引起了人们的广泛关注。雾霾带来的物理变化导致了社会的集体受威胁和焦虑感以及认知,而且还导致了环境退化。到1946年市长召开会议时,雾霾问题已经引起公众关注多年,大家首先注意到的是工厂看得见的排放物。此外,外行的雾霾治理倡议者们非常坚定地坚持工业是雾霾的主要或者唯一罪魁祸首的传统观点(Brienes, 1976)。最初,并非只有雾霾治理的外行倡议者持这种观点,很多在其他城市遇到过雾霾和烟尘问题的专家也得出了相同的结论。从第二次世界大战结束到20世纪50年代中叶,洛杉矶的很多市民不但责怪工业,而且几乎没有感觉到雾霾控制方面的进步。因此,他们对地方政府越来越感到失望和不满。

本章考察早期南加州雾霾治理倡议运动的历史,并且试图利用据以理解和定义这种新现象的资源和传统来解释这场运动的最初特点。20世纪40年代既缺乏对雾霾的权威解释,也没有雾霾控制策略,因此无法充分说明当时的雾霾政治问题。回过头来看,这个时期可被看作现代雾霾认识的前期——当时一般认为所谓的雾霾是由汽车尾气和氧气经过光化学反应产生臭氧然后受大气逆温层影响而生成的。在20世纪50年代中叶之前,光化学雾霾理论的效度一直没有受到质疑,而汽车作为雾霾主要来源的显著性也完全得到认可。简而言之,直到那时,有关雾霾的看法都是推测性的,缺乏合理性,而且也缺少专家权威的主导。此外,在出现雾霾的最初几年里并没有对雾霾问题的道德概念和技术概念做明确的区分。凭着一点几乎不存在的雾霾基本知识,关心这个问题的外行和专家团体通过推测以及凭借设想、以往经验和技能——依靠理解和解决问题的文化传承——做出的假设来阐释雾霾的含义。这些假设有助于同时把雾霾作为社会问题来对待,并且告诉我们谁是雾霾的始作俑者以及合理的解决方法范畴。

笔者认为,洛杉矶市民以及本地和其他地方专家共同体反应的强烈程度和内容取决于雾霾在很多方面影响南加州的生活以及挑战南加州生活秩序的方式。雾霾是一种制度危机(针对雾霾应该做些什么?谁应该对雾霾负责?)、一种道德危机(谁应该受到谴责?是谁造成了雾霾?为什么是我们?)和一种意义危机(雾霾属于哪种性质的东西?——是自然造就的还是人为造成的?生活在哪些地方或者社会里会遇到这样的东西?)。本章第一节将比较详细地讨论本研究的理论框架,从南加州"文化环境"历史的角度去探寻对雾霾做出特定反应的原因。笔者将融合两种调整洛杉矶社会及其污染关系的传统:城市环境改造运动(包括烟尘减排)以及"健康追寻者"运动。[2] 这两种传统可被归入公共卫生运动,而且两者同时代表着外行和专家共同体。不过,健康追寻者运动把很多希望改善自己健康状况的患者带到了美国西南部,并且对本地居民和医生的行为与信念产生了最直接的影响。但这具有明显的讽刺意味,雾霾葬送了南加州最宝贵的东西——有益健康的空气。健康追寻者运动实际影响了个人的身体健康,但作为一种促进雾霾治理的重要因素,彻底颠覆了"南加州是健康乐园"——被认为是一个与众不同的地方(也就是说居住着一个特殊、幸运或者精明的群体)——的集体认同。[3]在介绍了 20 世纪 40 年代洛杉矶的特殊雾霾政治以后,本章将讨论雾霾的"文化背叛"与雾霾政治之间的关系问题。

## 社会秩序混乱与治疗景观

基于洛杉矶雾霾问题辩论的公共卫生运动阐明了身份、污染和健康之间的关系及其对于理解环境健康政治的意义。把雾霾问题乃至对这种现象的认识归结为某些客观危险,往往不能解释社会反应和信念方面的变化。对于雾霾和其他环境健康问题更加充分的关注应该超越某些污染物范围狭窄的重要影响,并且不应该忽视污染对生活方式以及具有历史特定性的社会秩序造成的威胁。因此,不同的社会不但要通过实际恢复环境,而且还要通过恢复社会秩序——团结、信任和合法性——来解决它们面临的污染问题。关于雾霾,令人困惑的主要就是它是内生的——不只是一个人为的问题,而且也由地方因素造成的问题,因此有可能引发意见分歧和社会冲突。用社会理论的术语来说,这种社会冲突是否会发生可作为一个文化边界问题来研究。笔者将在这一节里简要讨论这个理论问题,并且还将通过引入在对这个问题的传统阐述中找不到的物质文化概念来促进环境卫生的文化研究。通过这种方式,笔者就能更好地从理论上阐述地方——特定地点——的社会意义,并且对雾霾进行阐释,但又不囿于难以令人满意的唯物主义或者唯心主义。

对一种新现象的感知和解释必然是一个社会过程,它们都是一些只有加入特定具有自己历史和文化的共同体才可能完成的活动。[4]因此,集体感知往往包括用于了解世界的概念和范畴,并且先于集体反应。论述这个主题的经典社会学文献是埃米尔·涂尔干(Emile Durkheim)在 1915 年完成的神圣和世俗宗教分类研究,但经玛丽·道格拉斯修正后的涂尔干理论可适当地应用于文化分类与环境问题关系研究。在她的不同研究(Douglas, 1966, 1982; Douglas and Wildavsky, 1982)中,道格拉斯把文化分析法运用于对污染看法的研究。在她看来,污染基本上就是一种无序,某种与"概念的系统排序"——文化分类方案——不符的东西(Douglas, 1966:41)。

道格拉斯在她后来的论文《风险与文化》(*Risk and Culture*)中阐述了社会认知这个主题,并且提出了为什么有些风险被感知到,而另一些风险则被忽视这个相关的问题。道格拉斯与威尔达夫斯基(Wildavsky)对他们认为风险是一种"集体建构"(Douglas and Wildavsky,1982:192)的观点进行了概述。因此,就如社会类别分类并不是既定而是建构的那样,自然种类也是社会建构的。从风险评估变得取决于或者相对于某种特定形式的社会组织这个意义上讲,他们俩的观点使风险评估相对化。风险并不是某种个人通过单一的理性思考就能评估的东西(Douglas and Wildavsky,1982:8)。因此,有关风险的选择同样也是一种关于社会类别的选择。

按照这些观点,我们不能指望根据空气污染的实际影响来说明我们所感知到的空气污染危险。这里并没有明确的因果关系,而只有可明确归因于雾霾的结果,如刺眼,并不必然要求给予立刻的注意。[5]此外,在雾霾的背景下,探询因果关系就是问责。并不是每一种污染源都会引起专家和外行污染治理倡议者的关注。为了认识对雾霾实际做出的特定反应,我们必须考察雾霾超越的物质和文化边界。因此,重要的是要在特定的物质和符号环境中查找雾霾的成因。不过,道格拉斯的观点在对健康与地点关系进行理论阐释时也暴露出了它的局限性,因为它主要是用于分析抽象的文化范畴的。想要更加充分地理解空气污染的不同文化维度,最好是采取一种强调空气污染地点和时间特殊性的文化观;换句话说,是一种强调在物质和符号上形塑某个特定地方历史因素之间相互作用关系的文化观。

"治疗景观"(therapeutic landscape)是地理学家维尔伯特·M.盖斯勒(Wilbert M. Gesler)为了整合那些解释"不同背景下的治疗方法"的不同文献而建议采用的一个术语(Gesler,1992:735)。具体而言,除了关注自然界的特定自愈能力外,他还想扩大分析范围,从"新文化地理观"(new cultural geography)中获得灵感,新文化地理观认为"景观由于同时受到自然和人造环境的影响,因此是人类心智和物质环境的共同产物;景观同时反映人类的意图和行为以及社会强加的约束和结构(Gesler,1992:743)。[6]

盖斯勒和其他学者的研究提出了一种研究雾霾问题的文化分析方法。洛杉矶环境本身必须被作为一种物质的人造物,一种人类劳动和文化与自然界相互作用的产物来考虑。雾霾是自然与文化杂交的一个产物。在道格拉斯的论述中,雾霾被视为污染和社会问题,因为它导致了认知混乱,同时又制造了物质混乱。换句话说,社会把某种东西视为某个文化分类体系中的污染物,而且又在历史的特定时刻生成特定种类的废弃物。从中可得到的启示是:雾霾应该被视为人造环境的一部分,被视为一种物质文化,但具有负质量。它是"人类非故意"和知识贫乏的产物。治疗景观思想反映的就是这些把健康与地点联系起来的复杂文化关系和历史。

这一理论框架提供了一种更加充分地把空气污染这个复杂的社会文化和物质问题概念化的方式。环境问题从两个方面来看是人为的问题：它们是从物质和符号两个方面产生的。烟尘和其他废弃物是人类活动的产物，但在没有文化架构的情况下，它们对人类行为而言没有意义，因此其本身也不是问题。笔者用治疗景观概念来反映这种相互作用关系和人类这个行为主体对该问题的完整看法。人类活动把历史、物质文化和象征意义等元素注入景观。[7] 正如文化地理学者和其他学者所建议的那样，景观可被视为人造物：人造物的寓意可能会发生变化，而它们的用途也可能发生变化。因此，景观的文化承载性不会被它的阐释多变性耗尽（如对烟尘的感知，好或者坏），而且还包含嵌入景观本身的物质可能性和不可能性。更加具体地说，美丽和健康并不必然是相互排斥的——美丽的城市也是有益健康的城市。只有把空气污染界定在特定地点，分析者才能全面认识这些抽象的社会价值观与文化信念之间的关系，因为就是在这里，它们才在日常生活中被实例化。这种分析方法在设法理解外行人对环境污染的看法时特别具有价值，因为在他们看来，与环境和环境污染的关系通常是直接、即刻和局部化的，就如那位搬到马德雷来小住的先生在信中叙述的那样。

## 早期的污染治理倡议运动

我们可以通过回顾 19 世纪末 20 世纪初美国公共卫生改革史来更加具体地认识以上从理论上讨论的健康信念、道德与环境之间的关系。基于以下两个原因，我们能够在这个更大的历史背景下更好地理解洛杉矶人对雾霾做出的第一反应。首先，这段历史见证了很多健康追寻者正在放弃城市环境这种（反）治疗景观；其次，它反映了决定专家对空气污染认识的消烟运动的不同组成元素。南加州人对雾霾的感知是经过这些表达了一种清晰可辨的道德愿景的早期经历和治理努力过滤过的。

### 不利于健康的城市：城市环境的道德改造

环境污染主要是与工业化和城市化过程一起出现的：废弃物和污染物种类、人口密度以及美国人的地理观及其污染物在 19 世纪下半叶全都开始呈现出它们的现代特征。[8] 住房常常通风不足，街道成了堆垃圾的地方，供水条件很差,排水沟散发出阵阵臭气(Leavitt,1982:22)。这种环境状况是19世纪中叶美国城市的常态,但是到了19世纪最后几十年,技术精英、中产阶级社团和社会民间组织纷纷发出要求治理污染的呼声。[9]医学理论提供了一种理解污染的最权威工具,从而形塑了公共卫生学家和公民污染治理倡议者的信念。从19世纪40年代开始,瘴气理论——关于污垢和腐烂物质生成致病空气的理论——一直主导着全欧洲和美国关于公共卫生的信念(Fee and Porter,1992:253),但直到19世纪的最后25年,细菌致病理论才渐渐地确立了自己的地位。

卫生改革者分多种不同类别,带头的常常是一些以"城市内务管理"——如城市卫生有时被称为的那样——为事业的妇女组织。对于已经参与卫生改革的中产阶级妇女来说,为了推进卫生改革而努力似乎就是她们承担的家庭责任的自然延伸,也就是家庭边界的扩展(Hoy,1995:72—75;Leavitt,1982:191;Melosi,1981:118—124;Grinder,1980:86)。社会民间组织的这种"道德环保主义"情结——历史学家斯坦利·舒尔茨(Stanley Schultz)就是这样称谓它的——"带来了'如果人们能改变物质环境,那么道德季节(moral seasons)肯定也会发生变化'的信念"(Schultz,1989:113)。与舒尔茨不同,梅洛西(Melosi,1981:32)则认为,提出工程解决方法的卫生工程师精英们从未与民间卫生改革者合作过[10]——一种反映在烟尘和雾霾治理运动中的格局。[11]直到第二次世界大战结束以后,像圣路易斯、匹兹堡和芝加哥这些地方的改革者们才实现了煤烟控制目标。简而言之,20世纪初,烟尘控制的主导前提由健康和美学转变为效率和经济学,而改革运动的中坚力量也由妇女和医生变成了工程师和经济学家(Stradling,1999:136)。[12]

这种组织上的变化同样也涉及社会感知的变化。浓烟滚滚的烟囱没有固定的视觉意义:现代环保运动最负面的标志性形象之一,一旦被赋予正面内涵,现在会是什么样的呢?[13]很多像梅洛西这样的废物处理改革倡议者、中产阶级消烟倡导者必须改变对烟尘的感知。直到20世纪40年代,匹兹堡这个严重依赖煤炭采掘业的城市的政治家和工薪阶层人士仍然把烟尘看作一种受益的符号(Tarr,1996:232)。烟尘治理倡导者们采用类似于卫生改革者们的道德水准,着手开展各种不同的教育和宣传活动以传递他们的烟尘危险感。

关于空气污染的道德信念在改革言语中也是清晰可见,关于这一点,环境历史学家亚当·W.罗梅(Adam W. Rome)利用现有文献进行了仔细论证。"雾霾"是自19世纪末以来随着工业城市的发展而使用越来越频繁的现代环保词汇中的一个词语。雾霾由"烟尘"(smoke)和"雾"(fog)两个词组合而成,首先由19世纪在消烟运动中表现积极的伦敦医生创造,用来指称当时令伦敦人烦恼的烟尘和雾的混合物(Brienes,1975:10)。直到20世纪30年代,罗梅注意到"空气污染物"这个术语以它的现代语义得到了使用,即意指化学排放物和燃烧衍生物。[14]更加一般的术语"污染"在这个时期也被赋予了新的内涵。在罗梅看来,为环境改造而奋斗的中产阶级城市积极分子通常取这个词的宗教意义来指称道德腐败、堕落或者亵渎,只不过很少用它来描述"环境"(Rome,1996:7)。罗梅从道格拉斯的视角出发评论指出,对于某些改革者来说,"污染空气就是违背、威胁社会基本原则"(1996:9)。[15]

## "健康追寻者"与"气候疗法"

那位来信在1946年洛杉矶市长会议上公布于众的小住马德雷镇的先生,并不是把全家搬到南加州希望能过上更好生活的第一人。他的举家搬迁正好赶上了很多个人和家庭迁徙美国西南部的最后阶段——他们被统称为"健康追寻者"(health-seeker)。这场迁徙始于19世纪中叶,并且在19世纪最后10年里达到顶峰。不同的气候或者地方应该能够改善他们健康状况的信念是这次大迁徙的一个重要动因。

健康和环境是两个彼此有一定关系的概念,而19世纪的共识就是一个人所处的环境会影响他的健康状况:不良的社会和物质环境会导致糟糕的健康状况(Schultz,1989;Rosenberg,1992a:chap. 12;Valencius,2000a)。因此,改变一个人的生活环境有时被认为是治疗没有其他有效方法的疾病的唯一方法。医务人员,尤其是那些认同所谓的"医疗气候学"(medical climatology)这个专门领域的医务人员,推动外行人接受了这种信念。雾霾出现的一个讽刺意味就是,吸引病人的气候的美学和治疗特性,特别是有益健康的空气,恰恰遭到了污染。20世纪40年代,人们对雾霾的反应是根据早些时候反映健康、环境和生活质量间复杂、动态关系的历史做出的。理解这种事情发生的关键就是认识居民围绕健康、疾病和污染的看法建构地区认同的方式以及雾霾侵犯这些实际和符号边界的方式。

在美国西南部地区历史学家约翰·E. 鲍尔(John E. Baur,1959)和比利·M. 琼斯(Billy M. Jones,1967)看来,健康追寻者是美国19世纪西部大迁徙的一个重要但常常被忽视的组成部分。19世纪下半叶,像亚利桑那、新墨西哥、科罗拉多和加利福尼亚这样的一级行政区接收了大量的移民,其中最早的移民是为了躲避密西西河流域容易致病的气候条件而来到美国西部的。[16]他们常常被称为"健康追寻者",但有时也会被称为"结核病患者"、"肺痨患者"、"肺结核患者"、"咳嗽者"、"干咳者"、"废人"、"体弱多病者"、"养生专业户"、"哮喘病患者"、"白瘟疫患者"(结核病患者)、"呕吐者"和"行尸走肉"(Jones,1967:44—45)。这些移民往往身患无药可医的重病,尤其是结核病,既因治愈无望而感到绝望又满怀求生的希望。迁徙往往是他们的最后选择(Jones,1967:vii)。在琼斯看来,所谓的"气候疗法"(climatic therapy)就是一种"上天赐给痨病患者的礼物和给医学界带来的福音",它给病人带来慰藉,并且提高了原本组织松散的医生这个职业的声誉。用乔治·M.凯洛格(George M. Kellog)的话来说,有一段时间,"很多大夫自信地(有时完全不加区别地)把他们的病人送到在他们看来是上天'为改良人种'而创造的地方去养病"(Jones,1967:147)。根据这种推理,地方不再是一个抽象的空间,而是一个文明、健康的社会不可分割的组成部分,而且几乎没有一个地方比南加州更能使这些想法成真。

  从19世纪中叶开始,就有评论者承认南加州气候的独特魅力,而南加州的空气质量更是经常被提到的评论热点。19世纪的评论者们常常把南加州的空气说成"纯净",并且还提到——现在仍有人这样做——那里温暖的阳光、宜人的气温和低湿度的空气(Thompson,1972:203)。这个地区环境有益健康的传说在支持者们的大肆渲染下,又在康复度假村不断增多的佐证下,吸引了一大批前来治病疗养的旅游者和移民,特别是患有呼吸道疾病的旅游者和移民(Baur,1959:48)。由于煤炭是洛杉矶——被某些支持者作为"无烟城市"来宣传——不常用的燃料,因此,相对于美国其他地区而言的无烟又增加了这里的魅力。按照琼斯的说法,到了1873年,南加州的一些城镇受到了有益于痨病患者康复的全国性宣传。而在1880年以后,洛杉矶也成了这种宣传的对象:

  "一个之前只有几十个病人在那里苦苦挣扎的小城开始了(它那)善变的发展,最终成了一个'疗养院地带的首都'、南加州病残者康复疗养的皇后城。"

  不管怎样,"数以百计"和"数以千计"被稀里糊涂地认定为体弱多病者的人纷至沓来,帮助这个州的人口在1870～1990年增加了2倍(Jones,1967:102)。

  虽然没有确切的数据可以援引,但是,19世纪70～90年代间移民到加州的人中至少有25%被认为是来寻求健康的(Baur,1959:ix,176)。鲍尔(Baur)表示,健康追寻者运动也正好与19世纪末发起的"美丽城市"运动相契合,不过,美丽城市运动直到20世纪才真正蓬勃发展起来(Baur,1959:38—42)。到了20世纪初,健康追寻者运动又适应了与J.H.凯洛格大夫和基督复临安息日有关的"回归自然"运动及其对健康饮食的重视(Baur,1959:48—50)。

  到了19世纪70年代,健康追寻者运动的领导者们已经觉得洛杉矶这个城市化中心变得不再是病患者心目中理想的疗养胜地,并且开始谋求到周边地区去发展,但又苦于找不到一个比帕萨迪纳(Pasadena)更加适合他们实现治疗乐园理想的地方。有一批从印第安纳州搬来的家庭于 1874 年在这里安家落户。在这里定居的人都对南加州有益健康的气候感兴趣,前一年印第安纳州特别寒冷的冬天又促使那里的居民南迁(Baur,1959:54—55)。定居的确切地点是由帕萨迪纳开埠者之一 D.M.贝里(Berry)根据有利于健康的原则选定的。鲍尔对这个富有灵感的把家重新安在圣盖博山脉南麓的决定做了如下描述:

"1873 年,D.M.贝里被这个移民群体的规划者派来为拟议中的搬迁寻找一个供水充沛、树木茂盛的定居地。贝里因长期患哮喘病,再加上长途旅行而累得精疲力竭,他花了一个晚上在本杰明·S.伊顿(Benjamin S. Eaton)法官位于菲尔奥克斯(Fair Oaks)的大牧场找到了一处正好位于现代帕萨迪纳东北面的农庄。古有杨伯翰(Brigham Young)根据天启把定居地定在他的河谷城市,而今有帕萨迪纳的开埠者们因患哮喘病而选择了这个疗养胜地! 第二天早上,贝里起床,舒展胸膛大声说道:'先生,你可知道,昨夜是 3 年来我能整夜在床上睡安稳觉的第一夜?'通常,夜里他只能坐在椅子上喘气。"(Baur,1959:55)

贝里立刻动笔给印第安纳州那边写信,建议在盖博斯山脉附近建一个疗养院。在以后的 10 年里,帕萨迪纳不断扩大,来这里居住的新移民依然大多是病残者,特别是来自爱荷华这个富饶的农业州的病残者。到了 19 世纪 80 年代,有一个本地人表示"寡妇们拥有了帕萨迪纳,因为她们的病残丈夫都已经在那里病故",而帕萨迪纳的主要街道科罗纳多街常常被叫作"医生街"(Baur,1959:57)。[17]石油的发现以及洛杉矶县的工业化给这个地区带来了巨大的变迁,但过后,这里也经历了经济萧条,之后又爆发了第二次世界大战。不管怎样,帕萨迪纳还是躲过了工业发展的干扰,而这里的居民积极地把它建设成了他们心目中最好的人们享受最好环境的地方(Brienes,1975:3)。

马德雷山附近地区也有类似的疗养胜地起源,并且成为南加州最著名的健康护理中心。1889 年,加州卫生委员会把马德雷镇指定为建设州疗养院的最佳选址,并且使马德雷镇一举成名。到了 19 世纪 90 年代,这里的常住居民大多是健康追寻者,而患有结核病的移民在 20 世纪初继续纷至沓来。蒙罗维亚(Monrovia)是另一个结核病患者的移居目的地。[18]这个地方是在移居到这里的医生的推动下发展起来的。具体而言,1895 年,弗朗西斯·M.波腾格(Francis M. Pottenger)大夫因为其妻子的健康原因举家搬迁到这里。他开设的疗养院当时是南加州第一家也是最成功的疗养院,而且因它先进的方法和高康复率而受到了很大的关注(Baur,1959:60)。值得注意的是,波腾格后来在 20 世纪 40 年代出任洛杉矶县医疗协会雾霾治理委员会主席。

医生们不但建议他们的病人移居美国西南部,很多医生自己也举家西迁,从而进一步促进了一种健康意识文化的诞生。波腾格和其他医生是当时推动病残者移居南加州的大众力量的一分子(Jones,1969:153)。1900年,加州的人均医生人数比美国其他任何州都高(每416个居民就有1名医生,而美国当时的平均水平是655个居民1名医生;洛杉矶城是273个居民1个医生)(Baur,1959:80)。当时快速发展的南加州也逐渐成为一个重要的医疗研究中心。按照鲍尔的说法,"到了19世纪90年代,南加州的医生至少在肺病研究领域远远领先于他们的东部同行""东部同行中很少有人在肺结核病这个领域的著述能够超过弗朗西斯·M.波腾格",或者在慈善事业上能够与沃尔特·贾维斯·巴洛(Walter Jarvis Barlow)媲美(Baur,1959:86)。

健康追寻者运动也同样通过医疗气候学这个新兴的医学专业获得了发展,一群自己也饱受肺结核折磨的医生加入了移民美国西南部的行列,特别是移民到了科罗拉多,并且推动了这个新领域的建设和发展。1873年就有人建议创立一个医疗行业协会,但这个协会直到11年以后才正式成立。执业医生们都觉得病人对医生以及他们无效的药物治疗失去了信心,因此设法对病残者的病情和他们受到的有益气候影响进行分类总结(Jones,1967:129)。琼斯表示,"医疗气候学研究的最重要因素就是空气。即使空气纯净,即湿度不能太高,没有尘埃、花粉之类的东西,医疗气候学家仍认为空气中还应该不含传染性瘴气,可是密西西河流域和美国东部的空气中富含瘴气。海拔和阳光被认为是一种重要的消毒剂,而户外活动则被认为可从大气元素中获得最大的保健价值"(Jones,1967:133)。医疗气候学家们讨论了哪种气候对某种特定疾病最为理想的问题,并且达成了以下共识:山麓小丘有益于痨病患者康复,而沿海地区的气候由于湿度大而不利于痨病患者康复(Jones,1967:141)。[19]虽然医疗气候学研究在加州起步较晚,但最终坚持了下来,并且很快就取得了很多成就,也出了很多研究报告。其中的很多信息很可能是通过口耳相传的方式以及非专业印刷媒体来传播的(Thompson,1971:120)。

虽然气候治疗法取得了所有传说中的成就,而且康复中心行业获得了蓬勃发展,但是,健康追寻者及其支持者们的命运随着微生物理论的兴起而发生了变化。[20]在19世纪90年代的"白色瘟疫恐怖"时期,公众对肺结核病的反应变得越来越负面。结果,肺结核患者非但没有受到加州康复中心业的欢迎,而且由于人们害怕传染而受到了非难(Baur,1959:161—173)。与此同时,由于医疗机构根据微生物理论认为医疗气候学没法做出原因解释,因此,医疗气候学的重要性有所下降。结果,健康追寻者运动逐渐衰退,并且随着美国西南部经济的多样化,在南加州生活中的地位不断下降(Baur,1959:174—176)。按照鲍尔的说法,到了 1900 年,南加州的健康追寻者运动达到了它的顶峰,但后来从未完全消失:"显然,它并没有偃旗息鼓。该运动作为西部人生活中的一个次要因素继续存在"(Baur,1959:178)。南加州著名的温暖气候继续吸引着很多人来这里生活,其中的有些人仍然是由于一般健康原因来这里的。

气候治疗法的笃信者们一直坚持到 20 世纪[21],其中有一名笃信者的观点值得注意,因为后来他成了空气污染问题的医学专家。就在雾霾袭击洛杉矶前的几年里,辛辛那提大学实验医学教授克莱伦斯·A. 米尔斯(Clarence A. Mills)发表了题为《医疗气候学:气候和天气对健康和疾病的影响》(*Climatic and Weather Influences in Health and Disease*,1939)的专题论文。他阐述了自己的核心医学观点:气候通过"改变燃烧率、能量水平、成长和发育速度、感染抵抗力和人体其他许多生命特质"影响人体的基本生理状况(Mills,1939:v)。根据这种观点,人的健康状况因地而异、因个体而异。米尔斯特别把重点放在了体热的丢失上。按照他的说法,体热支配人的生命。在他的研究中,他特别谈到了洛杉矶的气候变化:

"在夏季的几个月里,洛杉矶南部的气候温和宜人,平均温度略高于人体最佳感觉。不管怎样,低湿度在一定程度上降低了炎热的感觉,给人的最终感觉是温和宜人,而全年温差变化适中,不会让人产生单调的感觉。因此,洛杉矶作为康复中心颇受欢迎,特别是受到了进入人生最后数十年的人的欢迎(Mills, 1930:67—68)。"

在他的评述中,米尔斯坚持了那种曾经非常普遍的看法:气候治疗对于"代谢紊乱特别是呼吸道疾病的很多症候和病例"具有意义;而且,"对于医疗界来说,幸运的是,气候治疗对于那些其他治疗方法效果不佳的疾病非常有益"(Mills,1939:220)。因此,他常常善意地推荐有呼吸道问题的人应该考虑搬迁到西南部去居住。此外,他甚至还建议发展一项联邦计划来帮助无力承担费用的"气候残障人士"实施移民。建议的具体内容是,"联邦政府通过其公共卫生服务机构着手为治疗患有气候条件性疾病的患者建立营地或者移居点"(Mills,1939:237)。当然,这项建议没有获得通过。事实上,没过 10 年,洛杉矶地区的医生就提出了内容正好相反的建议:那些有呼吸问题的人应该远离洛杉矶盆地烟雾弥漫、有害健康的空气。

## 声誉不断恶化的洛杉矶:改革者与污染政治

南加州空气纯净的传说于 20 世纪 40 年代不攻自破,并且让位于一些全新的声名狼藉的传说。1940年前后,在洛杉矶市区中心区域工作的人最先抱怨市区不时会出现持续几小时的刺激眼睛和喉咙的烟雾(Brienes,1976:516)。在以后的几年里,远离洛杉矶市区的地方,特别是布班克(Burbank)和帕萨迪纳两地的居民也开始抱怨经常能闻到像漂白剂的涩味,这种气味冲鼻刺眼,还引发咳嗽和嗓子疼。有时,汽车司机会抱怨因眼睛流泪而难以驾驶;临近地区的农场主报告了一种导致作物叶子变色的新型危害;制造商注意到橡胶制品老化在洛杉矶要比在其他地方快。而且,所有的市民都在抱怨,在天气特别恶劣的情况下,低沉的烟雾和气体以及"日光管制"(daylight dimout)状况会导致能见度很低。到了1949年,加利福尼亚评论员凯里·麦克威廉姆斯(Carey McWilliams)写道:"战后洛杉矶未曾遇到过像'雾霾'那样引发如此不安和争论的问题,而且雾霾问题远非现在能够解决"(McWilliams,1999:245)。

这种现象是外行的市民以及掌握一些污染和健康专业知识的市民闻所未闻的。时任洛杉矶县空气污染治理办公室——该地区第一个专门负责空气污染问题的政府机构——主任助理的 I.A.多伊奇(Deutch)详细记录下了当时人们对雾霾的各种不同体验以及对其成因的广泛猜测。他的详尽记录值得我们用一定的篇幅加以援引。多伊奇在他起草的1946~1947年度报告中先是讲述了一些对于"那些自称是空气污染问题专家的人以及那些渴望了解哪怕是不完整的限制空气污染袭击的应急方案的人"具有警示意义的故事。他重新讲述了很多读者都熟悉的盲人摸象的故事,他讲这个故事的用意是,"每一个关心空气污染问题的市民都可能会根据自己接触到的一小部分去评价当地空气污染问题的全貌"(LACAPCD,1947:i)。因此,雾霾对于个人来说具有很多含义:

"家里房间的墙面在一夜之间变黑的市民会认为'雾霾'就是与含铅油漆发生反应的烟雾;在洛杉矶盆地常见的黑色炫目雾幕下遇到降落困难的飞行员会把低能见度阻碍降落归咎于'雾霾'中的人为成分;凌晨3:00被一股刺鼻的蒜味似的气味熏醒的山城居民会谴责向大气中排放硫醇的炼油厂;来市中心购物的人因眼睛红肿、不停流泪而赌咒排放催泪物质的污染源;房产位于垃圾焚化炉附近的业主会把雾霾说成是令人讨厌的烟雾、干扰睡眠的气味以及拥挤的都市区不顾他人和不负责任的垃圾处理方式导致的灰烬和尘垢;而在高速公路上行驶、被汽车尾气的烟雾迷了眼的司机则会责怪在这种类型的车辆上理应安装空气净化器"(LACAPCD,1947:i)。

多伊奇对于洛杉矶市民对雾霾的一般认识状况的描述强调了所存在的基本不确定性、不同人群归咎于他们直接感受到的污染源的倾向以及全部用来从概念上界定问题的背景假设——表现为多重假设。

在进一步描述 20 世纪 40 年代人们对雾霾的初始反应时,笔者专注于讲述一系列证明外行人和空气污染治理专家事前(但以市民活跃分子为例)以及事后(根据光化学反应研究发现进行控制政策合理化)对雾霾问题提出假设的有趣事件。笔者无意对空气污染政治做出全面的阐释,而是想继续剖析形塑洛杉矶市、县政治家,直言不讳的居民和公共卫生专家采取社会行动的文化资源。笔者要在这里做的第一件事就是介绍最初控制洛杉矶市区附近一家制造厂生产活动的重点;[22]第二件事是着重分析很多空气污染治理问题专家(和外行人)所关注的烟尘和其他肉眼看得见的排放物。前一件事反映了市民改革者们一种高度稳定的观点:工业是空气污染的罪魁祸首;而后一件事则反映了形塑专家意见的工程文化。其余部分的讨论追溯截止到 20 世纪 50 年代的相关历史,以考察由历史上严重的 1954 年 10 月雾霾事件导致的政治动乱以及地方官员试图控制民居后院垃圾焚化炉而做出的有争议的努力。

## 公共烟雾:橡胶厂引发的争论

1943 年 7 月,洛杉矶市区一场持续多天的刺激性雾霾引起了居民和地方政府的注意。虽然这一事件标志着一场具有历史意义的反空气污染斗争的开始,但是,这种现象本身对于公共卫生官员来说并非是什么全新的现象。洛杉矶城市卫生局下属的工业卫生处早在 1940 年 7 月就对洛杉矶市区有人投诉眼睛受刺激、嗓子不适的问题进行过调查。[23] 1942 年 9 月 21 日又发生了被地方卫生官员称为"空气状况异常"的事件。当时,问题显然已经不只局限于市区中心区域。洛杉矶市政官员把工业卫生手段应用于居民区,尽其所能开始了对洛杉矶空气的盘点式调查。当时洛杉矶呈现出一派被战时生产大大改变了的景象——城市支持者们骄傲地认为这是一种"工厂烟囱浓烟滚滚的新气象"(Brienes,1976:517—518)。[24]

1943 年 7 月持续多日的"气体泄漏"事件发生以后,公众怨声载道,洛杉矶市议会于是命令市卫生官对"大气状况异常"进行调查。这一特殊事件开始发生在无轨电车工人罢工期间,因此并没有引起注意。但是,雾霾状况一直延续到罢工结束以后,从而导致大家都认为汽车可能不是这一事件的污染源(Brienes,1976:515)。就如布里厄内斯(Brienes)所描述的那样:

"卫生官员们聪明地认为,这个问题已经潜伏多年,不存在任何神奇的无痛方法来解决这个问题。但是,现在还很难想象。公众和政府官员已经确定了一个臭名昭著的总污染肇事者。在市区,阿里索街上那家冒着烟的生产丁二烯的工厂好像是最早威胁到了居民生活。反雾霾的战斗就是在那里打响的(Brienes,1976:518)。"

一度,公众的注意力主要转向了这家最近配合战时需要努力转产合成橡胶配料(丁二烯)的工厂。这家工厂烟雾散发的气味和刺激物是频繁投诉的一个根源,但是,居民们被告知还需要忍耐,因为战时生产需要丁二烯。投诉的起因是停在这家工厂附近的汽车油漆起泡。工人被告知,由于工厂散发烟雾他们将丢掉工作,附近的县总医院肺结核病房能闻到的刺激气味特别难处理。圣盖博山脚下艾塔迪娜(Altadena)和帕萨迪纳的业主意见特别大,他们纷纷表达了自己对工厂烟雾引发的健康问题的担心。公共卫生专家与居民们看法一致,认定这家工厂是"明确的健康威胁",尽管这家工厂并不是专家们关注的焦点(Brienes,1976:518—521)。

在接下来的几个月里,污染治理技术的应用、减产努力和一些工厂的暂时关闭并没有减少污染投诉。拥有那家污染工厂的煤气公司辩解说,这家工厂的营运为战时努力所必需,烟雾并不有害。然而,市长和市议会正式提议起诉煤气公司。对立双方达成了妥协,最终法院下达了长时间关停污染工厂的判决,并且要求安装更多的污染治理设备。工厂在12月恢复生产以后没有立刻听到投诉。帕萨迪纳的一些居民觉得"第二个匹兹堡得以幸免",但是,公共卫生官员们并没有那么胸有成竹,并且认定生产丁二烯的工厂仅仅造成了"一般烟雾污染状况"的一部分。调查期间,他们在处于上风头的工厂也发现了刺激眼睛的物质,有时距离几十英里以外的地方也有类似的报告(Brienes,1976:521—527)。不管怎样,争论暂时告一段落。

布里厄内斯注意到对污染的回应模式已经变得更加完善。唯一的罪魁祸首被发现以后,新的空气污染问题就变得更加容易理解和控制。此外,减排采用了简单的常识性方法。但是,布里厄内斯认为,污染治理技术的直接可用性"纯属巧合",并且有助于支持那种认为污染治理并不需要新发展的观点。最后,社区的追责和惩罚能力也没有被忽视。那家生产丁二烯的工厂由于位于社区之外,因此得以存续下来,而华盛顿的战时努力对此也负有责任(Brienes,1976:526—529)。

## 如何控制看得见的污染源

关于那家生产丁二烯的工厂的争论并没有导致直接的集体响应,但是,当雾霾在随后一年卷土重来时,一度暂停活动的艾塔迪娜业主联盟(Altadena

Property Owner's League)再次鼓动并第一次参与了有组织的活动。该联盟招募了尽可能多的盟友,努力推进针对位于埃尔塞贡多(El Segundo)的标准石油公司炼油厂和通用化工厂制定的规则和采取的措施的实施。通过采取请愿和诉诸法律等行动,他们引起了县议会的注意。虽然该联盟在决定政策方面没有扮演任何角色,但在1944年9月成功地游说县立法者们通过了一项法令。他们的行动取得的一个结果就是组建一个烟尘和烟气消除委员会,但在布里厄内斯看来,这是一个相对比较软弱的机构。他表示"(烟尘和烟气消除)委员会由于没有得到县当局的支持,再加上其科学家成员的技术取向以及主任有争议的不当身份,结果成了10年失败的典型代表"(Brienes,1975:79)。烟尘和烟气消除委员会采取一种渐进观,强调研究与自愿合作。不管怎样,艾塔迪娜业主联盟坚持认为雾霾是一种公害,这一点不必再研究。他们建议直接针对大肆排放的工业污染源立刻采取行动(Nrienes,1075:83)。

没过多久,雾霾问题死灰复燃,公众再次要求采取行动。1946年,《洛杉矶时报》(Los Angeles Times)总编在其夫人[25]的鼓励下邀请一名全国公认的空气污染问题专家来帮助洛杉矶市民。雷蒙·塔克(Raymond Tucker)是圣路易斯大学的工程学教授,并且被认为有助于促进洛杉矶城通过颁布燃煤管制条例来解决空气污染问题。他对问题进行了调查,他的建议于1947年1月非常醒目地发表在《洛杉矶时报》的头版上,并且以"塔克报告"的单行本形式大量再版发行(Trucker,1947)。他注意到了过去5年洛杉矶地区的人口增长和85%的工业增幅,他以有点过分简单化的方式盘点了烟囱数量,并且认为雾霾问题至少部分是由该地区的居民住宅后院垃圾焚化炉、炼油厂和其他工业企业等污染源大量排放的烟尘造成的。他还特别提到了汽车不可能是唯一的原因(Krier and Ursin,1977:58—59)。很多人相信适当的烟尘控制法令和污染治理策略能够迅速解决雾霾问题。总之,尽管塔克报告广泛谈及有关的污染源,但仍继续把注意力聚焦于工业污染源以及排放可见烟尘的污染源。

当时主导政治决策的观点是工业烟尘和其他可见排放物是造成雾霾的根源,也是政治上最能接受的控制对象。洛杉矶县空气污染控制区(Air Pollution Control District)的第一任主任在地方空气污染治理机构内部对塔克报告所反映的立场进行了进一步的制度化。此外,洛杉矶的市民改革者们基于这些信念与本地企业结盟,如亨廷顿酒店的斯蒂芬·罗伊斯(Stephen Royce)以及《洛杉矶时报》的多萝西·钱德勒(Doroth Chandler)和诺曼·钱德勒(Norman Chandler)之间结成的联盟(Dewey,2000:87)。

雾霾形成的简单模式观与复杂模式观之争后来又死灰复燃(20世纪40年

代末,加州议会正式审议了相关政策)。不管怎样,值得一提的是,有些公共卫生官员对这个问题持一种更加复杂的观点。洛杉矶县空气污染控制区的前身空气污染治理办公室于1945～1946财政年度初成立,医学博士罗伊·O.吉尔伯特(Roy O. Gilbert)被任命为办公室主任。他在致洛杉矶县议会的文函中指出,仿照东部城市通过烟尘和烟气控制法令来促进消除刺眼物和减少可见排放物主要目标的实现。然而,"降低能见度的烟幕与眼睛流泪的困扰"是两个不同的问题(是不同污染源造成的问题),而后者为洛杉矶盆地"特有"。"普通公众"都同时遭遇了这两个问题的困扰,从而得出了过于简单化的结论:两者相关,消除可见污染物就能解决刺眼问题。但是,吉尔伯特博士表示,空气污染治理办公室认为"降低能见度的'空气中尘埃'"之所以必须迅速消除,"仅仅是因为社区居民不想看到这种邪恶"。此外,他还指出,虽然有解决能见度问题的现成方法,但这些方法没有一个能够解决刺激眼睛的问题。"尽管有很多障碍阻碍了像空气污染治理办公室这样的公共机构开展纯理论研究",但他领导的办公室仍将对这个问题进行研究(LACAPCD,1947:n.p.)。

## 地方政治日臻成熟:1964年10月的洛杉矶雾霾袭击

1950～1955年这个时期是洛杉矶空气污染政治经历的最动荡时期(Brienes,1975)。雾霾的成因难以确定,尤其是缺乏有关雾霾对健康影响的知识,导致洛杉矶居民极度焦虑不安。这种焦虑情绪在山城社区中产阶级市民中间表现得非常突出。当这种焦虑情绪与持续1周以上的严重雾霾和政治选举联系在一起时,公众的愤怒就达到了一个历史性水平。

1954年10月中旬,一场持续时间比通常长的严重雾霾笼罩洛杉矶盆地久久不散。到了第九天,《纽约时报》报道称这是一场"令人窒息、导致眼睛干涩的雾霾",并且又补充说"向医院咨询治疗干眼症方法的电话都打爆了。在附近的帕萨迪纳,克拉伦斯·温德尔(Clarence Winder)市长呼吁公众祈祷'主啊,救救我们,让我们脱离灾难',而洛杉矶市议会送来了防毒面具,这说明雾霾甚至进入了议会的会议厅"(《纽约时报》,1954年10月16日)。这场雾霾确实非常严重,但它正好出现在11月份的州长选举之前,因此引起了格外的注意。当地媒体把1个窒息身亡的10岁女孩的死亡归咎于这场雾霾,从而使这场雾霾成了全国性新闻。加州州长古德温·奈特(Goodwin Knight)不得不暂停他的连任竞选活动去处理洛杉矶县日益加剧的动荡局面——在这之前,他一直把这作为一个不属于他管的地方问题来看待。

帕萨迪纳的市民被洛杉矶县的官员所激怒,他们认为这些官员没有完全依法监管工业污染,并且要求州长动用紧急状况处置权来控制局面。雾霾持续不散,抗议活动仍在继续,并且以在帕萨迪纳市政大剧院前举行的有 4 500 名居民参加的有组织示威达到了顶峰。市民反雾霾行动委员会联席主席的讲话威胁到了地方当局的工作,示威群众中有人在谴责洛杉矶县空气污染控制区主任戈顿·拉森(Gordon Larson)时拉开了一幅上面写着"辞职"两字的横幅,他们要求立刻采取行动,而不想当雾霾效应的"白鼠"(即试验品)和"反斗鸭"(被欺骗对象)。那天,"一群把自己称作'烟雾泪人'(迪士尼恶搞剧《孩童世界》中的人物)的帕萨迪纳家庭主妇戴着口罩和佩着标志示威经过帕萨迪纳市中心"时,戏剧性的抗议活动仍在继续(Dewey,2000:93—94;《洛杉矶时报》,1954 年 10 月 15 日:1,3)。几天前,一个高地公园乐观者俱乐部在他们的集会上也都戴上了口罩,并且举着一块上面写着"为什么要等到 1955 年,我们可能活不到那时候"的牌子(《洛杉矶时报》,1954 年 10 月 15 日:1,3)。

《洛杉矶时报》也刊登了各种讲述雾霾破坏性影响的故事,其中有一个就是反映老师维持课堂秩序有多难的故事,因为班里的学生因空气状况而焦躁不安(《洛杉矶时报》,1954 年 10 月 16 日)。在另一个故事中,他们报道称,1 个 13 岁的男孩,据给他治病的医生说,因为雾霾,眼睛肿得快睁不开了(《洛杉矶时报》,1954 年 10 月 17 日)。雾霾就如政治压力一样,一直持续到接下来的一个星期。为了回应愤怒的帕萨迪纳居民的要求,奈特州长试图通过暂时关闭炼油厂的方式来"检测"工业对雾霾问题到底应该负多大责任(《洛杉矶时报》,1954 年 10 月 23 日)。[26]就在这个时候,《洛杉矶时报》发表第二篇社论呼吁公众做出较不"歇斯底里"的回应(《洛杉矶时报》,1954 年 10 月 23 日)。在这次政治动荡中,《洛杉矶时报》与奈特州长一样,也试图把雾霾问题界定为"科技问题",而不是法律问题。

居民的抗议对空气污染政治产生了一些重要的影响。虽然州长没有宣布进入紧急状态,卫生专家也支持州长,他们通过传递雾霾对健康不构成即刻危险的信息来平息公众,但州长还是不得不承认雾霾是一个"全州性"问题。于是,一个大陪审团着手开始了一项针对洛杉矶县空气污染控制区工作的调查,这项调查主要聚焦于应急预警系统缺失问题,结果对戈顿·拉森做出了降职处理的决定(《洛杉矶时报》,1954 年 10 月 27 日)。1955 年,洛杉矶县空气污染控制区建立了第一个空气污染应急预警系统。另一个更重要的结果是给予居民在住宅后院焚烧垃圾问题以应有的关注。当时,洛杉矶县没有实行强制性垃圾收集制度,许多居民用焚烧炉自己处理垃圾。洛杉矶县空气污染控制区一直致力于禁止使用垃圾焚烧炉,但是,他们遇到了一些政治障碍,因为有些居民认为这项政策侵犯了他们的自由。[27] 到了 1957 年,洛杉矶县终于实际禁止使用垃圾焚烧炉。

这一事件改变了洛杉矶县空气污染控制区领导人的思路,从而导致了对控制区机构的全面重组:"为了实现全体居民关于控制洛杉矶盆地空气污染问题的愿望,新一届政府对空气污染控制区管理机构进行了全面重组(LACAPCD,1955:6)。新的控制区主任 S. 史密斯·格里斯沃尔德(S. Smith Griswold)非常重视控制区的公关工作。他明白,没有公众的支持,就根本不可能制定和执行任何空气污染控制计划。因此,他把大量的资源投入到贯穿 20 世纪 50 年代下半期的公众教育活动以及更加引起公众关注的巡视和计划执行工作。洛杉矶县空气污染控制区编制了一份非常易读、醒目的 1954～1955 年度报告,报告宣布了控制区实施的主要变革。例如,报告自豪地展示了外观很像警车的新巡视车,并且还配上了夜间巡视车在有污染危险的工厂周边巡逻的照片("控制区巡视车的巡逻作为执法部门 24 小时监视常规职责的一部分")。图表还显示,控制区的工作人员急剧增加(从 1954 年的 196 人增加到了 1955 年的 356 人),根据一些已经发布的引用数据(从 1954 年的大约 300 人增加到 1955 年的 1 200 人),巡视次数、开支和排放许可申请次数也都大幅增加((LACAPCD,1955:6—7)。到了 20 世纪 50 年代末,公众的很多抗议活动已经偃旗息鼓。帕萨迪纳当地最活跃的组织之一、当地商会的反污染委员会,参加抗议活动越来越少。不过,之前商会理事会也只是偶然遇到这种问题而已(Brienes,1975:264)。

## 结论:"如何跨越雾霾屏障"

紧接着,20 世纪 50 年代中期发生的政治动荡——以及对雾霾科学认识的加深——之后,洛杉矶县空气污染控制区开始了一项重要的公关活动。1957 年下半年,洛杉矶当地报纸发表了一系列科普文章,后来又以《如何跨越雾霾屏障:南加州反空气污染斗争纪实》(Crossing the Smog Barrier: A Factual Account of Southern California's Fight against Air Pollution)为名结集出版了一本集子(LACAPCD,1957)。这个书名反映了这样一种信念:洛杉矶和其他城市的发展使得当地的空气达到了"污染问题变得显而易见"的程度——"雾霾屏障"或者阈值已经跨越(LACAPCD,1957:1)。虽然有一条头版新闻直截了当地说"天气原因导致了雾霾袭击",但是,通过本章的讨论,我们能够明白大气的稀释能力早已被超越:雾霾也同样逾越了文化界限,并且扰乱了一种业已存在的生活方式。此外,除了战争年代以外,雾霾造成的破坏并不非常严重。再说,战争年代遭受的很多破坏作为战时努力必须付出的代价被容忍和接受。只有一些特定社区遇到了环境问题,如雾霾变得"明显",因此,对雾霾的感知以及雾霾作为社会问题的地位都没有被当作理所当然的事。

即使对于那些没有直接遇到诸如哮喘病发作等健康问题的居民来说,雾霾也被认为破坏了南加州居民的一个重要根基——有益健康的环境。当地环境及其先赋品质对于当地社区居民尤其是圣盖博山区居民来说,可谓是至关重要。空气纯净、阳光充沛的地方是宜居的好地方,好地方就有好人家来居住。鉴于山城社区有悠久的健康追寻者运动历史,因此,他们对雾霾的反应会如此强烈、如此有组织,并不令人感到奇怪。

想要认识雾霾的严重性以及应对雾霾的方法,我们必须明白空气污染能够扰乱社会秩序和自然秩序。公众尤其是像帕萨迪纳这样的地方的居民之所以对雾霾做出如此强烈的反应,并且质疑把雾霾作为一种暂时性烦恼、麻烦事、为战时努力或者经济增长需承担的可容忍代价,部分原因就是雾霾的种种表现使他们觉得应该把它归入一个对于他们来说更加重要的范畴:雾霾威胁到了居民的生命安全,负面改变了他们高度重视的环境的意义。此外,反雾霾行动的参与者们不但明白雾霾和污染治理的技术复杂性,而且还认识到了技术问题所导致的道德复杂性。那么,如何问责呢?如何证明雾霾的成因呢?当时,这些问题并没有得到令人满意的回答,于是就有人开始寻找适当的语言和概念框架来表述、认识和补救自己的家园发生的种种变化和他们对南加州美好未来已经破灭的希望。

如果我们用另一种方式来表达雾霾的社会学意蕴,那么,环境问题就不是自己产生的。从两个方面看,雾霾是一个"人为"问题。首先,人类活动,特别是燃料消费,实际产生了雾霾——一种工业社会的垃圾。其次,对雾霾的阐释是建构的:雾霾的含义是什么?认识雾霾有哪些意义?所以说,雾霾不但会改变景观,而且还会改变景观的含义。科学家、光化学雾霾反应的发现者阿里·哈根—斯米特(Arie Haagen-Smit)就已经认识到了这个问题,他曾经表示:"老口号'繁荣用冒烟的烟囱数来衡量'不再正确。现如今,繁荣可用厂房顶上样子奇怪的球形容器的数量来衡量。这些球形容器是用来收集烟尘和烟气的,并且表明这些工厂所在社区及其工业发展已经达到了一种不允许违规排放殃及他人财产的生活和社会意识水平"(1958:869)。

雾霾同样也打破了先前控制空气污染的专家知识传统。烟尘污染范围较小,容易找到特定的污染实体,并且能够确定具体来自于何处。最初,人们以为雾霾是一个限于周围工业排放的烟尘问题。然而,烟囱里冒出来的黑色物质似乎并不能充分解释雾霾现象。雾霾危机还应该归因于缺乏应对和解决这个问题的能力。现有机构无法解决这个问题,甚或还不能明确显示成功的迹象。关于雾霾,最令人恐惧和焦虑不安的并不是关于雾霾已经知道的东西(刺激眼睛、降低能见度),而是未知的东西(甚至还不知雾霾可能造成的危害)。在看不见的东西变得可看见之前,公众的恐惧心理不可能平静下来。

从另一个方面看,回应雾霾的另一个重要因素就是所谓的污染理论,因为它会对公众产生影响。伦敦、圣路易斯和匹茨堡等城市相当成功的雾霾治理努力有助于公众认识南加州的雾霾问题。就像塔克报告所指出的那样,空气污染有几个定义性特征。首先,空气污染是肉眼看得见的。其次,污染物含量越高,涉及的问题就越多。空气污染物直接排入大气,因此,其影响可追溯到排放物中含有的特定复合物。最后,空气污染是工业活动的产物。当空气污染问题涉及居民垃圾焚烧炉和汽车时,有些中产阶级居民就迁怒于地方官员的行为,因为在他们看来,污染企业需要控制或者完全搬出居民区是一个常识性问题。在他们眼里,他们自己的行为,从某种意义上讲,不属于污染范畴。

然而,即使在雾霾被认定为工业和交通的产物以后,造成这个问题的罪魁祸首仍可被归结为自然条件、洛杉矶不幸的地理条件;或者,城市化和工业化可以被视为造成雾霾的原因。从这个意义上讲,造成雾霾的物理因素不能与它的社会因素相分离(Smith,1989)。特定的天气条件和燃料使用一同促成了雾霾现象,因此没有一种固有的方法能够确定某种影响因素比其他影响因素起到了更大的作用。有争议的雾霾政治可以用超越传统范畴的方法来解释,并且正在成为一个表达相互对立的社会愿景的领域。

• 注释:

[1]信写于 1946 年 5 月 4 日,Ed Ainsworth Collection (UCLA Special Collections,♯405)。安森·福特(Anson Ford)可能一直是最关心雾霾问题的民选官员之一。

[2]只对消烟运动做了简短的讨论,因为在这本文集中有很多文章探讨了这个问题。

[3]南加州居民把它看作一个特殊地方的一个相关原因,因为这里既没有传统的城市也没有传统的农村——洛杉矶是一个城市花园。关于加州的这种例外论身份的讨论,请参阅 McWilliams(1973)和 Garcia (2001)。

[4]Thomas Kuhn(1970) 的"The Structure of Scientific Revolutions"是考察这

个领域科学现象的经典文献之一。

[5]20世纪40年代出现的雾霾是一个意外事件,并且没有得到明确的定义,而由雾霾发生表面上的随机性和不确定性造成的普遍恐惧和不安导致人们呼吁加以治理。医学历史学家查尔斯·罗森伯格(Charles Rosenberg)曾经指出,这是流行病的一般特点:"感知意味着需要解释。流行病流行期间的情况就是如此,恐惧和不安产生了一种对了解和安抚的迫切需要"(Rosenberg,1992a:293—294)。雾霾现象虽然没有传染性,也没有导致大量的死亡病例,但仍具有一些与流行病一样的特性:这种现象亟待命名,并迫切需要说明它的成因。

[6]钱德拉·穆克里吉(Chandra Mukerji)争辩提出了一种相关观点:社会活动的协调不但来源于认知世界的顺序,而且来源于社会行为主体所进行的物质实践。社会关系嵌入于物理客体,从而创造了物质文化,而物质文化又在时间和空间上扩展了社会契约,并且超越了面对面的互动(Mukerji,1994:145)。

[7]就个人的目的而言,笔者想考察个人和群体关于健康和疾病与其他历史因素在形塑南加州景观方面相互影响这个问题赋予地点意义的方式。此外,社会学家道格拉斯·麦克亚当(Douglas McAdam)已经指出,空间和既往史在社会运动文献中是两个"不发声的因素"(太平洋地区社会学协会旧金山年会论文,1998年4月)。通过介绍一个特定地方一个相当长的时期的历史,本案例研究同时填补了空间和既往史两个空白。20世纪40年代的雾霾治理改革者运动是建立在当地景观与之前的健康运动间的先前关系上的。先前的健康运动可以直接地被认为是由一些医生积极参加的始于40年代的健康追寻者运动和空气污染治理改革的延续。

[8]关于工业化和污染,请参阅 Melosi(1980:18);关于19世纪城市条件变化导致的社会危机,请参阅 Fee 和 Porter(1992:254)。这些情况并不是美国和英国特有的,英国工业化较早,因此常被作为美国回应空气污染的榜样(Fee and Porter,1992:274;Melosi,1981:12—14;Tarr,1996:11)。

[9]关于19世纪末由改革者发起的不断升级的反"公害"抗议,请参阅 Melosi(1980:18)。

[10]这并不是说卫生工程师没有职业道德观。事实上,"civil engineer"就意味着这样一种观念。请参阅 Melosi(1981:92)。

[11]本书的很多论文都是讨论这个问题的,包括普拉特、古格里奥塔和莫斯利的论文。

[12]斯特拉德林(Stradling)对美国消烟历史的详细介绍显示了卫生和工程视角的动态演化状况,就如同其他城市环境治理改革运动那样。他认为,消烟运动与进步运动提高了工程师——他们把烟尘看作低效利用自然资源的产物——在美国社会的地位(Stradling,1999:108)。

[13]关于美国中西部的改革运动,请参阅 Grinder(1980:85)。

[14]在这之前,这个词是指被认为受到产生"浊气"、"阴沟臭气"、"排泄物散发的臭气"、"有毒气味"、"刺鼻的臭气"和"臭气污染"的有机废弃物污染的空气。现在所说的空气污染通常是指"烟害",也指"烟尘问题""烟魔",或者有时还指"烟疫"或"有毒水气"(Rome,1996:6)。

[15]"污染"一词的现代用法一直到19世纪70年前后才首次出现。但是,卫生改革者们,如"公共卫生官员、工程师、户外运动爱好者"都用它来指水污染(Rome,1996:10)。伞状术语"环保主义"和"环保运动"现在虽然非常流行,但在1970年前后还不是很流行或者还不具有很大的意义。

[16]1848~1849年间密西西比河流域发生了一次严重的霍乱疫情(Baur,1959:3)。关于美国西部定居者采用健康和地点概念的历史,请参阅 Valencius(2000b)。

[17]但直到1895年那里才真正建造医院。

[18]圣地亚哥也是受健康追寻者欢迎的目的地之一。圣地亚哥新城的益格鲁促进者和开发者阿朗佐·霍顿(Alonzo Horton)就是由给他治病的大夫劝说到这个地区来的[《私人书信》,2000年5月,威斯康星大学社会学助理教授珍妮弗·乔丹(Jennifer Jordan),密尔沃基]。著名的卡罗拉多大酒店最初也是一个康复中心(Baur,19590)。

[19]"尽管存在种种缺陷,但是,南加州沿海城镇到处都是气喘呼呼的痨病患者,而且,他们中的多数人好像都令人满意地获得了康复"(Jones,1967:141)。

[20]德国科学家罗伯特·科赫(Robert Koch)在1882年宣布了他分离出结核杆菌的成就(Baur,1959:155)。

[21]研究加利福尼亚史的历史学家肯尼斯·汤普森(Kenneth Thompson)指出,对气候学的信仰在这个地区经久不衰,因为它很适合这个地区,而且看上去也很有道理:"它似乎可用当地的公益条件以及很多人生病和治愈的案例来解释"(Thompson,1971:125)。

[22]这一节特地大量引用了布里厄内斯的研究成果,他的研究进行了比较充分、详细的分析。

[23]布里厄内斯援引市府官员的档案材料写道:"他们发现了一些'氨、甲醛、丙烯醛、乙酸、硫酸、二氧化硫、硫化氢、硫醇、盐酸、氢氟酸、氯、硝酸、碳酰氯和某些已知的刺激性有机粉尘',从鱼罐头厂到炼油厂这些物质的排放源都应该对污染负责"(1976:517)。

[24]这里正在建造更多、更大的重工业企业制造橡胶、有色金属、机械设备和化工产品(Brienes,1976:517)。

[25]据斯科特·汉密尔顿·杜威(Scott Hamilton Dewey)介绍,多萝西·钱德勒一天驾车从东部一个空气比较清洁的地区来到洛杉矶,因洛杉矶的空气污染而感到震惊。她立刻赶到她丈夫的办公室,对她丈夫说"必须做些什么"。她的丈夫诺曼·钱德勒就派记者埃德·安斯沃思(Ed Ainsworth)去做雾霾问题的报道并协调雾霾问题宣传的任务。安斯沃思充当了市民与洛杉矶市和县之间联络员的角色(Dewey,2000:87—88)。

[26]这一要求与多伊奇10年前提出的要求遥相呼应。多伊奇当年希望颁布一项汽车试验禁令,以观察汽车是不是造成污染问题的部分原因。他因提出这个要求而遭到了很多人的嘲笑,而且因这件事而被免职。但是,就像布里厄内斯指出的那样,"居民特别是山区居民坚持他们对炼油厂成见的那股韧劲,成为污染治理运动必须面对的重要事实"(Brienes,1975:226)。

[27]20世纪50年代中期,民居后院的焚烧炉要处理250万居民(大约占洛杉矶县一半人口)的垃圾。布里厄内斯指出:"垃圾焚烧炉关系到很多洛杉矶人,禁止使用垃圾焚烧炉好像就会剥夺美国人的部分自由,或者就是用昂贵、自私的官僚制取代一种简单有效的方法。"垃圾焚烧炉对于一个正在成长的城市来说也同样是一件大事。一个反对垃圾焚烧炉禁令的人实际上正驾驶着自己的飞机带着哈根—斯米特(Haagen-Smit)观察工业烟雾的飘移走向。哈根—斯米特相信工业烟雾是雾霾的成因,但是,戈顿·拉森不接受采用这种不科学方法取得的证据(Brienes,1975:229—230)。关于垃圾焚烧炉禁令政治的讨论,请参阅 Dewey(2000:96—97)。

• 参考文献:

Baur,John E.1959.The Health Seekers of Southern California,1870—1900.San Marino,Calif.:Huntington Library.

Bottles,Scott L.1987.*Los Angeles and the Automobile: The Making of the Modern City*.Berkeley:University of California Press.

Bowler,Catherine,and Peter Brimblecombe.1992.Archives and Air Pollution History.*Journal of the Society of Archivists* 13(2):136—142.

Brienes,Marvin.1975.The Fight Against Smog in Los Angeles,1943—1957.A doctoral dissertation prepared for the Department of History,University of California,Davis.

———.1976.Smog Comes to Los Angeles.*Southern California Quarterly*:515—532.

Brimblecombe,Peter.1987.*The Big Smoke: A History of Air Pollution in London since Medieval Times*.New York:Methuen.

Brimblecombe, Peter, and Christian Pfsiter, eds. 1990. *The Silent Countdown : Essays in European Environmental History*. New York : Springer-Verlag.

Clapp, Brian William. 1994. *An Environmental History of Britain since the Industrial Revolution*. New York : Longman.

Cohn, Morris M., and Dwight F. Metzler. 1973. The Pollution Fighters : A History of Environmental Engineering in New York State. New York : New York State Department of Health.

Corn, Jacqueline Karnell. 1989. *Environment and Health in Nineteenth Century America : Two Case Studies*. New York : Peter Lang.

Dewey, Scott Hamilton. 2000. *Don't Breathe the Air : Air Pollution and U.S. Environmental Politics, 1945 — 1970*. College Station, Tex. : Texas A&M University Press.

Douglas, Mary. 1966. *Purity and Danger : An Analysis of the Concepts of Pollution and Taboo*. London : Routledge and Kegan Paul.

———. 1982. Environments at Risk. pp. 260 — 275 in *Science in Context : Readings in the Sociology of Science*, edited by Barry Barnes and David Edge. Cambridge, Mass. : MIT Press.

Douglas, Mary, and Aaron Wildavsky. 1982. *Risk and Culture : An Essay on the Selection of Technological and Environmental Dangers*. Berkeley : University of California Press.

Durkheim, Emile. 1915. *The Elementary Forms of Religious Life*. Translated by Joseph W. Swain. New York : Free Press.

Epstein, Steven. 1996. *Impure Science : AIDS, Activism, and the Politics of Knowledge*. Berkeley : University of California Press.

Fee, Elizabeth, and Dorothy Porter. 1992. Public Health, Preventative Medicine and Professionalization : England and America in the Nineteenth Century. pp. 249 — 275 in *Medicine in Society : Historical Essays*, edited by Andrew Wear. New York : Cambridge University Press.

Flick, Carlos. 1980. The Movement for Smoke Abatement in Nineteenth-Century Britain. *Technology and Culture* 21 (1) : 29 — 50.

Fogelson, Robert. 1993[1967]. *Los Angeles : The Fragmented Metropolis, 1850 — 1930*. Berkeley : University of California Press.

Garcia, Matt. 2001. *A World of Its Own: Race, Labor, and Citrus in the Making of Greater Los Angeles, 1900 – 1970*. Chapel Hill: University of North Carolina Press.

Gesler, Wilbert M. 1992. Therapeutic Landscapes: Medical Issues in Light of the New Cultural Geography. *Social Science and Medicine* 34 (7): 735 – 746.

Grinder, R. Dale. 1980. The Battle for Clean Air: The Smoke Problem in Post-Civil War America. pp. 83 – 103 in *Pollution and Reform in American Cities, 1870 – 1930*, edited by Martin V. Melosi. Austin: University of Texas Press.

Haagen-Smit, Arie J. 1958. Air Conservation. *Science* 128 (3329): 869 – 878.

Hays, Samuel P. 1987. *Beauty, Health and Permanence: Environmental Politics in the United States, 1955 – 1985*. New York: Cambridge University Press.

Heidorn, K. C. 1978. A Chronology of Events in the History of Air Pollution Meteorology to 1970. *Bulletin of the American Meteorological Society* 59: 1589.

Hoy, Suellen. 1995. *Chasing Dirt: The American Pursuit of Cleanliness*. New York: Oxford University Press.

Hurley, Andrew. 1994. Creating Ecological Wastelands: Oil Pollution in the New York City, 1870 – 1900. *Journal of Urban History* 20(3): 340 – 364.

Jones, Billy M. 1967. *Health-Seekers in the Southwest, 1817 – 1900*. Norman: University of Oklahoma Press.

Krier, James E., and Edmund Ursin. 1977. *Pollution and Policy: A Case Essay on California and Federal Experience with Motor Vehicle Air Pollution, 1940 – 1975*. Berkeley: University of California Press.

Kuhn, Thomas S. 1970 [1962]. *The Structure of Scientific Revolutions*. 2d ed. Chicago: University of Chicago Press.

Leavitt, Judith Walzer. 1982. *The Healthiest City: Milwaukee and the Politics of Health Reform*. Princeton, N. J.: Princeton University Press.

Los Angeles County Office of Air Pollution Control (LACAPCD). September 30, 1947. Annual Report of the Office of Air Pollution Control, 1946 –

1947.Los Angeles County Board of Supervisors.

Los Angeles County Air Pollution Control District.n.d.[1955].Annual Report,1954—1955.Los Angeles: Los Angeles County Air Pollution Control District.

——.1957.Crossing the Smog Barrier:A Factual Account of Southern California's Fight Against Air Pollution.Los Angeles: Los Angeles County Air Pollution Control District.

McWilliams, Carey. 1973[1946]. *Southern California: An Island on the Land*.Santa Barbara and Salt Lake City:Peregrine Smith,Inc.

——.1999 [1949].*California, the Great Exception*.Berkeley: University of California Press.

Melosi,Martin V.1980.Environmental Crisis in the City:The Relationship between Industrialization and Urban Pollution.pp.3—31 in *Pollution and Reform in American Cities, 1870—1930*, edited by Martin V.Melosi.Austin: University of Texas Press.

——.1980.Garbage in *the Cities:Refuse,Reform,and the Environment, 1880—1980*.College Station,Tex.: Texas A&M University Press.

Mills, Clarence A. 1939.*Medical Climatology:Climatic and Weather Influences in Health and Disease*.Baltimore:Charles C.Thomas.

Mukerji, Chandra. 1994. Toward a Sociology of Material Culture: Science Studies,Cultural Studies and the Meanings of Things.pp.143—162 in *The Sociology of Culture: Emerging Theoretical Perspectives*, edited by Diana Crane.Cambridge,Mass.:Blackwell.

Rome,Adam W.1996.Coming to Terms with Pollution: The Language of Environmental Reform,1865—1915.*Environmental History* 1(3):6—28.

Rosenberg,Charles E.1987 [1962].*The Cholera Years:The United States in 1823,1849,and 1866*.Chicago: University of Chicago Press.

——.1992a.*Explaining Epidemics and Other Studies in the History of Medicine*.

New York: Cambridge University Press.

——.1992b.Framing Disease: Illness,Society,and History.pp.xii—xxvi in *Framing Disease: Studies in Cultural History*, edited by Charles E.Rosenberg.New Brunswick,N.J.: Rutgers University Press.

Schultz, Stanley K. 1989. *Constructing Urban Culture: American Cities and City Planning, 1800—1920*. Philadelphia: Temple University Press.

Smith, Barbara Ellen. 1989 [1981]. Black Lung: The Social Production of Disease. pp. 122—141 in *Perspectives in Medical Sociology*, edited by Phil Brown. Prospect Heights, Ill.: Waveland Press.

Snyder, Lynne Page. 1994. "The Death-Dealing Smog over Donora, Pennsylvania": Industrial Air Pollution, Public Health Policy, and the Politics of Expertise, 1948—1949. *Environmental History Review* 18 (Spring): 117—139.

Stradling, David. 1999. *Smokestacks and Progressives: Environmentalists, Engineers, and Air Quality in America, 1881—1951*. Baltimore: Johns Hopkins University Press.

Tarr, Joel A. 1996. *The Search for the Ultimate Sink: Urban Pollution in Historical Perspective*. Akron, Ohio: University of Akron Press.

Thompson, Kenneth. 1971. Climatotherapy in California. *California Historical Quarterly* 50: 111—130.

——. 1972. The Notion of Air Purity in Early California. *Southern California Quarterly* 54 (Fall): 203—209.

Tucker, Raymond. 1947. The Los Angeles Smog Report. Los Angeles: Times-Mirror Co. Located in Ainsworth Collection, Special Collection ♯403, UCLA. Valencius, Conevery B. 2000a. Histories of Medical Geography. *Medical History* (SUPP20): 3—28.

——. 2000b. The Geography of Health and the Making of the American West: Arkansas and Missouri, 1800—1860. *Medical History* (SUPP20): 121—145.

# 第二篇

# 当今的空气污染治理策略

# 第九章

## 精妙的平衡

### ——加利福尼亚州汽车污染治理策略

*萨德赫·切拉·拉詹*

实行民主选举的国家在遇到由其几乎全体选民的正常和被认可行为导致的严重环境问题时，通常会在两个不同的监管途径中选择一个。国家可以试图把少数行为主体认定为主要肇事者，并且寻求一种正当的方式主动追究他们的责任；或者采取避险措施，在多数人之间分摊风险，就像保险公司那样几乎让每个人都支付一小笔不引人注目的"保费"，他们的集体作用有可能减轻问题的严重程度。但是，国家往往不会选择第三种更加合理的途径，即设计新的监管制度来影响选民的行为大尺度地朝着争取可持续发展结果的方向改变。鉴于在自由民主制度下几乎必然存在需要优先解决的短期政治问题与长期的社会和环境需要之间的矛盾，因此，用现在流行的媒体言语来说，这第三条途径可能就是意味着"政治自杀"（Howitt and Altshuler, 1999）。

与汽车和家庭生活垃圾有关的环境监管非常适用这第三种监管模式。国家虽然在遇到很多司机和垃圾制造者时会谨慎行事，但对汽车制造商和（尤其是在部分欧洲国家）包装材料生产商一般会比较独断专行。无论在哪种情况下，公众都不会被严格要求减少他们的消费甚或改变他们的消费模式；相反，领先于单个污染者的技术创新通常是国家干预的首选重点。换句话说，国家宁愿监管少数可认定的行为主体的行为，也不愿监管多数公民的行为。

在这一章里，笔者将考察这一约束对美国加州在过去大约 30 年的时间里为抑制汽车污染采取的监管方式所产生的影响。笔者认为，由于加州当局需要下双重赌注：一个高度汽车化的社会又遇到了严重的空气污染问题，因此，加州的经验为我们提供了一种非常鲜明的汽车污染监管难题观。此外，通过为自己在全球树立汽车污染防治勇敢先锋的声誉，加州敢为人先的监管机构可能会成为它自己取得的杰出成就的牺牲品，并且锁定在一个特定的监管模式上。最初被作为一个有环保意识的独立机构的机灵敏捷而受到惊叹的东西已经开始变成了一个很难演好的马戏节目,而且是一个人满为患的马戏团重复演出的节目,因此,每次演出都必须比前一次有所改进。尽管加州污染监管机构在设计新的污染治理方式的同时还必须不断在合法性这个钢丝上行走,但已经开始出现因过度疲劳而导致的伤病问题。

## 窘境的前兆

我们不能孤立地理解加州的汽车监管问题,也就是说,如果不联系社会—空间主旨,即逐渐广为人知的"汽车使用"问题,就不能理解加州的汽车监管问题(Schneider, 1971; Flink, 1988; Rajan, 1996a; Sheller and Urry, 2000; Paterson, 2002)。开车不仅是在使用一种能力,而且是在满足人类在广阔的现代性"汽车化"空间中的一种需要。在晚期资本主义条件下,汽车使用形成了"一个由社会生活构成的自组织、非线性庞大系统,而构成这个自组织、非线性庞大系统的社会生活则是由无数在汽车行驶过程中花费的高度碎片化时间组成的"(Sheller and Urry, 2000)。驾车体验被认定为是一种集道路畅通、速度、力量和亲自操作于一体的安静、愉悦的享受,因此几乎具有赶路、管理时间和保持某种形式个性化的功能。然而,汽车化(automobility)并不仅仅意味着汽车的迅速增加,而且还意味着一整套旨在支持按照规定路线和方式行使的物质、社会和监管基础设施的建设。因此,汽车化会引发大量的资本投资以及巨大的社会和环境成本(美国目前每年估计总共要达到二三万亿美元的规模:Delucchi, 1998)。这就是汽车化之谜:汽车可用来复制"社会化的个性化"文化,这种文化对于晚期现代社会秩序的经济地理具有重要意义。但是,驾车会传播有可能破坏这种文化的社会分享效应(Meyer, 1986; Rajan, 1996a)。

此外,至少从某种意义上讲,汽车污染对简易的污染分类方法——对污染问题负主要责任的可识别污染物质的命名——提出了质疑。汽车污染的成因及其发展是大气化学、气象学、汽车使用和汽车发动机设计等很多因素错综复杂地交织在一起的结果,而所有这些因素可能会导致汽车污染与人类能动性关系不大的观点。在公众的心目中,汽车制造商是汽车污染的最直接责任方,但并不会认为汽车制造商应该为汽车污染危机承担全部责任。汽车使用已经深深根植于晚期现代社会,以至于我们在分析汽车污染的情势时,除了国家与汽车工业寡头之间被推定的串谋行为以外,还必须考虑许多其他决定因素。同样,有人可能会为车主辩解,认为他们不应该承担严格意义上的汽车污染责任,但多数人会认为,车主驾车时就应该对汽车污染负有部分不可推卸的责任。虽然在一个有重大关系的商品都是基本必需品的市场经济中,认为有些型号的汽车比另一些型号的汽车造成了更加严重的污染是正确的,但是,把造成污染的主要责任归咎于污染比较严重的车辆的车主几乎是愚蠢的。所以,造成空气污染的责任不能由汽车制造商、车主或者司机单方面来承担,因为他们中的任何一方都能够无可非议地把他们的行为与他们生活的具有空间性和机动性的整个环境联系在一起。

因此,加州一直没把汽车使用本身纳入车辆污染监管范畴几乎是可以理解的,但又因汽车使用的规模和范围而令人感到吃惊。20世纪40年代,在雷蒙·钱德勒(Raymond Chandler)的小说《烟谷》(*Valley of Smoke*)中,天空被朦胧的气溶胶层所笼罩,空气令人窒息,但汽车仍是无辜的旁观者。虽然洛杉矶人当时都抱怨受到呼吸障碍、头痛和眼睛肿胀等的困扰,但他们仍非常普遍地认为机动车并非是罪魁祸首——有一个机构的主管甚至称"这样的猜疑"就是"民俗"(Krier and Ursin,1977:74)。零星的抵制仍持续了一段时间,甚至一直持续到1952年以后。那一年,已经有人确定雾霾中臭氧的形成需要光化学基础,汽车和工厂烟囱排放的碳氢化合物和氮氧化物是造成臭氧的罪魁祸首。

不过,在加州空气污染监管史上还有一个至关重要的时间节点,就是这个关键的时间节点为日后的所有相关政策规定了一个明确的方向。1954年,加州奈特(Knight)州长断言"雾霾是一个科学和工程问题,而不是政治和法律问题"(Krier and Ursin,1977:95)。既然汽车监管手段已经得到了重视,那么,汽车监管需要也从涉及驾车或者车辆使用的问题转向了能够降低每英里废气排放量的工程特点。问题在于汽车,而不是司机或者驾车行为,因此必须采用最新的技术解决方案来保证汽车清洁。

1955年,联邦空气污染治理法颁布实施。1959年,加州通过自己的法律要求州公共卫生部门制定空气质量标准和汽车尾气排放控制措施。在这一立法行动的支持下,加州机动车空气卫生局强制推行了美国最早的汽车排放控制技术——曲轴箱强制排风系统(PCV)规定,从而开始了一种长达数十年的"技术强制型"监管传统,大大挫伤了新自由主义政策分析人士(Crandall et al.,1986;Leone,1999)。

在随后的几十年里,很多人类临床和流行病学研究在确定雾霾会导致慢性健康问题的基础上,还揭示了臭氧和其他氧化物的长期危害作用(Kleinman et al.,1989)。虽然关于雾霾成因及其对健康危害的认识现在已经体现在公共政策中,但是,限制驾驶行为以降低上述风险发生可能性在大众文化中的表达少之又少,这反映了政策辩论已经变得非常职业化。尽管这一点较难核实,但是,当时一些报纸发表评论员文章公开表示,虽然汽车制造商、石油公司、修车铺店主和独立的发明者等不同利益集团或群体都纷纷加入了角逐,但民众对空气污染的抱怨已经明显趋于减少。

## 污染治理技术的诱惑

20世纪70年代琼·蒂蒂安(Joan Didion)和雷内尔·班汉姆(Reyner Banham)笔下的洛杉矶,虽然每年要有200天以上的有害臭氧天气,但是,开车非但不可能被视为罪恶的寻欢作乐,反而被认为是一项有益的事业,甚至是一种可能有利于人类(和人际)进步的事业。以下引文也许会导致蒂蒂安那个时代的读者感到骄傲和欢欣鼓舞,而不是因受到讽刺而感到不安(而今天更加愤世嫉俗、唯恐交通拥堵的洛杉矶人可能会感到不安):

"她开车就像水上人家在河上行船,越来越习惯车流和幻觉,就像水上人家喜欢在半醒半睡之间在水上随波逐流"(Didion,1970:13—14)。

班汉姆的散文赋予开车一种更具精神层面的价值,并且把民主党的许诺归结为"愿意默许一种要求高得令人难以置信的人机系统":

"私家车与公共高速公路一起提供了一种理想——而不是理想化——的民主城市交通愿景:在很大的区域范围内实现门对门、随叫随到的高匀速交通"(Banham,1971:217)。

但是,班汉姆表现出谨慎的热情,并且考虑到"几乎没有注意或者评论……(这种随叫随到式交通的)代价就是几乎完全放弃大多数旅程的个人自由"(Banham,1971:217)。的确,班汉姆并不是唯一表达这种保留态度的作者。顺便说一下,20世纪70年代初肯尼斯·施耐德(Kenneth Schneider,1971)、莱维特(Leavitt,1970)和罗纳德·比尔(Ronald Buel,1972)对州际高速公路系统做出的几种"有争议"的辩解没有出现在与影响其他备选交通方式同时发生的汽车文化投资鼎盛时期(Flink,1988)。其中的某些辩解相当直率:

"由汽车使用这种专制助长的社会毒瘤导致人类产生了一种难以摆脱的依赖……汽车使用逐渐影响了人们的日常行为、机构的宗旨以及城市和农村的结构。在可爱的民间神话"扩大自由和富裕"的作用下,这种专制有增无减……汽车专制的现状是文化权力、社会敲诈、物质损失、人身伤亡。我们绝不能错误地实施野蛮控制"(Schneider,1971:22)。

汽车文化战在公正和监管机构的话语中被边缘化,部分是因为技术解决方案不但即将成为现实,而且还具有政治吸引力(Krier and Ursin,1977;Rajan,

1996a)。想要为新车设定对于制造商来说技术上可行、确保废气排放不超过在用车辆的标准,辩论是最好的可行办法。最初的辩论是讨论一些"是给在用车辆安装排放控制装置还是只要求制造商给新车安装这种装置"的问题。但是,自从 1967 年重新把加州的空气污染监管职能全部归属到加利福尼亚空气资源委员会(CARB)以后,为强迫制造商在新车上采用最佳可利用控制技术以便符合不断提高的标准,加州空气资源委员会采取了一项坚决的行动。

最初的改进幅度相当小,只是强制推行关于安装曲轴箱强制排风系统和废气再循环(EGR)阀的规定,废气再循环阀是用来控制氮氧化物排放的。有些控制装置影响了车辆的性能,因为它们降低了汽车发动机的功率,从而开始引发对在用车辆控制的关心,也就是开始关心车主"擅自改装"的问题。笔者将在后文详细讨论这个问题。但是,到了 20 世纪 80 年代初期,随着催化转换器、电子阀馈控制装置和计算机控制发动机的引入,整个发动机系统结构发生了蜕变。后来,汽车制造商不得不采用车载诊断系统实时监控发动机各方面的性能,储存代码信息,并且在发动机出现问题时及时提醒司机。随后设计计算机控制车辆是为了保证车辆尾气排放控制系统长期符合出厂时的性能规范,并且允许外部查询尾气排放控制系统的既往性能。

以上种种改进的结果就是车辆更加清洁、能效有所提高、功率略有降低或者毫无损失,极大地提高了效率排放比。[1]尽管有很多人支持各种技术控制措施,但加州当局在每个技术进步周期还要负责解决同样多的政策问题——说服汽车制造商安装更新的系统,说服公民消费者承担更高的购车和用车成本并且妥善保养车辆,其中的第一个问题是通过采取很多措施来解决的。加州空气资源委员会通过采取这一系列行动有效地阻止了拒不执行车辆标准的汽车制造商销售汽车。在 20 世纪 70 年代中期以后全球竞争愈演愈烈的氛围下,这一策略成功地迫使国内外主要汽车制造商就范,他们不得不在全球范围内重新组织生产过程,以便在加州销售专门遵照加州标准制造的汽车。

就如笔者要在下一节里介绍的那样,第二个政策问题就是要说服车主履行某些义务。结果表明,这个问题更难解决。究其根源,部分是因为如果我们只是狭义地把政治定义为"公众的承受能力"(Howitt and Altshuler,1999),那么,这个问题就会始终被视为政治问题。此外,每一次技术进步都会使加州空气资源委员会觉得自己处于一种艰难的境地:要制定切实可行的政策,在每辆车的生命周期内监控车上越来越复杂的不同系统的性能。然而,在 20 世纪 80 和 90 年代一个很长的时期里,技术的性能表现力在非常完美地与一种普遍存在的新车崇拜情结结合以后,似乎单独就能赋予加州空气资源委员会试图引入新的尾气排放控制装置的合法性。也就是说,即使新车都采用了已有监控技术,吹嘘"燃油喷射全电脑控制型"发动机性能改进的广告诉求仍然会强化购买新车的动机(Wernick,1994;Paterson,2001)。

与此同时,联邦政府以《清洁空气法案》1970年和1977年修正案的形式颁布了有史以来最严厉的环境保护立法。《〈清洁空气法案〉1970年修正案》责成联邦环境保护署(EPA)制定所谓的标准空气污染物(一氧化碳、碳氢化合物和氮氧化合物)车辆减排标准——5年内减排90%。只要州汽车污染控制监管比联邦政府监管更加严厉,加州就能继续获得联邦标准豁免权。加州第一次获得这项豁免权是在1967年,原因就在于它那"独一无二"的空气污染状况。

1970年,传说中的阿波罗登月计划完成后不久,国会做出特别授权,这显然是实施一种迷恋"技术能做到不可能做到的事"的政策的结果,但在很大程度上也是由一般民众社会和环保意识的提高以及环境诉讼的增加所驱动(DiMento,1977;Crandall et al.,1986)。但是,当时政治和技术现实主义仍然占据上风,从而产生了《〈清洁空气法案〉1977年修正案》。这一修正案要求各州采用各种"合理可行的控制措施"以便到1982年达标并且保持不变,有些州可推迟到1987年。修正案包括一些交通控制措施条款,并且规定:如果执行空气质量改善计划进展不快,联邦政府就可以不提供公路建设资助。正是在这最后条款中联邦机构发现了影响各州机动车监管的突破口。但是,加州已经获得设置新车标准方面的授权,因此拒不同意联邦机构对在用车辆污染控制进行任何形式的干预。更重要的是,在用车辆污染控制是一个公民参与显得至关重要的领域,而要求公民做出这样的承诺可是一个棘手的问题。

## 在用车辆污染控制遭遇抵制

事实上,虽然新技术的魅力有效地帮助当局获得了消费者对积极控制的支持,但是,人人都明白,确保"现实世界"在用车辆的尾气排放保持在可接受范围内仍然是绝对重要的。遗憾的是,在用车辆的尾气排放往往差异巨大,而且在某种程度上与车辆的使用和保养等没有关系(Rajan,1996b)。这就需要创建一种不同的监管方式,而相关机构想直接让有车公民承担这方面的责任。于是,如何创建这种既有效又合法的监管方式,就成为一个持续很长时间的担心来源。

1961年首次在机动车上安装尾气排放控制系统,为此,同时开展了一次"四阶段信息公开活动"。该活动的"最关键内容就是把汽车尾气排放问题和购买尾气控制装置这个不可回避的解决方案告诉公众"（机动车污染控制委员会听证会，1961年3月10日）。但到了20世纪70年代中期，这不再是一个重要的公共关系问题，尽管州立法机构和监管机构官员已经表达了动员公众参加在用汽车尾气排放具体控制计划的愿望，如70年代初的改装计划和1975年前后改用无铅油的计划(Krier and Ursin, 1977)。有关加利福尼亚制定州定期监管计划的最早说法出现在1962年，大约与请求立法通过在用车辆必须加装曲轴箱排放控制系统在同一时间。《加利福尼亚州1960年机动车污染控制法案》已经宣布驾驶未登记车辆和未安装认定装置的车辆为非法。但是，该法没有制定定期检查的条款。

到了1963年，加州各县要求控制在用车辆排放的呼声日益高涨，并且在加州参议院获得了表达的机会。有参议员提出了一项开展定期检查的议案，要求机动车管理部门对所有安装了曲轴箱排放控制系统的车辆以后每12个月检查一次。这项议案因遭到汽车俱乐部和农村地区的反对而最终被打了折扣，所以只要求那些投票赞成的地区开展定期检查。但此后不久，要求所有在用车辆必须安装曲轴箱排放控制装置的规定引发了各种各样的强烈抗议：

"公众普遍担心这个装置干扰车辆运行，而且它自身也不可能得到妥善保养。这些担心不无道理：曲轴箱排放控制装置保养特别麻烦。根据检查计划，曲轴箱排放控制装置保养不善，有可能导致通不过检查，从而导致费用增加甚或不能登记车辆的后果。但不管怎样，这个担心的根据并不合法。很多问题都是由汽车俱乐部、汽车配件和二手车经销商散布的关于这些装置有害无益的言论造成的"(Krier and Ursin, 1977: 150)。

随之而来的监管混乱迫使立法机关在1965年彻底取消了检验计划，并且规定1955年以后出厂的机动车在变更所有权时必须安装曲轴箱排放控制装置。污染治理政策遭遇的"这一快速、严重的挫折"被普遍视为遭遇公众反对的结果，并且似乎的确成为加州日后全部在用机动车辆政策变化的关键节点。抗议的声音肯定令污染监管机构感到非常震惊，因为之前它收到的信息都表明公众支持任何为控制汽车污染而做出的果断监管努力。

但是，公众反对曲轴箱排放控制装置加装和检验计划的行为，似乎传递出监管机构自身丧失信心这一重要信息，并且导致任何至少在短期内重新启用其他检验计划的希望的破灭。到了1966年，机动车污染治理委员会显然已经放慢了行动速度（或者早已放慢了行动速度），已经到了不可能做正确的事、无论朝哪个方向走都会招来强大利益集团抗议的境地。机动车污染治理委员会甚至变得更加容易受到对立诉求的夹击，因此在差不多5年的时间里，加州的旧车尾气排放控制没有取得任何更有意义的进展(Krier and Ursin,1977:160—163)。

其间,加州当局为寻求公众支持在用机动车检验计划而进行的尝试仍然少之又少,直到联邦政府施压督促实施在用车辆排放监管和控制,才在1984年促成了加州第一份汽车检验和保养计划。联邦政府依据修订后的《清洁空气法案》对有关州定期实施计划(SIPS)的规定做出了相关授权,并且要求"在必要且可行的范围内定期对机动车辆进行检验和检测,以强制遵守必须执行的排放标准"(42 U.S.C.,1857c 5[a][2][G][1976])。立法规定各州的最后执行期限和不执行惩罚的本意就是"不允许被(国会)认为慵懒的联邦和州空气污染治理部门官员采取任何行为逃避监管车辆严格达标的责任(Anserson et al.,1984:142)。

但一直以来,大多数州似乎都拒不制定这样的计划。联邦环境保护署虽然取得了强制各州遵守规定的明确授权,但好几年都没有采取这方面的行动(Ostrov,1984)。联邦环境保护署行动迟缓可归因于"各种不同的习惯、误解和挥之不去的对排放控制影响机动车性能的怀疑"以及各州当局不愿在政治上面对"联邦官员明显干涉"司机日常生活这一现实(Ostrov,1984:141;Reitz,1979)。奥拉·哈里斯(Ora Harris)也指出了三个导致"看似普遍讨厌车辆检验和保养计划"的原因。一是讨厌联邦官员干涉被认为是"州或者地方应该关心的问题";二是担心实施车辆检验和保养计划会产生成本;三是信任美国和外国制造的大部分汽车已有的技术效率和效果(1989:1317)。但主要是,美国国会和联邦环境保护署可能自己"也没有表现出必要的政治勇气采取严厉措施来制裁那些对执行车辆检验和保养规定漫不经心的人"(Harris,1989:1312)。

到了20世纪80年代,最后一个问题已经变得无关痛痒,因为此时联邦环境保护署不但积极向各州证明车辆检验和保养计划在实现空气质量目标方面的用途和效果,而且还因为它们未能遵循指导方针而对它们进行威胁(Cackette et al.,1979)。不顾威胁没有实施车辆检验和保养计划有说服力的原因,当然是在用机动车控制措施的执行范围"直接受到了有车一族的影响,有时是以有车一族认为控制措施极具约束性的方式受到他们影响的。因此,那些非技术控制备选方案在普通美国人对汽车的日常依赖这个政治现实面前一个接一个地败下阵来"(Andersen et al.,1984:230)。令人奇怪的是,大多数评论员应该是把大众情绪作为左右政策方向的因素来看待,因为没有证据表明两者之间有什么必然的关系。相反,地方政治家和政策制定者们似乎不顾他们需要面对公众"依赖汽车"的"政治现实",已经向自己假想的公众表达了他们自己感受到的束缚感。

到车辆检验和保养计划制定好时,加州的整个排放监管过程已经发展成为一个相当稳健的风险管理系统,目的就是要在车辆的整个生命周期内保持持续不变的排放监管水平,同时又努力降低车辆总排放量。为达到这个目的而采取的首要策略就是通过实施直接针对汽车制造商的技术强制型监管来执行日益严厉的认证标准。作为第二保护层的保养规定确保了车辆各个系统在规定的车辆"使用寿命"内始终保持有效。在车辆"实际寿命"内发挥作用的第三重保证就是推行车辆检验和保养计划。这个策略取得了巨大的成功。到了1995年,虽然加州机动车单车行驶总里程比1970年翻了一番,但是,机动车的单车累积氮氧化物和碳氢化合物排放量约比1970年减少了1/3。与此同时,加州仍然存在一些在联邦政府看来"不合格的地方",因此仍必须一如既往地在积极监管的道路上继续前进。

1987年底,加州错过了《清洁空气法案》规定的达到国家环境空气质量标准的最后期限,并且不得不制定一份新的州执行计划,并且宣布为确保空气质量得到"合理改善"而准备采取的行动。可惜的是,虽然监管机构对新车采取的技术强制性措施体现了它们的活力和乐观前景,但对在用车辆实施的政策并没有体现相应的活力和乐观前景。然而,时间不等人:国会在1990年又颁布了《清洁空气法案》的另一份修正案,责成联邦环境保护署到1994年执行"强化版"机动车检验和保养计划。如果有哪个州拒绝执行强化版计划,那么,联邦公路建设基金就可以撤资。在当时经济相对比较低迷的氛围下,各州当然得认真对待这一威胁性措施。

联邦环境保护署在1992年又制定了新的监管条例,规定不合格地区必须制定并实施年度集中执行的强化版车辆检验和保养计划。那些选择采用分散检验计划或者集中和分散检验兼行计划的州必须把计划分散检验车辆的减排额度降低大约50%,除非它们能够证明其计划与集中检验计划一样有效。这项规定招来了大量的反对声音,不但因为新的验车程序与所谓的空载尾气测试相比费钱耗时,发动机必须在指定车铺检验,而且还因为独立车铺会失去选择集中检验签约者的业务。联邦环境保护署声称,他们掌握了大量证明车主"擅改合约"和独立车铺"舞弊"的证据,空载测试并非是降低车辆实际排放量的适当措施。

其间,一个主要由科技人员组成的强大游说团体发表了他们对控制旧车排放量的意见。他们根据红外线遥感测量装置在路边测量的结果指出,在上路的车辆中只有一小部分所谓的"野蛮排放者",它们的尾气排放量不知怎么远远超过一般车辆的排放量;有选择地检测和保养这些车辆,要比检验和保养全部上路车辆有更高的成本效益比(Bishop et al.,1993;Rajan,1996b)。无论一般车辆与"野蛮排放"车辆之间的对比有多么鲜明,出于上文所交代的很多原因,加州空气资源委员会有好几个月不愿把监管焦点转向任何单一类别的车辆情有可原。

在一场涉及联邦环境保护署、加州空气资源委员会和一些坚持认为有必要选择性地检测和保养"野蛮排放"车辆的科研人员三方之间展开的角逐结束以后,加州立法机关决定对车辆检验和保养计划进行修改,以推行一种混合解决方案。多数车辆可采用常规的两年一检方法,而被路边红外线遥感检测装置认定为"野蛮排放"的车辆必须在集中检测中心接受特别检测,而且不设车辆维修成本限额。但是,由于路边遥感检测器太过灵敏,因此就连这个解决方案也不足以解决问题。于是,加州当局就精心制定了一项公共宣传计划,旨在告知公众这样的检测为认定最严重的违规者所必需。[2]

事实上,强化版计划如同之前的其他计划一样也遇到了很多问题。就像官方的一份评估报告最近指出的那样:

"就像前几章表明的那样,尾气检测计划Ⅱ中没有达到车辆检验和保养计划所规定的减排标准(总的来说,尾气监测计划Ⅱ只达到了1999年预定减排指标的36%),没有实现车辆检验和保养计划所规定的减排目标,因为我们没有达到最终的减排值。"有些车铺没有完全修好或者适当修理没通过检验的车辆,车辆检验站没有采用预定的尾气排放检测方法,因为这种方法不可靠。车辆检测计划Ⅱ对经过维修的车龄较长的旧车网开一面,我们认为该计划实际上没有完全执行车辆检验和保养计划"(CARB,2000)。

## 穷途末路的技术

加州空气资源委员会所采用的方法好像已经包含了本章开篇时提到的两个主要监管选项的一些元素,但根据是适用于汽车制造商还是车主,它们还可以分成两部分。一个为数相对较少但实力雄厚的行为人群体汽车制造商被确定为主要监管对象。加州空气资源委员会向人数众多的汽车用户推荐了一种相对"无痛"的方法:到分散的车铺两年检验一次车辆,从而集体分散承担了风险。这样一来,每人只要"支付"大致相当于自己的车辆被认定排放超标的那么一小笔"保费"(Rajan,1992)。直到20世纪90年代中期,在一些科学家和政策制定者的施压下,加州空气资源委员会才不情愿地采纳了这种方法的一个变体——检出"野蛮排放"车辆并处以特别惩罚。但是,该委员会极力避免把土地使用和交通规划控制包括在监管计划中的任何尝试,有时还解释称这些措施超出了它的授权范围。不过,这些措施确实不在它的授权范围之内。

但是,我们很难确切了解加州空气资源委员会怎么会推荐一个酝酿时间长达数十年、只适用于在加州销售的新车的严厉排放标准方案——以及汽车制造商虽然不无抗议但最终为什么会遵守这个法案。当然,汽车游说团体一定是无所不能,并且能够控制监管机构制定比较宽松的标准,而不是制定相当严厉的标准并且逐年加码。为了揭开这个谜的谜底,有必要对加州的空气污染政治经济学进行周密的研究,不过这方面的研究现在还没有成文。[3]

首先,也可能是最重要的,正如笔者已经指出的那样,加州空气资源委员会在任何情况下都可能更愿意对汽车制造商而不是车主进行监管,因为采用影响车辆总行驶里程的交通和土地使用政策更加复杂。由于就连早些年取得的新车监管进展也正在被车辆行驶里程的增加所侵蚀,因此,加州空气资源委员会选择了比过去更加积极的监管汽车制造商的做法。其次,加州是一个巨大的新车市场,最多一年大约能卖 100 万台车。即使加州空气资源委员会一意孤行,继续推行严厉的新排放标准,也不会有哪个汽车制造商愿意放弃自己分享加州汽车市场的机会。如上所述,这种动态变化趋势又因汽车制造商之间的竞争而变得更加复杂,日本和欧洲汽车制造商通常为了占领加州汽车市场的一定份额,比美国汽车制造商更加愿意遵守新的排放标准。最后,从 20 世纪 70 年代末期到 90 年代中期,加州空气资源委员会提出的很多技术规定都是在咨询了汽车行业专家以后制定的,因此为汽车制造商在其正常的汽车设计开发过程中进行有助于提高汽车排放控制技术的小修小改提供了很大的空间。

但是,到了 20 世纪 90 年代初,加州采用的限制汽车排放的方法简直到了穷途末路的地步。无论是新车还是在用车辆,排放控制已经成为风险很大且几乎没有直接解决可能性的问题。新车的一氧化碳、碳氢化合物和氮氧化物排放标准比实施控制之前的最初标准高出 10~20 倍,而且重点已经危险地转向了在用车辆的减排。

1990 年 9 月,加州空气资源委员会在一份震惊汽车业和环保人士的通告中提出了采纳低排放车辆和清洁燃油计划的设想,并且要求到 1998 年主要汽车制造商在加州销售的汽车至少有 2％是零排放车(ZEV),到 2001 年和 2003 年零排放车的销售比例分别要扩大到 5％和 10％。根据跟踪技术发展、两年一次的评估报告设计的监管条例在这些年里经过了大幅度的修改,最大的一次修改是在 1996 年完成的。这次修改撤销了 1998 年和 2001 年零排放车的销售比例，但仍保留了2003年零排放车10%的销售比例。这一政策变化是由多方面原因造成的，其中包括石油业和汽车业密集开展的游说活动以及电池技术的不确定性。但正如马克·布朗（Mark Brown）所指出的那样，加州空气资源委员会忽视了公众对电动车的极大兴趣，并且认为公众"不可能接受"行驶里程较短的车辆：

"尽管公众极力反对经常改变规定，但加州空气资源委员会仍然认定只有很少的消费者愿意购买现在市场上能买到的（电动车）……加州空气资源委员会的公民观念是与它对技术和专家意见的理解紧密联系在一起的……该委员会聘请专家充当公共利益的代言人，但又忽视自己从公众那里收集来的意见。虽然该委员会因面对巨大的政治压力而不得不推迟执行新的监管计划，但它求助于专家意见的做法并不仅仅是一种由利益集团游说驱动的合理化决策方式"（Brown,2001）。

以后的历份评审报告全面修改了2003年的规定，虽然没有实际取消10%的比例，但允许汽车制造商采用部分信贷的方式销售低排放车辆，而不是真正的零排放车辆（CARB,2001）。虽然这些政策变得越来越复杂，但有关加州其他方面的讨论已经开始关注一项降低加州石油依赖的策略。因此，我们必须明白，支配炼油厂建设的极其严厉的地方空气污染监管、与加州空气资源委员会低排放规定相关的复杂炼油要求以及加州不断减少的石油储量，一并会导致加州交通燃油短缺日益严重。[4]加州空气资源委员会也因此而陷入一种尴尬的境地：零排放车方面的高要求和减少开车激励可能已经有助于问题的缓解；但是，加州空气资源委员会不知怎么仍把自己锁定在上述两个选项上。

加州空气污染监管史上最近发生的一起戏剧性事件，就是2002年通过1493号议会法案。该法案要求加州空气资源委员会为2009年及其后的车型制定碳污染治理或者温室效应气体排放标准。该法案的成功通过本身可能就是建立在当时很多重要的政治因素上的：环保游说队伍不断壮大；解决石油依赖问题（但已经因引入高效能源和"温室效应气体友好型"车辆而得到了很大的缓解）的无望感不断加剧；民主党州长在加州发生电力危机后决心大力推动能源立法。与此同时，这项法案的一些条款明显反映了为不同政治游说团体做出的妥协，其中包括关于强制性缩短行驶里程措施或者土地使用限制措施，征收燃油、车辆或者车辆行驶里程附加税，发布限制车辆行驶里程的禁令（California Legislature,2002）。换句话说，这部法案的内容只是半个世纪以前奈特州长的理念"汽车污染是一个技术问题，而不是政治问题"的延续。

当然，如果认为加州空气资源委员会在支持最终通过的法案的内容方面发挥了什么作用的话,那么多少有点荒诞,尤其是因为连它自己都缺乏执行零排放车规定的能力。与此同时,我们可以证明,这也为加州空气资源委员会进行某种形式的政治转向和促进电动车——其官员正迷恋着的最新技术希望——推广赢得更加广泛的支持创造了另一个机会(请参阅可在 http://www.arb.ca.gov 网址上获取的该委员会的不同文献)。

不管怎样,虽然公众越来越意识到土地使用、交通、生活方式选择和气候变化之间的联系(如可参阅 http://www.transact.org),但是,加州空气资源委员会的话语权可能远不只限于新车排放控制技术(请参阅 CARB, 2002a)。[5] 在过去,这种策略只导致实施更加复杂的监管,采用定义更窄的技术类别,并且对政府产生了越来越大的成本影响(Rajan, 1996a)。但是,加州空气资源委员会对技术和精算实践的迷恋似乎根本没有减弱的意思,就如它最近建议变更零排放车辆规定所能证明的那样(CARB, 2002b)。其间,问题又被通用汽车公司、戴姆勒—克莱斯勒公司和几家加州汽车经销商发起的法律诉讼战所复杂化,这几家公司和经销商指控新的零排放车辆规定违反了一部禁止各州以任何方式管制燃料经济的联邦法律。联邦政府亲自干预了这场官司,并且代表原告汽车制造商和经销商向法庭提交了非当事人意见书。最后,加州空气资源委员会败诉。

在机遇和运气的双重作用下,加州的汽车污染治理被认为是只留给政府机构和不同社会主体很小选择余地的技术问题,政府机构和社会主体照此采取行动,并且因此而受到约束。这种困境导致加州当局丧失了回应他们业已感觉到的州民做出双重姿态的能力:州民要求清洁的空气,但又不愿意为此承担责任,尤其是在涉及限制汽车使用的责任时。但是,就如马克·布朗和笔者分别指出的那样,加州官方的解读华而不实,因为它是建立在一种利己主义隐喻上的,这种隐喻又反过来缩小了治理汽车污染的政治空间,并且促成了一种安全的治理模式。凭借复杂的风险管理技术和技术控制手段,加州当局采取了一种倾向于与能够促成规范话语的公众共同努力渐行渐远的政策。在一种狭隘的功利主义逻辑的作用下,"支付意愿"充其量只能构成我们讨论的这个问题消费方面的主要构件,而(全州有组织的)生产满足这个需求的任务就是选择成本效益比最佳的行政程序付诸实施。

从汽车使用本身已经根深蒂固地形成了一套常规实践这一意义上看,我们几乎没有希望让公民自己明确表达任何能够导致富有意义的政策性解决方案。公众明显不关心政治事务的行为会造成更加严重的危害:政策制定由代表相关行业、学术界和政府官员的不同利益集团主导,而这些利益集团只有发展新技术这个共同的主题,它们不会把实现社会政策目标作为自己的任务。因此,绝大多数司机对他们的日常生活状况会变得越来越麻木不仁；与此同时，他们作为负责任的公民表达自己诉求的能力因广告的诱惑而大打折扣。

在社会行为保险取向的作用下，州政府的行政管理会趋向于退化，并且会致力于寻求一些优化汽车所有权和激励购买新车的短视解决方案，而不是认真对待那些旨在创造交通和清洁空气共同未来的政治诉求。这种行政管理模式的内在矛盾已经变得越来越显而易见，然而，绝对没有变得越来越显而易见的是，鉴于汽车已经从制度层面嵌入我们的日常生活，因此这些矛盾将根植于一种围绕汽车污染问题的新型多元化民主政治。像过去一样，汽车仍将是加州的主宰(Zizek,1991)。

- 注释：

    \* 本章的部分内容被拙作(Rajan,1996a)的相关章节所引用。

    [1]车辆行驶里程增加，实际上是一个空气污染监管者严重关心的问题。1960～1970年，加利福尼亚州的汽车总行驶里程增加了55%。20世纪70年代，加州汽车总行驶里程增加了41%(CARB网址：http://www.arb.ca.gov)。

    [2]汽车俱乐部应邀在这一行动中发挥了重要的作用。如可参阅"What Is Smog Check Ⅱ"(http://www.aaa-calif.com/auto-own/maintain/ smog.asp)。

    [3]遗憾的是，为数很少的汽车污染监管政治研究并不多讲这部分的故事(Krier and Ursin,1977;Lowry,1992;Hempel,1995;Grant,1995;Rajan,1996a;Gómez-Ibáñez and Tye,1999;Brown,2001)。

    [4]根据加州立法授权，加州能源委员会为了研究这个问题开展了许多相关研究(http://www.energy.ca.gov/fuels/petroleum_dependence)，其中的很多研究建议加州鼓励销售能源利用效率更高的汽车，这种汽车能带来降低标准空气污染物排放和汽油消耗的双重好处。环保人士提出了类似的观点。请参阅 NRDC(2002)。

    [5]值得注意的是，或许是为了回应汽车制造商们反对该法案的行动，环保人士对此表达了热情的支持。

- 参考文献：

    Anderson, Frederick R., Daniel R. Mandelker, and A. Dan Tarlock. 1984. *Environmental Protection: Law and Policy*. Boston: Little, Brown.

    Banham, Reyner. 1971. *Los Angeles: The Architecture of Four Ecologies*. London: Allen.

    Bishop, G. G., D. H. Steadman, J. E. Peterson, and T. J. Hosick. 1993. "A Cost-Effectiveness Study of Carbon Monoxide Emissions Reduction Utilizing Remote Sensing." *Journal of Air and Waste Management Association* 43(7): 978—988.

Brown, Mark B. 2001. "The Civic Shaping of Technology: California's Electric VehicleProgram." *Science, Technology, and Human Values* 26(1) (Winter): 56—81.

Buel, Ronald. 1972. *Dead-End: The Automobile in Mass Transportation*. New York: Prentice-Hall.

Cackette, Thomas, Philip Lorang, and David Hughes. 1979. "The Need for Inspection and Maintenance for Current and Future Vehicles." SAE Technical Paper 790782. Warrendale, Pa.: Society for Automotive Engineers.

California Air Resources Board (CARB). 1996. "Initial Statement of Rulemaking: Proposed Amendments to the Zero-Emission Vehicle Requirements for Passenger Cars and Light-Duty Trucks." Staff report, Sacramento, February 9.

——.2000. *Evaluation of California's Enhanced Vehicle Inspection and Maintenance Program (Smog Check II)*, El Monte.

——.2000. "Zero Emission Vehicle Program Changes," El Monte.

——.2002a. Board hearing, Sacramento, September 26.

——.2002b. "Possible Amendments to the California ZEV Program." Board workshop, Sacramento, December 5—6.

California Legislature. 2002. Bill Analysis of AB 1493. Sacramento, July 1.

Crandall, Robert W., Howard K. Gruenspecht, Theodore E. Keener, and Lester B. Lave. 1986. *Regulating the Automobile*. Washington, D.C.: Brookings Institution.

Delucchi, Mark. 1998. *The National Social Cost of Motor Vehicle Use*. Metropolitan Planning Technical Report no. 10, FHWA-PD-99-001, June.

Didion, Joan. 1970. *Play It as It Lays*. New York: Pocket Books.

DiMento, Joseph F. 1977. "Citizen Environmental Litigation and the Administrative Process: Empirical Findings, Remaining Issues and a Direction for Future Research." *Duke Law Journal* (22): 409—448.

Flink, James J. 1988. *The Automobile Age*. Cambridge: MIT Press.

Gómez-Ibáñez, José A., William B. Tye, and Clifford Winston, eds., 1999. *Essays in Transportation Economics and Policy: A Handbook in Honor of John R. Meyer*. Washington, D.C.: Brookings Institution.

Grant, Wynn. 1995. *Autos, Smog, and Pollution Control: The Politics of Air Quality Management in California*. Aldershot, U.K.: Edward Elgar.

Harris, Ora Fred, Jr. 1989. "The Automobile Emissions Control Inspection and Maintenance Program: Making It More Palatable to 'Coerced' Participants." *Louisiana Law Review* 49(6): 1315–1349.

Hempel, Lamont C. 1995. "Environmental Technology and the Green Car: Towards a Sustainable Transportation Policy." In *Greening Environmental Policy: The Politics of a Sustainable Future*, ed. Frank Fischer and Michael Black, pp. 66–86. New York: St Martin's Press.

Howitt, Arnold, and Alan Altshuler. 1999. "The Politics of Controlling Auto Air Pollution." In *Essays in Transportation Economics and Policy*, ed. Gómez-Ibáñez and Tye, pp. 223–255. Washington, D.C.: Brookings Institution.

Kleinman, M. T., S. D. Colome, D. E. Foliart, and D. F. Shearer. 1989. "Effects on Human Health of Pollution in the South Coast Basin." Final Report to South Coast Air Quality Management District. University of California, Irvine.

Krier, J. E., and E. Ursin. 1977. *Pollution and Policy: A Case Essay on California and Federal Experience with Motor Vehicle Air Pollution, 1940–1975*. Berkeley: University of California Press.

Leavitt, Helen. 1970. *Superhighway-Superhoax*. New York: Doubleday.

Leone, Robert A. 1999. "Technology-Forcing Public Policies and the Automobile." In *Essays in Transportation Economics and Policy: A Handbook in Honor of John R. Meyer*, ed. José Gómez-Ibáñez, William E. Tye, and Clifford Winston, pp. 291–323. Washington, D.C.: Brookings Institution.

Lowry, William R. 1992. *The Dimensions of Federalism: State Governments and Pollution Control Policies*. Durham: Duke University Press.

Meyer, John W. 1986. "Myths of Socialization and Personality." In *Reconstructing Individualism: Autonomy, Individuality, and the Self in Western Thought*, ed. Thomas C. Heller, Morton Sosna, and David Wellbery, pp. 208–221. Stanford, Calif.: Stanford University Press.

Natural Resources Defense Council. 2002. *Fueling the Future: A Plan to Reduce California's Oil Dependence*. San Francisco: NRDC.

Ostrov, Jeremy. 1984. "Inspection and Maintenance for Automobile Pollution Controls: A Decade-Long Struggle among Congress, EPA, and the States." *Harvard Environmental Law Review* (8): 139–172.

Paterson, Matthew. 2001. *Understanding Global Environmental Politics: Domination, Accumulation, Resistance*. London: Palgrave.

——. 2002. "Climate Change and the Politics of Global Risk Society." Paper presented at the International Studies Association Annual Convention, New Orleans, March 24—27.

Rajan, Sudhir Chella. 1992. "Legitimacy in Environmental Policy: The Regulation of Automobile Pollution in California." *International Journal of Environmental Studies* (42): 243—258.

——. 1996a. *The Enigma of Automobility: Democratic Politics and Pollution Control*. Pittsburgh: University of Pittsburgh Press.

——. 1996b. "Diagnosis and Repair of Excessively Emitting Vehicles." *Journal of the Air and Waste Management Association* (46): 940—952.

Reitz, David. 1979. "Controlling Automotive Air Pollution through Inspection and Maintenance Programs." *George Washington Law Review* (47): 705—720.

Schneider, Kenneth R. 1971. *Autokind vs. Mankind*. New York: Norton.

Sheller, M., and J. Urry. 2000. "The City and the Car." *International Journal of Urban and Regional Research* 24(4): 737—757.

Transit Cooperative Research Program (TCRP). 1997. "Consequences of the Development of the Interstate Highway System for Transit." *TCRP Research Results Digest* (21) (August).

Wernick, Andrew. 1994. "Vehicles for Myth: The Shifting Image of the Modern Car." In *Signs of Life in the U.S.A.: Readings on Popular Culture for Writers*, ed. Sonia Maasik and Jack Solomon, pp. 78—94. Boston: Bedford Books.

Zizek, Slavoj. 1991. "'The King is a Thing': The King's Two Bodies." In *For They Know Not What They Do: Enjoyment as a Political Factor*, pp. 254—277. London: Verso.

# 第十章

# 空气归谁所有？

## ——《清洁空气法案》作为共有产权谈判结果的实施

E.梅勒尼·迪普伊

"空气归谁所有？"我们每天都要呼吸空气，但并没有因此而承担任何经济责任，所以，我们很少把空气作为财产来考虑。经济学家们趋向于赞同把空气定义为"公共品"，一种不可分割从而任何个人或者群体都不可占有的资源。空气的这种"不可占有性"往往导致那些关心资源利用政治的人士对空气兴趣索然。"空气使用权斗争"这个概念根本就没有引起可与定义比较明确、更加显而易见的水、土地或者森林使用权斗争相提并论的共鸣。然而，就像本书其他章节所显示的那样，空气使用的不可见性并不就意味着不存在这方面的政治活动。虽然空气并不完全可以占有，但是，空气使用权斗争，尤其是防止空气使用导致污染排放物"沉降"的斗争，始终存在(Tarr, 1996)。正如本章将要介绍的那样，《〈清洁空气法案〉1990年修正案》(CAAA)的通过标志着美国的空气污染治理政策达到了一个全新的阶段，并且越来越把空气视为"类财产"。同时，为实施《〈清洁空气法案〉1990年修正案》而在空气污染治理政策方面开展的政治活动，可以被视作为争夺空气使用权而展开的类财产争夺战。本章将考察一个根据《〈清洁空气法案〉1990年修正案》制定和实施政策的案例，即纽约州根据新污染源评估报告编制的减排额度(ERC)计划，以显示纽约州政府官员、污染企业业主以及环保人士之间如何为了争夺空气使用权而进行博弈的。

为了剖析这个案例，本研究运用两种目前流行的资源争夺和产权研究视角。首先，我们将运用政治生态学视角。政治生态学者主要考察当地制度背景下的资源使用权斗争与权力关系问题。其次，政治生态学者在研究资源权利主张时与那些研究共有产权制度的学者分享了一些观点(Ostrom, 1990; Rose, 1994)。不过，研究共有产权的学者倾向于关注在特定制度机制下争夺有时是稳定资源使用权的方式。这类研究主要考察美国日益把空气作为产权明晰的共有财产来处理的监管历史。本研究将证明，依据《〈清洁空气法案〉1990年修正案》构建的空气使用产权"制度"是争夺共有产权的产物。具体而言,本案例研究将显示,这些权利在法律上并不明晰,但就是这种权利的法律模糊性为争夺空气使用权创造了条件。

各种围绕空气使用的问题也反映了其他共有财产使用问题,即这种资源如何并归谁所有(管理)?本章将考察《清洁空气法案》特别是《〈清洁空气法案〉1990年修正案》如何努力明晰空气使用权界限以及如何处置并管理日益被视为共有财产的空气。美国政府连同在美国联邦系统下执行清洁空气监管的国家以下一级的各州政府一起,在努力明晰空气使用权界限的过程中获得了某些法律制度——美国宪法部分条款(第14修正案,商业条款部分)、普通法中的"公害法"以及被很多州宪法传承的罗马查士丁尼法传统——的援助。虽然得到了这种制度支持,但是,美国把空气作为共有财产的尝试多少受到了美国现有的其他法律制度,即美国《〈权利法案〉第五修正案》(又称"私有财产征用保护条款")以及美国依赖英国普通法的其他方面。就是物权法的这种不明晰性或者模糊性构建了这个相关各方争夺空气使用权的"模糊领域"。本研究将具体考察一个能够说明争夺空气使用权的斗争是如何嵌入这些制度模糊性以及如何能够策略性地利用这些制度模糊性的案例。在这个案例中,空气这种财产的潜在使用者通过《〈清洁空气法案〉1990年修正案》规定的程序就空气使用权问题进行协商。空气使用者的不同利益导致他们在政治竞技场上提出各自的产权"主张",而国家机关则必须通过调整产权制度来回应他们提出的不同产权主张。

因此,纽约州实施《〈清洁空气法案〉1990年修正案》可以被理解为创造性地界定共有财产产权界限以及不同使用者群体在这些产权界限内就使用"权利"进行的谈判。其次是共有产权制度研究。关于权利的话语就发生在制度模糊性以及美国处理环境资源的法律制度的内在矛盾之中。因此,仔细考察作为产权斗争的空气使用权谈判——以及作为平息这些斗争制度方面努力的空气使用权"管理",能够进一步揭示空气污染治理政策制定方面的政治博弈。

## 使用权研究的政治生态与共有产权视角

政治生态学者和共有产权学者都着力于考察资源"使用权"问题。不过,政治生态学者倾向于关注争夺使用权的斗争,而共有产权学者则聚焦于共有财产在共有产权制度下的稳定问题。"政治生态学"和"政治经济学"这两个术语之间具有一定的相似性并非偶然。政治生态学者虽然回避了马克思主义生态学的元理论,但仍试图把注意力转向一种唯物主义观(即经济和自然)内部的社会不公平和政治冲突。虽然程度有所不同,但是,政治生态学者赞同环保思想不重要的观点[例如,赞同拉马钱德拉·古哈(Ramachandra Guha)对欧洲中心论的荒野观念进行的后殖民批判]以及文化研究把话语权作为理解政治斗争方式来强调的做法。政治生态学中的话语权研究通常就是考察"讲话权主张"(Fortmann,1995),也就是考察涉及资源使用权利"主张"的话语权斗争。具体而言,政治生态学者会考察这些权利主张在权力网络中的嵌入性(Peet and Watts,1996;Peluso and Watts,2001;Vandergeest and DuPuis,1996)。换言之,政治生态学者倾向于在权力、支配和政治背景下以及在更加微妙的合法性和认知性霸权斗争中考察争夺资源的斗争。

共有产权学者关注某一特定种类的产权——一个有界集资源的共同使用问题。在共有产权制度下,资源使用权被限定在某个群体,而这种资源的使用是通过从国家宪法到当地亲属关系网络等特定正式和非正式的制度来管理的。从这个视角出发,共有产权制度得以稳固下来从而避免"公地悲剧"(Hardin,1968)——一种无限制使用导致资源退化的状况——的方式就特别值得关注。共有产权学者认为,哈丁(Hardin)的"公地悲剧"并非不可避免,限制特定使用者群体(如持有捕捞许可证的商业渔船船东)的资源使用权,并且对资源使用权进行管理(如规定最大捕捞量),就能保证资源得到可持续管理(Ostrom,1990)。《〈清洁空气法案〉1990年修正案》的实施策略就是想通过把空气使用仅局限于获得许可的使用者——从工厂到汽车——以及限制这些使用者可以排放的污染物数量来推行相同的措施。

由于共有产权学者和政治生态学者都倾向于考察制度的历史发展,因此,他们的研究与环境历史研究也有明显的重叠[尤其请参阅佩鲁索和万德吉斯特(Peluso and Vandergeest,2001)关于东南亚产权制度发展的最新研究]。具体而言,政治生态学者往往非常赞同威廉·克罗宁(William Cronin)的环境史观,通常同意确实存在把荒野作为无人自然概念的"麻烦"。相反,政治生态学者和像克罗宁这样的环境史学家倾向于把社会置于环境史特别是不同群体之间关于资源使用权的社会、政治和文化斗争历史来研究。

无疑,虽然个别学者也从共有产权的视角去考察空气使用问题,但是,空气使用权通常不是政治生态学者研究的一个主题[Rose,1994;关于相关评论,请参阅 Farrell and Keating(2002)]。从某种程度上讲,这是因为人们普遍认为空气是一种不可专有的"公共品"。然而,就像某些共有产权学者所指出的那样,公共品与共有品虽然并不完全相同,但两者在像普通法这样的制度条件下可以非常接近(Ostrom,1990)。就像一个评论者所描述的那样:"一旦在大家一致同意的情况下供给,公共品就如共有品,是一种可维持或者被滥用的共享资源。从这个意义上讲,(像污染这样的)公害问题在某种程度上就是一个共有品及其如何管理以获得最大集体财富的问题"(Yandle,1992:520)。

## 空气"所有权"的模糊性

美国的环保政策与资源产权之间的模糊性源自于美国宪法两个不同并且多少有点相互抵触的部分。[1]首先是美国《〈权利法案〉第五修正案》,该修正案规定:除其他方面以外,尤其不应该有人被剥夺某些权利,"既不应该在没有经过法律程序的情况下被剥夺生活权利、享有自由的权利或财产权利,也不应该在没有公平补偿的情况下被剥夺私有财产充作公用"。《权利法案》的这部分条款通常被称为"征用条款",不过,它们也是"土地征用"法律的权威来源所在。这些条款规定,如果征用私人财产能够促进公共利益,那么各州当局可以在给予补偿的情况下征用私人财产。没有法院试图在定义"公共利益"时采用严格的法律界限,而法院通常认为环境监管就属于公共利益。

不过,美国另一个法律传统实际上涉及各州"以信托形式"为公众代管产权的思想。大多数州最初都以不同形式在各自的宪法中采纳了罗马查士丁尼法。罗马查士丁尼法认为:"根据自然法则,以下物品为全人类共有:空气、流水、海洋,因此还有沿海滩涂。"然而,即使更新、更加积极保护环境的州宪法一般也没有把空气资源包括在共有产权的保护之下。相反,各州往往主张把水和沿海、滩涂资源置于它们为公众代管的产权之下。因此,美国大多数州的法律以不同的力度为公众只保留沿海、滩涂和其他水域。也许,更重要的是,州境内的水域由州代管的性质在美国宪法商业条款和一个久已存在的法体中得到了确认。这个法体支持州在通航水域的利益在其监管州际商业的权力范围之内。因此,大多数州更多的法体主张州境内的水域和海岸线由州以公共信托的形式持有。不过,粗略地考察各州的宪法就能发现,各州宪法大多没有特地把空气包括在州以信托形式持有的财产中。这样做是有道理的,因为空气并不局限在某个州的境内。由于我们是在考察空气污染治理监管问题,因此,这一事实就变得更加重要。一项截止到1986年的美国各州法院判例研究显示,29个州的法院已经把公共信托原则扩展应用到通航水域以外,并且把像非通航水域和非水资源这样的区域也包括在了公共信托适用范围之内(Lawler and Parle,1989:142)。

美国《宪法第五修正案》和其他部分都没有明确把任何一方的财产所有权

作为共有资源。各州根据并非涉及州公共品资源所有权的不同判例拥有监管权。首先是普通法的判例。普通法认为,州司法机关有权剥夺产权人的某些权利,如果这些权利的行使会给别人带来危害。这部分的法律通常被称为"公害法"。其次是州的治安权。州治安权的有关规定赋予各州监管私人财产使用的权利,以免私人财产的使用损害公共利益。这种监管权得到美国《宪法第五修正案》的保护。

此外,共有产权法还严重依赖于由审理狩猎猎物占有争议的判例(适用于由一个以上狩猎者为追踪猎物"付出了劳动",但只有一个狩猎者打死并获得猎物的情形发展起来的所谓"优先占有"原则)。根据这个原则,法院历来判决支持已经实际占有有争议资源的当事人。优先占有原则在环保法中具有重要意义,因为这个原则为那些历史上已经在使用相关资源的人(即污染者本人)创设了一种权利主张权。从优先占有的观点出发,空气资源已经是由那些使用它们的人拥有的私有财产。从这一视角出发,任何变更或者废除这种权利的尝试或者努力,依照《宪法第五修正案》都被视为"征用"。

对美国的《清洁水法案》与《清洁空气法案》进行比较,就能发现非常不同的信托财产请求权。《清洁空气法案》(CAA)一上来就宣称"从源头控制空气污染是州和地方政府的主要责任"(CAA 第 101[a][3]节)。在州境内监管空气资源是州政府的责任。但不同于水资源,各州宪法很少明确把空气资源认定为公共信托财产。因此,美国的《清洁空气法案》秉承了美国采纳查士丁尼法(仅把水定为由州政府而不是联邦政府代管的公共信托资源)的法律传统,并且采用了美国宪法的商业条款(赋予联邦政府某些譬如说使用州管水域的权利,但没有提及空气)。美国《清洁空气法案》的制定和修改史就是一部描述美国各州与国会之间最终如何谈判确定各自管辖权限的历史。由于"大都市和其他城市区域快速发展,一般都超越了地方管辖区的界限,并且常常扩展到 2 个或更多州的地盘"(CAA 第 101[a][1]节),因此最终赋予国会制定和修改《清洁空气法案》的权力。值得一提的是,规定州际管辖权的依据并不是"空气污染超越了州界",而是"空气污染源超越了州界"。即使在州际管辖权主张方面,美国国会也无权处置所谓的州资源。

相比之下,以"宣布目的"开篇的《清洁水法案》明确讲到了国家水域(nation's water),而且反复宣称改善水质属于"国家政策"(nation policy)的范畴,并且不顾各州是公共信托水域的实际持有人这一事实。联邦法把自己的权威建立在州际水上运输上。但是,由于各州一般都没有主张公众托管空气的所有权,因此,联邦法较难主张这方面的国家托管权。在强制推行空气质量标准和在全国范围内检查是否达标方面,联邦法只提到了联邦政府的治安权,旨在"保护公共卫生和福利不受被科学证据证明会造成危害的排放物的影响"(CAA 第 108[2][a][B]节)。

有趣的是,联邦政府威胁要对清洁空气监管未达标的州实施的主要制裁措施,就是扣除联邦高速公路建设资助资金,这是一种联邦政府具有不可否认的权威的制裁措施。

《清洁水法案》与《清洁空气法案》之间的这一差别是否真正重要呢?卡萝尔·罗斯(Carol Rose)在讨论联邦和州政府根据其治安权和公共信托原则提出的财产要求权间关系时给出了一个答案。她的观点无非就是联邦和州政府提出的财产要求权基本相同。"19 世纪的法学家多半倾向于对治安权与公共财产这两个术语不做区分。"她在说过此话后,又把"以公众名义创设的租金与公共权利"紧密地联系在一起。她指出,经典的治安权判例穆恩诉伊利诺伊州案(Munn vs. Illinois)主要是依据水权法做出的裁定,结果是"治安权条例反映了公共产权原则"(1994:145)。无论是治安权还是公共产权"都涉及一种对除私人财产外的其他财产可行的'地役权'(easement)——一种公众有权行使但政府或其他任何机构都不能通过交易转让给私人的地役权"(1994:145)。财产的公共性肯定与"价值从某种意义上说由相关实践的公共性本身创造"(1994:145)这一事实有关,就如价值由创造铁路和电力系统的财产地役权创造那样。

因此,出于公共信托和公共利益/治安权的原因,美国各州政府就可以像拥有法律赋予的权力并且依照类似于适用于水资源的公共信托原则持有公众托管的空气那样行事。于是,不管空气怎么流动,已经开始在州境内被作为州管"共有财产"来处理。

那么,州政府在没有主张绝对所有权的情况下怎么会变成空气资源托管者的呢?就如卡萝斯·罗斯已经指出的那样,财产是"在一种形塑故事内容和含义的文化中提出的主张或者讲述的故事。也就是自称的'所有人'必须发出同一文化中其他人能够理解并且觉得作为提出权利主张的理由有说服力的信息"(1994:25)。然而,政治生态学者关于林地和其他共有产权资源的研究表明,这些故事有时会受到质疑;在某些情况下,争夺资源的斗争会传递不同群体使用权相互矛盾的信息(Peluso,1992;Vandergeest,1995;Fortmann,1995)。就像下文的案例研究所显示的那样,清洁空气条例的故事就是试图把公产的使用局限在全体获得许可的使用者的范围内,在不同的权利主张提出者之间配置这个有限集资源的使用权,并且索要政府对这种资源的终极权利。就如罗斯所言,在这场斗争中,州治安权和公共信托权并不只是彼此印证,两者之间的差别还造就了一个"制度模糊性竞技场",而竞技各方又会争相提出自己的权利主张。

空气监管机构把工业和其他"固定"污染源作为共有财产使用者——向空气中排放废弃物——来处理,并且已经按照防止它们通过过度使用制造"公地悲剧"的方式对其进行了监管。空气污染治理水平没有达到联邦标准的地区——通常是都市区——就改用一种未达标监管模式,这种模式把空气作为界限日益明晰的共有资源来处理。这种情况很像理想的渔场管理,《〈清洁空气法案〉1990 年修正案》为空气污染治理未达标地区的固定污染源规定了最大空气可用量("预算")。这份预算以州 1990 年的排放量为限,然后根据供各州选择的不同监管措施逐年下降。这份空气使用预算还规定了"移动污染源"(汽车和其他形式的交通运输工具)的排放量。实际上,《〈清洁空气法案〉1990 年修正案》按照以 1990 年排放量为限、逐年下降的不同水平(按 X 年的百分比降幅)设定了空气这种共有财产的"产权"边界,然后让各州与自己境内各空气使用者群体商定每个群体有权使用多少空气。因此,为推行《〈清洁空气法案〉1990 年修正案》强制要求的州相关法律而进行的斗争,可以被看作一种为决定谁将使用多少空气这种州公产而开展的斗争。

《〈清洁空气法案〉1990 年修正案》还规定了一些使用空气的初始限制条件。首先,《〈清洁空气法案〉1990 年修正案》授权联邦环境保护署决定固定和移动污染源必须具备哪些技术条件才能获准使用空气这种公产。凡是不采用规定技术的污染源都将无权排放废气,即不是得不到排放许可,就是车辆不予登记。

然而,美国联邦环境保护署基本上没有直接确定空气使用边界,而是制定了它认为空气"安全"的标准,然后授权各州制定监管机制,包括计算污染源在达到规定标准的同时可向空气中排放多少污染物。然后,各州当局通过建模来编制预计能够符合空气污染治理标准的排放预算。

不过,《〈清洁空气法案〉1990 年修正案》还允许各州灵活确定由谁、如何使用州管空气资源。于是,州监管程序的确定就成了空气资源使用的不同利益相关者主张自己使用权的竞技场,而州空气监管制度则变成了"使用权管理制度"——权利主张这个讨价还价过程的产物。就如下文的案例研究所显示的那样,空气资源的法律(物权法)模糊性为不同空气使用者提出自己的权利主张提供了空间。

## 案例研究:纽约州备受质疑的减排额度计划

一个专门处理空气产权问题的空气监管机制就是污染排放额度交易。有关《清洁空气法案》的法律法规规定了很多污染排放额度交易计划，其中最成熟的要数硫黄排放限额交易计划。该计划是为了提供一个依靠市场的酸雨问题解决方案而制定的。[2]加利福尼亚州的回收再利用计划是通过两种合并生成雾霾的地面臭氧前驱体氮氧化物（NOx）和挥发性有机化合物（VOCs）排放额度交易促使污染源遵守监管规定的涉及面最广泛的计划。本案例研究介绍一个涉及面较窄的交易计划——减排额度设立和交易计划，该计划又称"排放补偿计划"。[3]排放补偿计划是《清洁空气法案》的一个组成部分，又称"新污染源评估计划"，同时又属于那份考虑允许各州出现规模更大的新污染设施的计划。编制排放补偿计划是为了给防雾霾空气质量标准未达标区域的工厂排放设定上限。《清洁空气法案》实施条例对"固定污染源"基础工业设施和发电厂前驱体污染物的排放设定了上限。固定污染源排放上限虽然从1990年开始才实行定量管理，但是与新污染源评估计划项下20世纪70年代制定的排放补偿条例一起制定的。从理论上讲，每个新的大固定污染源都必须找到排放补偿对象——现有污染源等量减排——才能排放污染物。

很多年来，我们一直不清楚在未达标州选址新建大型设施到底是如何找到排放补偿对象的。很多州抱怨，这些规定提出了不切实际的选址要求，从而束缚了各州未达标区域的经济发展，而各州未达标区域常常是一些急需新就业机会的城市区域。作为对这个问题的回应，《〈清洁空气法案〉1990年修正案》要求各州制定减排额度认证计划，而减排额度可合法地作为为新设施申请新的营运许可的补偿对象。

制定、公开评审和执行减排额度认证计划的纽约州，为我们了解空气资源共有"产权"谈判如何发挥作用提供了一个例子。很多州援引《〈清洁空气法案〉1990年修正案》有关硫黄排放限额规定声称，减排额度并不是私有"产权"，但规定了限额以后就成了"一种有限的排放授权"（42 U.S.C. 7651b）。换言之，无论是联邦法还是州法都没有把空气使用权作为一种州有特定财产，而是都认为空气使用权不是私人财产。就如一项有关另一种空气交易形式的相关建议规则显示的那样，美国国会把"限额"称为"有限排放授权"，以"确保限额持有者们明白他们不会受到政府依据《宪法第五修正案》规定征用的影响"。[4]

然而，就像纽约州实施减排额度政策的历史所反映的那样，州污染监管机构"限制排放授权"的程度并不是无限的。第一个减排额度计划修订案于1992年9月公开征求意见。[5]这个修订案对州控制计划设置的减排额度的性质采取一种扩展观，修订案主要包括以下内容：

1. 州监管当局保留10%的减排额度；

2. 通过关停设备实现减排的污染源可保留全部减排额度;

3. 减排额度3年不用得归还州监管当局;

4. 州监管当局可把部分归还额度分给某些有益于经济或者处于经济劣势地位的污染源。必要时,州监管当局还可利用额度使用权来鼓励污染源遵守《〈清洁空气法案〉1990年修正案》规定的达标要求。

纽约州环境保护部专员托马斯·约尔林(Thomas Jorling)在州长办公室环保官员的一份备忘录中承认"采取这种立场有一定的法律和政治风险。我的立场基于这样一个法律论据:排放补偿是州监管当局授予的规定限期和一定限制条件的排放许可,而不是一种污染权利"。然而,他又严肃地争辩说:"《〈清洁空气法案〉1990年修正案》规定的排放补偿是一种财产权利,而任何对排放补偿设置的限制条件都将被视为一种权利所有人必须得到补偿的征用。法院还没有就这个问题做出专门裁决,而联邦环境保护署在这个问题上也是支支吾吾、含糊其辞。"[6]

代表大多数大工业污染者因而也代表潜在减排额度创造者的纽约州商业委员会回答表示,"强烈反对州监管当局对私营部门的排放补偿进行任何形式的征用"。[7]纽约州环境保护部在这封短信中三次使用了"征用"这个词。尽管纽约州商业委员会没有公开主张减排额度的归属权,但是,在纽约州减排额度计划修订案明确订立了上述减排额度保留和归还条款的情况下,纽约州商业委员会反复引用"征用"的概念,其实是一种旨在对把产权问题归入公共领域的做法提出正式质疑的策略性威胁。

纽约州商业委员会认为,保留减排额度就是征用的依据是优先占有产权论。已有设施不适用减排额度计划这个事实本身就意味着赞同优先占有主张。在减排额度计划付诸实施以后,不是新设施就必须找到减排额度才能运行。已获得许可的设施被赋予了根据已有污染排放量设置排放额度的潜在可能性。换句话说,污染者只要有污染前科就有机会创设另一有价值的资产。环保人士对此做出了回应,批评这项计划是要颁发"污染许可证"。

不但环保人士觉得减排额度计划存在的优先占有问题难以接受,而且经济学者们也认为已有设施不适用这项计划的规定从经济角度看是低效的。就像罗伯特·哈恩(Robert Harn)和罗杰·诺尔(Roger Noll)所指出的那样:

"拿已有标准作为交易基准的现行方法具有政治吸引力,因为它对有效许可证持有者的财富状况没有影响。不幸的是,仅仅依靠有效许可不受新法约束并让污染者安排交易的做法并不是最有效的市场组织方法,因为这种方法(1)需要双边谈判;(2)缺乏一种交易条件政府备案机制……(3)可能导致严重的市场结构问题"(1983:74)。

在纽约商业委员会向纽约州环境保护部表达其反对意见的同时,纽约州参议院通过了一项有可能创设污染空气权利并且禁止环境保护部"没收"减排额度的议案。[8]美国联邦环境保护署在一封致托马斯·约尔林的信中措辞强硬地对州当局监管的空气使用权利进行了正式的法律分析。[9]在这封信中,代理助理署长迈克尔·夏皮罗(Michael Shapiro)表达了对这一法案的"强烈反对",认为"与传统上赋予空气污染的法律地位不符"。他辩称,这部法律认定空气污染"不是一种财产所有权",政府有权"在不给予补偿的情况下把它作为一种公害来废除"。夏皮罗其实是基于"州有保护其州民健康和安全的治安权"以及"在州际污染争议中可把空气和其他污染作为公害来处理的普通法"来为他的观点辩护的(p.2)。他还援引了一项认定政府监管方案创设的权利不是财产的决议。虽然这封信正式谈到了产权问题,但是,美国联邦环境保护署仅仅提出了减排额度——由污染源专门创设的空气污染权利——是不是财产这个问题,但回避了空气作为公共信托共有财产的问题。

但是,这样做并不能回避减排额度是财产这个棘手的问题。一方面,减排额度符合被作为西方财产概念基础的洛克(Locke)式财产概念(Rose, 1994)。污染源通过投资于超越联邦技术标准的设备来创设减排额度,这种行为反映了洛克认为财产具有劳动属性的思想。污染源通过超标控制排放来创造清洁空气,不同于它们污染空气。因此,这是一个很有说服力的洛克式论据,认为清洁空气应该是财产。另一方面,也许是依据先用权,有些州——包括纽约州——允许通过关停设施来创设减排额度。

然而,如前所述,公共信托概念引出了"一种对除私人财产外的其他财产可行的'地役权'——一种公众有权行使但政府或其他任何机构都不能通过交易转让给私人的地役权"(1994:145)。公共信托资源的这种不可让渡性导致任何种类的空气交易计划都应该受到质疑:虽然州监管当局能够授权污染源排放污染物,但它是否能够允许变卖即使没有被宣布为正式"财产"的公共信托资源的使用权呢?

当然,工业企业都偏爱那种传承洛氏财产概念的观点,而环保人士们则更支持公共信托这个具有说服力的概念。但是,"公共信托"到底是指什么呢?是否包括出于经济效率的考虑按照某种把公共信托资源配置给私人持有者的想法创造性地制定政策呢?[10]这种多少有点矛盾的概念传承就成了"利益相关者凭什么来争夺空气使用权"这个问题的一个组成部分,而州监管当局则往往发现自己被夹在了中间。

为了应对各方空气使用权主张在政治上导致的冲击,纽约州政府官员改变了自己的立场,并且给予污染者(包括像公立医院、监狱和工业设施这样的公共污染源)获得潜在减排额度的充分机会。纽约州既没有为经济发展或者达到监管标准而保留一定百分比的减排额度,也没有在3年以后把未使用减排额度收归州有。

然而,这种排放补偿规定因为没有对城市失业人口众多的工业州实施"零增长"政策而继续受到批评。担心丧失就业机会并且没有能力在新的——比较清洁的——工业设施方面与西部和南部各州展开竞争的东北部各州,确实担心排放补偿规定正好成为各竞争州为了在新的工业投资角逐中胜出而能利用的一枚子弹。[11]纽约州政府承担着相互矛盾的责任,既要保证空气清洁,又要保证经济生机勃勃,尤其是要为在过去30年里受到纽约州去工业化沉重打击的工薪阶层群体提供"好"的工厂工作。因此,对于纽约州来说,控制一定比例的减排额度极具吸引力。此外,在准备实施减排额度计划的过渡时期,那些有潜力创立排放额度的污染源都试图弄清楚如何才能达到减排额度创设监管标准,而那些已经成功创设排放额度的污染源往往都为自己囤积了大量的减排额度。结果,没有减排额度可用,就是对于州营银行来说,也被认为是严重威胁行业内发展的因素。[12]

纽约州负责经济发展的官员一度发现自己没有掌握州政府可保留的减排额度,于是就争相通过确认关停州有设施完成的减排指标来创设减排额度。同样在争夺减排额度保留额期间,州长一职从民主党人马里奥·库莫(Mario Cuomo)的手中转到了共和党人乔治·帕塔基(George Pataki)手中,帕塔基在竞选州长时曾许诺一旦当选一定设法扭转纽约州的工业经济颓势。

在帕塔基治下,纽约州把州有设施创设的减排额度无偿送给了瓜尔迪安玻璃公司(Guardian Glass),把这作为吸引该公司把它麾下的一家工厂落户纽约州西部的激励组合的一部分。"我们试图通过此举吸引制造商落户纽约,"纽约州经济发展部的一名发言人这样解释说:"这是一种独一无二的创新理念。"[13]纽约州环境保护部的官员也认为,这是一种为了州的利益合法使用州减排额度的方法。"我们在推动经济增长和创造就业机会的同时还减少了州有设施的废气排放",纽约州环境保护部的一名发言人这样解释道。[14]

然而,环保人士可不这样认为。"令人不安的是,纽约州转手就把通过减少州有设施的排放积攒起来的污染额度拱手送给了别人,"纽约州主要环保联盟的一名发言人如是说,"纽约州当局理应为了公共卫生保留这些额度,而不是把它们送给企业。"[15]换言之,环保人士根据州当局承担的公共信托责任,对把公共减排额度送给或者让给私营部门的做法提出了质疑。

纽约州经济发展部的官员在为自己的立场辩护的同时给出了他们自己对公共信托所下的定义,其中包括州政府鼓励在本州创造高薪工作机会的责任。例如,在州立法机构应在野的民主党的要求就瓜尔迪安公司减排额度案举行的一次立法听证会上,纽约州经济发展部部长查尔斯·加尔加诺(Charles Gargano)抨击要求召开这次听证会的韦斯切斯特(Westchester)县民主党人理查德·布罗茨基(Richard Brodsky)说:

"布罗茨基主席,刚才我们是否听您说到担心那些成群结队地租车离开尤蒂卡(Utica)、阿姆斯特丹(Amsterdam)、詹姆斯敦(Jamestown)、宾厄姆顿(Binghamton)和水牛城(Buffalo)等城市,前往像弗吉尼亚、北卡罗来纳、南卡罗来纳以及南方和西部这样的州去谋求更好的未来?"[16]

布罗茨基议员回答表示,他同意建造工厂,"但不是以牺牲我们每天要呼吸的空气为代价"。[17]听证会上的唇枪舌剑把一场争夺空气使用权的斗争转变成了工人与空气呼吸者之间的争斗,而且每个政治集团都代表自己为某个空气使用者群体说话。

罗斯(Rose,1994)已经指出,公共信托是一个存在歧义的问题:是否意指由政府官员想必是为了公共福利而管理的信托,或者还是另一种公共信托,一种属于民众自己的信托,一种民众有时为了抵制政府官员的决策而奋起保护的信托?就如本案例所显示的那样,美国制度把空气所有权定义为共有产权的歧义性为争夺有争议的权利提供了一个扯皮的平台。

## 结束语

根据这一小部分《清洁空气法案》实施条例开展的这场空气使用权主张讨论表明,争夺空气使用权这种共有产权的斗争与争夺其他更加传统的共有财产(如渔场、海岸和水资源以及森林资源)使用权的斗争之间有很多的相似性。在以上各种情况下,使用者都会对他们使用某种资源——或者在政府的情况下是管理某种资源——的权利提出主张。

对这些权利主张的质疑常常发生在资源所有权模糊不清、相互矛盾的情况下。这些美国物权法没有解决的矛盾,特别是与空气资源有关的未解决矛盾提供了一个"制度歧义性竞技场",而争夺空气使用权的斗争就发生在这个竞技场上。关于减排额度的案例研究澄清了其中的两个模糊问题。第一个问题就是空气是否明确被置于公共信托之下或者是否采用普通法的"优先占有"原则。

第二个问题应该与公共信托的定义是否使政府变成了最终仲裁者或者置于信托下的"公有"资源甚至能自我保护不受政府行为的影响。关于空气这种财产使用的制度并不稳定，从而给各社会主体留下了主张空气使用权的政治空间。

然而，减排额度计划在过去 5 年里的实施没有引发很大的争议，这表明某些制度稳定性已经形成：减排额度可以买卖；新的设施获准建造。此外，空气使用权主张谈判达成了某些现在已无争议的妥协。政府官员提出了他们的建议：由能在法院根据"优先占有"原则为自己的空气使用权辩护的污染源保留和废除处于"征用"威胁之下的减排额度。在由纽约州政府把州有设施的减排额度赠送私人公司引发的争议中，纽约州政府在如何使用州有设施减排额度的使用权这个问题上受到了质疑，因为州政府的决定应该有利于本州州民的福利。自那以来，纽约州经济发展部的官员没有再出于经济发展的目的积极创设更多的减排额度，部分是因为他们不希望再引发另一场政治争论。值得一提的是，纽约州之前的民主党政府也准备把减排额度用于经济发展，不过是用州政府保留和从工业设施收回的排放额度，而且仅仅是在因空气质量达标而不需要这些减排额度的情况下。

纽约州为达到《清洁空气法案》规定的空气质量标准而进行的努力，近来更加聚焦于解决与那些废气排放跨界影响纽约州的"上风口"州之间的争议。上风口州的工厂大量排放的废气，特别是中西部地区大型燃煤发电厂大量排放的废气，影响了纽约州的空气质量，因此，纽约州指控这些"上风口"州大量盗用纽约州管辖区内的空气资源。换句话说，争夺空气使用权的斗争已经在很多方面展开，导致不同的空气使用者群体彼此互掐。

---

• 注释：

[1]这里介绍的美国产权法律史主要引自 Lawer 和 Parle(1989)。

[2]《〈清洁空气法案〉1990 年修正案》第四篇。

[3]作为纽约州经济发展部的政策分析员，笔者也参加了这里介绍的减排额度计划的制定、完善和执行工作。

[4]Proposed Open Market Trading Rule for Ozone (SMOG) Precursors, 8/3/95, p.33.Federal Register 60(149)(August 3,1995):39668—39694;online via GPO Access waib.access.gpo.gov.

[5]Public Hearing Proposal, November/December 1993, "Repeal 6 NYCRR Part 231 and Adopt New 6 NYCRR Part 231 'New Source Review in Nonattainment Areas and Ozone Transport Regions.'" http://www.dec.state.ny.us/website/dar/

reports/ part231/text231.pdf.

［6］Memo from Thomas Jorling, DEC Commissioner, to Joseph Martens, New York State Governor's Office, August 21,1992, p.3, author's files.

［7］Letter from Business Council to Thomas Jorling, Commissioner, Department of Environmental Conservation, April 21,1993, author's files.

［8］S-4720-Skelos, "Prohibition of State Retention of Air Emissions Offsets."

［9］1993 年 6 月 22 日，美国联邦环境保护署给托马斯·约尔林的信，作者文件。

［10］建立污染排放权交易体系的基本原理就是经济学家们主张的花较少的钱减少较多的污染排放。

［11］这些意见在约尔林给州长办公室的备忘录中都有所反映(n.6, above)；memo, Air Management Advisory Committee, Stationary Source Subcommittee to Craig Wilson, April 22, 1993, author's files; Business Council to Jorling (n.7, above); Thomas Jorling to the Air Management Advisory Committee, February 2, 1993; Department of Economic Development, "Comments of the New York State Department of Economic Development on Proposed 6 NYCRR Part 231 'New Source Review in Nonattainment Areas and Ozone Transport Regions,'" submitted April 22,1994, author's files. 不过，前个版本的新污染源绩效标准政策受到了批评，被认为偏袒东北部和中西部州，这些州"试图延缓南部各州的发展"(Hahn and Noll, 1983)。

［12］请参阅 Matthew Wald: Risk-Shy Utilities Avoid Trading Emission Credits, *New York Times*, January 25,1993。

［13］Raymond Hernandez, "New York Offers Pollution Permits to Lure Companies," *New York Times*, May 19,1997.

［14］Ibid.

［15］Ibid.

［16］Shannon McCaffrey, *Legislative Gazette: The Weekly Newspaper of New York State Government* 20(22) (June 2,1997):1.

［17］Ibid., p.2.

• 参考文献：

Cronin, William.1983.*Changes in the Land: Indians, Colonists, and the Ecology of New England* (New York: Hill and Wang).

Farrell, Alex, and Terry J.Keating.2000."The Globalization of Smoke: Co-Evolution in Science and Governance of a Commons Problem." Presented at Constituting the Commons: Crafting Sustainable Commons in the New Millennium, the Eighth Conference of the International Association for the Study of Common Property, Bloomington, Indiana, May 31—June 4.

Fortmann, Louise. 1995. "Talking Claims: Discursive Strategies in Contesting Property." *World Development* 23(6):1053—1063.

Hahn, Robert W., and Roger G. Noll. 1983. "Barriers to Implementing Tradable Air Pollution Permits: Problems of Regulatory Interactions." *Yale Journal on Regulation* 63: 63—69.

Hardin, Garrett. 1968. "Tragedy of the Commons." *Science* 162: 1243—1248.

Hecht, Susanna, and Alexander Cockburn. 1989. *The Fate of the Forest: Developers, Destroyers, and Defenders of the Amazon* (London and New York: Verso).

Lawler, James J., and William V. Parle. 1989. "Expansion of the Public Trust Doctrine in Environmental Law: An Examination of Judicial Policy Making by State Courts." *Social Science Quarterly* 70(1) (March):134.

Ostrom, Elinor. 1990. *Governing the Commons: The Evolution of Institutions for Collective Action* (New York: Cambridge University Press).

Peet, Richard, and Michael Watts, eds. 1996. *Liberation Ecologies: Environment, Development, Social Movements* (New York: Routledge).

Peluso, Nancy Lee. 1992. *Rich Forests, Poor People: Resource Control and Resistance in Java* (Berkeley: University of California Press).

Peluso, Nancy Lee. 1996. "Fruit Trees and Family Trees in an Anthropogenic Forest: Ethics of Access, Property Zones and Environmental Change in Indonesia." *Comparative Studies in Society and History* 38(3) (July):510—549.

Peluso, Nancy Lee, and Peter Vandergeest. 2001. "Genealogies of the Political Forest and Customary Rights in Indonesia, Malaysia, and Thailand." *Journal of Asian Studies* 60(3):761—812.

Peluso, Nancy Lee, and Michael Watts, eds. 2001. *Violent Environments* (Ithaca: Cornell University Press).

Rose, Carol M. 1994. *Property and Persuasion: Essays on the History, Theory, and Rhetoric of Ownership* (Boulder, CO: Westview).

Tarr, Joel. 1996. *The Search for the Ultimate Sink: Urban Pollution in Historical Perspective* (Akron: University of Akron Press).

Vandergeest, Peter. 1995. "Territorialization and State Power in Thailand." *The-*

*ory and Society* 24(3):385—426.

Vandergeest, Peter, and E. Melanie DuPuis. 1996. Introduction to *Creating the Countryside: The Politics of Rural and Environmental Discourse*, ed. E. Melanie DuPuis and Peter Vandergeest (Philadelphia: Temple University Press).

Yandle, Bruce. 1992. "Escaping Environmental Feudalism." *Harvard Journal of Law and Public Policy* 15(2):516—539.

# 第十一章

## 西班牙的空气污染

### ——"外围国家"的变迁

亚历山大·法雷尔

在过去的几十年里,能源和资源问题已经变得越来越国际化,从而在很多重要方面改变了社会看待环境的方法。这当然对社会如何保护环境产生了巨大的影响,进而也对环境质量产生了重大的影响。这一章考察西班牙在20世纪下半叶遭遇的空气污染问题,并且把重点放在90年代。具体而言,这一章着重考察西班牙各级政府或机构(地方、国家和国际)的作用,能源、经济和环保政策的相对重要性以及科学研究的作用。通过讲述西班牙的故事,我们将证明:对于西班牙的空气污染治理政策,总体政治倾向以及宏观经济政策远比科学界或者经济学界对空气污染问题的关切更加重要。此外,本研究还将举例说明西班牙从一个所谓的欧洲外围(periphera)国家成为欧洲国际社会较正式成员这一重要变迁过程。

环保政策之所以会国际化,部分是因为人类活动的类型和规模已经使我们实际成为国际乃至全球级的环境管理者,还因为经济活动全球化(Clark and Munn,1986)。后一影响效应的一个重要作用机制就是不断增长的国际贸易,从而常常要求我们对产品的环保标准进行国际协调,无论是按照容量最大市场的标准或者要求最严格的市场(能在这种市场上销售的产品将会被任何其他地方的市场所接受)的标准还是越来越多地根据国际机构的标准来协调。最后,环境国际化还可能被各国必须遵守常常是由国际组织设定的国际规范或规则的需要所驱动,而参加像贸易集团这样的国际组织会给参加国带来好处。

然而,不同的环境政策国际观已经引起了争议,它们被指控把不适当的统一标准强加于千差万别的环境、经济和政治状况——适合比尔托芬(Bilthoven)的标准可能并不一定适合毕尔巴鄂(Bilbao)。此外,它们还被指控以牺牲地方和地区政府为代价不当地把权力授予中央政府。

这种国际化倾向在欧洲显而易见。在过去的20多年里,欧洲国家之间签署的空气污染控制多边协议数量不断增加（重要性可能也在不断提升），其中最著名的协议是1979年在联合国欧洲经济委员会（UN-ECE）框架下签署的《远程跨界空气污染防止公约》（LRTAP）。在欧盟主持下针对这些问题开展的活动也变得越来越重要（Bennett，1991；Farrell and Keating，1998）。

关于这些活动的研究往往聚焦于北欧主要国家，尤其是德国、斯堪的纳维亚国家和英国，因为这些国家被认定是国际环保政策的"领先者"或者"落后者"。为了帮助弥补代表性上存在的缺口，本章将考察西班牙的空气污染治理政策。对西班牙的考察由于以下两个原因而将是一个有益的案例研究。首先，西班牙有时被视为一个既不位于欧洲中心、经济和政治也不重要的欧洲外围国家（Baker et al.，1994；Castells and Ravetz，2001；VanDeveer，forthcoming）。详细研究一个欧洲"外围"国家是有帮助的，因为，事实上，世界大多数国家更多是外围国家，而不是强大的中心国家。其次，西班牙的政治非常区域化，而政府的职能相当分散化，从而为探讨国际环境制度对这类国家（与北欧国家高度集中的环境制度形成鲜明的对照）的意义提供了机会。因此，本案例研究也许对于联邦制国家更有参考价值。之前学者们往往对西班牙的环境政策表示失望，似乎希望西班牙能够像北欧环境政策领先的国家靠拢。例如，安东尼诺·拉皮萨（Antonio Laspina）和朱塞佩·西奥迪诺（Giuseppe Sciortino）介绍了一种"地中海综合征"病例。在他俩看来，南欧国家由于患上了地中海综合征，因此难以提供公共品，包括环境质量（LaSpina and Sciortino，1993）。它们所患的地中海综合征包括认可不合作和不依从行为的公民文化、弱化监管机构执法的行政结构和传统以及有缺陷、碎片化的立法政治。拉皮萨和西奥迪诺认为，这就意味着欧洲地中海国家倾向于制定很多本国环境政策来应对外部国际势力；而在国际层面上，它们几乎不会提出新的环境政策，或者说，它们会阻碍新的环境政策的通过。

苏珊娜·阿吉拉尔—费尔南迪斯（Susana Aguilar-Fernández）关注的是西班牙没能贯彻执行欧盟指令，并且把这归咎于根深蒂固的"静态制度设计"和大权在握的地区政府（Aguilar-Fernández，1994b）。她还令人不爽地认为，这些制度（尤其是那些形塑政府—产业关系的制度）可能会长期存在下去，从而给欧洲环境政策的可能趋同制造障碍（Aguilar-Fernández，1994a）。

类似地，泽维尔·维约（Xavier Villot）注意到了西班牙通常被视为环境政策方面的落后者，但没有说明西班牙的这种状况可以用西班牙加入欧盟相对较晚、富裕水平相对较低以及西班牙可能对主要是为应对北欧问题（如酸雨）而设计的环境政策感到不满等因素来解释（Villot，1997）。她着重强调了地区（次国家)政府在环境政策制定和执行过程中发挥的作用，并且发现在国家层面与次国家层面之间几乎没有政策协调。更加严重的是，维约罗列了一系列对于西班牙空气质量弊多利少的因素，尤其是：(1)官方对执行环境政策缺乏兴趣；(2)产业界明显认为环保会导致企业丧失竞争力，因此应该由中央政府负责；(3)交通运输业出现了"失控"的新趋势和预兆。

以前的研究完全聚焦于环境法的政治和行政化以及1990年以前的数据。本章将更加广泛地考察有可能影响空气质量的政治和经济因素，并且更新对西班牙环境政策的研究，以便把20世纪最后10年西班牙进行的重要经济和政治变革都包括进去。本章的研究是全球环境评估项目的一个组成部分，并且包括文献综述以及采访西班牙和欧洲其他国家空气污染防治专家和政策制定者的大量访谈材料。

## 准备阶段

### 空气污染

在20世纪的最后25年里，西班牙经历了三种严重的空气污染：烟尘、一氧化硫和臭氧(光化雾)。

烟尘(或者烟灰)是一种与工业化及把煤炭作为工业、交通运输(铁路)和家庭主要能源来使用联系在一起的传统污染物。烟尘是一种固体(灰烬和煤渣)和气体(各种未燃尽的碳氧化物)的混合物。历史上常采用以下3种方法来解决烟尘问题：燃料替代、燃烧过程控制和灰烬收集(或者造高烟囱驱散烟尘，减轻对当地的影响)。

在燃料替代方面，石油、燃气和电能取代了煤炭。这种替代往往主要是由于便利和技术的原因才进行的。新燃料使用起来比较方便(如不用铲煤)，而且用户能够采用更好的新技术(包括内燃机、涡轮机、电力照明和电子技术)。石油、燃气和电能带来的一个重要好处就是比煤炭干净许多，大大改善了工作和生活条件，并且还能减轻家庭和工厂劳作。这种情况不同于传统的污染问题，一般是指除了用户以外的其他人也要受到污染的影响。由于用户得到了变换燃料的好处，再加上公众施压要求治理污染问题，因此，不再把煤炭作为家庭和工业主要能源的转变还是较快就完成了。美国在20世纪四五十年代，西欧大多数国家在六七十年代就完成了这种转变；而西班牙大概是在1975～1995年完成了这个转变过程，特别是在家庭方面，全西班牙大城市的燃煤集中取暖全部改用比较清洁的燃料。

然而,燃料替代只不过是解决了烟尘问题而已,而发电通常成了煤炭的主要用途和烟尘的重要来源。与家庭和一般工厂相比,发电厂为数很少,而且常常远离人口中心。不过,发电厂规模大,工厂主都十分关心燃料成本,因此使采取第二种污染治理方法——燃烧过程控制——成为可能。电厂的工程师和经营者们都非常注重选煤备煤和烧前处理,以便让煤炭充分燃烧,从而降低成本。不过,燃烧过程控制需要昂贵的专门设备,把煤块碾压成大小均匀的煤粉,以便让煤炭充分燃烧。这种技术对于工厂(驱动蒸汽机)的小锅炉或者家庭用途来说是不可行的,但是,采用这种技术提高效率带来的收益大于电厂资本成本支出,因为燃料成本是电厂的主要营运成本。燃烧过程控制与燃料替代一样,减少空气污染带来的收益有时微不足道,而且多少有点片面——煤粉锅炉几乎不排放未经燃烧的碳氧化物,但由于煤炭常常含有1/4或者更多的不可燃物质(如硅酸盐),因此灰烬仍是个问题。

第三个烟尘控制方法灰烬收集也是在大电厂比较好使。一大部分(常常一半以上)煤灰会落在煤炉底部(底灰),其实,这部分煤灰已经收集起来。收集夹在废气中的煤灰(粉煤灰)要困难很多,但过滤系统(囊式集尘室)以及效率更高的静电集尘器现在已经开发成功。美国早在20世纪60年代中期到1980年这个时期就已经完成电厂的粉煤灰控制,而欧洲大部分国家在时间上只稍晚一点就基本解决了烟尘问题。

欧洲第一次发现酸沉降(如酸雨)是在20世纪60年代末,但直到80年代末和90年代才得到控制。酸化大多源自于硫黄在敏感土壤和水体中的沉降,改变了它们的化学性质,并且影响了植物和水生态系统。硫黄是某些燃料(尤其是煤炭)在燃烧过程中会转变为二氧化硫的致污物。二氧化硫一般需要数天才会沉降到地面上,因此能够飘移很长的距离并导致跨境污染问题。酸化在西班牙从来不是什么很严重的问题,因为西班牙除了北方以外酸沉降相对较少,而西班牙北方的土壤并不很容易被酸化。然而,长期以来,西班牙北方由于电厂和工业使用高硫褐煤而遇到了一些多少有点不同的问题。硫排放量很大,以至于直接影响了植物的生命,因为硫排放阻碍了植物的生长,并且杀死了一些区域的全部植被。此外,人的眼睛和肺都会受到刺激。这些影响效应只会出现在距离污染源相对较近的地方,使得这个问题更像传统的烟尘问题,而不像会导致跨界污染的空气污染问题。西班牙的空气污染治理政策从未适当考虑过这些问题,这些问题最终是由于其他原因而实施燃料替代才得到解决的。

二氧化硫排放可以通过弃用高硫燃料、烧前净化燃料或者收集废气中的二氧化硫等方式来加以限制。

臭氧(或者光化雾)是排放物中的碳氢化合物和氮氧化物(NOx)在阳光的作用下生成的。西班牙地处欧洲大陆西南角,平均气温较高,日照水平也高于北欧,从而导致了较高的年平均温度和较快的光化反应。这些条件往往导致在相似的排放水平下西班牙遇到的臭氧问题比欧洲北部严重。西班牙的大城市,尤其是巴塞罗那地区,一年总有好几天臭氧含量超过欧洲阈值(vanAalst,1998)。但是,伊比利亚半岛的昼夜再循环往往会限制臭氧在市区的形成,所以,西班牙城市没有遇到过想象中那么严重的光化雾问题,但郊区和农村则遇到了较为严重的光化雾问题。因此,是作物和森林而不是人体健康受到了臭氧危害的最严重影响。

臭氧含量控制是通过减排臭氧的两种前驱体碳氢化合物和氮氧化物尤其是后者来实现的。所有的燃烧过程都会产生氮氧化物,因此,把臭氧含量降低到可接受的水平可能要求对发电厂、工业生产过程和车辆实施排放控制。实际上,轿车和卡车在很多地方是最主要的氮氧化物排放源。自20世纪70年代末以来,欧洲对这些类别的污染源实施强制性越来越高的排放限制措施,但是,经济活动的发展,特别是汽车使用的增加在一定程度上抵消了这些减排措施的作用,所以,光化雾在欧洲的很多地方仍然是一个严重的问题。

西班牙的空气污染主要是由西班牙的污染源造成的,但也参与了值得注意的污染空气跨界流动。1993年,西班牙的年二氧化硫沉降量是237 000吨,其中87%来自于本国污染源,但西班牙"输出"了840 000吨二氧化硫,是输入量的2.7倍。西班牙氮氧化物的沉降量是一年867 000吨,其中68%来自于西班牙污染源,而输出量是348 000吨,是输入量的1.27倍。西班牙的污染物跨界流动主要是与法国,其次是与葡萄牙发生的(OECD,1997:163)。

## 欧洲的空气污染治理政策

欧洲的空气污染治理政策是作为一种地方、国家和国际政策的混合物存在的。这种空气污染治理政策模式在整个欧洲有很大的差异,但一般的确是先制定地方和国家政策来处理有毒气味、烟尘和有毒污染物。到了20世纪50年代,英国、法国、德国和荷兰已经存在至少针对某些污染物的空气污染防治法(Avy,1955;Bennett,1991),但直到60年代末才有人开始关心采取国际性措施来控制空气污染问题。60年代,瑞典有研究人员开始宣称(正确地说研究发现),英国、德国和其他国家硫氧化物(在当时是一种新的污染物)的远程飘移正在导致斯堪的纳维亚地区的酸沉积(酸雨)。

对这些问题的关切引发了一个在大气污染物远程飘移研究框架协定(一份多个主权国家之间签订的框架性条约,在这个框架性条约下,各成员国再签订各自间的议定书)项下进行的漫长研究和谈判过程。成员国可以自由决定是否批准议定书。于1979年签署的原始公约承认跨界飘移空气污染是个问题,并且表达了各签约方降低这个问题严重程度的意愿,但签约各方不用另行做出任何专门的承诺。第一份议定书于1984年签署,并且确定了欧洲监测和评估计划(EMEP)。由欧洲监测和评估计划资助的研究已经证实了斯堪的纳维亚国家最初声称的空气跨界污染严重程度(跨界污染的实际情况甚至比这些国家最初所说的还要严重),并且对于成功签署后续空气污染物控制议定书起到了绝对关键的作用。

相比之下,对本地污染和国际贸易的关心至少一直到20世纪80年代末才促成了欧盟的空气质量政策。欧盟最初是作为一个国际贸易集团(欧洲共同市场)出现的,但现在已经发展成为一个具有某些联邦制和国际机制因素的更加全面的超国家体系(Richardson,1996;Baker,1997)。在欧盟,一个选举产生的议会和各成员国部长以及一个强大的官僚机构欧洲委员会一起行使权力。欧盟的主要政策机制是下达指令,欧盟通过下达指令来强制其成员国改变其本国立法,以取得指令所规定的结果。然而,指令的执行和结果的取得则主要交由成员国当局负责。在某些情况下,结果并不理想。欧洲委员会越来越多地把成员国告上欧洲法院,指控它们没有执行或者实施欧盟的立法。然而,个人和非政府组织是不会被告上欧洲法院的,因此,公民在美国惹上的官司是不会在欧洲被追诉的。

欧洲国际空气污染治理政策的双轨制表现出几个关键的特点。首先,大气污染物远程飘移议定书表面上像是有约束力的文件,但实际上只有规范说服的作用(Levy,1994)。它们一般只是肯定各签署国业已存在的趋势和计划;如果说有什么约束力的话,也只有推动少数国家接受超越国内政坛预期的排放控制标准的约束力。其次,至少在1988年前,欧盟名义上针对空气污染的指令基本上都是为协调燃料和车辆标准以增加贸易和出口而发布的,而欧盟迄今没有发布过主要旨在改善欧洲环境的指令(Boehmer-Christiansen,1989;Dietrich,1996)。与大气污染物远程飘移议定书不同,欧盟指令对贸易的关注迫使成员国接受比国内法还要严厉的标准,但实际执行和取得的结果也同样比较松弛和不够理想(Bennett,1991;Ercmann,1996)。最后,各成员国政府往往寻求把欧盟统一的环境标准作为保护国内产业的手段(Dahl,1995)。以上这些特点也反映了在过去的30年里西班牙空气污染治理政策的发展方式。

## 西班牙一直到 1990 年的空气污染治理政策

西班牙近期历史的主要问题是摆脱弗朗西斯科·弗朗哥(Francisco Franco)独裁统治后的复苏(Arango,1995;Coates,1998)。弗朗哥的统治从 1939 年西班牙内战结束开始,一直延续到 1975 年弗朗哥这个独裁者去世为止。导致西班牙内战的根本原因就是西班牙军方担心国家被分裂成历史上曾经有过的许多小国(如加泰罗尼亚、加利西亚、巴斯克)。这些小国早在 15 世纪已经结成联盟,并且最终发展成一个帝国,但从未完全合并为一个国家。弗朗哥政权通过禁止使用各小国自己的语言并否认任何地方政权来取缔这些小国家。

在弗朗哥政权统治的头 20 年里,西班牙经济停滞不前,对外贸易实际上已经不复存在。在这个时期的大部分时间里,西班牙受到了严重的政治孤立。要不是在 1953 年与美国突然结成了冷战联盟,带来了弗朗哥政权急需的现金和政治信誉,弗朗哥政权可能早在 20 世纪 50 年代中期就已经垮台。经济改革一直拖到 1959 年才开始,当时国家已经濒临崩溃。1959 年一项弗朗哥多少有点被迫接受的经济稳定计划把西班牙经济的中央计划权从弗朗哥政权的政治亲信手中转移到了受过西方教育的专业人士手中,并且开始了低失业的快速经济增长。但是,西班牙仍然比较贫穷,与欧洲其他国家相比依然主要是一个中央计划经济国家。与此同时,1959 年危机迫使弗朗哥放松对国家的统治以后,西班牙各地区的政治力量要求承认和权力的呼声变得日益高涨。

就像对其他国家一样,经济增长也导致西班牙的空气污染不断加剧,环境问题于 20 世纪 60 和 70 年代在西班牙被提上政治议事日程。1961 年、1972 年、1974 年和 1975 年,西班牙颁布了一系列空气污染治理法律或者法规。这些法律法规主要规定了中央政府的空气污染治理职能,但也制定了一些软弱无力的排放控制条款和为数很少的执行机制。但不管怎么说,它们为西班牙目前的空气质量监管奠定了法律基础。

在弗朗哥 1975 年去世以后,西班牙各方面都发生了变化。基本政治问题几乎占据了国家的整个政治舞台,因为新的宪法需要制定,新的民主制度需要发展。各地区在(1978 年通过的)宪法制定过程中重申了自己的主张,结果宪法赋予了 17 个行政自治区尤其是历史上的独立王国广泛的权力。例如,西班牙宪法第 45 条把环境政策制定和实施权力(权限)从中央下放到了地区。

对于西班牙来说,这是一个动荡的时代,民主还比较脆弱,直到 1981 年胡安·卡洛斯(Juan Carlos)国王采取果敢行动一举粉碎法西斯政变后才逐渐得到巩固。再说,那些年正好遇上石油危机,西班牙经济深受其害,尤其是表现在失业方面。20世纪80年代,西班牙失业水平持续维持在15%～24%,从而推动了1982年选举产生了一个新的社会党政府。社会党政府把注意力转向了经济改革和与欧洲一体化,并且开始了国有企业私有化进程,废除了王室的特别津贴,培育了竞争性市场。

20世纪80年代西班牙经济改革的两个关键任务就是发展国际贸易和加入欧盟。不过,这场经济改革不只局限于经济问题。西班牙(尤其是这个国家的精英)感觉到了一种非常强烈的冲动:"重新回到"欧洲怀抱,恢复西班牙在世界其他国家心目中的地位,并且彻底摆脱弗朗哥独裁统治传统的影响。因此,西班牙采取行动以尽快加入西方组织,先是在1982年和1986年分别加入了北大西洋公约组织和欧盟,并且又在1996年加入了欧洲货币联盟。这些行动的象征性意义非常重要,以至于经常有人说,西班牙并没有真正考虑要加入哪个确切的国际组织,但现代化和欧洲化是一个毋庸置疑的目的。以上所有这些对西班牙空气污染治理政策的重大影响就是西班牙必须采纳(用欧盟的话来说,就是接近于)在它加入欧盟时业已存在的欧盟指令,并且继续采纳欧盟发出的后续指令,但也可以参与欧盟后续指令的制定和审批。

加入欧盟还有另外一个结果,这个结果虽然从性质上看主要是经济性的,但可以证明对西班牙的空气质量政策产生了更大的影响——西班牙开始得到欧盟一些发展基金的援助。向西班牙提供援助的最重要计划是欧洲区域发展基金(European Regional Development Fund)和凝聚基金(Cohesion Fund)的援助计划。欧洲区域发展基金提供的区域发展援助资金主要用于支持工业现代化、基础设施发展项目(如电信和交通运输,但主要是道路建设)、天然气基础设施建设、科学研究以及一些环境改善项目(主要与水质有关);而欧洲凝聚基金提供的援助资金专门用于基础设施和环境项目(重点是水质改善)。这两个基金为西班牙注入了大量的资金。例如,1996年西班牙大约从欧盟获得了1 200亿美元(几乎占到西班牙国内生产总值的2%),其中42%用于道路建设,36%用于水质改善项目,12%用于垃圾处理和褐色土壤改造项目,8%用于铁路改造升级项目,而2%则用在了植树造林上。空气污染治理项目没有获得资金援助,甚至没有资格向凝聚基金申请援助。

鉴于西班牙在20世纪最后25年里进行了巨大的基本政治和经济变革,现代西班牙只有一项一般学术成就(不包括关注环境问题的专著和论文)提到环境政策问题也就不足为奇了。这项一般性学术成就是保罗·海伍德(Paul Heywood)的研究成果。海伍德在他的研究报告中指出,"80年代末、90年代初见证了和平运动促进者和环保组织开始对西班牙政坛产生影响"(Heywood,

1995:186)。他看到了政党机器政治远离西班牙而去,而利益集团政治开始光顾西班牙,并且把西班牙地方政党的崛起视为对此做出的部分回应。海伍德还发现,"环保组织已经能够识别关系到很多公民的核心问题,尽管这些组织的影响往往要受到它们的分裂倾向的限制。1993年选举之前,19个这样的组织——包括无政府主义、马克思主义和民族主义组织——走到一起创建了绿色和平组织"。海伍德并不相信这个政党拥有任何真正的权力,但它是对传统政党在像环境保护这样的问题上表现出来的麻木不仁做出的反应。海伍德的这个研究发现得到了其他学者的支持,例如,P.诺顿(Norton)发现"在西班牙……有组织的利益集团还没有像在其他一些国家那样发达"(Norton,1997)。此外,对于关心环境问题的西班牙利益集团来说,水质、垃圾处理和土质退化往往是最重要的问题。因此,新的空气污染治理政策是在没有受到国内压力的情况下采取的。

## 变　迁

20世纪90年代,西班牙仍是一个比较贫穷的欧盟成员国。1995年,西班牙的人均收入大约只占欧盟人均收入的3/4。但是,西班牙经历了快速发展(OECD,1998)。西班牙经济有相对较低的能源密集度,千美元国内生产总值只需消耗0.19吨石油当量的能源;相比之下,经合组织欧洲成员国千美元国内生产总值的平均能源消耗是0.22吨石油当量,而美国千美元国内生产总值的能源消耗是0.32吨石油当量。但是,西班牙有相当高的"空气污染强度",二氧化硫和氮氧化物超比例排放(UN-ECE Economic and Social Council,1997)。

这种格局部分可以通过考察能源消耗情况来解释。西班牙国内仅有的能源来源是位于北方的低等级(即热含量低、硫含量高的)煤矿。这种燃料约含硫2%,有时高达5%,较之于其他燃料,含硫量是非常高的。这种燃料也非常不经济,价格接近世界煤炭价格的6倍。然而,为了维持就业,西班牙煤炭部门从20世纪60年代到80年代一直受到政府政策支持,包括直接补贴(要占到国内生产总值的0.3%)以及西班牙电力部门必须使用本国煤炭的规定。但与此同时,政府并不控制污染物排放。

不管怎样,从1990年起,西班牙的能源和经济政策倾向于鼓励燃料转换,从而降低了西班牙的空气污染水平。这个过程始于旨在减少国内煤炭消耗的《国家能源计划》的公布。该计划在过去的10年里已经完成,并且已经大大缩小了西班牙煤炭部门的规模。1996年,新一届温和右翼政府加快了从中央计划和政府控制向始于1982年的市场经济转型的步伐,从而导致了炼油、煤炭开采、天然气和电力部门的私有化和现代化,进而导致西班牙煤炭业的进一步萎缩。此外,西班牙的煤炭补贴政策与欧盟的最近相关立法相抵触,这又提供了减少或者取消煤炭补贴的国际压力。

比较而言,天然气只占西班牙能源消耗相对较小的部分(7%,而欧盟的天然气消耗平均水平是22%),但价格很高(发电用天然气的价格大约要比欧盟平均价格高出20%)。不过,欧盟的资金援助允许西班牙提高天然气输送能力(即加大输气管道和港口设施建设力度)。此举连同不同燃料之间和能源部门不同企业之间价格竞争加剧的预期以及可以利用高效的煤气化技术等因素,导致西班牙更多地使用燃气发电,从而减少了二氧化硫排放。

相比之下,氮氧化物排放并没有减少。交通运输部门大约排放了西班牙60%的氮氧化物,但这个比例可能还是低估了交通运输部门的氮氧化物排放贡献度(OECD,1997:143)。有几个结构性因素倾向于提高西班牙未来的汽车和卡车使用水平。20世纪90年代中期,西班牙政府采取了一些鼓励消费者购买汽车的激励措施,而土地使用法的修订又方便了把农村土地改为城市用地(OECD,1998:79)。此外,西班牙中央政府还偏好公共交通道路建设项目。这些倾向与世界机动化交通持续发展和较贫穷国家机动化交通(占比)以非常快的速度增加的趋势是一脉相承的(Dargay and Gately,1997;Schafer and Victor,1997)。大多数分析人士认为,尤其是通过提高燃油价格,不可能阻止这种追求更高机动性的趋势,因为为降低汽车使用需求所必需的价格涨幅很可能在政治上是不可行的(JanKoopman,1997)。种种迹象表明,西班牙的汽车使用量将以非常快的速度增长,而汽车使用量的快速增长通常会增加氮氧化物排放。我们只能获得较少的氮氧化物排放数据,但氮氧化物排放主要来自于交通运输部门。总而言之,这些趋势都有可能加剧西班牙的臭氧污染。

但重要的是,经验表明制定新车尾气排放标准不足以确保减排。一般来说,在用车辆排放检验计划也同样为保证车辆维护不当、擅自改装或者一般磨损不至于降低现有车辆排放控制技术标准所必需(Beaton et al.,1995;National Research Council,2002)。但到目前为止,西班牙好像还没有实施车辆尾气排放检验计划。

尽管我们没有足够的篇幅深入探讨这个问题,但有大量的证据表明,西班牙的空气污染问题研究得到了国际组织的大力支持,同时也受到了国际组织的深刻影响,尤其是欧洲监测和评估计划与欧盟不同机构的支持和影响。在1980年以前,西班牙几乎没有用英语发表的空气质量研究成果(所有的大气污染物远程飘移议定书和欧盟文献都采用英语和其他语言),显然也没有用西班牙语发表的空气质量研究成果。后来发表的科研论文和各种报告都有两个重要特点:它们报告了弗朗哥死后开始的空气污染研究活动(如数据收集),并且几乎都得到了大气污染物远程飘移计划和欧盟的资助。此外,对西班牙研究人员的访谈显示,在20世纪80和90年代,西班牙政治领导人已经变得开始关心环境问题,究其原因,主要是因为西班牙政治领导人参与了大气污染物远程飘移计划和欧盟的相关活动(如政策协商)。就如同立法一样,西班牙的空气污染研究在90年代获得了发展,而且似乎是在国际(欧洲)而非国内关心和资助下才获得了发展。

1997年,经合组织注意到西班牙为了发展一个与欧盟合拍的环境政策框架已经采取了一些措施,并且开始贯彻执行欧盟指令和其他国际规定;西班牙中央政府已经培育了一种与很多关心环境政策的利益集团进行协商的机制(OECD,1997)。但是,我们为完成本研究所采访的西班牙中央政府官员认为,西班牙只要觉得不能低成本或者无成本地履行承诺,就绝不会签署这样的协议。在很多情况下,这似乎就意味着计划减排方案必须符合现有的未来排放预期,主要是因为西班牙电力部门预期会用便宜(且清洁的)天然气来替代昂贵(且肮脏的)国内煤炭。这是一种熟悉的替代模式,也曾经出现在英国(Boehmer-Christiansen and Skea,1991)。

经合组织也发现了西班牙空气质量管理计划存在的不足,其中包括标准过于宽松、地方执行监管条例能力不足,执法不严,环境政策和其他政策(如产业政策、交通运输政策)之间缺乏协调整合等问题。最重要的也许是,经合组织发现了西班牙严重缺乏空气质量监测数据,从而加大了该组织了解西班牙存在哪些空气污染问题以及如何认识空气污染问题的难度。

有趣的是,经合组织报告的起草者们采取了一种规范立场,认为西班牙在环境保护方面必须与欧盟其他成员国趋同(如采纳统一的环境保护标准),就如同它已经开始在经济上趋同的那样。此外,他们还认为,这种趋同应该具有全国一致性,不允许地区之间存在明显的差异。他们提出的首要建议是:西班牙必须"在中央政府层面有效甚至高效实施环境保护政策"。但是,这个建议忽视了不同地方的环境保护需要可能存在差异,而政治和对环境的认识方面可能存在更加基本的差异。

例如,我们来考察《1995年环境保护信息获得法案》的执行情况。该法规定,全体公民有权获得政府当局掌握的环境信息。过去因存在空气污染问题而设立地方政府机构处理这些问题的地区估计能很容易地执行这部法律的新规定,而那些过去与空气污染关系不大的地区似乎根本就没有执行这部法律。那些没有空气污染问题的地区是否会通过实施信息披露计划来为其居民服务,这一点现在并不清楚;而是否应该由中央政府来履行为公民提供环境信息服务的职责,这个问题则更加模糊。

西班牙地方和中央政府以及国际组织在西班牙环境政策制定和实施方面所扮演的角色在20世纪90年代变得更加复杂。为推进环境保护中央集权化而采取的一个步骤,就是1997年中央政府设立了环境保护部,把过去分散在不同地方和机构的环境监管者集中在一个政府机构内。而且,欧盟和经合组织这样的国际机构(如上所述)也倾向于把国家作为环境保护工作的主要负责单位。克里斯宾·科茨(Crispin Coates)不无道理地认为,加入欧盟以后,西班牙最富饶的地区(巴斯克、加泰罗尼亚和加利西亚)相对于中央政府和南方较贫穷地区而言丧失了部分权力(Coates,1998:265)。究其原因,部分是因为西班牙各地区之间实际上没有牢固的关系,主要是通过中央政府来发生彼此间的关系。弗朗切斯科·莫拉塔(Francesc Morata)把这看作一个谜题,认为"把(国家)主权'割让'给欧盟导致了一种不利于地区的权力向中央政府的隐性转移。与此同时,各地区在执行很多欧盟政策时扮演了重要角色"(Morata,1995)。

这个谜题也扩展到了欧盟的政策。例如,为建立欧洲货币联盟所必需的经济协调迫使欧盟发展与各成员国地区管辖区的联系。此外,欧盟的《马斯特里赫特条约》创设了一个地区委员会(目前由加泰罗尼亚地区党的领导人出任主席),但权力非常有限。另一个例子是欧盟支持框架、一些主要是地区受益的欧盟制度性补贴计划。"权力下放"的总体趋势赋予地方实体以公信力,并且推进了欧盟内部有关地方实体作用的辩论的制度化(Axelrod,1994;Farber,1997)。我们很难看到这场辩论的结果或者这个谜题的破解,地方政府与中央政府之间的紧张关系很可能是各国政坛的一个永久性特点,因而也是空气污染治理政策的一个永久性特点(Jones and Keating,1995;Anonymous,1996,1997)。唯一的明显结果也许是,西班牙在这一领域将看到更多的中央政府身影。

## 讨 论

本研究对有关西班牙环境政策的一些早期研究进行了述评,如有关泛欧洲政策推动西班牙国内政策的作用(即便没有真正改变人们的行为或者空气质量)的研究。然而,以前的一些基于政治视角的研究似乎变得越来越过时。例如,阿吉拉尔—费尔南迪斯(Aguilar-Fernández)认为,深深根植于西班牙政坛并且是阻碍西班牙和欧盟环境政策趋同的"中央集权制度设计",好像至少已经开始发生变化。1995年通过的环境信息披露法就是一个变化的例子,而通过欧洲实现的地区权力扩大则是另一个例子。

此外,那些"认为西班牙产业界与政府关系仍然静止不变,从而构成了阻碍上述趋同的另一障碍"的担心,似乎没有得到20世纪90年代西班牙经济全球化证据的支持。西班牙产业界已经与国家和地方组织一起越来越多地参与空气污染问题研究。更重要的是,西班牙企业通常属于一些泛欧洲贸易集团,这些泛欧洲贸易集团不是开展游说活动,就是插手欧盟政策的制定,主要是为了协调标准(也就是为了趋同),进而方便贸易。此外,随着资本输入西班牙的障碍被排除,私有化程度的不断提升,很多西班牙大公司被跨国公司收购(或者兼并),如西雅特汽车公司现在已经归德国大众汽车公司所有。这种全球化的格局与中央政府实施环境监管作用的削弱结合在一起,使得西班牙过去的极权政府和中央集权经济越来越落后于形势。

不管怎样,有些证据好像确实支持"地中海综合征"的某些症状,包括(由环境法执行不力造成的)不依从行为以及在国际环境政策制定方面的"跟随者"地位。但是,西班牙政坛已经开始变得更加问题取向化,而且没有以前那样因党派纷争而被搞得四分五裂。此外,地中海综合征是否能够阻止西班牙与欧盟其他成员国之间正在不断发展的贸易和政治关系这一点还不明朗。但是,西班牙与欧盟其他成员国贸易和政治关系的不断发展将加大两者之间环境政策的进一步趋同。

维约(Villot)在较新的研究中提出的一些观点,特别是强调地方政府作用以及交通运输相关型空气污染不断加剧的观点,似乎更加可取。不管怎样,无论官方对环境缺乏兴趣还是产业界认为政府干预必不可少的看法都在发生变化。

总的来说,从政治上看,与之前的研究者们眼中的西班牙相比,现在的西班牙似乎完成了更多的变革,而且变得更接近于北欧国家。西班牙这个欧盟的外围国家变得更像是欧盟的核心国家了。

本研究提供了进一步证明西班牙国内和国际层面的能源政策对于西班牙环境政策和环境质量具有重要意义的证据,而且还证明了经济(即发展)政策如何发挥了同样重要的作用。此外,"弃(国内)煤炭,用(进口)天然气"的内生性调整是工业化经济体改善空气质量的一个重要举措。事实上,以上这些因素在20世纪80和90年代对西班牙空气质量产生的影响,似乎要大于所有专门环境政策合在一起所产生的影响。

值得一提的是,能源政策的重要性如何在欧盟的《马斯特里赫特条约》中得到体现这个问题。相关条款(第 130S 条)规定,在所有涉及环境政策的领域实际权力比成员国更大的欧盟(通过把投票表决规则由一致通过改为特定多数通过)放弃了财政政策、土地使用和能源三方面的权力。有四方面的原因促使政客们特别关心能源政策,这些原因一般都与改善环境保护工作通常导致很多国家都改变了只用本国能源——煤炭——的状况有关。首先,减少煤炭使用导致煤矿工人失业,这会给任何决定减少煤炭使用的政府造成实实在在的政治和经济问题。其次,清洁能源(油、气)往往需要进口,至少是部分进口,而煤炭对于很多欧盟成员国都是本国能源。弃用煤炭会影响一国的贸易差额和安全问题。再次,能源使用预测在很多国家与未来经济增长预测紧密相关,而政府很难会预测除乐观外的任何其他经济前景,也难以限制各种能考虑到的能源消费方案。最后,环境问题能够引发诸如核能、环境保护和再生能源之类的问题的争论。

从本研究所收集到的证据来看,除了以投机取巧的方式以外,西班牙好像从不以其他方式关心酸雨评估或者减排以支持欧洲达到消除酸雨的目的。也就是说,西班牙的二氧化硫减排似乎得益于由国内政坛推动做出的减少本国污染的努力,或者得益于电力部门弃用昂贵、肮脏的(国内)煤炭。事实上,接受我们采访的西班牙受访者都把西班牙北部收到的效果视为二氧化硫减排的证据。政府官员有时很快就会表达对欧盟努力的支持,就像他们很快就会表达对把减排负担压在像西班牙这样的较贫穷国家身上的担心,并且常常表示需要耐心。

同样,虽然西班牙中央政府无法通过制定环境法来落实大气污染物远程飘移公约议定书的各项条款,而且这个公约与西班牙的地方政府也没有什么关系,但是西班牙还是批准了多个在这个公约框架下签订的议定书。不管怎样,西班牙在 20 世纪 80 年代末、90 年代初制定和完善的能源政策使得政府明白,政府能够无成本地履行这些承诺(的确,昂贵的国产煤炭被取代以后可以省下不少钱)。

然而,值得一提的是,我们这里评论的西班牙环境政策研究的很多方面都包含这样一个假设:西班牙的环境政策应该趋同于"欧洲环境政策"。一般而言,"欧洲环境政策"就是指欧盟的环境政策。欧盟的环境政策往往是由扮演环保领袖角色的强国和落后国家之间协商决定的。在空气污染的情况下,这些政策往往就是指排放水平或者排放率,而不是环境效果。然而,由于欧洲各地区有不同的物理特点,因此,不同的排放水平有可能收不到相同的环境效果。这通常被对排放的关注所忽视。此外,西班牙的空气质量政策已经趋同于大气污染物远程飘移公约议定书所规定的要求——也许由于种种原因并且也可能因机会主义而不同于北欧国家的空气质量政策；而且，任何国内和国际环境政策理论必然都能解释这种现象。

• 参考文献：

Aguilar-Fernández, S. 1994a. "Convergence in Environmental Policy? The Resilience of National Institutional Designs in Spain and Germany." *Journal of Public Policy* 14:39—56.

——. 1994b. "Spanish Pollution Control Policy and the Challenge of the European Union." In Protecting the Periphery: *Environmental Policy in Peripheral Regions of the European Union*, ed. S. Baker, K. Milton, and S. Yearly, pp. 102—117. Portland, OR: Frank Cass.

Anonymous. 1996. "Spain's Regions: Me, Too." *The Economist* 16:55, 56.

——.1997. "Jordi Pujol: Regionalism, Far from Being Outdated, Is New and Dynamic." *IPI Report*, June/July:9.

Arango, E. R. 1995. *Spain: Democracy Regained*. Boulder, CO: Westview Press.

Avy, A. P. 1995. "Air Pollution by Dust, Smoke, and Vapors." In Problems and Control of Air Pollution: *Proceedings of the First International Congress on Air Pollution*, ed. F. C. Mallette, pp. 264—272. New York: Reinhold.

Axelrod, R. S. 1994. "Subsidiarity and Environmental Policy in the European Community." *International Environmental Affairs* 6(2):115—132.

Baker, R., ed. 1997. *Environmental Law and Policy in the European Union and the United States*. Westport, CT: Praeger.

Baker, S., K. Milton, and S. Yearly, eds. 1994. *Protecting the Periphery: Environmental Policy in Peripheral Regions of the European Union*. Portland, OR: Frank Cass.

Beaton, S., G. Bishop, Y. Zhang, L. Ashbaugh, D. Lawson, and D. Stedman. 1995. "On-Road Vehicle Emissions: Regulations, Costs, and Benefits." *Science* 268:991—993.

Bennett, G., ed. 1991. *Air Pollution Control in the European Community: Implementation of the EC Directives in the Twelve Member States*. International Environmental Law and Policy Series. Boston: Wolter Kluwer Academic Publishers.

Boehmer-Christiansen, S. A. 1989. "Vehicle Emission Regulation in Europe—

The Demise of Lean-Burn Engines, the Polluter Pays Principle...and the Small Car?" *Energy and Environment* 1(1):1—25.

Boehmer-Christiansen, S., and J. Skea. 1991. *Acid Politics: Environmental and Energy Policies in Britain and Germany*. New York: Belhaven Press.

Castells, N., and J. Ravetz. 2001. "Science and Policy in International Environmental Agreements: Lessons from the European Experience on Transboundary Air Pollution." *International Environmental Agreements: Politics, Law and Economics* 1:405—425.

Clark, W., and R. Munn, eds. 1986. *Sustainable Development of the Biosphere*. New York: Cambridge University Press.

Coates, C. 1998. "Spanish Regionalism and the European Union." *Parliamentary Affairs* 51(2):259.

Dahl, A. 1995. "Environmental Actors and European Integration." *International Environmental Affairs* 7(4):299—320.

Dargay, J., and D. Gately. 1997. "Vehicle Ownership to 2015: Implications for Energy Use and Emissions." *Energy Policy* 25(14—15):1121—1127.

Dietrich, W. F. 1996. "Harmonization of Automobile Emission Standards under International Trade Agreements: Lessons from the European Union Applied to the WTO and the NAFTA." *William and Mary Environmental Law and Policy Review* 20:175—221.

Ercmann, S. 1996. "Enforcement of Environmental Law in United States and European Law: Realities and Expectations." *Environmental Law* 26:1213—1239.

Farber, D. A. 1997. "Environmental Federalism in a Global Economy." *Virginia Law Review* 83:1283—1319.

Farrell, A. E., and T. J. Keating. 1998. "Multi-Jurisdictional Air Pollution Assessment: A Comparison of the Eastern United States and Western Europe." Cambridge, Massachusetts, Belfer Center for Science and International Affairs, Harvard University, GEA Working Paper 74.

Heywood, P. 1995. *The Government and Politics of Spain*. New York: St. Martin's Press.

JanKoopman, K. 1997. "Long-Term Challenges for Inland Transport in the European Union: 1977—2010." *Energy Policy* 25(14—15):1151—1161.

Jones, B., and M. Keating, eds. 1995. *The European Union and the Regions*. Oxford: Clarendon Press.

LaSpina, A., and G. Sciortino. 1993. "Common Agenda, Southern Rules: European Integration and Environmental Change in the Mediterranean States." In *European Integration and Environmental Policy*, ed. J. D. Liefferink, P. D. Lowe, and A. P. J. Mol, pp. 215−236. New York: Halsted Press.

Levy, M. A. 1994. "European Acid Rain: The Power of Tote-Board Diplomacy." In Institutions for the Earth: *Sources of Effective International Environmental Protection*, ed. P. M. Haas, R. O. Keohane, and M. A. Levy, pp. 75−132. Cambridge, MA: MIT Press.

Morata, F. 1995. "Spanish Regions in the European Community." In *The European Union and the Regions*, ed. B. Jones and M. Keating. London: Clarendon.

National Research Council. 2002. *Evaluating Vehicle Emissions Inspection and Maintenance Programs*. Washington, DC: National Academy of Science.

Norton, P. 1997. "Conclusion: Stronger Links, Weaker Support." *Parliamentary Affairs* 50(3): 468−475.

Organization for Economic Cooperation and Development (OECD). 1997. *OECD Environmental Performance Reviews—SPAIN*. Paris: OECD.

———. 1998. *OECD Economic Surveys—SPAIN*. Paris: OECD.

Richardson, J. J., ed. 1996. *European Union: Power and Policy-Making*. New York: Routledge.

Schafer, A., and D. Victor. 1997. "The Past and Future of Global Mobility." *Scientific American*, October: 58−61.

UN-ECE Economic and Social Council. 1997. *Present State of Emission Data and Emission Database*. Geneva, Switzerland, United Nations Economic Commission for Europe. EB.AIR/GE.1/1997/3, June 24: 29.

vanAalst, R. M. 1998. *Topic Update Report* 1997. Bilthoven, Netherlands, European Topic Center—Air Quality, January.

VanDeveer, S. D. forthcoming. "European Politics with a Scientific Face: Framing, National Participation, and Capacity in LRTAP." In *The Design of Environmental Assessments*, ed. A. Farrell and J. Jaeger.

Villot, X. L. 1997. "Spain: Fast Growth in CO Emissions." In *Cases in Climate Change Policy: Political Reality in the European Union*, ed. U. Collier and R. Loftstedt, pp. 147−164. London: Earthscan Publishers, Ltd.

Wettestad, J. 1997. "Acid Lessons? LRTAP Implementation and Effectiveness." *Global Environmental Change* 7(3): 235−249.

# 第十二章

## 净化空气与自由呼吸

### ——空气污染和哮喘病的卫生政治学研究

菲尔·布朗　斯蒂芬·扎维斯托斯基(Stephen Zavestoski)
布莱恩·迈耶(Brian Mayer)　西奥·吕布克(Theo Luebke)
约书亚·曼德尔鲍姆(Joshua Mandelbaum)
塞布丽娜·麦考密克(Sabrina McCormick)

当前的哮喘病流行是我们需要面对的最严重的公共卫生挑战之一。哮喘病患病率不断上涨，催生了很多社区组织，尤其是环境正义团体。哮喘病的流行也同样在科学家之间以及政府监管机构与企业利益集团之间引发了很多争论。空气污染与哮喘病的发病原因和病情恶化之间的关系，现在已被纳入一场涉及空气污染监管科学和政治、范围更广泛的一般论战。研究空气质量的科学家们同时受到了监管争执和围绕哮喘病环境因素而不断壮大的激进运动的影响。空气质量研究人员也变得更加容易接近环境正义积极分子，而后者因空气污染与哮喘病潜在环境关系的争论愈演愈烈而开始关心哮喘病问题。

环境正义思潮最初是为了减少有色人种和穷人受到过度影响的有毒接触（或暴露）而出现的。现在，环境正义运动已经发展成为一个跨越交通和社区发展等不同社会结构和制度、包括不同种族和阶级成员的运动(Bullard,1994;Roberts and Toffolon-Weiss,2001)。

本章将考察在美国联邦监管争议、科学争论和环境正义运动的背景下围绕哮喘病环境原因展开且愈演愈烈的辩论。我们认为，一种空气污染从多方面影响哮喘病的社会发现，是多方合作伙伴采取多组织成分法、依靠跨部门制定的社会公平和环境正义政策通力合作的结果。这里的多伙伴和多组织成分是指科学家、环境正义运动成员、健康志愿组织以及一些政府机构和官员已经鉴别出哮喘病与空气污染这个连接中的不同元素。他们采用不同的战略和战术（包括示威活动和其他直接行动、游说和宣传、内行和外行协作研究、加大科研支持力度以及通过创建社区组织来增强社区力量），通过不同的合作和结盟方式来解决这些问题。这一行动的跨部门性质意味着这项行动的参与主体横跨环境监管、公共卫生、保健服务、住房、交通和社区发展等不同部门开展相关工作。

由于这种多伙伴、多组织成分和多部门政策通力合作的方法的特殊性,有关哮喘病的监管争议、科学争论和环境正义运动变得彼此不可分离。对于很多与健康有关的问题,尤其是我们所说的"有争议的疾病"(contested illnesses),这条科学界、政府和环境正义运动三位一体的轴线很有代表性。我们在这里所说的"有争议的疾病"是指那些就环境原因引起科学争论和一般公开辩论的疾病。因此,它们包括恶性肿瘤,与有毒废弃物污染源有关的生殖、免疫和神经系统障碍,由核能和核武器导致的疾病,由空气污染导致的哮喘病和呼吸系统疾病以及因军事原因接触有毒物而导致的疾病。

首先,我们简要介绍哮喘病新疫情的特点以及关于哮喘病潜在成因和触发因素的辩论。然后,第一节探讨社区环境正义组织在其所在社区发现哮喘病发病率快速上涨并且把哮喘病界定为社会环境问题方面所扮演的角色。为了寻找哮喘病的社会和环境致病因素,这些社区环境正义团体必须甄别当前围绕空气质量研究展开的科学争论。第二节对有关空气污染与哮喘病关系以及相关科学争论的现有文献进行综述。尽管把空气污染与多种健康负面影响联系起来的科学证据很有说服力,但联邦层面仍然出现了很多有关应对哮喘病流行新疫情采取怎样的新监管措施的辩论。第三节阐述科学知识在监管争议中扮演的角色,并且论述很多认为空气质量研究者有责任论证空气质量与健康间关系而提出的质疑。最后一节谈谈有关空气污染与哮喘病患者人数增加间关系的科学争论以及由此产生的监管争议的意义。空气污染与哮喘病患者人数增加间关系这一研究领域获得了一个重要发展,那就是社区参与型研究(CBPR)这个创造包括地方和专业知识在内的新科学知识的途径的出现和发展。通过这个途径,环境正义行动组织采用创新性新方法的同时创造和利用了科学知识,从而使哮喘病成为一个更加引人注目的问题。最后,从理论上对社区参与型研究中环境正义行动组织成员与科学家联盟的发展以及这种合作方式如何催生新的研究战略和推动新的研究创新进行了总结。

## 哮喘病流行新疫情

在1980~1994年,美国哮喘病患者增加了75%。尽管美国在疾病防控和治疗方面获得了广泛的进展,但是,哮喘病已经成为美国少数几种发病率和死亡率持续上涨的疾病之一(Pew Environmental Health Commission, PEHC,

2000)。同期,哮喘病住院治疗的病例增加了20%;1995年急诊治疗180万哮喘病例。美国哮喘病对社会造成的成本估计每年要超出110亿美元(PEHC,2000)。在过去的25年里,美国不同人群的哮喘病死亡率都有所上升,但黑人的哮喘病死亡率又要高于白人的哮喘病死亡率。如果目前的这种趋势继续下去,那么,到2020年预计在2 900万哮喘病患者中死亡人数有可能翻一番,达到一年死亡1万多人的程度。使得这些数据更加值得关注的原因是它们与1960~1977年美国哮喘病发病率和死亡率显著下降的趋势形成了鲜明的对比(PEHC,2000)。

虽然在过去的20年里,美国各部分人群的哮喘病发病率和患病率都大幅上涨,但是,哮喘病对儿童的影响特别令人震惊,这种病已经成为美国儿童的头号慢性病。1980~1994年,4岁及4岁以下儿童的哮喘病患病人数增长最快,增速达到了160%。在5~14岁的儿童中,哮喘病患病人数增加了74%(PEHC,2000)。

在很多低收入城市地区,特别是少数种族社区,哮喘病的发病率、患病率和死亡率都显著高于全国平均水平。虽然1997年全美1~6岁和6~16岁儿童的哮喘病患病率分别是7.8%和13.6%,但黑人儿童和贫穷家庭儿童的哮喘病患病率可能要比全国平均水平高出15%~20%(National Health Interview Survey,NHIS,1997)。城市地区受到了特别严重的影响,纽约市少数种族人群的哮喘病住院治疗率要比非少数种族人群高出5倍。

为了应对哮喘病患者人数快速增加的局面,无论是医疗机构和公共卫生机构及其从业人员还是受到哮喘病影响的人,都把哮喘病作为一个需要优先解决的公共卫生问题。医疗和公共卫生机构及其从业人员已经为预防和治疗哮喘病做出了更大的努力,一些环保团体和社区活动积极分子也把哮喘病作为一种关键的焦点问题。美国的一些地方出现了哮喘病防治联盟,成员包括环境正义行动团体、学术研究中心、卫生保健服务提供者、公共卫生从业人员甚至地方和州公共卫生机构。

这些由公共卫生专家、科学家、政府机构和社区活动积极分子结成的共同体普遍达成了一种共识:我们并不知道哮喘病的成因,但知道很多环境因素会触发哮喘病发作。这些环境因素大多属于室内环境因素,包括动物皮屑、蟑螂侵扰、二手烟、霉菌和其他过敏源;导致哮喘病发作的首要室外环境因素就是由悬浮颗粒物尤其是PM2.5造成的空气污染。(PM2.5就是直径小于2.5微米的微粒子,它们能够较深地渗透到人体肺部,并且与哮喘病和其他慢性呼吸道疾病尤其是儿童和老年人哮喘病和其他慢性呼吸道疾病有一定的联系。)

## 方法与数据

我们集中考察了两个社区环境正义组织成员和科学家之间的合作以及它们的学术合作伙伴——波士顿罗克斯伯里(Roxbury)街区的"社区与环境备选方案"(Alternative for Community and Enviroment, ACE)、哈佛大学和波士顿大学公共卫生学院以及"西哈莱姆环保行动"(West Harlem Enviromental Action, WE ACT)和哥伦比亚大学公共卫生学院,其中的两个合作伙伴把哮喘病和呼吸系统健康的环境因素研究作为一个涉及面更广的计划的组成部分。我们之所以选择波士顿罗克斯伯里街区的"社区与环境备选方案"和"西哈莱姆环保行动",是因为它们是两个在美国处于领先地位的根植于社区的关注哮喘病问题的环境正义团体。我们的研究方法包括对政府文件、医学和公共卫生学研究文献以及流行病学学术期刊进行内容分析,对印刷媒体刊登的文章进行分析,对"社区与环境备选方案"和2个"西哈莱姆环保行动"进行了14次人种志学观察,对"社区与环境备选方案"和"西哈莱姆环保行动"的工作人员、公共卫生工作人员、杰出的大气颗粒物研究专家和政府官员进行了19次访谈。未列入本文参考文献的引述和数据都来自于我们的访谈和观察。

## 环境正义与哮喘病

环境正义组织发现哮喘病是解决其所在社区社会和环境风险的一个绝佳抓手。像机动车交通、工业排放物、公交车停车场和废物贮存设施这样污染源主要位于穷人和少数种族居住的社区。环境正义组织致力于消除这些社区超负荷承担的环境和社会风险负担,有能力识别这些社区不断上涨的哮喘病发病率和患病率,并且把它们的上涨与环境风险联系起来。通过社区教师、家庭和朋友,环境正义组织成员发现了儿童哮喘病发病率和患病率大幅度上涨的情况,并且一致认为儿童哮喘病是他们社区超负荷承担环境卫生风险的一个重要例子。这种社区现实在由广大少数种族人群居住的贫穷城市地区表现最为突出。环境正义思想在很多这样的社区里传播,从而促使人们把哮喘病看作不公平环境负担的另一构成因素。

由于哮喘病主要是一种儿童疾病,因此,社区教师和临床工作者是发现哮喘病患病率和发病率畸高的关键。社区老师会看到有很多学生使用呼吸器,还有哮喘病学生的高缺勤率。很多临床医生和哮喘病防治支持者们注意到,在一些城市地区有些班级几乎有一半的学生患有哮喘病。事实上,全美仅 1995 年一年学生因哮喘病请假的天数就达到 1 000 万天以上,哮喘病已经成为学生缺勤的首要原因(PEHC,2000)。

健康志愿组织在改善社区环境健康方面发挥了关键的促进作用。美国肺科学会(ALA)和美国癌症学会(ACS)长期支持空气污染与发病率和死亡率研究,它们支持的研究提供了医学和流行病学知识的支撑。虽然美国癌症学会对哮喘病并没有兴趣,但是,该学会对肺癌的关注使得某些相关研究支持成为可能。美国肺科学会立场特别坚定地强调肺科疾病的环境因素,尤其是空气污染(ALA,1996)。这些健康志愿组织似乎也为医学和科学发现做出了贡献,而它们开展的公共教育和咨询工作则为提高公众健康意识做出了贡献。

包括在我们研究中的社区环境正义团体"社区和环境备选方案"和"西哈勒姆环境行动"是两个围绕哮喘病组织起来的处于领先地位的社区环保组织。"社区和环境备选方案"组建于 1993 年,总部设在波士顿罗克斯伯里—多尔切斯特区,是一个社区环境正义组织。该组织自成立以来因工作出色而成为一个得到全国公认的组织,它在应对棕色地带清理、固体废物处理设施、垃圾焚烧炉和汽车停车场的问题上也同样表现积极。"社区和环境备选方案"为波士顿的其他团体提供法律、公共卫生和环境等方面的专业援助,并且还通过马萨诸塞州环境正义网络向本州其他团体提供类似的帮助。

"西哈勒姆环境行动"是在 1988 年为了回应由北河(North River)污水处理厂管理不善和在北曼哈顿(northern Manhattan)建造第六公交车停车场给所在社区造成的环境威胁而创立的。创立以后,"西哈勒姆环境行动"很快就演变成了一个环境正义组织,目的是要改善北曼哈顿主要由非洲—拉丁美洲裔居民居住的社区的环境保护和公共卫生状况。

作为环境正义组织,"社区和环境备选方案"和"西哈勒姆环境行动"都受到了民权运动和按照索尔·阿林斯基(Saul Alinsky,美国激进社会改良活动家和社会学家,在 20 世纪 40 年代为芝加哥黑人社区改造和黑人解放运动实践提出了社区建设方法。——译者注)模式进行社区建设这两种传统的影响。正如"西哈勒姆环境行动"的工作人员所说的那样:

"我认为,环境正义运动从民权运动那里学到的经验之一就是……像北曼哈顿这样一个地方的社区环境退化在很多方面是与人们的种族和生活质量以及种族主义观念联系在一起。我们必须从多个不同方面出击。"

这种社区建设模式可以说明"西哈勒姆环境行动"作为主要是一个环境和社会正义行动组织如何开始把注意力集中到哮喘病这个主流健康问题上。"西哈勒姆环境行动"在与社区居民商讨了 1 年多以后才做出了集中应对哮喘病问题的决定。就像一名组织者所回忆的那样,"西哈勒姆环境行动"先是希望致力于解决像子宫内膜异位症这样的问题,但社区居民很快就要求把哮喘病作为第一需要解决的问题。

"而从他们嘴里说出来的第一件事,也是唯一一件事,就是哮喘病。我是想说,他们的母亲一直受此病困扰,或者他们的姐妹呼吸困难,或者,你也许不知道,她们虽然有呼吸器,但仍然饱受哮喘病困扰。"

就如公共卫生从业人员在上面提到的那样,"西哈勒姆环境行动"明白,想要应对哮喘病问题,必须先解决住房、交通、社区投资模式、健康保健、污染源、环境健康以及卫生教育等问题。"我们所做的每一件事都与哮喘病有关,"同一名组织者介绍说。

"西哈勒姆环境行动"的教育和能力培养观念始于社区参与组织议事日程的安排,并且提高到了迫使政府实施变革的程度;而在微观层面则始于人们开始参与问题发现和小规模行动。在一次减少社区周边空气污染的活动中,社区居民认定空驶卡车和公交车是微颗粒刺激物的主要来源。社区青少年与"西哈勒姆环境行动"合作组织了一次反空驶游行示威,并且开始向空驶公交车和卡车司机分发"伪装"成停车罚单的宣传小册子,小册子主要解释柴油车尾气对健康的危害。

"社区和环境备选方案"教育和能力培养努力的一个关键内容体现在了罗克斯伯里环保能力培养项目(REEP)中。罗克斯伯里环保能力培养项目实施者在当地社区学校办班,举行环境正义讨论会,并且通过该项目的内部计划来促进青少年的能力培养。旨在对学员进行环境正义教育而设计的课程把哮喘病当作焦点问题。"社区和环境备选方案"的工作人员帮助学员提高对自己所在社区的爱护意识,并且正确认识环境正义概念的内涵以及物质条件与健康尤其是哮喘病之间的相关关系。学员中有很多人都患有哮喘病,于是就通过亲身体验活动请他们回顾哮喘病的生物学机理以及哮喘病发作和高发病率的潜在触发因素(Loh and Sugerman-Brozan,2002)。

"西哈勒姆环境行动"组织的"健康家园,健康孩子"活动反映了一种旨在解决环境正义问题的类似的社区能力培育方法。"西哈勒姆环境行动"致力于解决一系列范围广泛的问题,并不刻意把环境问题彼此割裂开来或者把环境问题与社区状况割裂开来。"健康家园,健康孩子"活动是与哥伦比亚大学儿童环境健康中心联合举办的,旨在对社区居民进行危险因素教育,其中包括吸烟、铅中毒、吸毒和酗酒、空气污染、垃圾、农药和营养不良。"西哈勒姆环境行动"还把英语医学术语翻译成西班牙语通俗语言,以便社区居民能够更好地理解危险因素的影响以及他们为减轻或者最大限度地降低它们的影响能够采取的行动(Evans et al.,2000)。以空气污染为例,社区居民可以采取的一个行动就是与"西哈勒姆环境行动"接触并保持联系,并且参加他们组织的清洁空气活动。但是,"西哈勒姆环境行动"认为,仅仅关注空气污染问题可能会给社区帮倒忙,因此就着手解决"健康家园,健康孩子"活动中出现的全部问题。如同"社区和环境备选方案"认定社区问题那样,"西哈勒姆环境行动"组织的"健康家园,健康孩子"活动先是关注特定的哮喘病触发因素,但不久就扩展到社区居民关心的其他重要问题,如吸毒、酗酒和垃圾等问题。

## 关于哮喘病环境致病因素的争论

社区环境正义行动团体把界定哮喘病环境致病因素的工作定位在涉及面更大的空气污染与健康间关系的医学和科学争论上。在致力于确定哮喘病环境致病因素的过程中,这些团体必须长期了解空气中颗粒物研究的漫长历史。但是,利用数量较多的空气质量文献来研究哮喘病的环境致病因素和触发因素,是一种有争议的方法。社区环境正义行动团体通常都明白这种研究方法不但保守,而且耗费时间;总有人出于政治目的反对别人在有争议的领域潜心做研究。他们也清楚,空气污染研究争议由来已久。玛丽·阿姆杜尔(Mary Amdur)在20世纪50年代已经是一名资深研究员,因为致力于空气污染的健康影响研究而被她供职的大学辞退。莱斯特·雷伍(Lester Lave)和尤金·塞斯金(Eugene Seskin)在70年代经历了企业企图诋毁他们的研究成果的遭遇,而道格拉斯·达克里(Douglas Dockery)、杰克·斯宾格勒(Jack Spengler)和理查德·威尔逊(Richard Wilson)在20世纪90年代也遭遇了类似的诋毁(Davis,2002:75—77,104—106,120—122)。

由于在统计哮喘病例增长情况方面存在一些困难或者难点,因此,科学研究往往倾向于关注哮喘病的健康端点检测(PEHC,2000)。首先,把空气污染与哮喘病联系在一起的医学和公共卫生学研究遇到了缺乏完整检测数据的困扰。数据缺乏导致了关于空气污染究竟是引发新的哮喘病例还是仅仅导致已有病例病情加重的辩论。其次,对哮喘病进行环境健康学研究遇到的第二个难点还会导致关于哮喘病流行状况的辩论。最后,已有证据表明室内空气污染源(即霉菌、动物皮屑或者灰尘)与哮喘病病情加重之间存在明确的联系,但没有证据显示室外空气污染源与哮喘病之间存在联系。公共卫生干预更有可能处理比较容易确定和修复的室内污染源问题。以上这些困难和难点合在一起,已经导致了室外空气污染源和哮喘病研究匮乏。不过,关于颗粒物与健康关系的研究要成熟许多。

颗粒物与健康之间的关系往往位于很多环境健康研究的中心位置,但也是科学争论和监管争议的焦点。现在的颗粒物科学思想源自一系列严重的空气污染危机事件。空气污染与哮喘病的相关性早在1948年就已经明确。那年,宾夕法尼亚州多诺拉(Donora)镇有88%的哮喘病患者在一次严重的空气污染事件期间出现了病情加重的现象(Amdur,1996)。1952年"伦敦雾"期间,空气中的颗粒物达到了每立方米2 800克的程度(超出美国联邦环境保护署目前推荐的极限值1 400倍),伦敦数千人因此死亡,从而提供了空气污染有害健康的补充证据(Wilson,1996)。这些事件的特殊性使得科学家们相信,颗粒物引致健康影响的一个高阈值是500克/立方米。然而,有越来越多的证据表明并不存在什么暴露于颗粒物造成健康危害的阈值。更新的研究显示,根据不同的研究,空气中的颗粒物每增加100克/立方米,因吸入颗粒物而死亡的人数就会增加5%~16%(平均8%)(Schwartz,2000)。道格拉斯·达克里等对6个城市进行的一项研究(Dockery et al.,1993)提供了能够证明颗粒状物质导致肺病发病率和死亡率提高的有力纵向证据。于是,美国联邦环境保护署在1997年制定了空气中更小颗粒物PM2.5含量的新标准。不过,由于法院做出了不利的裁决,因此,这些标准没有付诸实施。

微粒物研究者们提交了支持PM2.5微颗粒物新标准的有力证据,部分是为了制止通过批评科学方法和发现来阻止新标准实施的企图。科学家们证明,在对小颗粒物(二氧化硫、一氧化碳和臭氧)以外的污染物进行控制以后,住院治疗的心血管病人并没有变化。他们据此认为,剂量—反应曲线并非线性,也没有阈值(Schwartz,2000)。为了回应无法知道哪些种类的颗粒物必须加以监管的反对意见,研究者们对25种物质的来源逐一进行了分解,并且认定所有这些物质都与死亡率相关(Schwartz,2000)。

批评者们还声称,没有发现明显说得通的生物学机理可以证明颗粒物能杀死人。乔尔·施瓦茨(Joel Schwartz,1993)回击指出心律失常和心肌梗塞是造成猝死的主要原因,并且还进一步指出低心率变异性是造成心律失常的主要危险因素。研究者们借助于心脏检测仪发现,人的心率变异性随着空气中PM2.5浓度的升高而下降。在后来的一项研究中,研究人员又得出了有关PM2.5的相同结果(Schwartz,2000)。于是,批评者们表示,这个数据是"采用"快要死的人作为研究对象得出的假结果。如果真是这样,那么,等危重病人死亡后,死亡人数应该有所减少,因为危重病人已经死亡。但是,这种趋势并没有出现(Schwartz,2000)。关于颗粒物危害机理更加精确的研究证明了颗粒物对人体健康的附加影响效应:引发肺部炎症,导致血液中中性粒细胞增加,造成血管损伤,对心脏和肺组织产生直接毒性(Godleski,2000)。总体来看,颗粒物每年估计要造成 10 万以上的人死亡,比乳腺癌、前列腺癌和艾滋病每年合并造成的死亡人数还要多(Schwartz,2000)。

关于空气中颗粒物的主要研究考察了严重肺病和心血管疾病的发病率和死亡率(Samet et al.,2000)。考察空气中颗粒物与哮喘病发病率和死亡率关系的研究较为少见,但是,把空气中颗粒物视为哮喘病发作和住院治疗触发因素的研究文献有所增加。C.阿尔丁·波普(C.Arden Pope,1989)报告了一个自然实验:犹他州一家钢铁厂因工人罢工关闭后,空气中的 PM10 和哮喘病例大幅度减少。另一项自然实验显示,1996 年亚特兰大在举行夏季奥运会期间实行了交通管制,结果,汽车使用量减少了 23%,并且导致向佐治亚州医疗补助计划报告的哮喘病患者补助申请减少了 42%(Friedman et al.,2001)。施瓦茨和他的同事们(1993)研究发现,空气中 PM10 含量的升高在西雅图导致了更多急诊病例。达克里和波普(1996)在平均了不同国家研究的健康影响后发现,空气中 PM2.5 的含量每增加 10 微克/立方米,哮喘病例就会增加 3%。

鉴于把空气污染与不同的健康结果联系在一起的研究文献为数众多、证据充分,许多科学家和环境正义积极分子就把空气中的颗粒物与健康之间的关系外推到空气污染与哮喘病之间的关系。然而,寻找空气中颗粒物含量与哮喘病发病率和患病率之间的关系受到了一名研究者所说的"曲线混杂"(confounding curves)的困扰:空气质量随着时间的推移而有所改善,但哮喘病的发病率和患病率却有所上升。不过,这种表面上的相关性缺失有两种可能的解释。首先,哮喘病患者集中的城市地区没有享受到室外空气质量的改善。其次,室内空气质量可能由于房屋陈旧、常年失修而有所恶化,从而导致室内和室外因素合并成为促使哮喘病发病率和患病率上涨的原因。

由于以上这些原因,代表城市社区的环境正义团体开始涉足科研领域支持和开展室外空气污染源及其与哮喘病发病率和患病率(包括新发病例和已有病例复发)之间关系的研究。为了促成减少空气污染的新科学依据和监管措施,环境正义积极分子引发了一场类似于"全球变暖问题是否实际存在"——一种个别职业"怀疑论者"联手企业利益集团和政府中的一些反监管分子一起反对已经被广泛接受的科学依据的情形(Gelbspan,1997)——辩论的政治论战。围绕空气污染与哮喘病关系研究的科学争论起到了为这场政治论战推波助澜的作用,并且往往被企业利益集团当作阻止制定监管条例应对哮喘病发病率和患病率不断上升的工具。因此,有关哮喘病的政治探讨会进一步引发科学界内部的辩论,并且导致把空气污染与哮喘病联系在一起的科学研究成为一个充满争议的研究领域。

## 哮喘病、空气污染和监管瘫痪

美国联邦政府的一些有关机构已经在开展把哮喘病作为一个重大公共健康问题的政治探讨。美国国家卫生研究院(NIH)各部门对健康不公平问题越来越感兴趣,而哮喘病是一个典型的健康不公平例子。正在蓬勃发展的健康不公平研究主要关注患病、残疾和预期寿命方面的种族、阶级和性别差异(Wilkinson,1996;Berkman and Kawachi,2000)。虽然针对健康不公平现象的社会学和公共卫生学研究主要关注较严重的高死亡率疾病,但是,环境正义支持者们觉得哮喘病是其中的一个重要病种。哮喘病也已经作为促进环境健康跟踪的一个重要动力出现(PEHC,2000)。环境健康跟踪与国家疾病防治中心(CDC)旨在改善卫生监测的努力有交集,并且已经成为一个更加突出的政治目标。环境健康跟踪可以收集很多有关环境公害以及可归咎于环境公害的症状和疾病的数据。美国住房和城市发展部(HUD)把住房条件作为解决哮喘病问题的核心因素,并且已经资助相关研究和干预行动。美国国家环境健康科学研究院(NIEHS)对哮喘病问题特别感兴趣。该研究院在国家疾病防治中心和联邦环境保护署共同赞助纽约5个儿童环境健康和疾病预防中心方面发挥了重要作用。不管是否把儿童哮喘病作为自己的首要工作重点,这些儿童中心都把公民参与作为自己工作的主要组成部分。纽约哥伦比亚儿童环境健康中心就是其中的一个例子,该中心与社区环境正义行动团体"西哈勒姆环境行动"合作开展工作。美国国家环境健康科学研究院制定了"环境正义:沟通伙伴"计划以支持学术界—社区之间的研究和教育合作。其中的有些合作是针对哮喘病的,并且按规定要把社区包括在他们的研究和教育项目中,而且有时还会邀请外行合作伙伴参加(NIH,2000)。美国国家环境健康科学研究院邀请公民参与的努力,对于恢复这个源自20世纪60年代卫生和社会服务计划的传统具有重要的意义(Shepard et al.,2002)。联邦环境保护署是参与政治探索过程的主要政府机构,并且主要根据自己的监管职责每五年对国家环境空气质量标准(NAAQS)进行一次分析评估,并且按照适当的科学知识采取行动。有关颗粒物健康影响效应的研究文献越来越多,这充分证明了联邦环境保护署在过去的30年里不断推行越来越严厉的监管标准（先是 PM10，后是 PM2.5）的正确性，70 年代，联邦环境保护署按照 24 小时平均含量 260 克/立方米的标准对从 PM25 到 PM45 的空气中大颗粒物即"总悬浮颗粒物"进行监管。1987 年，联邦环境保护署改按年平均含量 50 克/立方米或者每 24 小时平均含量 150 克/立方米的标准对较小的颗粒物 PM10 进行监管。1994 年，美国肺科学会起诉联邦环境保护署没能按要求每五年修订一次全国环境空气质量标准。1995～1996 年，据联邦环境保护署聘请的专家估计，每年美国有 15 000 人死于空气中所含的颗粒物。于是，联邦环境保护署设法补充制定空气中 PM2.5 年平均含量 15 克/立方米或者 24 小时平均含量 50 克/立方米的标准（Greenbaum，2000）。1996 年 11 月，联邦环境保护署提交了它旨在严格全国环境空气质量标准的建议方案。该方案附有一份对 185 项臭氧健康影响效应研究和 86 项 PM10 研究的综述。该综述最后认定，"有关这些污染物的现行标准不能适当保护敏感人群，如病人、儿童和老年人"（Brown，1997：378）。联邦环境保护署 1996 年 11 月提交的建议方案主要是针对臭氧和颗粒物的，因此吓到了很多担心更严厉的标准要求添置新设备、代价太昂贵的工业企业（Greenbaum，2000）。

　　反对采取更严厉标准的人也反对执行更严厉标准的成本，并且认为这是由质疑者们得不到的"隐匿数据"支持的"垃圾科学"。联邦环境保护署对"垃圾科学"指责的回应是"有很多同行评审意见，这些都是非常有力的数据"。在成本方面，联邦环境保护署坚持其出于公共卫生的考虑（"保护公共卫生，保证充分高的安全系数"）用法律来规范行为的信念。在联邦环境保护署看来，即使进行成本核算，15 000 人死亡的成本也高于高标准批评者们估计的达标成本。最后，为了回应"隐匿数据"的指责，联邦环境保护署要求健康影响研究所这个由环保署和产业界共同出资创建的机构重新对数据进行分析（Greenbaum，2000）。美国健康影响研究所重新分析数据的结果肯定了达克里的发现。于是，1997 年 7 月 16 日，联邦环境保护署决定保留原来的 PM10 标准，并且采纳年均 15 克/立方米或者 24 小时平均 65 克/立方米 PM2.5 含量的标准。但是，联邦环境保护署还是做出了妥协，同意监测 PM2.5，开展更多的研究，在 2002 年进行下一次五年评审之前不实际执行这个新标准。这一冲突的结果是在全美各地安装了数以千计的检测器，更多的研究正在提供更有力的科学依据，而 2002 年的评审则正在进行之中（Greenbaum，2000）。

　　在相关规则被作为法律于 1997 年通过以后，一系列诉讼便接踵而至。1999 年 5 月 14 日，在其中一起诉讼案（美国卡车运输协会诉联邦环境保护署）的判决中，美国哥伦比亚特区上诉法院支持"联邦环境保护署过分宽松地解释了《清洁空气法案》第 108 和第 109 节,从而导致立法机构授权违宪"的辩词。哥伦比亚特区上诉法院还表示,"虽然联邦环境保护署在确定与不同水平臭氧和 PM 相关的公共卫生问题的程度时采用的因素是合理的,但在采用这些因素时既没有明确表达'清晰原则'也没有引用其他法律原则"(Greenhouse,2001)。

1999 年 5 月 20 日,在美国参议院环境与公共工程委员会举行的听证会上,联邦环境保护署署长卡罗尔·布朗纳(Carol Browner)在他的证词中评论法院的判决称:

"法院没有说空气质量标准是根据糟糕的科学依据制定的,也没有认为产生标准的程序(原文如此)存在问题。实际上,法院已经明确承认推行更严厉空气质量标准的充分科学和公共卫生理由。我们是根据总共 250 多份最好、最新的臭氧和颗粒物科学研究报告——总篇幅长达数千页——才提出建议方案的,而且所有这些研究报告都由独立科学委员会进行过充分的论证和分析,并且通过同行评议后才对外公布的。我们赞成这些标准,我们相信科学,我们认可这些标准的产生程序。法院认定《清洁空气法案》这一节的条款违宪,已经集中击中了这一关系到我们所有家庭健康的立法的要害……一旦我们失去针对雾霾和烟灰制定的健康新标准的执行能力,就意味着 1.25 亿美国人——其中包括 3 500 万儿童——将面临健康风险"(Browner,1999)。

联邦环境保护署与哥伦比亚特区上诉法院之间的这一交锋,意味着空气污染及其对公共卫生影响最有争议的领域已经出现。产业界认为,符合新标准需要的支出远远超过可能节省的医疗费用。企业基于成本效益分析做出的辩词未获支持,最高法院在 2001 年初拒绝了卡车运输协会的请求(Greenhouse,2001)。

颗粒物研究的另一个重大政治结果直接源自于达克里完成的那项六城市研究。产业界要求联邦环境保护署提供原始数据,但是,达克里因担心泄露被调查者的个人隐私而拒绝分享这些数据。参议员理查德·谢尔比(Richard Shelby)要求在 1999 年的一项拨款法案(P.L. 105-277)中补充一条命令行政管理与预算局(OMB)修订第 A-110 号通告以保证因联邦拨款而产生的全部数据都必须根据《信息自由法案》(FOIA)供公众查阅。(第 A-110 号通告自 1976 年发布以来一直适用于高等教育机构、医院和其他非营利机构的联邦拨款管理。)谢尔比参议员建议补充的数据公开条款在没有举行公开听证会,也没有进行审查和征求意见的情况下就加进了上述 1999 年的拨款法案。就如一名科学家指出的那样,谢尔比提出的修正案可能会对未来的科学研究产生意义深远的影响:

"我再也不能对你说'我想请你参加我们的研究,并承诺替你保守秘密',而只能对你说'我能替你提供的数据保守秘密,但被联邦环境保护署用来制定法规的除外。数据被联邦环境保护署使用后,任何人都能要求分享你提供的数据'……这将改变我们未来的做事方式。我不能像过去那样向别人保证替他们保守秘密。"

2001年1月6日,美国众议院第88次会议通过了议员乔治·布朗(George Brown)提出的废除数据共享条款的议案,这项议案也得到了担心独立研究受到影响的美国科学界和社会科学界的支持。现在,谢尔比的数据共享修正案已经生效。其实,产业界正要求这一修正案也可适用于过去的研究。

布什政府也在致力于阻挠有关环境导致的疾病的研究。2002年,美国卫生和人类服务部下属的各科学咨询委员会已经经历了重大改组。其中一个科学咨询委员会负责评估环境中的化学物质对人体健康影响的志愿者成员差不多已经全部被替代,有些取代他们的专家与生产相关化学产品的工业企业有瓜葛(Weiss,2002)。这些隐藏在联邦监管后面的对科学的质疑使得研究人员更难把空气污染与哮喘病联系在一起。

## 科学界和社区环境正义团体在哮喘病问题上的未来

由于没能就把空气污染与哮喘病发病率和患病率不断上升联系在一起的科学证据达成一致,因此,联邦层面实施更加严厉监管的可能性很小。社区环境正义团体选择在地方层面应对空气污染问题,而不是等到政界和科学界的争论有结果以后。通过社区参与型研究等创新性协作方式,社区团体正与一些处于空气污染研究领域最前沿的科学家一起开展自己的科学研究。通过选择研究某个有关暴露的焦点问题,而不是健康影响问题,这些环境正义团体正在协助取得为制定地方监管法规所必需的证据。像"社区和环境备选方案"和"西哈勒姆环境行动"这样的社区环境正义团体并没有完全指望依靠科学界来提供空气污染导致哮喘病新病例的绝对证据,而是努力根据"他们所代表的选民直接暴露在空气污染可能成因下"这一事实来争取当选者有所作为,并且认为这一事实本身就需要监管机构采取行动。就此而言,社区环境正义团体已经参与了哮喘病防控行动,不但采取政治行动,而且还努力更多地依靠科学界来减轻它们所在社区超负荷承担的哮喘病致病负担。但是,它们采取的政治行动和取得的科研成果已经遇到了很多抵制。

科学本身的强势、公共卫生行动的普及和公共宣传的发展引发了企业界的强烈反对。大公司觉得有必要消除空气颗粒物研究的政策影响。例如,埃克森美孚公司在《纽约时报》专栏版刊登了一则巨幅广告称"空气污染并不是引发哮喘病的因素,药物治疗是我们必须提供的最好的治疗方法(ExxonMobil,2001)。在乔治·布什主政的反监管政权下,美国联邦环境保护署是不太可能推行更加严厉的监管措施的。然而,其他环境诱发疾病的研究奠定的坚实科学基础为专业人士和社区环境正义积极分子提供了极大的合法性。卫生和其他社会部门的结合创造了一个为提高健康水平和促进社会民主化进行广泛努力的机会。联邦监管机构对社区环境正义积极分子、研究人员和供应商一起参加的多部门合作的兴趣,有力地推动了协作、参与型健康干预模式的发展。

参与型健康干预模式大多不是针对哮喘病的环境诱因的。鉴于哮喘病流行的广泛程度,很多临床医生、社会工作者和社区积极分子纷纷行动起来,亲力亲为做一些清除霉菌、小虫和蟑螂以及在寝具上铺盖保护膜的基础工作,是完全可以理解的。他们知道这些措施能有效减少哮喘病发作。虽然这些哮喘病预防计划能够惠及一大部分城市居民,但并不能为居民免受继续触发哮喘病发作的室外空气污染的困扰提供任何保护。某些社区环境正义积极分子相信,关注哮喘病的室内环境诱因能使社区居民承担起清除家里哮喘病触发因素的责任,而不是承担改善那些影响整个街区或者城市规模较大的环境因素的责任。但是,他们也注意到仍有一些哮喘病世界的重要活动者还没有采取行动来对付空气污染问题。例如,美国哮喘病和过敏基金会新英格兰分会(2000)给父母和供应商开出了一张包括62个注意事项的清单,其中唯一与室外污染有关的一项就是"防止室外烟雾(如汽车尾气形成的烟雾、货车和公交车空驶造成的烟雾或者企业附近的烟雾)通过开着的门窗进入室内"。相关研究文献列出的注意事项清单也基本相同,甚至常常不提机动车尾气。

在出现学界与社区科研合作之前,社区团体只能请求加强空气污染与哮喘病关系的研究,通过社区参与型研究,社区团体在有关哮喘病的科学辩论和政治争论中发挥了更大的作用。像国家环境健康科学研究院这样的资金来源把社区参与型研究作为优先资助对象,而环境健康领域越来越多的研究人员正觉得与社区合作是他们取得研究成果的一个途径。

"社区和环境备选方案"和"西哈莱姆环保行动"利用环境正义这个框架来采取哮喘病预防行动,意味着它们没有墨守公共卫生科学的陈规。相比之下,它们更加关心社区建设和环境正义构建,因为它们认为其他团体已经从组织上投身于可能要持续很多年的复杂的流行病学辩论。就像"社区和环境备选方案"的一名科研合作者指出的那样:

"当我们不能在某项科学研究中证明某个方面的直接关系时,(社区团体)就会感到失望。通常这是一个样本不够大、相关性较低的问题,而你绝不能肯定地说是公交车站、有毒垃圾站或者其他什么(是)社区里观察到的疾病的诱因。所以,这是非常令人沮丧的。'社区和环境备选方案'认识到自己在流行病学领域的弱点,所以没有在这方面涉入很深,而主要专注于所谓的'环境暴露'问题,并且试图与那些专门从事环境暴露控制的专业人士打交道。"

一名与"西哈莱姆环保行动"合作的研究人员赞同地表示:

"他们的工作日程并不是一种为了发现某个确切的原因而安排的科研日程——而更多是确定已知并有可能危害某个社区的原因,并且为此主动做些什么。所以……这是一种歧视和环境政治的混合物。不过,他们工作做得很好……从某种意义上说,也很难回答'西哈莱姆环保行动'提出的问题。他们认为,造成点污染的柴油污染源对于大家确实是一件很讨厌的事;无论他们希望全部清除这些污染源还是至少让它们比较均匀地分布,都是一些很好的想法。你也知道,我也多少赞同他们的想法和要求。"

"西哈莱姆环保行动"的一名工作人员表达了对协作型科研过程的失望:

"在科学领域,我认为对某项研究的最终结果总会有争议。关键在于如何证明没有超越合理的怀疑范围?但在科学领域,任何东西都不会被证明超出了合理怀疑的范围,但我们总是在科学王国里寻找最终的研究结果。你也知道,科学不像任何其他社会事业,是建立在这样一个基础上:其实,如果科学能像人一样说话,那么就会说'我就是科学,而这就是最终结果,而且是全部的结果。如果我没有得到最终答案,那么就不存在任何答案'。所以,这就是科学界内部的竞争。这就是最终的研究?我们已经采用了一个充分大的样本?我们是否控制了所有不可控的变量?研究是否做得完美无缺?当然,它不可能完美无缺。再说,我们为什么要等待最终答案呢?"

虽然"社区和环境备选方案"和"西哈莱姆环保行动"都有这样的失望,但它们都明白它们需要科学证据和科学合法性,并且认识到确定空气污染和哮喘病间关系的长期重要性。"社区和环境备选方案"与科学界合作是有选择的,这一点可以在它与哈佛大学和波士顿大学公共卫生学院研究人员结成的联盟中以及与地方和地区公共卫生和环境监管机构在"空中打击"(AirBeat)项目上的合作中体现出来。"空中打击"项目旨在检测当地空气质量,然后分析空气质量与哮喘病发作和其他呼吸道疾病患者的就诊次数。作为"空中打击"项目的参与方,"社区和环境备选方案"成功地请求不同的政府机构和公共卫生研究人员在其罗克斯伯里办公室安装空气监测器。虽然"社区和环境备选方案"为了获得定量结果与科研人员进行了合作,但其希望最终能够更加深入地认识空气污染与哮喘病之间的关系,"空中打击"项目还有益于其他方面。"社区和环境备选方案"的政治合法性源自于政府机构和科研人员参与了合作过程,如哈佛大学的科研人员和联邦环境保护署一部负责人都出席了"社区和环境备选方案"罗克斯伯里办公室空气监测器揭幕仪式的新闻发布会。"社区和环境备选方案"能够利用媒体宣传来帮助自己通过"空中打击"项目实现自己的环境正义目标,反过来又能提高社区在不实行社区参与型合作就没有这样的关系的居民群体中间的认知度。社区成员也直接参与这些研究的规划和实施,就如环保能力培养项目学员参与确定社区诊所要收集哪些数据所做的那样。

对于科研人员来说,"社区和环境备选方案"和"西哈莱姆环保行动"提供了合作收集社区数据以及建立地方政治合法性和关系的机会。虽然我们采访和观察到的很多科研人员都认为这样做使得科研调查变得更加容易,但是,他们同样也对他们开展研究的地方和哮喘病患者表达了一份责任心。就如一名研究人员所表示的那样:

"与有实际问题的人接触这一点很重要。你会同情受病痛折磨的人。走出学术世界,保持那样的联系,使我们的工作真正接地气,这对于我们来说非常重要。"

同时与"社区和环境备选方案"和"西哈莱姆环保行动"合作的研究人员强调了共同决策和设定目标的重要性,在某种程度上是为了避免那种危害其他社区居民—科研人员联盟的"被利用感"。他们提到了其他社区居民和科研人员之间的联盟通常没有实现这些目标:

"大家都说应该发展的最理想的社区合作方式就是研究人员应该成为社区合作的伙伴……你应该参与你希望做的工作的安排,然后共同决定需要做哪些后续工作和如何申请资金或者资助来完成后续工作。我们大概有5％的概率获得资金或者资助(大笑)。"

同一名研究人员继续说道:

"对于我本人来说,最大的难堪,我是想说,我被用于我能挣钱的项目。我也得雇人,他们基本上要完成我交代的每一件工作。这不像与社区团体合作。事实上,他们了解很多我不了解的情况。在判断事情将如何发展的很多方面,我是多么幼稚,真是不可救药。"

除了相互提供一定的合法性以外,"社区和环境备选方案"和"西哈莱姆环保行动"与哥伦比亚研究人员的合作还是一个既学又教的过程,就如一名社区积极分子所说的那样:

"在交往中,我们并不总能遇到那些最有社区意识的人。在建立和维系这种关系的过程中,我们花费了很多时间,也做了很多工作,让那些研究人员了解我们,并且设法让他们认识到他们要在那里做实际工作的社区的复杂性和多样性。但是,我觉得我所能说的就是,我们的付出有了回报,但它来之不易……我认为,这种关系也帮助我们增长了我们所需要的科学知识。而对于他们来说,我想这种关系增强了他们对我们社区以及社区的历史、复杂性和多样性的认识,而且还教会他们如何做更好的沟通者、如何在某些方面做更好的邻居。"

研究人员和公共卫生实际工作者依靠像"社区和环境备选方案"和"西哈莱姆环保行动"这样的团体获得了一名研究人员所说的"从健康和环境的角度直接给社区号脉"的机会。"社区和环境备选方案"和"西哈莱姆环保行动"能让学者和政府机构注意到社区这个真实世界的现实问题,并且通过一个研究人员和政府官员可进入的界面把社区的现实问题展现在他们面前。反过来,由于研究人员和政府官员以可信赖的方式扮演了社区服务者的角色,他们在解释和传播关于哮喘病室内外环境诱因的公共卫生信息方面体现了他们的重要价值。

然而,科研人员、一般政府官员和政策制定者需要一种完全不同于社区积极分子以及像"社区和环境备选方案"和"西哈莱姆环保行动"这样的社区组织所需要的探索过程。例如,"社区和环境备选方案"不会等待科研人员关于空气污染对哮喘病影响的明确支持,而是立即就采取行动。由于"社区和环境备选方案"选择一种有限合作方式来与科技界进行合作,并且得出并得益于超出实际研究发现的结论,因此,科研人员和社区积极分子有时都会觉得他们彼此之间的合作存在问题,偶尔还会因彼此的观点不同而感到失望:

"我们已经启用了空气监测仪,并且在《波士顿环球报》上发表了一篇题名为'对付哮喘病的新武器'的文章。但是,我们的一些合作伙伴好像觉得'没有这么做的必要'。可这反映了我们如何看待空气监测仪的观点,也反映了很多居民如何看待空气监测仪的观点。但是,在像环境监管和其他一些部门的人看来,这台空气监测仪为什么要安装在我们这里,没有这个必要。不过,媒体还是得到了信息。"

"社区和环境备选方案"的这个工作人员又接着说:

"我知道,我们甚至受到了我们的合作伙伴的质疑,如哈佛大学公共卫生学院的合作伙伴以及与我们就空气监测仪进行合作的那些人。他们老说,要知道,如果你们真想解决罗克斯伯里的哮喘病问题,那就不仅仅是柴油公交车……我们知道这个问题不仅仅牵涉到交通,绝非仅限于柴油公交车。你们应该明白,这个问题与住房、医疗卫生服务都有关系,可以写篇完整的文章。当然,话得说回来,你们显然必须着手做一些力所能及的事。我觉得,现在大家都知道,即使科学研究并没有证明(它们之间的关系),有些人总觉得它们之间有关系。"

一名与"西哈莱姆环保行动"合作的研究人员也注意到了类似的紧张关系:

"由于属于宣传工作……因此,与经典的科研过程完全不同……在传统的科研过程中,科学人员客观公正地处理数据,并且不带偏见地从数据中得出结论。然而,他们往往站在社区的角度,带着对结果的某种偏爱从事研究。他们也要采集数据,也可能对数据进行筛选。为了支持社区的观点,他们往往会扭曲数据或者采用支持社区观点的方式来解释数据。你也知道,这可是科学家绝不会心安理得地去做的事。这对于我们还不是个真正的大问题……当我发布结果时,我只会说我所想的是有道理的。'西哈莱姆环保行动'可以拿这些数据去说明它想说的东西,而这跟我没有关系。但是,这可是个问题。我觉得,我们之间有一点小小的摩擦……就是一定要找到答案。"

这样的反应说明,只有那些有一定程度环境正义目标承诺的研究人员才愿意与这些社区团体合作。即使他们愿意进行这种有一点小摩擦的合作,也必须原先对社区积极分子的目标有一定的同情心。

"社区和环境备选方案"和"西哈莱姆环保行动"的目的就是赢得公众舆论,而不是科学辩论。它们觉得没有道理把大赌注下在有争议的科学观点上,因为科学只是它们采用的全部手段中的一种。它们把自己看作科学、政策、政治和社区组织建设混搭的趋势引领者,就如它们的一名工作人员所说的那样:

"我觉得,环境正义运动实际上就是基层工作但又存在一种承认你必须有充分的能力去影响和改变的权力结构的想法……的混合物。我认为,作为'西哈莱姆环保行动'的成员,如果你同意的话,我们只做对了一件事,那就是处于基层工作或更大的社会领域工作但同时又认识到自己必须具有一点战略运营者和政治运营者素质才能推动公共政策这个混合物或者合成物。而且,为了推动目标的实现,你必须两全其美。"

这段话,尤其是它使用的"混合物"这个词,道出了环境正义团体值得注意的一个方面。由于是跨越环境正义行动和科学边界的混合型团体,因此,它们同时对环境正义和科学产生影响;又由于它们需要多面手,因此培养了它们的工作人员和团体成员的能力。

像"社区和环境备选方案"和"西哈莱姆环保行动"这样的团体选择了把工作重点始终放在它们所在的社区上。如同其他环境正义组织一样,它们相信,如果它们过于面向全国,或者参加太多的政府和学术会议,那么就可能会荒废它们长期经营的局部性地方基础。它们知道，即使全国推行 PM2.5 标准，局部不公平仍会存在，因此，局部行动始终是必不可少的。

然而，"社区和环境备选方案"和"西哈莱姆环保行动"局部性的地方基层工作具有全国性的影响。它们在社区发起的居民与科研人员联盟，与像哈佛、波士顿和哥伦比亚等全国性的研究型大学一起产生了累积性的全国影响。在影响这种科研完成方式的同时，上述这些组织还能影响研究方法和技术、研究结论的展示方式，有时还会影响研究结论本身。例如，"西哈莱姆环保行动"对与哥伦比亚市环境健康科学部门的合作关系进行了制度化，不但在北曼哈顿社区完成了关于柴油车尾气对健康影响的有用研究，而且还合作开发了交通流量计算、环境空气监测方法，采用生物标志物来测量个人暴露在柴油车尾气中的程度。

此外，在全国范围内的有限网络化推动了对有争议的哮喘病治疗方法的宣传。具体而言，"西哈莱姆环保行动"已经积极组建了地区和全国性环境正义联盟，这些联盟已经成为联邦环境保护署下属的全国环境正义顾问委员会（NEJAC）、环境正义核心会议、儿童环境健康网络和环境正义基金会的成员。这些联盟在地区性环境正义组织——包括东北部环境正义网络和地区环境正义社区—大学联盟（CUCREJ）——中发挥了引领作用。在环境正义运动中扮演的这个重要角色允许"西哈莱姆环保行动"与其他组织交流组织活动的想法，帮助向其他组织推广一些更具创新性的活动，并且为自己制定更新的策略。这样的协作和策略共享在以社区为基础的哮喘病预防团体中间已经成为一种模式。例如，"社区和环境备选方案"向洛杉矶"公交车乘客联盟"学习，自己组织了"反交通种族主义"活动，而"西哈莱姆环保行动"则正对大都会交通运输署的公交车车库提出质疑。就这样，即使不是在非全国性组织之间也实现了策略共享。

## 结束语

社区居民、科研人员和政治主体对哮喘病及其环境诱因进行的社会探索，已经成为环境诱发疾病预防行动一个罕见的例子，因为在这一行动的不同参与者之间实现了那么多的观点共享。就像我们已经讲述的那样，受过专门能力培训的非专业人员非常关心哮喘病的环境触发因素，并且对于哮喘病流行新疫情给予了极大的关注。他们应对哮喘病的跨部门方法吸引了很多社会主体的参与，如卫生服务、公共卫生、教育、住房、交通运输和经济发展等部门，而且始终专注于环境正义不动摇。实际上，应对哮喘病更加主流、进步的公共卫生方法也吸引了大量的跨部门关注,并且也开始关注环境正义问题。虽然这种应对哮喘病的进步的公共卫生方法分享了哮喘病环境正义积极分子的一些信念,但是,主流的有计划工作通常主要针对室内可能的致病因素。哮喘病环境正义积极分子主要把注意力集中在政治和经济行动上,并且主要关注室外的可能致病因素,但是,他们也明白必须引起家庭的重视。

"社区和环境备选方案"和"西哈莱姆环保行动"作为哮喘病环境观的代表,把自己确定为环境正义组织,并且把对哮喘病采取行动作为自己工作的部分内容。虽然它们主要是健康导向型的,但为探索造成疾病的基本社会原因提供了一种动员社会力量的开明方法。这些环境正义团体找到了与科研人员合作的创造性方式,但又不把重点放在研究上。我们在这一章里介绍的哮喘病环境正义行动的长处,为未来通过把社区建设、对患者的社会性支持、创造性政治行动和社区居民—科研人员联盟合并在一起,开展有争议疾病的治疗、预防和研究提供了可借鉴之处。

由于我们认为"社区和环境备选方案"和"西哈莱姆环保行动"注重社区行动胜过科学研究,因此必须思考为什么这两个组织开始要和科研人员合作,并且还持续这样做等问题。不过,对于这两个团体来说,与科研人员合作并不是它们的初始重点。最初,它们在没有强调与医务和科研专业人士合作的情况下开始了自己的组织建设工作。但是,它们之所以随后开展并发展这种类型的合作,部分是因为有足够多的研究人员对它们的环境正义框架表示同情。显然,是这些医学和科学盟友为这些环境正义团体的目标提供了合法性,并且促进了公民—科学界联盟的发展。同样,政府通常也需要坚实的科研基础来证明其行动的合理性,而社区积极分子也明白这层关系。此外,社区积极分子还明白企业界的反对仍将继续,就连政府现在对环境与哮喘病有关的观点的支持也可能不会长久。通过与科研人员合作,这些团体有助于提供进一步的科学依据来支持它们的案例。它们还能促使它们的科研合作者更进一步支持公民参与。总而言之,"社区和环境备选方案"和"西哈莱姆环保行动"发展成了"混合型"组织,一面开展公共卫生和研究工作,一面致力于社区组织建设。通过与大学科研人员的合作,环境正义团体保留了有时较为科研导向型,有时比较行动导向型的选择权。

学界—社区合作的混合性质同样也惠及了专业人士,他们受到了那些本身受到研究人员正在研究的问题影响的人的支持。由于开始认识到外行参与科研项目的价值,研究人员自己也获得了更加全面的发展,拓展了他们自己的知识面和研究范围,并且更有条件申请到以合作为条件的联邦拨款。

由于行为主体之间的观点分享、环境正义团体的混合性质以及在哮喘病研究和空气中颗粒物含量监管方面取得的显著成就,因此,本案例为针对其他有争议的环境诱发型疾病合作采取行动提供了可借鉴的东西。虽然其他疾病也许没有如此坚实的科研基础,但是,科研人员与政府和非专业组织合作的意愿才是真正至关重要的。最重要的是,公共卫生状况已经因这样的行动而得到了改善。

• 参考文献:

Amdur, M. 1996. Animal Toxicology. In *Particles in Our Air: Concentrations and Health Effects*, ed. R. Wilson and J. Spengler, 85—122. Cambridge, MA: Harvard University Press.

American Lung Association (ALA). 1996. *Breathless: Air Pollution and Hospital Admissions/Emergency Room Visits in Thirteen Cities*. Washington, DC: American Lung Association.

Asthma and Allergy Foundation of America/New England Chapter. 2000. Asthma-Friendly Child Care: A Checklist for Parents and Providers. Washington, DC.

Berkman, Lisa, and Ichiro Kawachi, eds. 2000. *Social Epidemiology*. New York: Oxford University Press.

Brown, Kathryn S. 1997. "A Decent Proposal: EPA's New Clean Air Standards." *Environmental Health Perspectives* 105 (4): 378—382.

Browner, C. 1999. Remarks made to the United States Senate Environment and Public Works, Subcommittee on Clean Air, May 20. Available at http://www.epa.gov/ttn/oarpg/gen/cmbtest.html#remarks.

Bullard, Robert, ed. 1994. *Confronting Environmental Racism: Voices from the Grassroots*. Boston: South End Press.

Davis, Devra. 2002. *When Smoke Ran like Water: Tales of Environmental Deception and the Battle against Pollution*. New York: Basic.

Dockery, D., and C. A. Pope. 1996. Epidemiology of Acute Health Effects: Summary of Time Series Studies. In *Particles in Our Air: Concentrations and Health Effects*, ed. R. Wilson and J. Spengler, 123—148. Cambridge, MA: Harvard University Press.

Dockery, Douglas W., C. Arden Pope, Xiping Xu, John D. Spengler, James H. Ware, Martha E. Fay, Benjamin G. Ferris, and Frank E. Speizer. 1993. An Association between Air Pollution and Mortality in Six US Cities. *New England Journal of Medicine* 329:1753—1759.

Evans, David, Mindy Fullilove, Peggy Shepard, Cecil Corbin-Mark, Cleon Edwards, Lesley Green, and Frederica Perera. 2000. Healthy Home, Healthy Child Campaign: A Community Intervention by the Columbia Center for Children's Environmental Health. Presentation at Annual Meeting of American Public Health Association, Boston, November 15.

ExxonMobil. 2001. Clearing the Air on Asthma. Advertisement, *New York Times*, November 15.

Friedman, Michael S., Kenneth E. Powell, Lori Hutwagner, LeRoy M. Graham, and W. Gerald Teague. 2001. Impact of Changes in Transportation and Commuting Behaviors during the 1996 Summer Olympic Games in Atlanta on Air Quality and Childhood Asthma. *Journal of the American Medical Association* 285:897—905.

Gelbspan, Ross. 1997. *The Heat is On: The Climate Crisis, the Cover-Up, the Prescription.* Cambridge, MA: Perseus.

Godleski, J. 2000. Mechanisms of Particulate Air Pollution Health Effects. Presentation at annual meeting of American Public Health Association, Boston, November 14.

Greenbaum, D. 2000. Interface of Science with Policy. Presentation at Annual meeting of American Public Health Association, Boston, November 14.

Greenhouse, L. 2001. E.P.A.'s Authority on Air Rules Wins Supreme Court's Backing. *New York Times*, February 28, 1.

Loh, Penn, and Jodi Sugerman-Brozan. 2002. Environmental Justice Organizing for Environmental Health: Case Study on Asthma and Diesel Exhaust in Roxbury, Massachusetts. *Annals of American Academy of Political and Social Science* 548: 110—124.

National Health Interview Survey. 1997. NCHS Data Fact Sheet. January 1997.

National Institutes of Health (NIH). 2000. "Request for Proposals." Available at http://grants.nih.gov/grants/guide/rfa-files/RFA-ES-99-00.html, May 30, 2000.

Pew Environmental Health Commission. 2000. *Attack Asthma.* Baltimore: Johns Hopkins University School of Public Health.

Pope, C. A. 1989. Respiratory Disease Associated with Community Air Pollution and a Steel Mill, Utah Valley. *American Journal of Public Health* 79 (5):623—628.

Roberts, J. Timmons, and Melissa M. Toffolon-Weiss. 2001. *Chronicles from the Environmental Justice Frontline*. Cambridge: Cambridge University Press.

Samet, Jonathan M., Francesca Dominici, Frank C. Curriero, Ivan Coursac, and Scott L. Zeger. 2000. Fine Particulate Air Pollution and Mortality in Twenty U.S. Cities, 1987—1994. *New England Journal of Medicine* 343: 1724—1729.

Schwartz, J. 1993. Particulate Air Pollution and Chronic Respiratory Disease. *Environmental Research* 62: 7.

——. 2000. Fine Particulate Air Pollution: Smoke and Mirrors of the '90s or Hazard of the New Millennium. Presentation at annual meeting of American Public Health Association, Boston, November 14.

Schwartz, J., D. Slater, T. V. Larson, W. E. Pierson, and J. Q. Koenig. 1993. Particulate Air Pollution and Hospital Emergency Visits for Asthma in Seattle. *American Review of Respiratory Disease* 147: 826—831.

Shepard, P. M., M. E. Northridge, S. Prakash, and G. Stover. 2002. Preface: Advancing Environmental Justice through Community-Based Participatory Research. *Environmental Health Perspectives* 110(2): 139—144.

Weiss, R. 2002. HHS Seeks Science Advice to Match Bush View. *Washington Post*, September 17, A01.

Wilkinson, Richard G. 1996. *Unhealthy Societies: The Afflictions of Inequality*. London: Routledge.

Wilson, Richard. 1996. Introduction. In *Particles in Our Air: Concentrations and Health Effects*, ed. R. Wilson and J. Spengler, 1—14. Cambridge, MA: Harvard University Press.

# 第十三章

## 被忽略的人与被忽略的地方

### ——如何把加州的空气污染与农药飘移联系起来

吉尔·哈里森

几十年来,公共卫生专家把农药污染认定为农业生产造成的一个有问题的后果。农药飘移是农药使用对公共卫生影响辩论的最新版本,是指农药飘离靶标病虫害或者目标作物并且对附近居民造成危害的情形。[1]以下两个案例就是近几年引起媒体注意的农药飘移事件的例子。

2000年11月,一个含有"蜱虫死"("乐斯本")的云团从附近柠檬果园飘过学校操场后,加利福尼亚州凡图拉(Ventura)县某小学至少有35个小学生和几名老师被送进医院接受住院治疗。蜱虫死是一种有神经毒性的有机磷酸酯(OP)杀虫剂,并且被列为疑似内分泌干扰物和可能会对发育或生殖造成危害的毒物。蜱虫死的住宅使用几乎已经全部被美国联邦环境保护署所禁止,但蜱虫死仍然是使用最广泛的农用有机磷酸酯农药之一(PAN,2003;Solomon,2000)。

1999年11月,在附近土豆地喷打的"威百亩"分解形成的毒气飘过以后,加州图莱里(Tulare)县厄利马特(Earlimart)镇紧急撤离了180名居民。土壤烟熏剂飘移至少把24名受害者送进了医院,大部分受害者自诉有呼吸困难、恶心、头痛以及眼睛和喉咙被灼伤等急性症状。据厄利马特镇的居民报告,自从发生这一事件以来,患哮喘病和其他呼吸道疾病的病例有所增加。"威百亩"被加州有关部门列为一种致癌、影响发育或生殖的毒素以及可能的内分泌干扰物(PAN,2003)。

诸如此类的事件把农药飘移问题列入了政府的议事日程。例如,美国联邦环境保护署目前正在讨论采用新的农药标签规定的问题,旨在帮助减少农药使用中喷雾飘移事件的发生。此外,加州农药监管部门现在专门成立了农药飘移工作组。加州环境保护局目前正在考虑通过立法严格规定特定农药的使用条件来减少农药飘移事件的发生。

很多公益性研究团体也已经开始关心这个问题。"北美农药行动网络"(Pesticide Action Network North America)、"环境工作团体"(Environmental Working Group)和"农药改革加州人"(Californians for Pesticide Reform)不过只是其中的3个团体,它们开展活动以提高农药飘移问题的"能见度",并且要求采取比政策制定机构建议的方法更加关键和实质性的解决方案(Gray et al.,2001;Kegley et al.,2003;Reeves et al.,2002)。

此外,为了应对农药飘移对当地产生的影响,很多地方建立了各种基层社区组织,如凡图拉县的"社区和儿童防止农药中毒倡导者"(Community and Children's Advocates Against Pesticide Poisoning, CCAAPP)、蒙特利(Monterey)县的"无危害农场"(Farm Without Harm)、图莱里县厄利马特镇的"福利委员会"(Comité Para Bienestar)以及索诺马(Sonoma)县的"无喷雾行动网络"(No Spray Action Network)(请参阅CCAAPP,2003;FWH,2003;DeAndante,2003a;NSAN,2003)。

在这一章,笔者将介绍政策制定者和主流媒体通常界定农药飘移问题——一系列孤立的农药通过空气飘移到附近非农区域,导致附近人员在农药使用期间或者之后立刻严重中毒的意外事件——的方式。笔者将证明把对农药飘移问题的界定局限在居民区"意外事件"范畴的做法会歪曲这个问题涉及的真实范围。也就是说,这种界定概念的做法会忽视农场工人面临的暴露风险并且使之合法化,而且还把数百万加州居民受到的"非危机"性日常暴露风险排除在外。

此外,笔者还将说明农药飘移问题目前在另类空间中正被重新界定为一个受到媒体关注的"超越少数意外事件"的问题。具体而言,很多研究人员和环保活跃分子主动把农药飘移重新定义为空气污染问题。与定义农药飘移问题的主流方法不同,这种定义策略凸显了农药飘移的日常性质并且把它作为问题提出来,而且还创造了一个凸显农场工人及其每天接触农药风险的机会。

## 如何绘制农药飘移问题和相关辩论的分布地图

定义农药飘移概念的主流做法隐去了某些农药污染的最显著影响。这些有关农药飘移概念与影响的矛盾以及被隐去的影响,可以通过比较农药飘移问题在整个加州的空间分布和这个问题的公众关注度空间分布,从地理的视角加以说明。笔者将在这一节中说明,加州的农药飘移问题呈现出一种特别的格局。这种格局表明,加州农药飘移问题的空间分布显著不同于这个问题的主流媒体关注度的空间分布。

"农药行动网络"绘制了一些加州农药使用空间分布详图,我们可登录"农业改革加州人"网站获得(Osborne et al.,2001;请浏览 http://www.pesticidereform.org/datamaps.html)加州农药使用空间分布图。[2]这些分布图是引用加州农药监管部(DPR)农药试用报告(PUR)的数据绘制的,并且反映了加州农业的农药使用强度[用施用农药活性成分(磅)/平方英里来衡量]。

如图所示,中央山谷(Central Valley)、萨利纳斯山谷(Salinas Valley)和因皮里尔河谷(Imperial Valley)这几个加州最大的农业生产区农药使用强度最高。此外,加州通过实施它的农药疾病检测项目(PISP)来跟踪农药接触或者暴露事件。有关农药疾病监测项目的档案文献显示,1997~2000年加州农药中毒人数最多的几个县是夫勒斯诺(Fresno)县、克恩(Kern)县、金斯(Kings)县、图莱里县和蒙特利县(请参阅表13.1)。这种相关性并不令人惊讶,因为这些县把大量的土地用于农业生产,并且大量施用农药。

**表 13.1　　加州部分县农药使用和飘移数据**[3]

| 县名 | 农药中毒报告案例<br>(1997~2000年)[a] | 种植面积<br>(英亩)[b] | 农药使用强度<br>化学物质(磅)/英亩(种植面积)[b] |
|---|---|---|---|
| 图莱里 | 427 | 685 593 | 25.67 |
| 夫勒斯诺 | 221 | 1 331 327 | 29.27 |
| 蒙特利 | 178 | 374 714 | 26.19 |
| 克恩 | 175 | 834 867 | 26.84 |
| 金斯 | 96 | 485 875 | 9.85 |
| 圣华金 | 73 | 472 362 | 28.59 |
| 里弗赛德 | 68 | 266 113 | 13.38 |
| 马德拉 | 63 | 294 383 | 39.12 |
| 默塞德 | 60 | 456 969 | 19.24 |
| 因佩里亚尔 | 57 | 570 787 | 15.97 |
| 凡图拉 | 52 | 218 324 | 27.73 |
| 斯坦尼斯诺斯 | 42 | 306 439 | 22.15 |
| 柯鲁萨 | 24 | 253 114 | 7.85 |
| 圣巴巴拉 | 24 | 149 745 | 25.87 |
| 尤洛 | 21 | 274 247 | 11.39 |

续表

| 县名 | 农药中毒报告案例<br>（1997～2000 年）[a] | 种植面积<br>（英亩）[b] | 农药使用强度<br>化学物质（磅）/英亩（种植面积）[b] |
| --- | --- | --- | --- |
| 萨克拉门托 | 21 | 128 619 | 30.56 |
| 索拉诺 | 14 | 156 845 | 10.39 |
| 萨特 | 12 | 229 472 | 15.13 |
| 格伦 | 12 | 200 093 | 13.06 |

a.报告中毒病例数据引自加州农药监管部农药致病监测计划（转引自 Reeves et al.，2002），表示与农业有关的农药中毒病例，其中 44% 是由农药飘移造成的。

b.种植面积数据和农药使用强度数据引自凯格利等（Kegley et al.，2000：70—72）。农药使用强度数值表示 1998 年每英亩种植面积农药活性成分的毛重（磅）。

但是，加州的农药使用和所报告的农药飘移事件遵循一种模式（如上所述），而有关农药飘移的公开辩论又遵循一种与前一模式相矛盾的不同模式。分析农药飘移的媒体关注度，是一个可用来比较当地公众对这个问题认识的方法。快速浏览加州各大报纸的农药飘移报道，就能发现媒体关注度和公众认识显著的空间分布差异。[4]具体来说，农药飘移问题在加州内陆地区没有得到应有的反映。在所有收集到的报道文章中，只有 26% 是报道中央山谷地区农药飘移问题的，而有 74% 的文章报道的都是凡图拉、圣巴巴拉（Santa Barbara）、蒙特利、圣克鲁兹（Santa Cruz）、索诺玛（Sonoma）和纳帕（Nap）等城市化程度较高的沿海县的农药飘移问题。因此，尽管中央山谷地区的农药飘移问题是最严重的，但相对而言没在公众关注度中得到应有的体现。[5]相反，公众关注度主要集中在沿海和城市地区。

此外，大部分样本文章把农药飘移问题框定为一系列"意外事件"，而不是空气污染问题。为数很少的报道中央山谷地区农药飘移问题的文章大多仅限于报道具体意外事件的细节，只有 1 篇文章联系这个地区范围更大的空气污染问题阐述了农药飘移问题。比较而言，报道沿海地区农药飘移问题的文章至少有 50% 把具体的农药飘移事件作为更加全面地分析农药对环境和公共卫生负面影响的引子来讨论。

加州目前的人口变化趋势可能有助于公众改变对农药飘移问题的认识，因此有必要说明这方面的变化。加州有越来越多的居民生活在农药使用量大的农场附近，并且越来越关心农药使用对环境和公共卫生可能造成的影响（Coppock and Krieth，1996；Sokolow and Medvitz，1999）。加州沿海地区新搬来的农村居民不可能在农业部门工作，而且代表着巨大的社会和政治力量，并且越来越对那种认为农药飘移是农业生产一个可容忍或者"自然"结果的想法提出了质疑。因此,这些人口方面的变化促使居民们越来越重视有毒化学物质在加州这些地区的日常存在(并且发起了对这个问题的公开辩论)。

随着这些人口变化趋势和压力推进了公众关切的变化,媒体对沿海县农药飘移的关注度也逐渐改善了基于中央山谷地区农药飘移意外事件的话语。但是,关于沿海地区农药飘移的文章大多仍然以农药飘移受害者[如关注农药飘移对学龄儿童或者塞拉斯山脉(Sierras)两栖动物的影响]为取向。此外,只有18%的样本文章多少提到了农场工人。也就是说,尽管农场工人作为一个群体受到农药飘移最集中、持续的影响,但是,他们相当彻底地从公众关注的视野中消失了。

这些被排斥在公众注意力之外的农药飘移受害者的重要性不应该被低估。由于中央山谷、农场工人和农场工作条件没有得到应有的关注,因此,这样框定的农药飘移问题的受害者无法如实反映农药飘移问题的真相,把农药飘移问题局限在"意外事件"的范畴内,并且抽象掉了农药飘移作为一个空气污染问题的日常影响。如上所述,农药飘移和其他种类的空气污染在加州中央山谷地区极为严重,而且那里发生的农药飘移事件常常包含着非常严重、明显的社会不公。在应对1999年和2002年的大规模农药飘移事件时,紧急救援队没能保护好居民,也没有善待受害者个人,导致他们情绪低落,而且根本不考虑他们因农药飘移事件而提出的索赔要求(DeAnda,2003a)。此外,媒体的注意力几乎就是专一地聚焦于农药飘移对生活在沿海地区的居民的偶然影响。可见,以上描述表明沿海居民的健康较之于内陆农场工人的健康受到了格外的关注,从而模糊了农药飘移经常最严重地影响人体的空间范围。这样框定农药飘移受害者的做法不正确地给人以"加州农药飘移问题就表现为沿海地区受到的影响"这样的印象,因而抽象掉了农药飘移作为一个日常空气污染源所造成的实际危害。

## 意外事件与被忽略的受害者和受害地方

以上被忽略的农药飘移受害者和受害地方以及农药飘移框定影响和实际影响间矛盾的起因既微妙又重叠,并且深深地根植于加州的农业经济历史。虽然深入分析它们的起因超越了本章的范围,但简要分析一般框定农药飘移问题的方式,有助于解释造成对农药飘移问题碎片化、不充分关注的原因。

如前所述,政策制定者和主流媒体倾向于把农药飘移问题框定为农药飘离农场、飘入另一社会空间(如居住区或者校园)的孤立事件。不管怎样,通过把农药飘移局限在孤立的意外事件的范畴,这种话语隐去了农药飘移问题的日常性质,从而实际把农药飘移与它在空气污染这个更大范畴的问题中所起的作用分离了开来[关于"正常事件"的深入讨论,请参阅罗健(Rajan,1999)和佩罗(Perrow,1999)]。事实上,美国联邦环境保护署明确不考虑大部分农药飘移类型,因而把它们排除在政策考虑范围之外,就如以下定义所说明的那样:

美国联邦环境保护署把农药喷雾飘移定义为农药在施用时或者之后立刻通过空气完成的从施用地到任何其他地方(常说的非目标地)的物理移动。联邦环境保护署没有把由侵蚀、迁移、挥发导致的农药或者农药施用后随风飘扬的被污染土壤颗粒向非目标地的飘移包括在它的定义中(U.S. EPA,2002)。

这些框定农药飘移问题的主流方法把农药飘移事件局限在居民区或者非农场区,从而把现场劳动者尤其是农场工人排斥在辩论范畴之外。这样的框定方法同样还意味着官方确定的重新进入间隔期(农药施用后农业工人不准进入施过农药的农田的间隔期)足以保护工人的健康和安全。然而,"农药改革加州人"提供的新的空气监测数据显示,现在确定的间隔期并不总能有效保护工人和附近居民的健康(Kegley et al.,2003)。农场工人被忽视并且被排斥在农药飘移问题之外会导致很多麻烦,因为持续、高度暴露在工作场所有毒物质之下通常导致工人成为化学技术的主要受害者,工作场所也因此而成了研究人员能够最正确地认识有毒化学物质对人体健康影响的空间(Brown and Froines,1993)。[6]所以,把这个空间排斥在有关农药飘移的辩论范畴之外,就不能如实反映问题,并且只能提出作用有限的解决方案。如果面临最大受害风险的行为主体被视而不见并且在辩论中被边缘化,那么,有关农药飘移的辩论就不可能正视问题。农场工人被忽视会导致农药飘移不能被作为一个空气污染问题来关注。

把农药飘移框定为意外事件,而不是一个空气污染问题的做法,会导致对在农业工作场所和农村社区已经变得那么"自然"的非危机性低水平暴露视而不见。这些日常工作和生活环境受到农药污染都是没有人注意或者报道的事件,因为它们包括非常微妙的体验,如农场工人在田间工作时的皮肤接触,吸入飞机喷洒的农药,工人把工作服上沾染的化学物质带到家中从而影响到他们的妻子和孩子,农村社区内部或者以外低水平、不明显的空气中农药飘移。后者是一个特别成问题的问题,因为公共卫生研究越来越多地证明,这种与环境中多种毒素低水平的累积接触会对人体造成某些非常严重的长期危害(Colburn et al.,1997;Moses,2002;Solomon,2000)。只要农药飘移被框定为"意外事件"或者危机,那么,日常接触或者暴露仍将被忽略并且被正常化。

此外，意外事故的说法人为地抽象掉了农药中毒中的制度和结构性支撑因素。农业劳动力市场结构历来就阻碍我们致力于提高农场工人所遭遇问题的"能见度"。凯里·麦克威廉姆斯（Carey McWilliams, 1935）早就讨论过这样一个循环过程：加州种植园主在整个19世纪和20世纪初一直通过采用种族化的方式剥削以最弱势种族为基础的移民劳动者群体，从而支持了有利可图的新兴农产品生产的发展。就如卡罗尔·扎本（Carol Zabin）、迈克尔·科尔尼（Michael Kearney）、菲利普·马丁（Philip Martin）和其他研究人员已经指出的那样，这个循环过程到了今天仍在继续——墨西哥南部的米斯特克人是新的"社会最底层群体"，现在要占到加州农业劳动力的5%～10%。他们的到来无意中又导致了已经按照法律地位和国籍划分等级的劳动力在进一步地分层。最重要的是，这样的劳动力等级划分或者分层使得工会工作和其他旨在提高农场工人群体面对的农药暴露问题"能见度"的有组织努力变得更加复杂（请参阅 Kearney and Nagengast, 1989；Martin, 2001；Zabin, 1992；Zabin et al., 1993）。

这种框定农药飘移问题的主流方法把这个问题作为一个多少有点不同于社会经济问题的严格意义上的技术问题来描述。不管怎样，就像很多劳动力研究者指出的那样，技术与工作场所正义之间存在显著的相关关系。伊莱恩·贝纳德（Elaine Bernard, 1993）、威廉·弗里德兰（William Friedland, 1981）、玛格丽特·菲茨西蒙斯（Margaret FitzSimmons）和米里亚姆·威尔斯（Miriam Wells, 1996）都曾经令人信服地指出，工作场所结构和技术决策既不良性也不客观，而是一个充斥意识形态、权力和风险分布规范性确定的社会建构过程。[7] 因此，技术决策并不只是技术效率的一个函数，而且也是政治权力、社会力量和经济实力的产物。

此外，这样的话语排斥了关于禁用有毒合成农药（如有机农业）或者只准许使用低毒农药——而且是在不得已的情况下使用[如病虫害综合治理和病虫害生物强化治理，如请参阅 Altieri（1995）、Benbrook（1996）和 Gliessman（1998）]——的农业病虫害治理范式的讨论。

把农药飘移框定为意外事件的做法同样也会掩盖现行农药风险评估方法的不足。虽然农药风险评估能够确定直接接触致命剂量的近似值，但这个评估体系不能以合理程度的确定性来确定低水平长时期接触多种毒素的协同影响（Brown et al., 2000；Thornton, 2000）。这些都恰恰是反映农业工作场所特点和农村劳动群体工作特点的农药暴露或者接触类型，并且对人体健康构成最显著的威胁。

因此，以上这些狭义框定农药飘移问题的方法有助于说明政策制定者为什么只提出范围狭窄的解决方案。标签法的修订和农药使用方法上的限制最多要求种植者对目前的做法做一些微调,以便减少农药施用期间或者之后意外事件的立刻发生。然而,这些技术调整建议并不能减少农药施用后的飘移,因为大量的农药非现场飘移是因农药施用后化学物质挥发而发生的(Kegley et al., 2003)。毫不奇怪,这些政策建议并不能表明农药飘移是一个影响农业地区每个人健康和安全的日常问题。关于加强现行监管力度(监管机构的代表们到处推荐的解决方案)的呼吁虽然必要且没有兑现,但却导致农药飘移仅限于意外发生的幻觉永久化,并且没能让农药飘移问题的真实性质清晰易见。

重要的是,应该注意过去为界定农药飘移问题的某些努力受到了类似局限性的困扰。在《雷蒙·冈萨雷斯之死》(*The Death of Ramon Gonzalez*, 1990)中,安格斯·赖特(Angus Wright)表示,20世纪60和70年代由消费者驱动的对食品农药残留物的关切促使政策制定者们对高持久性有机氯农药(如滴滴涕)的施用实行限制。反过来,这些监管措施促使种植者改用持久性较低但对农药施用地附近人和野生动物威胁大得多的农药。通过这种方式,为消费者采用的解决方案却成了其他不那么受注意的人(如农场工人)的问题。为了减少粮食作物农药残留发生率,政策制定者们给农药飘移下了一个狭义的定义,结果把滴滴涕导致的社会和环境不公问题转化成一个技术问题。这样一来,生产地附近的工作条件和中毒可能性仍然被掩盖。

赖特的研究反映了分析不同社会主体界定农药飘移问题相互冲突的方式的重要意义。作用范围有限的技术解决方案也许能给某些人带来一些慰藉,但并不能提供全面解决问题的有效方法。

## 如何把农药飘移与空气污染联系起来

只要农药飘移问题被视为一系列意外事件,那么,日常的农药接触仍然会被视而不见和正常化。相反,如果把农药飘移作为空气污染问题,那么就会把那些日常接触作为问题来考虑,并且提高这些问题的重要性。

事实上,加州的一些研究人员和环保积极分子正开始重新把农药飘移问题作为一个空气污染问题来对待。[8]例如,美国农场工人工会联合会(UFW)联合"农药改革加州人"、"种族、贫穷与环境中心"(Center for Race, Poverty and the Environment)和几个本地社区行动团体的力量一起来应对图莱里县1999年发生的严重农药飘移事件。[9]这些团体最初是为了抗议地方紧急抢救人员对受害居民采取不人道待遇而进行合作,而现在他们积极致力于把农药飘移问题作为空气污染问题来处置。在2003年2月召开的一次农药飘移问题大会上,"农药改革加州人"组织的代表戴维·查特菲尔德(David Chatfield)在他的开场白中发表了以下声明:"我们必须把农药飘移作为一个空气污染问题来对待"(Chatfield,2003)。查特菲尔德着重强调了"随着对哮喘病和农药其他微妙的长期影响效应关注度的提升,提高目前对农药接触急性症状关注度"的重要性。查特菲尔德还建议把农药飘移作为一个空气污染问题来考虑的做法有可能凸显全体加州居民接触农药的真实状况。"农药改革加州人"组织所做的工作使农药飘移问题摆脱了"意外事件"话语的束缚,并且凸显了农药飘移在加州严重的空气污染问题中扮演的角色。这一意义转变是与本书其他把空气污染作为一种可见现象出现来讨论的章节(如请参阅本书哈罗德·普拉特所写的那一章)关注的事态发展相互呼应的。

"农药改革加州人"并不是唯一致力于重新把农药飘移作为一个空气污染问题来对待的组织。厄利马特镇的福利委员会是图莱里县一个以社区为基础的基层组织,就是为了应对厄利马特镇1999年发生的农药飘移事件而建立的。该委员会主任特雷萨·迪安达(Teresa DeAnda)表示,农药是空气污染物的一个核心成分,而农药飘移是一个导致经常影响圣华昆河谷(San Joaquin Valley)及附近地区全体居民健康和安全的悲剧性因素[如可参阅 DeAnda(2000a,2000b)]。

以这种方式重新定义农药飘移问题,就意味着这个问题不再局限于危机范畴或者化学物质向农场外飘移的范畴。在把农药飘移问题界定为一个影响一地全体社会成员的问题,这样一来就把现场劳动者带回了辩论,从而避免某些由狭义地定义这个以支持者为基础的问题。这些狭义的农药飘移定义在过去妨碍了农药政策辩论的开展。这些努力已经在逐渐揭开农药飘移问题日常性这块"面纱"。

通过提高对农药日常接触问题的认识,这一最近发生的"向空气污染的转向"也许有助于农药飘移问题辩论的民主化。有关毒物问题的讨论倘若仅局限于意外事件、风险评估和监管实施等范畴,那么就会被专家们垄断,并且对于公众来说是遥不可及的。在这样的情况下,外行们的知识常常会被边缘化和忽视,而"专家们"的知识却受到了青睐甚至偏袒。然而,关于专家知识的主张使得风险评估和分摊问题被排除在民主讨论之外,并且掩盖了环境问题承载着伦理和价值观的一面[请参阅 Brown(2000)、Brown 等(2000)和 Brown 等(本书相关章节)]。这样,农药飘移问题反映了在其他社区的反有毒物质运动中暴露的问题,如马萨诸塞州拉夫运河(Love Canal)和沃本(Woburn)市环境悲剧中出现的问题[请参阅 Brown 和 Mikkelsen(1997)]。菲尔·布朗表示,深入考察这些辩论,就能发现有关与化学技术相关的风险分布问题以及确定可承受风险水平的适当范围问题。愈演愈烈的边界争议表明,环境决策也许得益于水平不断提高的民主参与(Brown,2000)。事实上,基层反农药飘移组织正在积极面对地方环境问题的知识被专家垄断这个现实。作为环保积极分子、农药飘移问题的受害者,特雷萨·迪安达在最近由"农药改革加州人"发起的农药飘移问题大会上表示,"我们必须告诉专家……我们就是专家!……我们知道自己正感受到的东西以及正在经历的事情"(DeAnda,2003b)。

因此,把农药飘移作为一个空气污染问题来定义这一转向,意味着不同的政治力量可以围绕农药飘移被赋予的不同意义来缔结联盟。也就是说,把农药飘移作为一个空气污染问题来定义的做法会把农药的日常接触作为问题提出来,并且回过头来创造一个说明受农药污染影响的不同群体之间关联性的机会。

这样一来,关于农药飘移问题的创新性研究就能与很多趋势和创新策略相互呼应。在这些创新策略中包括菲尔·布朗和他的同事们(在本书中)把空气污染和哮喘病联系在一起的那种"多伙伴、多组织、跨部门"方法。空气污染和哮喘病之间的联系十分重要,因为让面临农药飘移风险的社区居民与那些面对最大农药飘移风险的人(如农场工人)接触,能够提升农场工作条件的"能见度",并且能够反映现场劳动者与非现场劳动者遇到的农药飘移问题之间的交集,因而能够促进农药飘移问题解决方案的产生,而且这些解决方案要比联邦和州监管机构提出的解决方案更加全面、更具社会正义。

近代历史上,受到同一个环境问题影响的不同群体之间常常会建立一些关系。劳拉·普利多(Laura Pulido,1996)曾经表示,美国第一部农药报告法是因农场工人(通过美国农场工人工会联合会)而制定的。20 世纪 60 年代末,美国农场工人工会联合会利用农场工人农药中毒事件为改善农场工人各方面的生活条件做出了更加重要的努力。这些努力之所以能够取得成功,主要是因为美国农场工人工会联合会与其他团体——特别是与消费者组织以及关心农药使用导致农业地区居民面临风险的人士——建立了关系。

尽管美国农场工人工会联合会与其他团体共同努力取得了以上成功,但是,很多在 20 世纪 70 年代建立起来的重要关系在最近几年趋于式微。帕特丽夏·艾伦(Patricia Allen)和她的同事们(2003)曾经指出,尽管早期的替代食品计划发展了与农场工人的牢固关系,并且对已有农业实践、种族歧视和贫穷共同进行了组织上的批判,但是,80 年代的新自由主义革命和崇尚企业家精神的政治文化的兴起削弱了民权运动、劳动正义组织和替代食品运动之间的联系。

重新把农药飘移界定为空气污染问题的做法又为今天恢复那些已经断掉的联系并且关注劳动者和日常接触农药问题提供了机会。使劳动者受到更多的关注，是重新认识农药飘移问题这个过程的重要一环；而使农场工人的工作场所变得更加安全，则必将减少农药对农业地区其他居民的影响。农药飘移由意外事件到空气污染的观念变化表明农药飘移会经常性地危害大量使用农药的农业地区全部人口和野生动物的健康，凸显了受农药污染的不同群体（即学龄儿童、农场社区居民、农场工人、两栖动物、鸟类、益虫等）之间的交集，并且为缔结能增强迄今为止利益不同的群体集体话语权的新联盟开辟了新的空间。

## 结束语

在这一章里，我们讨论了农药飘移问题，并且证明最近关于这个问题的辩论倾向于把农药飘移定义为一些由农药从生产地（农场）向外飘移对农场外附近居民造成危害的孤立意外事件。笔者认为，由于把农药飘移局限在"意外事件"的范畴，因此，农药飘移概念的这一主流定义掩盖了农药飘移问题的日常性质，并且导致了作用范围狭窄的不适当政策方案。笔者还表示，一些环保积极分子和研究人员积极致力于把农药飘移重新定义为空气污染问题。这个定义农药飘移问题的观念转变凸显了农药飘移的日常性质，并且把这作为问题提出来，从而为披露加州农业地区全体居民过去和现在没引起注意的天天接触农药的问题创造了条件。农药飘移问题有效的解决方案最终将取决于能否重视所有受农药飘移影响的地方、行为主体和所有的农药接触可能性以及能否在公众和政策话语中树立"农药飘移是一种空气污染来源"的观念。

• 注释：

[1] 上报的农药飘移影响大部分是在暴露于飘移农药后立刻受到的急性健康影响——其中包括恶心、皮肤或眼睛刺激和呼吸困难，但也会产生很多有可能几年没有症状但对人体健康造成严重危害的慢性影响。农药飘移造成的慢性健康影响是指化学物质对人体健康的长期影响，慢性健康影响显然更难明确界定，通常要相隔几年才会出现症状，而且一般要比急性影响严重。农药会造成的已知慢性健康影响包括多种癌症、先天畸形、不孕不育、代谢障碍、神经发育障碍、慢性疲劳综合征和行为异常［请参阅 Solomon(2000) 和 Moses et al.(1993)］。

[2] "农药改革加州人"采用加州农药监管部的数据绘制了这张分布图。分辨率

更高的加州分布图和县级分布图可在网址 http://www.pesticidereform.org/data-maps/maps.html 上获取。

［3］这张表只收录了1997～2000年间至少发生10个农药中毒病例的县的数据。

［4］被选作这次调查样本的报纸包括《加州贝克菲尔德报》(*Bakersfield Californian*)、《萨克拉门托蜜蜂报》(*Sacramento Bee*)、《洛杉矶弗雷斯诺蜜蜂报》(*Fresno Bee，San*)、《旧金山纪事报》(*Francisco Chronicle*)、《温图拉县星报》(*Ventura County Star*)和《洛杉矶时报》(*Los Angeles Times*)。这次调查入选文章的条件是发表在1998年1月1日到2003年2月28日期间，"农药"和"飘移"在文章5个以上词组中出现。在39篇符合这两个条件的文章中，有10篇谈的是加州中央山谷地区的农药飘移问题，29篇说的是加州沿海各县的农药飘移问题。

［5］美国肺科学会对全美各县臭氧污染程度进行过评级，并且指出加州中央山谷地区各县一直名列榜首。加州有5个全美受臭氧污染最严重的县：圣贝纳迪诺县连续三年名列第一；克恩县在前两年名列第三以后，这一年跃居第二；夫勒斯诺县在前两年被评为第四个受臭氧污染最严重的县以后，这一年跃居第三；里弗赛德县在前两年名列第二以后，这一年落到了第四；而图莱里县连续两年名列第五。加州有一个亮点，那就是萨利纳斯市。该市年年被排在全美"受臭氧影响最不严重的城市"之列(ALA，2003)。此外，如表13.1所示，近几年在加州农药中毒受害者最多的10个县中有9个在中央山谷地区。

［6］许多研究人员为农场工人和他们家人在防范与接触农药相关健康风险方面没有得到充分保护的论点提供了文献证据［如可参阅 Barnett(1989)、CHAMACOS(2002)、Mills 和 Kwong(2001)、Moses 等(1993)、Pulido(1996)、Reeves 等(2002)以及 Villarejo 等(2000)］。

［7］在《土地状况》中，唐·米切尔(Don Mitchell)同样认为，加州的农业景观是社会建构的权力关系："农业景观生产是……一项高度神秘化的意识形态工程，旨在隐去它(那完全的社会)生产事实"(Mitchell，1996：p.6)。

［8］就如在由"农药改革加州人"发起、2003年2月8日在加州夫勒斯诺市举行的一次农药飘移大会上讨论的那样。

［9］尤其是厄利马特镇的福利委员会。

• **参考文献：**

ALA.2003.American Lung Association.The State of the Air 2002 Report：Nationwide and Regional Analysis.February 26.Available at http://www.lungusa org/air2001/analysis02.html♯woes.

Allen, P., M. FitzSimmons, M. Goodman, and K. Warner. 2003. Shifting Plates in the Agrifood Landscape: The Tectonics of Alternative Agrifood Initiatives in California. *Journal of Rural Studies* 19(1):61—75.

Altieri, M. A. 1995. *Agroecology: The Science of Sustainable Agriculture*. Boulder, CO: Westview Press.

Barnett, P. G. 1989. *Survey of Research on the Impacts of Pesticides on Agricultural Workers and the Rural Environment*. Davis: California Institute for Rural Studies.

Benbrook, C. M. 1996. *Pest Management at the Crossroads*. Yonkers, NY: Consumers Union.

Bernard, E. 1993. Information Technology: Old Problems, New Tools, and New Possibilities for a Healthy Workplace. Chapter 2 in Brown and Froines, *Technological Change*.

Brown, M. P., and J. R. Froines. 1993. *Technological Change in the Workplace: Health Impacts for Workers*. Center for Occupational and Environmental Health, School of Public Health and Institute of Industrial Relations. Los Angeles: University of California.

Brown, P., and E. J. Mikkelsen. 1997. *No Safe Place: Toxic Waste, Leukemia, and Community Action*. Berkeley: University of California Press.

Brown, P. 2000. Popular Epidemiology and Toxic Waste Contamination: Lay and Professional Ways of Knowing. Chapter 21 in Kroll-Smith et al., *Illness and the Environment*.

Brown, P., S. Kroll-Smith, and V. J. Gunter. 2000. Knowledge, Citizens, and Organizations:

An Overview of Environments, Diseases, and Social Conflict. Chapter 1 in Kroll-Smith et al., *Illness and the Environment*. CCAAPP. 2003. Community and Children's Advocates Against Pesticide Poisoning. See http://nice people.com/organizations/ccaapp.htm.

CHAMACOS. 2002. Center for Health Analysis of Mothers and Children of Salinas. See http://ehs.sph.berkeley.edu/chamacos.

Chatfield, D. 2003. Presentation at Pesticide Drift Conference, sponsored by Californians for Pesticide Reform, February 8, Fresno, California.

Colburn, T., D. Dumanoski, and J. P. Myers. 1997. *Our Stolen Future*. New York: Penguin.

Coppock, R., and M. Krieth. 1996. *Farmers and Neighbors: Land Use, Pesticides, and Other Issues*. Davis: Agricultural Issues Center, University of California.

DeAnda, T. 2003a. President of Comité Para Bienestar de Earlimart. Personal conversation with author, February 7.

DeAnda, T. 2003b. Presentation at Pesticide Drift Conference, sponsored by Californians for Pesticide Reform, February 8, Fresno, California.

DeAnda, T. 2000a. Our Valley Air. Our Community/Nuestra Communidad Newsletter 1. October.

DeAnda, T. 2000b. Letter to San Joaquin Valley Air Pollution Control District on behalf of Comité Para el Bienestar de Earlimart. September 15.

FWH. 2003. Farm Without Harm. See http://www.amesti.santacruz.k12.ca.us/farmwithoutharm.html.

FitzSimmons, M. 1990. The Social and Environmental Relations of US Agricultural Regions. In P. Lowe, T. Marsden, and S. Whatmore, eds. *Technological Change and the Rural Environment*. London: David Fulton.

Friedland, W. H. 1981. *Manufacturing Green Gold*. New York: Cambridge University.

Gliessman, S. R. 1998. *Agroecology: Ecological Processes in Sustainable Agriculture*. Chelsea, MI: Ann Arbor Press.

Gray, S., Z. Ross, and B. Walker. 2001. Every Breath You Take: Airborne Pesticides in the San Joaquin Valley. Environmental Working Group. Available at http://www.ewg.org.

Kearney, M., and C. Nagengast. 1989. *Anthropological Perspectives on Transnational Communities in Rural California*. Davis: California Institute for Rural Studies.

Kegley, S. E., A. Katten, and M. Moses. 2003. Secondhand Pesticides: Airborne Pesticide Drift in California. San Francisco: Pesticide Action Network, California Rural Legal Assistance Fund, and Californians for Pesticide Reform.

Kegley, S., S. Orme, and L. Neumeister. 2000. *Hooked on Poison: Pesticide Use in California, 1991-1998*. San Francisco: Pesticide Action Network North America.

Kroll-Smith, S., and H. H. Floyd. 1997. *Bodies in Protest: Environmental Illness and the Struggle over Medical Knowledge*. New York: New York University Press.

Kroll-Smith, S., P. Brown, and V. J. Gunter. 2000. *Illness and the Environment: A Reader in Contested Medicine*. New York: New York University Press.

Martin, P. 2001. Labor Relations in California Agriculture. Chapter 5 from 2001

*State of California Labor* report from the Institute for Labor and Employment. Berkeley: University of California.

McWilliams, C. 1935. *Factories in the Fields: The Story of Migratory Farm Labor in California*. Berkeley: University of California Press.

Medvitz, A. G., A. D. Sokolow, and C. Lemp. 1999. *California Farmland and Urban Pressures: Statewide and Regional Perspectives*. Agricultural Issues Center-Division of Agriculture and Natural Resources. Davis: University of California.

Mills, P. K., and S. Kwong. 2001. Cancer Incidence in the United Farm Workers of America (UFW), 1987—1997. Cancer Registry of Central California. Accessed on the United Farm Workers Web site: http://www.ufw.org.

Mitchell, D. 1996. *The Lie of the Land: Migrant Workers and the California Landscape*. Minneapolis: University of Minnesota Press.

Moses, M. 2002. Presentation at Annual Conference of Californians for Pesticide Reform, December 7, Sacramento, California.

Moses, M., E. S. Johnson, W. K. Anger, V. W. Burse, S. W. Horstman, R. J. Jackson, R. G. Lewis, K. T. Maddy, R. McConnell, W. J. Meggs, and S. H. Zahm. 1993. Environmental Equity and Pesticide Exposure. *Toxicology and Industrial Health* 9(5):913—959.

Osborne, W. J., S. E. Kegley, and S. Orme. 2001. 1999 California Pesticide Use Maps. San Francisco: Pesticide Action Network. http://www.pesticidereform.org/datamaps/datamaps.html.

NSAN. 2003. No Spray Action Network. See http://www.freestone.com/nospray/. PAN. 2003. Pesticide Action Network Pesticides Database. Available at http://www.pesticideinfo.org/index.html.

PANUPS. 2002. Latino Farm Workers Face Greater Risk of Cancer. Pesticide Action Network Updates Service, July 19. See http://www.panna.org.

Perrow, C. 1999. *Normal Accidents: Living with High-Risk Technologies*. Princeton, N.J.: Princeton University Press.

Pulido, L. 1996. *Environmentalism and Economic Justice*. Tucson: University of Arizona Press.

Rajan, S. R. 1999. Bhopal: Vulnerability, Routinization, and the Chronic Disaster. In A. Oliver-Smith and S. Hoffman, eds., *The Angry Earth: Disaster in Anthropological Perspective*. New York: Routledge.

Reeves, M., A. Katten, and M. Guzmán. 2002. Fields of Poison 2002: California

Farmworkers and Pesticides. Pesticide Action Network. Available at http://www.panna.org.

Sokolow, A. D., and E. G. Medvitz. 1999. The California Scene. Introduction to Medvitz, Sokolow, and Lemp, *California Farmland and Urban Pressures*. Solomon, G. 2000. *Pesticides and Human Health: A Resource for Health Care Professionals*. Physicians for Social Responsibility. San Francisco: Californians for Pesticide Reform.

Thornton, J. 2000. *Pandora's Poison: Chlorine, Health, and a New Environmental Strategy*. Cambridge, MA: MIT Press.

U.S. EPA. 2002. Spray Drift of Pesticides. U.S. Environmental Protection Agency Office of Pesticide Programs. July 2. Available at http://www.epa.gov.pesticides/citizens/spraydrift.htm.

Vargas, M. 2001. Labor and Community Collaboration. Chapter 16 from 2001 *State of California Labor* Report from Institute for Labor and Employment. Berkeley: University of California.

Villarejo, D., D. Lighthall, D. Williams, A. Souter, R. Mines, B. Bade, S. Samuels, and S. McCurdy. 2000. *Suffering in Silence: A Report on the Health of California's Agricultural Workers*. Davis: California Institute for Rural Studies.

Wells, M. 1996. *Strawberry Fields: Politics, Class, and Work in California Agriculture*. Ithaca, NY: Cornell University Press.

Wright, A. 1990. *The Death of Ramon Gonzalez: The Modern Agricultural Dilemma*. Austin: University of Texas Press.

Zabin, C. 1992. *Mixtec Migrant Farm Workers in California Agriculture: A Dialogue among Mixtec Leaders, Researchers, and Farm Labor Advocates*. Davis: California Institute for Rural Studies.

Zabin, C., M. Kearney, A. Garcia, D. Runsten, and C. Nagengast. 1993. *Mixtec Migrants in California Agriculture: A New Cycle of Poverty*. Davis: California Institute for Rural Studies.

# 第十四章

# 田野笔记

## ——作为文化体验的空气污染治理工程

罗杰·K.罗费尔

最近,笔者应邀在由美国联邦能源部和宾夕法尼亚州环境保护部发起的旨在促进宾夕法尼亚州热电联产(CHP)系统开发的研讨会上做了一次介绍。我曾在格雷士河渡口(Grays Ferry)热电联产项目——位于费城市中心的一个150兆瓦热电联产循环发电设施——工作过8年,并且取得了许多为建造和营运这样的设施必须申领的空气质量许可证。关于这次经历在我心中留下的最独特的东西就是我同时有3个老板——开发商、蒸汽用户和公用电力事业,他们都是这个发电设施的合作伙伴。我常常觉得自己经历过的最艰难的许可谈判就是与这三个合作伙伴进行的谈判。如果我能让他们就某个立场达成一致,那么,与空气质量监管机构的谈判通常能在比较亲切友好的气氛中完成。

我是在一次访问中国期间准备这份讲稿的。当时,我正好在读罗贯中写的中国古典小说《三国演义》。这部小说讲的是公元3世纪之交东汉灭亡后一段动荡时期的历史。我很快就觉得在我负责的费城市中心项目中公用电力事业部门就是强大的魏国,蒸气用户就是投机取巧的吴国,而雇用我的濒临破产的小独立开发商就是陷入困境的蜀国。我在这个项目中扮演的就是蜀王足智多谋的军师孔明的角色,孔明总想方设法利用一切可利用的手段创造条件联吴抗曹。

我把我的三国故事讲给中国的同事们听,他们认为这一切似乎都是由严重的时差反应造成的。而我的三国故事在共和党大会上引起了更大的反响,并且令我思考我们在全球实施空气质量工程中遇到的一些相似和不同的东西。

我无意自称人类学家或者社会学家,而给这样的轶事贴上"文化体验"有可能被认为有点自以为是。不过,我在自己之前的研究(Raufer,1998)中曾引用过玛丽·道格拉斯(Mary Douglas)和亚伦·威尔达夫斯基(Aaron Wildavsky)论述风险和文化的研究成果(Douglas and Wildavsky,1982)以及米切尔·施瓦茨和迈克尔·汤姆森(Schwarz and Thompson, 1990)的后续启蒙作品,并且发现他们提供了一种思考其他国家环境状况的有用方法。

# 一种文化模式

简而言之,施瓦茨和汤姆森先考察了生态学家在管理生态系统时运用的各种策略,然后确定不同的社会群体在这些策略中的位置。在生态学家们看来,生态系统管理策略对应于如图14.1中景观球体所示的四种自然状态。良性自然状态是一个宽容的世界;球体始终在盆底滚动,而这种自然状态保持它的平衡;转瞬即逝的自然状态几乎就是良性自然状态的对立面,而世界在这种状态中濒临灾难性毁灭;反常/宽容的自然状态在一个正常的区间内是宽容的,但条件一旦偏离正常区间就会变得脆弱不堪;最后,任性的自然状态是一个随机世界,而我们能做的一切就是应付不稳定事件。施瓦茨和汤姆森把不同的社会关系与这四种自然状态联系起来,采用了两个社会科学文献中众所周知的原型(个人主义者和层级制),并且添加了两个不太被公认的社会群体平等主义者和宿命论者。平等主义者非常理性,并且观点一致;而宿命论者则逆来顺受。上述描述的结果也可见图14.1。

环保人士显然属于平等主义者群体,担心最小的环境变化也会导致灾难;而市场取向的经济学家则显然崇尚个人主义,生活在良性自然状态的世界里。他们主张自由放任,倾向于接受市场直接行动外的少量非计划干预。警察、律师、联邦环境保护署官员和市政环境工程人员这些层级制中的各有关方面在一个适当的运营区间内保持一切事情的正常运行。只要一切都在适当区间内运行,情况就很好。最后,大多数公民都是宿命论者,他们过自己的日常生活或者做自己的日常工作,很少考虑空气质量、污染或者环境受到的威胁等问题。

施瓦茨和汤姆森认为,在位于任一象限的个体看来,位于其他象限的个体都是不理性的;3个"主动"象限之间始终存在着冲突,位于这3个象限的个体都想去影响第四象限逆来顺受的宿命论者;没有一个象限代表的观点能够永久性地击败其他象限代表的观点;而且没有一个象限里观点能够独自生存下来——它们需要相互依存。集体智慧———种还完全成熟的元理解(Schwarz and Thompson, 1990)——来自于这些不同观点之间的张力、冲突和相互作用。像美国这样的国家的优势源自于承认、促成并且在政治上允许这种观点分歧的制度安排。所以,他们俩的这项研究就叫"立场有别"(Divided We Stand)。

本人研究的很多内容涉及前中央集权计划经济体,因此有必要注意施瓦茨

图 14.1

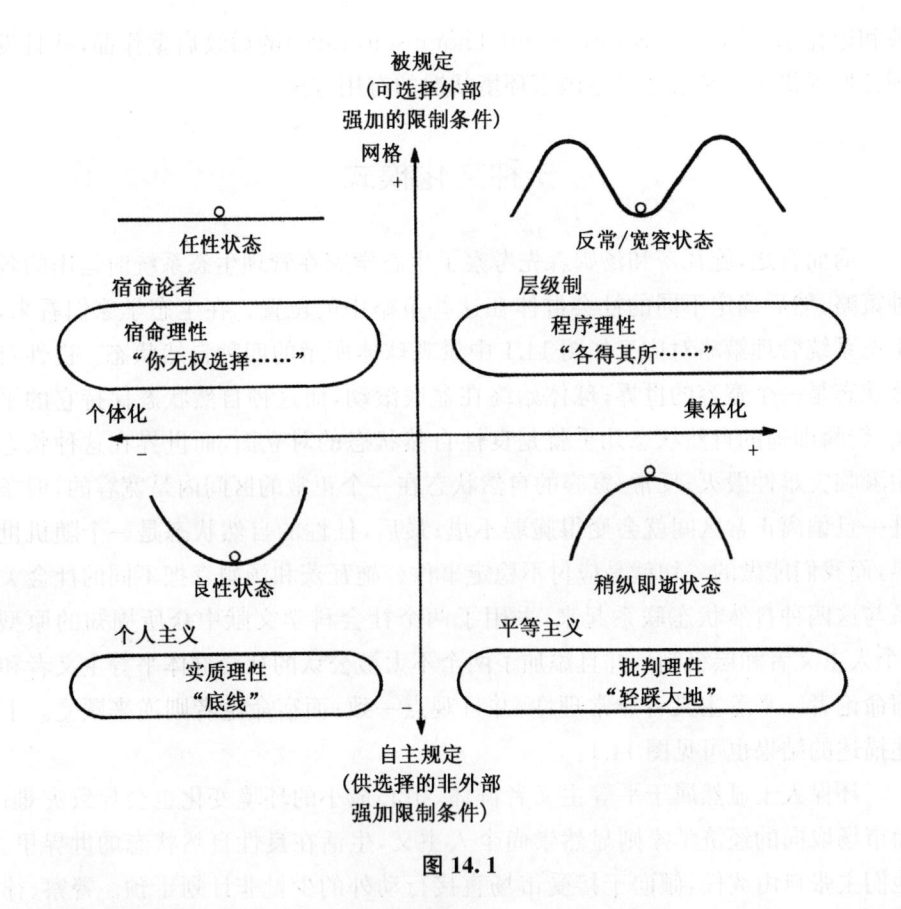

和汤姆森关于前中央集权计划经济体失败的观点。这些经济体基本上都想消除图 14.1 下面两个象限的市场导向型个人主义和平等主义，只留下政府导向型层级制（如警察、军队和官僚）和长期逆来顺受的宿命论者。虽然一个"主动"象限的长期统治会导致严重的环境危害，但不是永久性危害，而且其他"主动"象限会卷土重来。

我本人在国外的经历几乎全部落入图中右上象限和左下象限。我并没有经常遇到平等主义者，而且在像中国这样的国家，他们的作用仍然非常有限。毫无疑问，中国政府没有注意到非政府环保组织在苏联和中欧国家如何被视为持不同政见者的工具，而我也不想急着重复在那里的经历。我也不常遇到宿命论者，平民百姓都在为每天的生计奔波，很少直接考虑环境问题。他们对这些问题肯定有自己的想法，而采取"自上而下"型环境管理法的危险是有据可查的（Khator，1984：105—112）。但是，我的研究并没有深入洞察这些象限所代表的不同观点。

所以，我们姑且把这些不同的观点记在心中，让我们重点考察右上象限中的层级制。

## 层级制

施瓦茨和汤姆森都认为，"(那个象限所代表的)情形需要层级制：冷静、内行，但首先要有忍耐力"(Schwarz and Thompson,1990:10)。在这个象限中，是由政府官员(通常是以环境标准的形式)制定环境目标，收集环境数据，并且保证为应对空气质量问题制定适当的污染控制策略。

### 空气质量目标

国外空气质量工程中最令人惊讶的东西也许是他们的空气质量控制目标是通过对美国的经验做简单修改的方式制定的。美国制定了一级和二级空气质量标准，前者旨在保护公众健康，而后者则是冲着公共福利去的。空气质量控制工作的重点主要是争取达到以人体健康为基准的一级标准，然而，美国人在户外待的时间不超过10%。总暴露评估分析表明，主要的影响是由室内空气质量造成的，而室内空气质量受到吸烟和家用化学品等因素的影响。

美国联邦环境保护署把自己的注意力放在了工业排放物上，但是，工业排放物对人体健康的影响通常要比室内局部污染源小很多。例如，据詹姆斯·罗马塞特(James Roumasset)和科克·史密斯(Kirk Smith)估计，按照质量流量排放量计，吸烟造成的侧流烟大约只占燃煤发电厂微颗粒物排放总量的4%，但在导致暴露方面的效率要比电厂排放物高出1 700倍。如果空气质量监管机构能够把吸烟造成的侧流烟暴露减少2%，那么就相当于消除了电厂对人体健康造成的全部影响(Roumasset and Smith,1990)。

这种想法一旦被应用于发展中国家就具有特殊的意义。呼吸道疾病是发展中国家的一个主要病种，也是造成死亡的一个主要原因，因此，发展中国家有必要大量增加有效的环境保护支出。室内污染物的一个主要接触源就是燃烧粪便和其他劣质燃料的原始炉灶。罗马塞特和史密斯(1990)对两个印度可能实施的项目——一个是旨在改进发电厂微颗粒物排放控制装置的项目，另一个是旨在改进炉灶的项目——进行了比较。按照美国联邦环境保护署采用的排放物控制方法，选择电厂为减排突破口显然是最佳策略，因为按照一种卢比/吨的方法计算，这要比选择家用炉灶作为减排突破口的成本—效益比高出20倍。然而，如果考虑污染物接触问题——在选择任何以健康为基准的方法时都应该考虑的问题,那么,选择家用炉灶为减排突破口实现同样程度的污染物接触减少的成本只有以电厂为减排突破口的1/9(Roumasset and Smith,1990)。

中国的情况非常相似,与室内微颗粒物排放相关的接触风险很高。而且,近些年吸烟造成的烟雾大幅度增加(Chu,1999)。然而,中国政府选择了一条关注工业污染源排放的道路。这倒不是说工业污染源应该被忽视。但是,如果真正能把通过关心呼吸问题来改善公众健康作为目标,那么,无论是印度还是中国,当然都能找到比现在实施的空气质量监管更加直接的途径。

## 空气质量数据

要知道,能在多大程度上实现目标取决于环境监测工作做得怎样。在美国,惯常的做法就是,设置监测仪来监测某个设施造成的最大环境影响或者城市区域可能达到的周边环境最高排放物浓度。我曾经参加过很多发电厂建设项目,有的项目实施建前监测,有的则采取建后监测,而监测点的选择要经过监管机构的审核。在美国,偏执地用文献来证明这样的"最坏"状况确实有点困难,我帮助开发了一种确保监测点选择正确的分析技术(Noll et al.,1977),甚至还在一个项目中使用过移动监测仪来捕捉每一种最坏状况(Raufer,Courtney and Noll,1979)。在另一个项目中,我甚至还同意监测非发电厂烟囱排放出来的化学物质——附近居民只想更好地了解化工厂附近的空气里有些什么物质。

世界其他国家的标准中并不一定规定这样的最坏状况监测。这种监测往往成本较高,因此,很多城市区域根本就没有为在选定的"热点"监测点安排放监测仪所必需的财力或者那么多监测仪。即使考虑到这些约束因素,美国的工程师往往还是会因为其他国家的环境监管机构并不十分关心监测这样的最高浓度而感到惊讶。当然,即使给定资源约束不变,某些城市的监测点分布也是"选择性"的,公共卫生数据的情况也可能是这样。一个我曾经在那里工作过的国家拒绝为取儿童血铅样本提供技术帮助,而另一个国家则不准许我们获取有关交通警察接触一氧化碳浓度的数据。我们觉得,如果相关信息有可能要求政府做出重要回应的话,有些政府的环境监管机构并不一定希望了解他们所辖城市的最坏状况,甚至连"一般状况"都不想知道。

## 其他环境数据

当然,空气质量数据并不是唯一需要的环境数据。因此,环境监管官员还必须搜集有关各种不同污染物排放量、烟囱高度、废气状况、气象条件等的数据。他们常常需要完成艰巨的工作,特别是在信息不易共享或者环境管理部门没有特别高的政府地位的国家。

所以,不少国家的数据库常常存在很大的数据"缺口"。有些数据缺口是人为的(例如,有一次我发现在一个地区的排放细目表中缺少了一个行业的全部排放数据。据说,这是由行政命令造成的。这个行业的排放源享受不同的待遇,所以,它们的数据根本就没有收录常规数据库)。不过,出现数据缺口,更经常是环境监管机构缺乏资源或者干脆就是数据收集不力造成的结果。排放量常常是根据原始质量衡算方程估算的估计值,或者是应用于问题燃料统计数据的粗糙排放系数。[但在中国,我们通过数据质量检查发现采用这样粗糙方法估计的排放量有时被高估,而有时又被低估(Raufer, Zhuang and Tang, 2000: 12)。]

环境监管机构自身也常常不愿与"外部人"分享这些数据,现在往往收费提供数据。有些数据非常敏感(如有关政府收取的违反环保规定的罚款金额或者罚金如何使用的数据)。在这些问题上常常缺乏透明度。

当环境监管机构试图对空气质量目标(即环境空气标准)和本地区环境空气实际质量(如排放源及其运行状况和气象条件等)进行比对时,上述数据问题会导致一些特殊问题。这种比对通常采用物理建模的方式来完成,在大多数发展中国家,这还可能是一个相当艰巨的任务。大气污染物扩散模型往往计算复杂,涉及大气化学、迁移和发生在地形特征非常复杂的地区之间的扩散等问题。监管人员可能有智力资源来做好这项工作,而且对这项工作也很感兴趣——而他们的处境就好比"有价格昂贵的高档赛车,但却没有开赛车的汽油"。粗糙的输入数据根本就不能与它们需要完成的复杂任务相匹配。

### 控制策略的发展

一旦发现空气质量有问题,接下来的空气质量管理基本步骤就是为改善空气质量做些什么。当然,这样一项复杂而又艰巨的任务涉及很多方面,但层级机构通常必须至少处理好两个关键参数:一是要采用的技术;二是机构设置。

通常就是采用所谓的"末端控制"技术(如静电除尘技术、洗涤消除技术等)或者污染预防技术(如节能、清洁生产等)。在美国,像我本人这样的"旧时"空气质量工程师往往觉得末端技术使用起来更加得心应手,因为我们总认为市场会关注后一种技术。如果能源或者资源效率具有经济合理性,那么,相关设施就应该上马并且要达到预定的能源或者资源效率。在美国,即使"清洁生产"也被视为一种"后末端控制"策略——当控制污染的边际成本变得太高时,消除污染物就开始具有更大的经济意义。

但是，前中央计划经济体的情况正好与此相反。它们的各种设施不是在市场背景下运营的，市场导向型资源配置效率从未在减污方面起过作用，因此仍然有很多低成本机会（即安装汽水分离器，在热水管道外面包裹绝缘材料等）。所以，这些经济体更加亟须后一种工程技术。一旦这种工程技术被采用，这些经济体还将需要末端控制技术，但它们更加紧迫的需要是能够提高效率的技术。

必要的末端控制技术一旦应用到发展中国家就会碰到一个巨大的障碍：需要更多的钱来维持营运。在这些国家，工程项目施工中最令人失望的一个方面就是看到污染控制技术在他们只有很小（或者根本就没有）采用意愿的情况下所经历的遭遇。在一个前中央计划经济国家，我看到一个价格昂贵的织物过滤系统原本是用来回收一家再生铅冶炼厂的铅尘的，但结果对附近居民造成了严重的环境危害。为此，一个欧洲国家赠送了一套缓解这个问题的设备。当我看到这套设备时，它的法兰盘上已经积有铅尘——而且新安了一根排气管干脆就绕过污染控制装置直接排放废气。要知道，在这套设备运行的工厂里，类似这根排气管这样的装置还有很多，而且都是按原先的设计在运行。对于这家工厂的经理来说，以前的设备代表着不必要的成本，这套后来的设备才是有价值的经济投资，但是，工厂附近的社区正在为这种观点付出沉重的代价。

在另一个前中央计划经济国家，我看到了另一套设备，这套设备虽然没有积满灰尘，但已经无法运行。那里的工厂经理发现污染罚款比使用污染控制设备便宜，因此，为能通过选择污染降低生产成本而感到高兴，当地环保机构也很高兴，因为他们的收入有所增加。奇怪的是，居然没有任何国家环保机构介入解决这种情况。

由于空气污染"需求"来自于政府，因此毫不奇怪，制度问题几乎始终在空气质量管理中扮演着关键的角色。也很难总结这方面的经验，原因就在于每个国家的制度内容不同。在任何其他领域，"文化"背景都没有承载比制度更多的意义，而美国工程师的经验在制度领域就变得缺乏典型性。

至少在3个一般方面层级制必须面对制度问题。首先是空气质量问题的绝对复杂性。有很多不同的污染物，以不同的方式相互作用，并且来自于不同地方、不同类型的排放源，而这些不同的地方又有自己的污染控制选择，诸如此类等。有些问题在国家层面已经得到了很好的处理（如新车排放控制），而另一些问题在地方一级得到了不错的解决（如为控制灰尘而清扫街道），但在国家和地方之间有着各种各样的制度互动关系。地方环保官员往往没有资金或者专业技术来解决严重的污染问题，而且在很多情况下，一个外部人能够扮演的最有价值的角色就是说服官员相信这样的问题并非难以解决。

其次就是制度创新的复杂性。在大多数国家，地方环保机构似乎更加关心经济发展，而不是他们自己的环境保护职责。[1]他们的本职工作表现可能完全是按照经济发展指标来评估的，他们的职业发展、社会地位和福利等也都取决于当地的经济发展。孙国栋（Sun Guodong）表示，在中国，地方环保机构领导的职位"对于官僚们来说既有利可图又充满吸引力"（Sun，2000），因为地方环保机构领导有权判定排放源的达标程度，并且决定可面议的污染费金额；因此，地方环保机构领导必须"满足市长的预期"（Sun，2000）。很明显，环保官员是在一个层级制（图 14.1 中右上象限的称谓就是"层级制"）的框架内工作，并且要追求比空气质量更大的目标。

最后是层级机构自身观点的复杂性，尤其是它们对自己所属政府认知的复杂性。朱迪斯·夏皮罗（Judith Shapiro）曾经指出，在接受了几十年为集体利益献身的规劝以后，人们对国家以任何形式提出的价值观都会采取一种玩世不恭的态度（Shapiro，2001：204）。在其他很多国家也存在类似的失望情绪，那里的监管者甚至把自己供职的监管机构视为无能或腐败或者两者兼而有之的机构。

环境监管机构常常还被要求在一个更加严酷的以市场为导向的世界上自力更生，从而导致它们试图"出卖"服务。而我们在美国把这种行为视为一种明显的利益冲突。除了出卖排放或者环境监测数据外，环境监管人员还可能负责组织环境影响评估或者参与设计污染控制设备，然后又作为环境监管者坐在评判台前参与评定它们是否合格。

不过，这个严酷的市场导向型新世界也为图 14.1 左下象限所代表的个人主义者提供了一种全新的环保愿景。

## 个人主义者

经济学家是一些解释如何实现目标但又被认为自身与目标的实现与否没有关系的专家。这种与目标实现与否的不相关性使得经济学成了一种受宠的政治工具（Milton，1996：72）

把环保思想包含在经济学中的改造是笔者在前一部作品（Raufer，1998）进行了相当广泛的讨论的一个主题。我曾表示，在过去的几个世纪里，一般监管框架演化成了一个能与工程（层级制）世界观并存的东西（如图 14.2 所示）。政府通常以环境质量标准的形式制定环境目标，以保护社会不受过多污染物的侵害。环境目标一般是通过以下方式来制定的：先是分析有关污染物对公共卫生影响、对生态系统危害的科学知识；然后选择一个有（用《1970 年清洁空气法案》的话来说）"充分安全系数"的水平。目标确定以后，就着手制定能够达到和维持所希望污染水平的禁令和/或者技术规定(排放标准、设计标准等),以确保目标的实现。如前所述,再通过物理建模把环境目标与监管手段联系起来。

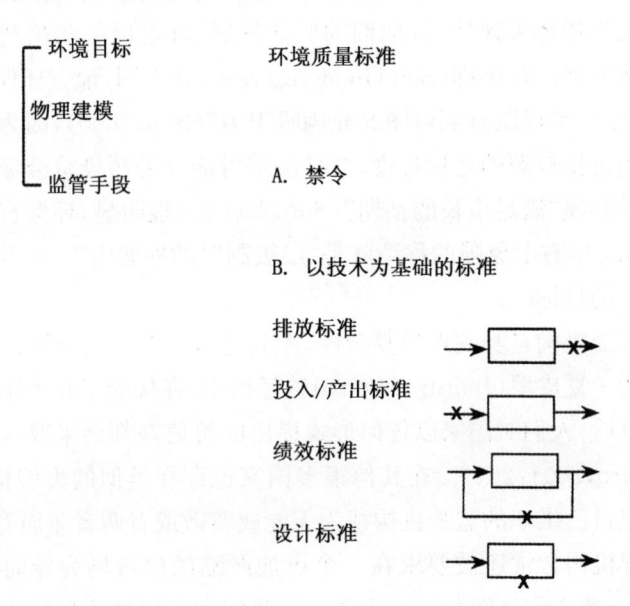

```
┌─ 环境目标         环境质量标准
│
│  物理建模
│                   A. 禁令
└─ 监管手段

                    B. 以技术为基础的标准

                    排放标准

                    投入/产出标准

                    绩效标准

                    设计标准
```

资料来源:Rauffe(1998)。

**图 14.2 命令/控制监管**

不过,在过去的几十年里,经济学家提供了一种替代性监管方法。根据这种方法,政府把环境目标确定在边际成本等于边际收益的点上,而不是制定环境标准。从理论上讲,至少所有关于公共卫生、生态系统可能受到的危害和能见度等都能够包含在边际成本和边际收益的曲线中。

经济学家还提供了实现环境目标的不同监管手段。如果有一只"看不见的手"能够引导社会达到边际成本等于边际收益这个奇点,就像供给等于需求那样,那就再好不过了。但是,事实并非如此美好。于是,经济学家提出了两种方法来达到这个点,一种基于价格,另一种基于数量。英国经济学家阿瑟·庇古(Arthur Pigou)在他 1920 年发表的经典文献《福利经济学》(*The Economics of Welfare*)中阐述了价格机制,而污染税则被称为"庇古税"(Pigou,1920)。

多伦多大学教授约翰·戴尔斯(John Dales)于 1968 年在他那部书名叫《污染、产权和价格》(*Pollution,Property and Prices*,Dales,1968)的专著中概述了数量方法。如图 14.3 所示,价格法和数量法实际上就是一枚硬币的两个不同面,但是,两者在实际应用中特别是在政治领域的实际应用中确实存在重要的差别。

**图 14.3 经济监管手段**

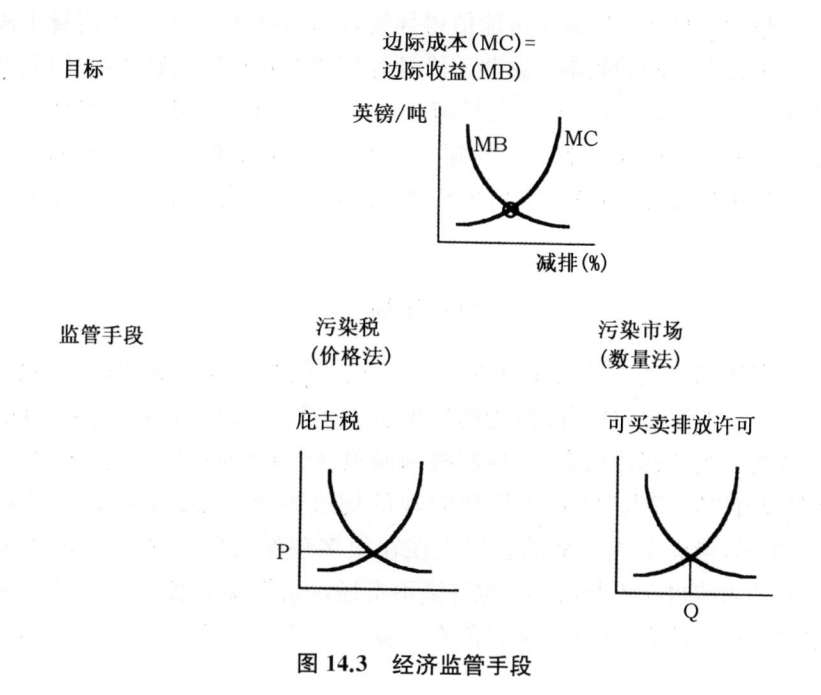

在美国,图 14.3 中的监管手段并没有取代图 14.2 中的监管手段,而经济学家推荐的监管方法也没有消除前面讨论过的层级制中的目标设定、数据收集和制度问题。在很多情况下,实际上政府甚至需要做出更加复杂的制度回应。但是,图 14.3 中蕴涵的崇尚个人主义的思想已经开始对美国的监管过程产生重大影响。早在 20 世纪 70 年代中期,美国联邦环境保护署采纳了排放权交易计划。这项计划采用了一种允许把边际成本思想融入图 14.2 所示的传统监管方法的经济机制。到了 1990 年,美国国会通过了一项采用以戴尔斯数量法为基准的方法来控制由电力公司二氧化硫总负荷造成的酸雨的决议。到了 90 年代末,同样的基于数量的机制被用于通过二氧化硫预算以及类似的城市和地区市场来解决对流层臭氧问题。[2]

这种转变由于图 14.3 所示的目标设定思想(边际成本等于边际收益)而没有发生。凯·米尔顿(Kay Milton,1996)表示,经济学家一直不关心环境目标是如何设定的;而笔者认为,对于研究设定目标的经济学家来说,真正的问题是难以使他们的理论具体可操作性。他们手中掌握的工具(或有价值评估法、特征定价法等)并不与要求完成的任务相匹配;由于经济学家们离开"使用"价值越来越远,而与"非使用价值"的范畴越来越近,这些工具就如同对其他物种的同情和对后代的遗赠变得越来越笨重、不好使。

虽然他们的目标设定方法可能值得怀疑，但是，图 14.3 中经济监管手段的能量是一个完全不同的故事。这些手段具有某些极其有用的属性：它们允许政府致力于设定环境目标，而不是发号施令；从经济的角度看也是一些高效的手段。而它们的高效性反过来又能影响"真实世界"的目标设定，允许我们购买更多的环境保护设施，而污染总要付出代价，从而导致污染者不断设法寻求减少污染的手段。

### 新的市场

从一名美国空气质量工程师的视角看，这些崇尚个人主义的机制（尤其是运用环保市场的思想）被国际接受的速度也许是最令人惊讶的。毫无疑问，这些机制既是一场认识政府命令/控制机制局限性、涉及面更广的运动的组成部分，也是基于"制高点"的新市场导向观的构成内容（Yergin and Stanislaw，1998）。但是，崇尚个人主义的思想现在在很多环保主题上显而易见（Hahn，2000），它的影响也在不断增大。也许毫不奇怪，《京都议定书》的整个框架密切关注这样一种经济观，而碳交易目前在乌克兰、中国和厄瓜多尔是一个热门话题。

以上这种情况已经出现，尽管现在对于环保市场如何运行这个问题仍普遍没底；对于这些市场是人为的，"需求"也来自于政府的强制规定这一点也普遍缺乏理解；对于前面说到的与执行相关的严重的制度困难依然存在这个问题也普遍缺乏认识。经济手段的强大属性——政府关注、经济效率、主动保护和污染成本——全都取决于环境监管的制度基础。

笔者记得曾在那时仍被称为苏联的地方参加过一个关于市场导向型环境管理的会议。在听了 3 天"市场，市场，市场"以后，笔者决定利用会议给我安排的时间发表一种多少有点"反动"的观点。我注意到在 20 世纪 60 年代，美国有一个成熟的市场体系，但仍遭遇了严重的污染；美国后来停止使用命令/控制式的监管方式；只有当社会边际成本曲线开始上涨时，市场导向思想才会变得重要。在执行这项计划的早期阶段，关于谁在排放污染物、排在哪里和排放多少，我们知道的并不多，当时重要的是应该发展一种切实可行的技术导向型监管框架。鉴于边际成本有可能相对较低，而边际收益则相对较高，因此，这样的行为要比经济效率更加重要。如今成熟的市场导向计划仍然要依靠这个基础。我的一些非工程师同事更加重视经济因素，并且认为如果价格定得合适，那么，其他一切问题都会迎刃而解。但是，我必须承认本人对此仍多少有点怀疑。

## 价格与数量

更值得关注并且从文化的角度看也更加重要的是,应该对价格机制和数量机制进行区分。目前,世界上大部分国家往往主要采用基于价格的庇古税法。根据这种方法,政府设定庇古税,征收税收,然后如人们希望的那样用税收收入做一些从环保的角度看值得称道的事情。在美国,这种基于价格的监管机制从来没有得到过政治支持,而那些获得发展的经济系统都采用了基于数量的监管方法。这种环境监管方法与美国产权、市场和最大限度地限制财富向公共部门转移的政治特点更加紧密匹配。几年前,迈克尔·杜卡基斯(Michael Dukakis)的竞选班子找我合计提出一份关于酸雨治理的书面意见,他们只想听有关数量型监管方法的介绍。可见,他们根本就没有利用税收手段来监管环境的政治兴趣。

20世纪80年代,我在欧洲演讲介绍美国的数量型环境监管计划,当我谈到排放权经纪人以及数量监管法的类似属性时,很多与会者表示了不屑。我被告知这样愚蠢的资本主义思想在欧洲绝不会讨人喜欢,因为考虑污染权买卖简直就是愚蠢。甚至连与会的经济学家也只能忍气吞声。罗伯特·内尔森(Robert Nelson)注意到了环境经济学家对庇古税的支持,而对数量监管法的蔑视,于是婉转地说道:

"从某种程度上看,这似乎就是赌马押错了宝这么简单,但也有可能是环境领域的职业经济学家至少意识到了市场许可制的某些实际优点,但只是不能接受它的意识形态影响"(Nelson,1987:70)。

今天,很多采用价格监管法的国家当然已经成为《京都议定书》数量监管法的热情支持者,而欧盟也打算在2005年推出碳交易计划。一些欧洲国家已经采纳排放权交易计划[3],而另一些欧洲国家正在认真研究这种计划的可行性。就连采取价格监管法的国家,如中国,现在也开始关注数量监管法了(Fernando et al.,1999;Raufer,2000)。

## 市场模拟

数量监管方法有一个非常有用的教学工具,那就是电力研究所二氧化硫排放权交易模拟器(Niemeyer et al.,1991)。这个多媒体培训项目是为了帮助电厂营运者了解根据《〈清洁空气法案〉1990年修正案》制定的基于市场的酸雨控制方法如何运行而于1991年开发的。参加培训的学员上午上影视课,学习如何使用经营同一电力系统5家(使用不同燃料和污染控制手段的)电厂的软件。

下午,学员在一个仿真模拟市场上,在逐渐严厉的污染控制约束下相互买卖电力和污染限额。我们知道他们的启动费用和完成成本,而且还能教(按照最佳交易方案)学员在电力市场上如何交易。

到目前为止,我已经在很多国家为欧洲、俄罗斯、乌克兰、中国和发展中国家的学员(以及宾夕法尼亚大学很多不同专业的学生)举办过这个培训项目。由于这个项目教授基本的经济学原理,又能把抽象的污染控制边际成本等概念转变为现实世界的选择和营运决策,因此,参加过这个项目的学员和学生几乎都入迷了。

这个模拟培训项目还考虑到了值得注意的文化差异(尽管必须承认这个培训项目的样本规模很小)。乌克兰的培训班是最不守规矩的,有时几乎达到了无政府状态。欧洲学员往往都觉得这种培训很有价值,而中国学员则持怀疑态度。大多数发展中国家的学员好像都认为,想法虽然很值得关注,但对于非美国—欧洲世界来说绝对缺乏相关性。

在俄罗斯办班(20世纪90年代初,也就是苏联解体后不久)时,学员们似乎对市场概念还非常陌生。我还记得班上有一个调皮的学员,他看上去对软件和技术数据相当满意,但就是干坐在电脑荧屏前不动手操作。我问他为什么坐着不动,他回答说:"嗯,不会有人来和我做任何交易。"当我告诉他,他可以制定自己的交易方案,以后带头交易时,仿佛就是灵光闪现,他随口回道:"是的,我想我能够做到这一点。"说完,起身就走出了教室。

《京都议定书》的主要价值很可能就在于此:通过项目导向型清洁发展机制和联合执行"灵活性"机制让发展中国家的学员产生疑虑,并且把新皈依市场的前中央计划经济体带入环保市场。除了市场特点外,这些机制还把透明度和环保问责制引入项目开发,并且至少可以被视为是完成一项需要数十年甚至很可能需要几个世纪才能完成的任务的开端。也许,仅仅是也许,作为数量监管法主要支持者的国家最终将看到这种方法的价值,并且也决定加入到环保事业中来。

## 结束语

在大多数发达国家,"可持续发展"几乎完全是在环境保护背景下提出的,而发展中国家情况就不同了。在发展中国家,"可持续发展"还有重要的经济和社会含义。因此,对实现空气质量目标抱任何希望的人都必须认识到这方面的差异。空气质量工程师如同其他技术专家一样,都会发现在自己有关世界如何运行的看法中蕴涵着大量的文化因素。

本章运用一个"文化理论模型"介绍了一个曾在他国工作过的美国工程师的世界观中包含的一些文化因素。这个文化理论模型赋予政府型"层级制"和市场导向型"个人主义"很重要的角色。两者在美国实现空气质量目标的过程中都发挥了重要的作用。崇尚环保的"平等主义者"也是积极主动的参与者，而所有三个主动群体都试图影响逆来顺受的"宿命论者"（但本章没有展开论述后两个群体）。

层级制机构设定环境标准，收集有关环境的数据，保证制定并实施适当的污染控制政策。就像美国的层级机构那样，其他国家的层级机构通常也发展起了自己的空气质量监管办法，但它们的空气质量监管办法比较适合解决排放源问题，而不太适合直接实现公共卫生和其他环境目标。它们不得不收集一些质量很差的数据，有时他们还不愿收集环境数据，如果相关数据反过来要求政府做出强有力的回应的话。层级机构还必须面对制度问题和空气污染问题的复杂性，而环境主体的动机和他们各自的观点都会影响空气污染控制行动。

个人主义崇尚者培育了一种考虑环境监管问题的新的思维方式，并且在美国成功地引入了基于市场的经济监管手段。这些经济监管手段与层级制下的监管方法采用很多相同的数据，并且也遇到了很多相同的制度问题，但常常具有更强的性能，包括引起政府的关注和具有经济效率。它们正在快速传播开来（但它们在美国取得的成功很多仍建立在已有的命令/控制监管基础上）。虽然（或许是因为）这些监管手段具有意识形态的外表，但在美国的带动下，其他国家也已经出现了一种值得关注的从价格监管手段朝着数量监管手段的转向。欧洲国家和中国现在也已经在探索数量监管方法，而《京都议定书》正在世界范围内渗透这个市场。

• 注释：

[1]如可参阅 H.S.Chan, K.K.Wong, K.C.Cheung, and J.M.Lo: The Implementation Gap in Environmental Management in China: The Case of Guangzhou, Zhengzhou, and Nanjing, *Public Administrative Review* 55 (July/August 1995):4。

[2]关于这些计划和可比数据的讨论，请参阅 Raufer(1998)。

[3]丹麦于 2000 年 7 月 1 日推出了电力部门排放权交易（ET）计划，而英国则于 2001 年 8 月 14 日推出了排放权交易计划。

• 参考文献：

Chu, H. 1999. "Cigarette Toll Rising among Men in China." *International Herald Tribune*, November 11.

Dales, J. H. 1968. *Pollution, Property and Prices*. Toronto: University of Toronto Press.

Douglas, M., and A. Wildavsky. 1982. *Risk and Culture: An Essay on the Selection of Technological and Environmental Dangers*. Berkeley: University of California Press.

Fernando, P., et al. 1999, *Emissions Trading in the Energy Sector: Opportunities for the People's Republic of China*. Manila: Asian Development Bank. September.

Florig, H. 1997, "China's Air Pollution Risks." *Environmental Science and Technology* 31(6): 274—279.

Finkelman, R., H. Belkin, and B. Zheng. 1999. "Health Impacts of Domestic Coal Use in China." *Proc. Natl. Acad. Sci. USA* 96 (March): 3427—3431.

Hahn, R. 2000. "The Impact of Economics on Environmental Policy." *Journal of Environmental Economics and Management*, 39 (3): 375—399.

Khator, R. 1984. "Environment as a Political Issue in Developing Countries: A Study of Environmental Pollution in India—A Viewpoint." *International Journal of Environmental Studies* 23: 105—112.

Luo, G. 1999. *Three Kingdoms*. Beijing: Foreign Language Press; Berkeley: University of California Press.

Milton, K. 1996, *Environmentalism and Cultural Theory: Exploring the Role of Anthropology in Environmental Discourse*. London: Routledge.

Nelson, R. 1987. "The Economics Profession and the Making of Public Policy." *Journal of Economics Literature* 25(1): 49—91.

Niemeyer, V., et al. 1991. *SO2 Emissions Trading Simulator*. Palo Alto, California, EPRI AP-100276. November.

Noll, K. E., T. L. Miller, J. E. Norco, and R. K. Raufer. 1977. "An Objective Air Monitoring Site Selection Methodology for Large Point Sources." *Atmospheric Environment* November 11 (11): 1051—1059.

Pigou, A. C. 1920. *The Economics of Welfare*. London: Macmillan & Co.

Raufer, R. 1998. *Pollution Markets in a Green Country Town: Urban Environmental Management in Transition*. Westport, CT: Praeger.

——.2000."Economic Tools in Air Pollution Abatement: The Increasing Role of Quantity-Based Instruments." Paper presented at International Conference on Engineering and Technological Sciences, Beijing, October.

Raufer, R., Y. Zhuang, and X. Tang. 2000. *Urban Air Pollution Control in China: A Sector Review Report*. UNDP and CICETE. Beijing: China Science and Technology Press. October.

Raufer, R. K., A. O. Courtney, and K. E. Noll. 1979. "Air Monitoring Network Design to Meet PSD Requirements." *Power Engineering* February 83 (2): 63—65.

Roumasset, J., and K. Smith. 1990. "Exposure Trading: An Approach to More Efficient Air Pollution Control." *Journal of Environmental Economics and Management*, 18 (3): 276—291.

Schwarz, M., and M. Thompson. 1990. *Divided We Stand: Redefining Politics, Technology and Social Choice*. Philadelphia: University of Pennsylvania Press.

Shapiro, J. 2001. *Mao's War against Nature: Politics and the Environment in Revolutionary China*. Cambridge: Cambridge University Press.

Sun, G. 2000. "An Integrated Study of China's Air Pollution Management: Effectiveness, Efficiency, and Governance." Diss., Carnegie Mellon University.

Yergin, D., and J. Stanislaw. 1998. *The Commanding Heights: The Battle between Government and the Marketplace That is Remaking the Modern World*. New York: Simon and Schuster.

# 第十五章
# 空气污染的社会和政治建构
## ——1979～1996年墨西哥城的空气污染治理政策

*约瑟·路易斯·莱萨马*

按照官方公布的数据,墨西哥城每年要向大气排放250多万吨污染物,一年有320天不能达到官方制定的环境标准,有150天空气中悬浮颗粒物超标。墨西哥城的空气污染问题因以下事实而变得更加复杂:除了官方承认并定期检测的物质外,空气中还有一组被认定为有毒物质的污染物几乎被官方正式监管计划所忽视。很多专家一致认为,这种有毒物质才是对墨西哥城居民构成最大的危险,不但因为它们毒性高,而且还因为公众没有意识到这些物质的存在及其危险性。

无论是国际层面还是本研究案例中墨西哥城取得的知识进步,已经提供了越来越确切的证据,并且明确界定了空气污染危害人体健康的范围。有研究表明,妇女、儿童和老人即使短时间暴露也对这些污染物非常敏感。

政府已经开始制定政策系统解决墨西哥城的空气污染问题。但是,政府实施的政策没能消除或者显著缓解污染。1979～1996年,政府共制定并实施了三份正式的空气污染治理计划。第一份计划实施后,有关数据显示排入大气的物质数量实际有所增加。之后分别于1990年和1996年实施的两份计划部分减少了像二氧化硫和一氧化碳这样的物质的排放,但仍没能减少臭氧、悬浮颗粒物和碳氢化合物的排放。尽管墨西哥城的空气污染治理取得了一些成就,但是,空气污染仍然十分严重。空气污染问题的严重性引起了科学界的关注。科学家们对污染物的化学成分、它们在大气中的反应和对大气的协同效应,加剧污染物作用和驱散污染物的地理和气象条件,以及重要排放源,特别是工业、交通运输业和服务业的行业污染物贡献度进行了非常详尽的研究,并且在研究空气污染对人体健康的影响方面取得了显著的进步。

不过,这些研究主要聚焦于空气污染的物理、化学和技术方面,而忽略了污染的社会方面。本研究对墨西哥科学家、学者、环保积极分子和政府官员进行的采访表明，空气污染是一个涉及社会正义的问题，而空气污染政策是从社会和政治两个方面建构的。

正如本书各章所显示的那样，环境问题有它的社会维度。而且环境问题社会维度的现实地位与它的物理维度相同。从这个视角出发，环境问题依赖于一个社会建构过程，而且通过公众对它们的感知和识别来认定。一个问题可以有它的物理存在，但如果这个问题没有被社会感知并且承认它的存在，那么，它的物理存在就会变得与社会无涉。

空气污染的社会视角并不否定空气污染的物理存在，而是把空气污染的物理存在作为审视空气污染问题的出发点。不过，空气污染的社会视角强调分开研究问题的社会存在及其化学和物理存在的必要性，从而催生了基于社会科学视角的学科研究。那些思考过环境问题社会维度的作者，正在设法说明那些有时能赋予环境问题某些现实方面特别的意义和重要性并且使它们得以进入公众视野的社会机制。

就是在这样的背景下，有些社会把空气污染视为比其他问题更加重要的问题；而在另一些社会里，空气污染问题甚至根本就没有被这样看待。在一些作者看来，无论问题本身是否具有内在重要性，是社会赋予了问题排序的意义和重要性。但是除了这些意识形态和社会因素以外，还有一些政治因素也会影响对什么有风险和什么安全的选择或者使这方面的选择发生偏差。马修·科伦森(Matthew Crenson)在他的经典作品《空气污染的非政治维度》(*The Un-politics of Air Pollution*)中表示，是微妙的权力和社会冲突管理机制决定某些问题能否进入公众视野。科伦森(1974)通过分析和研究两个案例介绍了一个具体的政策制定过程，强调指出了一种把空气污染治理政策视为社会、意识形态和政治因素相互作用结果的具体方式。科伦森感兴趣的就是要探索能够解释空气污染问题进入公众视野或者从公众视野中消失的社会机制。他提出了一个非常简单的问题：环境问题严重性与公众恐慌程度之间为什么不能达成一致？在科伦森看来，社会学家必须思考为什么某些理应引起注意的问题没有受到应有的关注。

科伦森研究了美国印第安纳州的加里(Gary)和东芝加哥(East Chicago)两城市的空气污染治理政策。在加里，一家大钢铁公司的存在、政坛一党独大的现实、缺乏多样化的生产工厂以及这家钢铁公司享有的实力声誉，都是阻止空气污染问题作为市民诉求登上政治舞台的因素。加里的这家钢铁公司并不总需要为了捍卫自己的利益而对地方政府机构直接施加压力，因为很多其他人自己会去执行这项任务。在加里，没有人愿意阻止这家钢铁公司为加里社会创造就业机会和繁荣。

东芝加哥在经济上并不依赖某家大公司,也不存在一党独大的现象,它的职业结构也相当多样化。因此,空气污染有更多的机会被认定为问题。这个城市能够较早地推行比较激进的空气污染治理政策。在这两个案例中,社会、经济和政治特征决定是否有空气污染治理政策存在。空气污染问题的严重性并不是空气污染作为政治问题出现的主要因素。虽然这两个城市污染程度相同,但是,它们的社会、经济和政治特征不同,因此意味着空气污染问题得到了不同的处理。

在这样的背景下,有些社会学家十分强调经常在问题的范围以及问题作为一般公众和那些仔细分析思考它们的公众关注对象的出现之间观察到的分离现象。在对存在严重环境问题的国家和环境问题不怎么严重的国家进行比较以后,乌尔里赫·贝克(Ulrich Beck,1995)和其他作者表示,环境问题最严重的国家好像并不太关心环境退化问题;而遇到较少环境问题的国家则似乎更加担心环境退化问题。在这位作者看来,文化标准和感知有些问题的意愿构成了决定"有高风险情况存在"的意识形成以及社会认定什么是可接受危害或者什么是不可接受危害的因素。贝克认为,生态危害及其感知之间并不存在一种机械的关系;这两个方面的关系要通过文化标准以及感知问题的意愿来调整。

在马尔滕·哈杰尔(Maarten Hajer,1995)看来,自然环境和生态危机也是某种被想象和话语形塑的东西。自然是作为感知的结果出现的,而感知则是经验、语言、想象和幻想的产物。有些社会把自然想象成某种脆弱的东西,而另一些社会则觉得自然非常强大并且有能力抵抗干扰。人们对生态危机有不同的看法,因此会对他们以不同方式感知和定义的危机采取不同的解决方案。由此可见,对于不同的社会,自然和环境就意味着不同的东西。

对于本研究来说,重要的是应该分析有些作者是如何思考环境问题经历了从被视为纯粹物理条件过渡到文化条件从而成为一个公众公认和政府干预的问题的。在哈杰尔看来,环境政治的发展关键取决于对环境问题的具体社会建构。对于这位作者来说,政策制定不能被认为只是一种发现之前感知到的环境问题的机制,但必须被视为现代社会可用来监管潜在社会矛盾(如环境危机导致的矛盾)的一种切实可行的方法。政策制定被认为是一个重新确定需要解决的问题并根据一整套社会接受的实践寻找解决方案的过程。哈杰尔把政策制定过程视为某种出现在一个碎片化和矛盾的话语背景下并通过这种碎片化和矛盾的话语出现的过程,这个过程不但发生在所在环境之内,而且也会发生在所在环境之外。政策制定过程必须通过制定专门的解决方案从制度上与需要解决的问题联系起来。他在这种语境下肯定地说：

"不但政策是为了解决问题而制定的,而且问题也必须是为了能够制定政策而得到研究分析。"(Hajer,1995:15)

哈杰尔建议把话语分析作为一种发现问题建构方式的社会和认知基础的方法来使用。他分析了能够动员行为主体的社会过程与那些允许人们分享相似认识和共同环境目标的思想之间的相互影响。政治决策是在竞争性的社会建构环境问题的有争议情境下做出的。在这个以不同观点相互冲突为特点的公共领域,什么好或什么坏以及什么有风险或什么安全的两相情愿式想象是建构的,而环境政策决策就是在这种碎片化和矛盾的话语情境下做出的。

在哈杰尔看来,在现代社会,监管过程需要完成三个任务。第一个任务与他所说的"话语闭合"有关。所谓的"话语闭合",就是提出一些对问题的定义,以便为政策制定设定适当的目标。第二个任务就是寻找容忍社会矛盾的方式,第三个任务就是提供"问题闭合",以便为已经被确定为问题的东西提供补救方法。哈杰尔对这些监管任务所做的一个重要阐明就是它们并非一定具有相互支持的特点。在有些场合,一个监管任务能够与另一个监管任务相互矛盾。例如,对问题的常识性社会建构不敏感的技术解决方案可能会导致监管失败。同样,一个基于两相情愿式社会建构的解决方案尽管获得了巨大的社会支持,但仍可能导致问题恶化。

政府环保机构的监管职能取决于对问题的话语建构。既不是环境的物理危机,也不是某些有价值的社会资产的灭失引发社会变革,而是创立表象、可识别的符号允许持不同立场和不同观点的人共享可被视为问题的东西的共同表象会引发社会变革。可识别的符号允许创建话语联盟,从而使得建构关于问题是什么的主导愿景成为可能。在话语过程中,有些问题的含义和重要性可能会发生变化,而人们的立场和利益也可能发生变化。

在哈杰尔看来,政府的政策就是一整套社会能够接受、用于处理之前已经确定的问题的措施。但是,可被视为真实现实或者客观问题的东西其实就是社会互动的主观产物。所有这些客观现象集合由于都是凭经验被确定为与环境相关的物理现象的,因而彼此并不相同。相反,它们是作为社会建构物出现的。

环境问题是社会建构的,因此有一个选择被视为有风险的问题与被视为安全的问题的过程。这个选择过程发生在一个用符号建构的世界上,并且要依靠语言、词语和话语来完成。意识形态因素和政治力量都将在这个由人际互动促成的建构世界上被动员起来,并且展现出来。

环境问题社会建构并不是遵循主导政策制定过程的科学知识的逻辑,而是遵循围绕某些意义、看法、希望、幻想和利益进行政治和意识形态协商的逻辑。就如贝克(1992)指出的那样,有关环境问题的决策不是根据客观的科学依据做出的,而是在政治和道德基本原则的指导下做出的。不过,这并不是说环境政策的制定过程与科学无涉,而是意味着科学发现必须被视为相对真理,而公众对科学的态度必须由相信转变为怀疑和批评。在一个由相互矛盾甚至对立的科学发现主导的领域里,政府干预不可能建立在并不存在的无可辩驳的真理的基础上。不但有关环境的诉求存在争议,而且解决重要环境问题的可用知识也存在争议。很多环境问题的决策必然是在不确定性发挥重要作用的情境下做出的。

## 墨西哥城的案例

在采访一些与墨西哥城空气污染关系密切的人士(学者、政党代表、绿色行动积极分子、企业主、政府官员等)的过程中,我们发现空气污染是作为一个有争议、讨论热烈的问题出现的。空气污染的社会建构不但体现在了社会行为主体确定空气污染问题的出现、严重性和规模,政府解决空气污染问题的能力以及科学在政策制定过程中扮演角色的方式中,而且还表现在了墨西哥城解决空气污染问题的可能性、可能遇到的障碍以及社会行为主体建议的解决方案中。社会行为主体以一种有争议的方式把空气污染的出现看作一个需要关心、思考和政府干预的问题。空气污染的出现不但对自然界和墨西哥城市民造成了危害,而且还导致了一种新态度的公开亮相、替代性价值观和基本原则的扩散以及国际环保运动的相呼应。墨西哥城的一些社会行为主体认为,墨西哥城居民的空气污染感知是由国际环保运动唤醒的。

多数接受采访的社会行为主体已经认识到把空气污染作为一个真正的问题来源的重要性。这种认识说明在数据描述的显著客观问题和市民对问题的实际感知之间存在一定程度的一致性。不过,有两个重要的分析方面必须得到强调。首先,对空气污染严重性的相对普遍认同并不是一致认同。社会行为主体之间,在空气污染导致社会担心的空气质量恶化的可接受程度上存在着显著的差异。例如,学者和政府官员普遍认识到了空气质量问题的重要性,但他们并不认同绿色行动积极分子和一些政党认为"墨西哥城空气的糟糕质量造成了危害和环境恶化"的近似世界末日论的观点。与绿色行动积极分子和这些政党的看法形成鲜明对照的是企业主们对空气污染严重的否定。在前者看来,空气污染是一个关系到墨西哥城居民生死存亡的重大问题;而对于后者来说,空气污染造成危害的程度被环保组织和政客们严重夸大。根据已有数据,两者的观点都很极端,都包含很大的主观可变性。在这方面,这两种观点与已有数据所描述的空气污染物理维度大相径庭,因为两者都反映了空气污染问题的一个明显的社会维度。

此外,接受采访的社会行为主体都已经认识到环境和空气污染问题会以不同的方式出现。有些行为主体认为,空气污染之所以出现在公众意识中,是因为环境严重退化,居民受到了危害。在他们看来,要认识一个严重的问题,一定离不开社会和文化的中介作用。但是,另一些行为主体并不认为,问题的严重性或者随之而来的危害是导致空气污染作为一个公众关心的问题出现的唯一因素,而是与决定什么可容忍或者不可容忍的价值观变化以及社会和文化变化有着更多的关系。在本例中,学者和绿色行动积极分子对空气污染问题持针锋相对的不同观点。前者认为社会因素和价值观导致把一个问题视为对社会构成威胁的认知,后者认为空气污染问题本身的严重性自动会导致空气污染危害的意识,而其他行为主体的观点则大多介于这两种极端观点之间。

在这种背景下,当接受本研究采访的行为主体在回答造成空气污染被作为一个社会关注的问题出现的原因时,他们都提到了一些与以上两种极端观点中某一种有关的因素。学者和绿色行动积极分子表达了两种极端的观点。前者把环保意识归因于现代世界对问题看法的不断变化,而对问题看法的不断变化就意味着,在某一点上环境问题就会变得先是与发达国家不同社会群体,后是与世界其他国家不同社会群体有关。在后者看来,环保意识之所以会出现,是因为环境问题已经变得很严重,很多人开始注意到自己的身体已经受到了影响;一种意识的出现既不需要社会中介因素也不需要符号性中介因素,只要危害达到一定程度就足够了。

并非所有接受采访的行为主体都可以被归入以上两种观点中的某一种观点。其他接受采访的行为主体的各自看法表达了同意或者不同意两种极端观点的不同程度。这些不同的空气污染看法的社会建构性通过不同的社会条件得到反映,而不同的社会条件会导致不同的社会行为主体群体都关注某些触发因素,如在绿色行动积极分子观点中是空气污染的物理性质以及空气污染造成的危害,而在学者的极端观点中是文化和社会的元素。对于学者来说,空气污染的解释可能性比较多,因为他们包括不同的学科和方法;相反,绿色行动积极分子必然关注范围较小的因素,对于由问题的物理严重性造成的危害和威胁程度的描述也更加适合他们作为诉求提出者的角色。

但是,接受我们采访的行为主体的分歧并不仅仅表现在鉴别空气污染公开出现的触发因素方面,而且还体现在他们认定墨西哥城空气污染严重性的方式上。导致接受采访的行为主体在这个特定主题上表现不同的因素,是他们表达自己认定空气污染有害或者无害的观点的方式。有些行为主体传达了一种紧迫感,而另一些行为主体则认为空气污染问题被一些极端观点过度夸大。

被访者们的回答反映了他们对墨西哥城空气污染问题的不同看法。在这个看法谱系的一端,政府和企业代表认为,空气污染是一个重要问题,但并没有严重到像有些社会群体宣称的那种地步;在这个看法谱系的另一端是其他社会行为主体——学者、绿色行动积极分子、各政治党派和国际代表,他们都表达了各自对墨西哥城空气污染严重性的关切。然而,这些极端的观点并不意味着持某一特定立场的人都认为空气污染是由相同原因和参数造成的。例如,政府官员和企业界为否定空气污染严重提到了不同的原因。在前者看来,主要原因是政府在减少污染方面取得了成功;而在后者看来,空气污染问题被夸大了。然而,两者都坚持为自己开脱责任。

站在对立立场上的其他社会行为主体在他们的回答中表现出更大的多样性。绿色行动积极分子和学者给出了说明空气污染严重性的最有力参数。但是,绿色行动积极分子把政府和企业界看作造成空气污染的罪魁祸首,而学者们则把更多的社会群体和社会因素作为造成空气质量糟糕的原因。学者们坚持认为,净化环境不仅仅是政府和企业界的责任,而且也是一般公众的社会义务。在他们看来,社会其他成员不愿承认空气污染问题的严重性,也不愿更多地投入到寻求解决方案的过程中去。在绿色行动积极分子看来,政府和企业界都参与了污染共谋活动,而掌握了某些官方机密文件的绿色行动积极分子试图向民众披露事实真相,以提高民众的环保意识,并且促使他们更多地参与解决空气污染问题的行动。

各种不同的对空气污染的认知证明了空气污染尤其是空气污染严重性的社会建构性。但是,观察到某些意识形态维度(如在本研究中采用的那些维度)的可能性甚至更大,这里所说的意识形态维度决定环境的意识形态和政治建构。例如,政府和企业界做出的某些回答反映了一种表达他们自己的制度或者群体观点的需要,从而证明了他们的特定立场。换言之,意识形态在这样的情况下充当了一种复制现状的合法化机制。相比之下,学者们在解释空气污染严重性时列举了更多的社会因素,这不但反映他们因采用更加严谨的方法拓宽了分析范畴,而且还例示了本研究采用的意识形态维度中的一个维度,即意识形态充当社会生活组成部分发挥作用的维度。

空气污染还通过社会行为主体拿它与别的环境问题比较的方式,作为一个社会问题出现。大多数社会行为主体在空气污染严重性这个问题上达成了一致,但在赋予空气污染相对重要性这个问题上仍然存在分歧。说到造成墨西哥城主要环境问题所起的作用,水、污水、有毒废弃物和水土流失并不比空气污染逊色。除了政党代表一致把空气污染作为墨西哥城最令人担心的问题来援引这个特例以外,其他界别的被采访者做出了各种不同的回答,有些界别的被采访者意见相对比较一致。但是,大多数界别的被采访者认为以上提到的其他环境问题更加重要,而空气和水常常被认为是主要问题。不管怎样,不同社会行动主体在环境问题社会建构方面存在明显的差异。例如,无论是空气还是水,政府更加关心根据轻重缓急对问题进行排序,并从中只选择空气或水的问题加以关注。学者们并不注重问题的轻重缓急,而是更加关心如何说明为确保某个特定问题被社会认定为最重要问题所必需的条件。在描述空气和水污染问题的严重性时,政府强调的是这两个问题的物理方面,因为就是物理方面使得空气污染和水污染成了社会关注的对象。相比之下,学者们认识到考虑墨西哥城所有环境问题的重要性,并且把对空气污染比较广泛的认可归因于让广大民众了解和传播有关空气污染的知识。在他们看来,政府和广大公众都更加关注空气污染。但是,在其他社会主体中间,有人认为空气污染是墨西哥城的主要环境问题,但也有人觉得水污染才是墨西哥城的主要环境问题。

对空气污染问题严重性的普遍认同反映了一种在全体社会主体看来存在于社会层面的相同感觉。就这一点而言,环境的意识形态和政治建构显示了它们的社会构成维度。然而,意识形态的影响也可被视为一种复制群体和机构观点的手段。政府需要按照轻重缓急对环境问题排序以便把计划活动聚焦于社会认可的关注对象,即空气污染。对其行动合法化的需要是对于政府偏重于空气污染问题的一个合理解释。学者们并不试图按照轻重缓急对问题进行排序。在他们眼里,所有的环境问题都值得分析和关注,但更加注重解释造成环境问题背后的社会原因。最后,各政治党派把空气污染看作墨西哥城主要的环境问题,他们的看法正好与广大公众的看法相吻合这一点满足了它们对公众支持的需要。

最后,墨西哥城的各不同社会主体在如何面对和解决空气污染问题这一点似乎表现出各种不同的理念和想法。大多数社会主体对解决空气污染的可能性表现出普遍的乐观态度,但在解决这个问题需要具备的条件上就开始出现分歧。政府官员强调的是空气污染问题的制度观:解决这个问题需要对制度结构进行改革,提高各不同公共管理部门政府官员的认识,并且创建一种专门负责环境问题的跨部门团队。政府干预被描述为解决这个问题的核心要素。政府官员提到了很多决策障碍,包括社会、经济和政治方面的决策障碍。他们还提到了更加具体的决策障碍,如预算约束、车辆和人口集中,而且还提出了非常具体的改善交通系统的措施。

对于大多数其他社会主体,特别是学者们来说,空气污染问题可以解决,但必须采取治本的措施,也就是势必会影响到强大的经济和政治利益集团的措施。然而,在学者们提到需要社会和政府对环境事业做出承诺时,其他非政府社会主体,特别是绿色行动积极分子和各政治党派都把政府监管不力、环保业绩糟糕的全部责任归到了企业界头上。

所有的社会主体都至少看到了一些社会因素,既有有助于空气质量改善的社会因素,也有有碍于空气质量改善的社会因素。按照他们的一些看法,政府的行为好像要受到经济和政治力量的影响或者形塑。在其他社会主体看来,政府已经被这些政治力量搞垮,并且已经陷入瘫痪。然而,政府官员把政府机构视为能够通过更加有效地利用技术和人力资源提供解决方案的独立机构。不管怎样,虽然各界别社会主体都清楚改善空气质量的障碍所在,但他们大多遇到过建议解决方案方面的困难。他们提出的解决方案既有针对一般性问题的,如改变发展模式,也有针对具体特定问题的,如设立公交车专用道或者提高燃油质量。

本章分析的环境意识形态和政治建构的不同方面反映了一种空气污染社会建构的存在。社会主体就与空气污染性质有关的核心问题——空气污染的严重性、与墨西哥城其他环境问题相关的重要性、科学知识在环境规划方面扮演的角色、其他社会主体制造的障碍和提出的解决方案以及价值观和社会、经济及政治力量在政策制定过程中所发挥的作用——达成了一致或者仍存有分歧。他们就其中的某些问题达成了一些共识,但在另一些问题上仍存在分歧。空气污染是作为一个热议、经常引发辩论且有争议的问题出现的,这种广泛的主观性情境反映了本研究试图证明的问题的社会建构性。

通过分析不同社会主体对空气污染的建构,本研究证明了可被用来对空气污染涉及价值观、经济因素、政治力量和意识形态含义的相关社会维度进行再建构的不同社会主体之间存在的不同思想、观念和阐释。在某些社会主体看来,空气污染问题并不局限于它的物理—化学和技术方面,而且是不同社会主体之间作用和反作用、相互动态影响的产物。这些社会主体作为不同类型知识、意识形态原则、特殊利益、社会基本原则以及为了整个社会的利益而必须提出的诉求的化身置身于空气污染情境之中,在政策制定过程中形成有关空气污染的概念,从而构成了另一个不同于空气污染问题物理性质但又与它的物理性质互补的现实。这个现实有它自己的合法性,它的合法性不但源自于某个分析视角,而且还与环境规划过程的需要有关;它被包含在政策制定过程中本身就能提高空气污染治理政策的效率。

尽管一些与空气污染有涉的最重要社会主体对这个问题持一种社会观,但是,负责制定和执行空气污染治理计划的官员们并没有把空气污染看作社会因素的产物。虽然前者体验、感知到了空气污染,并且把它作为一个受社会主观性影响的有争议和引起热议的动态问题,一种源自于价值观、不同类型知识、意识形态、经济和政治的现实来建构,但是,官方的空气污染治理计划并没有涉及空气污染的非物理、非技术性质。虽然社会主体在是否必须把非政府因素和社会主体作为空气污染治理政策制定过程不可或缺的组成部分这一点上似乎仍然存有分歧,但政府的空气污染治理计划依旧把政府作为计划干预空气污染问题的主要平台。大多数社会主体并没有单纯从技术决策的角度去考虑空气污染治理可能遇到的障碍和可以采取的解决方案,同样也没有把政府决策和解决方案视为政府在知识和决策意愿层面单独决定的东西,而是把它们看作不同社会主体动态互动的结果:在社会主体动态互动的过程中,科学知识是决策的必要但非充分条件。由于经济、政治和意识形态因素之间的相互作用,因此,这些不同的社会主体动态互动主要体现在某些社会主体的一般话语中。空气污染作为一个问题同样也体现为感知和感知意愿的产物,并不是由它的严重性或者由它造成的危害单独决定的,而是一个社会建构的问题。这就是空气污染的社会维度,而官方的空气污染治理计划在分析问题和试图解决问题时并没有把这个维度考虑进去。

把环境问题的社会建构考虑进政府计划,并且用它来教育广大公众,有可能是为采取更加严厉的整治措施来治理空气污染所必需的社会支持的一个重要元素,而在像墨西哥城空气如此退化的环境中尤其如此。这一认知可用于制定教育计划以便为民众开展环境问题教育,并且有助于民众把像空气污染这样的环境问题与人类或者个人健康联系起来。一个信息更加透明、更加关心空气污染问题的社会,有可能更加鼓励并支持环境净化计划和行动。

• 参考文献:

Beck, Ulrich. 1992. *Risk society: towards a new modernity*. Newbury Park, Calif.: Sage Publications.

——. 1995. *Ecological enlightenment: essays on the politics of the risk society*.

Atlantic Highlands, N.J.: Humanities Press.

　　Crenson, Matthew. 1974. *The un-politics of air pollution; a study of non-decisionmaking in the cities*. Baltimore: Johns Hopkins University Press.

　　Hajer, Maarten. 1995. *The politics of environmental discourse: ecological modernization and the policy process*. New York: Oxford University Press.

# 编后记

乔尔·A.塔尔

这个集子富有创意的名字《烟尘与镜子》恰如其分地概括了本书收入的各篇学术论文的内容,它们从历史、当代和跨国界的视角探讨了一些与空气污染有关的问题。确切地说,本书各章从一个共同的视角——空气污染及其治理政策必须被视为"社会人造物",而不只是"科学事实"或者"经济价值"——出发考察了不同时间和不同地点发生的空气污染问题。这种审视空气污染问题的视角反映了当前历史学和社会科学研究的一种流行趋势:从更广泛的文化和社会视角,而不是从狭窄的政治、政策或者技术视角去研究各种不同的现象。因此,这种视角从主要与"社会建构主义"有关的学术团体那里借用了它所需要的概念工具;这种视角在被应用于环境问题,在本书中主要是应用于空气质量问题以后,有望拓宽我们对过去处理这些问题方式的认识,并且为未来研究和相关策略提出各种不同的可能方案。不过,我还是想在这里指出一些与这种研究视角相关的风险。具体而言,我担心对科学"事实"中心论的批判会导致一个忽略科学知识对于环境政策制定重要性的研究盲点。

我将试用下面这篇有关匹茨堡的短文来说明自己的一些看法。

当我坐在电脑桌前写这篇"编后记"时,桌上已经积起了些许黑色颗粒物,差点弄脏桌上的白纸。这些黑色颗粒物一旦被风吹起,就可能随空气侵入我的支气管。看到这种"灰尘"(被定义为"没有出现在适当地方的物质"),使我想起了一些往事。25年前,我可能会认为这种黑色颗粒物是一家坐落在莫农加希拉河(Monongahela River)两岸、距离我们大学2.5英里的大型综合钢厂造成的污染。这家钢厂于1983年关闭,而我因它的关闭而必须去别处继续我的研究。10年前,我可能会认定这种黑色颗粒物是距离高炉很近的炼焦炉的副产品(炼焦炉是臭名昭著的污染源),炼焦炉要供应匹茨堡和其他地方炼铁所需的焦炭。但是,从那以后,我一直记着污染源有可能不是那家1997年已经关闭的炼焦厂。

那家钢厂最终让位于一个崭新的科技园区,现在只留下一块匾和一张照片("伊莱扎"高炉)提醒我们这里曾经是一家钢厂。在很多年里,工厂高耸的烟囱不停冒出滚滚黑烟。现在看起来钢厂似乎从未存在过,也看不出这里曾经为当地工人提供过 8 000~10 000 个工作岗位。炼焦厂大概比钢厂多存续 14 年。今天,炼焦厂部分已经清除干净的遗址正在等待包括社区居民、市县官员和匹茨堡拥有这块土地产权的几家基金会在内的不同利益相关者谈判决定它的未来命运。在最终结果出现之前,这块土地会令很多人看了触景生情,要知道那家钢厂关闭以后成千上万的工人不得不离乡背井、流落他乡,常常是另找一些薪酬较低的工作,而随他们一起去的是炼焦厂在对红热焦炭进行骤冷处理时不断散发出来的含硫黄气味的白烟。

弄清谁应该为钢厂和炼焦厂造成的污染负责,要比人们认为的更加困难。浓烟和颗粒物肯定是来自于这两家工厂,但早在 1960 年就设立了县空气污染治理局,想必它应该负责监管这两家工厂造成的空气污染。空气污染的责任是否应该由这个不愿意推进工业企业控制自己污染的县监管机构来承担呢? 也许应该由它承担。但是,我们是否能够肯定已经有技术可用来全面控制空气污染呢? 全面控制污染需要付出多大的代价? 这个县空气污染治理局是否愿意实施一种技术强制型政策? 考虑到工业对于这个地区的重要性,实施这种政策的可能性不会很大。即使那家钢厂自己愿意进行现代化改造,控制炼焦厂的排放也是一项更加艰巨的任务。换句话说,科学(关于技术效率的问题)以及政治(关于经济和社会利益调整的问题)在造成这个特定的污染问题中都起到了作用。

主要是多亏了一个名叫"反雾霾和污染组织"(GASP)的公民团体(主要由一些中产阶层妇女组成,很多成员是家庭主妇,还有一些学者和职业人士)积极开展活动,才最终在一定程度上减少了污染。这个公民组织依据县《诉状与证据不符法》(Variance Code)成功地争取到了参加县诉状与证据不符委员会举行的听证会的权利,并且施加了足够大的压力迫使诉状与证据不符委员会对工厂实施《诉状与证据不符法》,并且进一步严格了这部县法的相关条款。现在,工厂都已经不复存在,由其造成的污染也已经随工厂而去。虽然对于工厂为什么要关闭有多种解释,但肯定有人会告诉你主要是因为环境控制成本太高。

但是,我还是没有回答开篇时提出的问题——电脑桌上的黑色颗粒物是从哪里来的? 钢厂和炼焦厂已经关闭,但肯定还有其他污染源。反雾霾和污染组织仍在密切关注匹茨堡的空气质量。匹茨堡现在仍有的污染确实是一个比 25 年前小很多的问题。25 年前,钢厂和炼焦厂夜以继日地生产,把大量的烟尘、难闻气味和颗粒物排放到空气中。我们在很大程度上可以把匹茨堡污染状况的改善归功于几个因素——1945~1947年匹兹堡（意外地）开始采用清洁天然气（最终在很大程度上减少了对煤炭的依赖，并且导致地区煤炭采掘业萎缩），通过并执行了严厉的烟尘控制法，以及稍后发生的地区钢铁工业的衰落。这些事件给匹兹堡及其所在地区带来了比较清洁的空气和水，但也导致匹兹堡及其所在地区付出了失去成千上万的高薪就业机会的代价。这些代价具体表现为这些钢铁厂所在的工业城街上门窗被木板封住的店面房子以及破烂不堪的街区。

如果有人问这些工业城和街区的居民是否乐意看到工厂关闭，那么就会听到不同的回答——有些居民叹息失去了高薪工作，而另一些居民则庆幸工厂没有造成更严重的污染。显然，匹兹堡工业本身也要为自己的衰亡承担很大的责任，但也许不用承担全部的责任。然而，对于没有生活在前述工厂附近的环保人士来说，环境得到了明显的改善。

这篇短文反映了涉及很多空气污染问题的复杂性。首先有一个确定问题或者提出问题的问题——我们应该把空气污染及其治理作为一个科学问题来处理，还是把它看作是一个关系到社会的经济和社会结构性质的更大问题？然后还有经济问题——考虑到工厂面对的外来竞争，它们是否承担得起采用最现代化的污染控制技术的成本，或者即使采用最现代化的污染控制技术，是不是仍有可能无法取得成功？受烟尘和悬浮颗粒物影响最严重的是那些生活在工厂附近的居民，但是，他们大多也是这些工厂的员工。一旦工厂关闭，他们就会失业。反雾霾和污染组织的成员同样也受益于比较清洁的空气，但他们大多能保住自己的工作。如果空气污染被认为还不确定，是一个应该由政策处理的问题，那么，污染如何测定，应该采用什么指标？如何设定采取行动的阈值？所制定和执行的政策是否能够解决问题？执行这些政策会不会把污染转移到别的什么地方，或者只是一种基本没有触及问题的表面回应？科学知识虽然不足以回答全部这些问题，但肯定能为回答这些问题起到重要的作用。

着手研究这些问题的学者通常会采用一种明示或者隐含模型来完成他们的著述。虽然历史学家在运用模型方面远远没有社会科学家那么自觉，但他们还是采用了模型。学者们选择关注哪些研究主题，常常会形塑研究结果的特点。例如，在时间上滞后研究一个问题，而不是超前研究这个问题，会使研究者采取不同的视角，并且具有不同的洞察力。

无论是超前还是滞后研究，研究者都始终面临着自己的研究落后于自己所处时代的价值观以及科学和医学知识。认定不同污染物对健康的危害，在今天也许是完全有可能做到的事情，但囿于当时的医学知识状况，在当时就不一定能够做到。这样的研究虽然不能减轻污染问题的严重性，但却有助于阐明污染监管政策的演化和特点。

由于我们想了解空气污染治理政策的发展过程,因此就经常会提出有关空气污染治理政策起源的问题。空气污染治理政策是否反映了有关各种排放物不利影响的科学知识的长期积累,或者是因受到某次危机通常是有关公共卫生的危机惊吓而做出的某种应急反应呢?科学在多大程度上有助于我们了解问题的起源和结果?空气污染治理政策与应对空气污染的技术能力有什么关系?那些被认定应该为空气污染负责的企业是否由于成本太高而不愿意进行必要的创新和变革?因此,一项奉行技术强制型策略的政策是否注定要失败?

当然,更加广义的文化角色也应该进入我们的视野。我们如何来评价文化的影响?那些创建反雾霾和污染组织的中产阶层妇女不可能亲自参加匹兹堡的反空气污染斗争,但她们在这场斗争中扮演了关键角色。为什么几年前刚刚战胜烟尘污染的匹兹堡人没有很快组织起来反对工业污染?匹兹堡是否为治理工业污染配置了专门的监管力量?这样的监管对于钢铁工业产生大得多的经济影响。此外,是否有这样一种可能性:新的清洁技术太贵,钢铁企业投资不起?

这里有一个关键的问题,那就是谁的"文化"和价值观占据主导地位的问题。一个主要由中产阶层妇女组成并运作的公民组织领导了反工业污染运动。那么,其他社会群体在干什么?通常有很多利益相关者与环境问题有涉,并且会进行不同程度的投资,但又不总是很容易识别。产业工人既受害又得益于大工厂的存在——既因接触可能有害的烟气和颗粒物而受到伤害,又由于能找到工作而从中受益。有些工人成了环保人士,而另一些工人尤其是在工厂关闭以后会对清洁空气的代价提出质疑。

由于学者们在不断地深入探讨这些问题,同时也不断拓宽了我们对空气污染问题的认识,因此,可以预计许多替代性方法或者模型将得到利用。其中的某些方法——特别是社会建构学派的方法——是比其他方法更加重要的科学方法。在这种方法中,我们必须关注的最重要因素就是必须阐明我们的价值观和学术观点,并且清楚地认识到我们在解决的问题常常具有多面性。虽然在社会建构学派那里,质疑科学的有效性和科学知识是一种时尚,但是,重要的并不是摒弃科学和科学知识的有用性,而是要弄清楚什么是我们现在能够计量或者检测的和什么是我们现在计量或者检测不了的,以及应该把采取行动的阈值设在什么水平上。

再回到开篇时提出的问题:飘落在电脑桌上的黑色颗粒物到底来自哪里?它们会不会严重到弄脏桌上的白纸?在消除这些物质的零和博弈中将由谁付出代价?回答这些问题,显然同时需要科学知识和建构主义知识。

# 作者简介

**彼得·布林布尔科姆**毕业于奥克兰大学（University of Auckland）化学系，现在是东英吉利亚大学（University of East Anglia）环境科学学院大气化学教授。他是欧洲委员会和欧洲科学基金会多个空气污染问题工作小组的现役成员，也是《大气环境》（Atmospheric Environment）杂志的资深执行主编，《臭氧层、环境与历史》（Chemosphere, Environment and History）、《伊多雅拉斯》（Idojaras）、《文化遗产与环境国际杂志》（Journal of Cultural Heritage, and Environmental International）等期刊的编委成员。他（关于大气气体溶解度、热力学大气电解质、空气污染物对材料的损伤、空气污染史等问题）的研究成果以学术专著和期刊论文的形式广为发表、出版（他大概已经发表了200多篇文章），其中包括两部专门论述空气污染史的专著：伦敦梅修因（Methuen）出版公司1987年出版的《雾都》（The Big Smoke）以及与克里斯蒂安·普菲斯特（Christian Pfister）合著、由海德堡斯普林格出版公司（Springer Verlag）于1990年出版的《沉默的倒计时：欧洲环境史论文集》（The Silent Countdown. Essays in European Environmental History）。

**菲尔·布朗**是美国布朗大学（Brown University）社会学和环境学教授，现正致力于研究有关哮喘病、乳腺癌和海湾战争相关疾病的环境致病因素以及有助于避免与有毒物接触的有毒物质减少和预防原则方法的争端问题。他与埃德温·迈克尔森（Edwin Mikkelson）合著出版了《没有安全的地方：有毒废弃物、白血病和社区行动》（No Safe Place: Toxic Waste, Leukemia, and Community Action），与人合编出版了一本名为《疾病与环境：一本关于有争议医学的读物》（Illness and the Environment: A Reader in Contested Medicine）的论文集，并且还担任《医学社会学透视》杂志编辑工作。

**约书亚·邓思碧**是美国加利福尼亚大学旧金山卫生政策研究所和烟草控

制研究与教育中心的博士后,专门致力于室内空气污染政治问题研究和吸烟性环境烟害科学讨论会的组织工作。他在美国加州大学圣地亚哥分校获得了社会学和科学研究博士学位。他的博士论文《澄清雾霾:专家知识、健康与空气污染政治》(Clarifying Smog: Expert Knowledge, Health, and the Politics of Air Pollution)研究了从雾霾开始出现到20世纪60年代末公共卫生机构如何应对南加州出现的雾霾问题,并且考察了雾霾被建构成道德、科学、医学和政治对象的途径。他在《科学、技术与人类价值观》(Science, Technology, and Human Values)杂志上发表过论述空气中有毒物风险评估政治问题的论文,并且还与他人合著在《科学社会研究》(Social Studies of Science)上发表过一篇论述公众如何评论美国食品药品监督管理局建议的烟草控制监管的文章。

**E. 梅勒尼·迪普伊**是美国加利福尼亚大学圣克鲁兹分校社会学系助理教授。她专攻城市和农村环境政治社会学,著有《自然界的完美营养食品:牛奶怎么成了美国人的饮料?》(Nature's Perfect Food: How Milk Became America's Drink)(纽约大学出版社,2002年),与人合著了《如何建设农村:农村和环境话语权政治》(Creating the Countryside: The Politics of Rural and Environmental Discourse),并且还发表了很多有关农村土地规划、城市消费者政治和农业政治经济学的论文。

**亚历山大·法雷尔**是美国加利福尼亚大学伯克利分校能源与资源集约管理学助理教授。他主要致力于能源和环境技术、经济学和政策研究,已经发表很多论文,内容涉及技术信息在政策制定过程中的运用、基于市场的环境监管(即排放权交易)、能源对环境的影响、可持续性在决策中的应用、能源系统安全以及替代性交通运输燃料。亚历山大是美国海军学院(Naval Academy)系统工程理学士、美国宾夕法尼亚大学(University of Pennsylvania)能源管理和政策工科博士。他之前还有在卡内基梅隆大学(Carnegie Mellon University)、哈佛大学、美国科学促进会(American Association for the Advancement of Science)、美国空气产品和化学品公司(Air Products and Chemicals)以及美国海军工作的经历。

**安吉拉·古格里奥塔**是美国芝加哥大学人文与环境学讲师、助理研究员,现在美国圣母大学(University of Notre Dame)克里斯托弗·哈姆林(Christopher Hamlin)的指导下完成博士论文《"地域之门已经打开":1942年前匹茨堡空气污染文化史》("Hell with the Lid Taken Off": A Cultural History of Air Pollution: Pittsburgh before 1942)。她曾在《环境历史》(Environmental History)、《医学与相关科学历史杂志》(Journal of the History of Medicine and Allied Sciences）上发表过论文,并且有论文收入了由乔尔·塔尔主编的尚未出版的论文集《烟城的污染和救赎:匹兹堡及其所在地区环境史》（Pollution and Redemption in the Smoky City: The Environmental History of Pittsburgh and Its Region）。

**吉尔·哈里森**是美国加利福尼亚大学圣克鲁兹分校环境学在读博士生。她的论文研究主要考察加利福尼亚州农药使用的公共卫生和生态影响。她最近申请到了加利福尼亚大学劳动与环境研究所的论文奖学金。

**西奥·吕布克**在美国亚利桑那州布尔海德（Bullhead）市莫哈维高中（Mohave High School）教生物和环境课。除了教传统课程以外,他还上过关于科学和公共卫生伦理问题的课,还主持过美国西南部关于土地、水资源和所有权问题的辩论。他的研究兴趣包括科学知识在环境健康争议问题中的使用、南非的石棉相关疾病和退伍军人社会运动演化史等。

**约瑟·路易斯·莱萨马**是墨西哥学院（El Colegio de Mexico）人口与城市发展研究中心主任。莱萨马博士在伦敦大学学院（University College）获得了环境政策博士学位,曾经做过麻省理工学院客座教授,负责过由诺贝尔奖获得者马里奥·莫里纳（Mario Molina）主持的墨西哥城空气质量项目空气污染章节撰写的协调工作。他是专门研究环境政策问题的社会学家,著有以下专著:《空气分类:对墨西哥谷空气污染治理政策的批判》（Divided Air: Criticism of the Air Pollution Policy in the Valley of Mexico, 1990）、《社会理论、空间与城市》（Social Theory, Space and City, 2002）、《今日环境:当前辩论的关键问题》（The Environment Today: Crucial Issues in the Contemporary Debate, 2002）以及《环境的社会和政治建构》（The Social and Political Construction of Environment, 2003）。

**约书亚·曼德尔鲍姆**是美国爱荷华州州长汤姆·维尔萨克（Tom Vilsack）的政策顾问。他毕业于美国布朗大学,是哈利·S.杜鲁门（Harry S. Truman）学者。他的研究兴趣包括环境社会学、社会运动和城市/区域规划。

**布莱恩·迈耶**是美国布朗大学在读博士生,研究兴趣包括环境和社会医学以及科学技术学。他最近完成了一项把预防原则作为环保组织新范式发展的调查以及一项针对环境健康问题的社会运动研究。

**塞布丽娜·麦考米克**是美国布朗大学社会学系在读博士生。她通过华生国际问题研究所（Watson Institute of International Studies）已成为亨利·卢斯基金会（Henry Luce Foundation）研究员。她的主要研究兴趣是环境社会学、医学社会学和发展政治问题。作为卢斯基金会研究员,她还从事美国和巴西环保运动比较研究。其他特殊的研究兴趣包括环境疾病社会争议、把外行知识嵌入专家系统以及社会运动在环保斗争中扮演的角色。塞布丽娜最近通过《女士杂志》(Ms. Magazine)和全美妇女健康网络(National Women's Health Network)发表了一些相关领域的文章。

**斯蒂芬·莫斯利**是英国伯明翰大学(University of Birmingham)教育学院历史学讲师,著有《世界烟囱:维多利亚和爱德华时代曼彻斯特烟尘污染史》(The Chimney of the World: A History of Smoke Pollution in Victorian and Edwardian Manchester)。研究兴趣是城市文化和环境史。

**马修·奥斯本**于1997年在美国加利福尼亚大学圣克鲁兹分校获得欧洲现代史博士学位,目前在美国佛蒙特州普尔腾尼格林山学院(Green Mountain College)任历史和环境学助理教授。他的博士论文《土地、社区和产业转型:英格兰奥尔德姆产业革命初期(1750~1820年)的环境和社会史》(Land, Community and the Industrial Transformation: An Environmental and Social History of the Early Industrial Revolution in Oldham, England, 1750－1820)正在修改准备出版。

**哈罗德·L. 布拉特**是芝加哥洛约拉大学(Loyola University of Chicago)历史学教授,著有《新南城市建设:得克萨斯州休斯敦1830~1920年公共服务发展》(City Building in the New South: The Growth of Public Services in Houston, Texas, 1830－1920, Philadelphia, 1983)、《电力城市:1880～1930年能源与芝加哥地区发展》(The Electric City: Energy and the Growth of the Chicago Area, 1880～1930, Chicago, 1991)以及《令人震惊的城市:英国曼彻斯特和美国芝加哥的环境改造与改革》(Shock Cities: The Environmental Transformation and Reform of Manchester, U.K. and Chicago, U.S.A., Chicago, 2004)。

**萨德赫·切拉·拉詹**是总部设在波士顿的非营利机构、专门研究环境和能源策略的特勒斯研究所(Tellus Institute)资深科研人员。他以前曾经当过班加罗尔一个国际能源和开发非营利组织的领导、加利福尼亚州空气资源委员会移动污染源分会(Mobile Source Division of the California Air Resources Board)工程技术员。他著有《汽车使用之谜:民主政治与污染控制》(The Enigma of Automobility: Democratic Politics and Pollution, University of Pittsburgh Press, 1996)以及很多关于环境、政治和发展的学术论文和科普文章。他获得过美国加利福尼亚大学洛杉矶分校环境科学和工程博士学位,目前正在做一个探讨环境与能源、政治和贫穷之间的关系以及全球公民诉求的长期项目。

**罗杰·K. 罗费尔**是一名有 25 年经验的环境工程师,于 2001 年参加联合国可持续发展部(Division for Sustainable Development)工作,之前从 1990 年开始当过联合国中国环境问题顾问,同时还当过世界银行和美国国际开发署派往世界很多国家的咨询顾问。他获得过美国宾夕法尼亚大学能源管理和政策博士学位,并在该校作为兼职教师任职 18 年。他还获得过化学工程、环境工程和政治学等不同学科的学位,并且是美国许多州的专业注册工程师。他写过 3 部论述经济机制在环境管理中作用的专著。

**乔尔·A. 塔尔**是美国卡内基梅隆大学城市与环境历史和政策理查德·S. 卡里古日(Richard S. Caliguiri)讲席教授。他的主要研究兴趣是城市环境污染史和城市技术体系。他最近出版了《破坏与更新:匹兹堡及其所在地区环境史》(*Devastation and Renewal: An Environmental History of Pittsburgh and Its Region*, University of Pittsburgh Press, 2003)。

**彼得·索谢姆**是美国夏洛特(Charlotte)北卡罗来纳大学(University of North Carolina)历史学助理教授,是专门研究环境史以及科学、技术和医学史的英国历史学者,著有一本尚未出版的内容关于 19 和 20 世纪英国煤烟与环境感知的专著。

**弗兰克·艾克艾特**目前是德国彼得菲尔德大学(University of Bielefeld)的研究助理。他那本名为《从烟尘问题到环境革命:1880~1970 年德国和美国是如何控制空气污染的》的著作最近由德国纯文本出版公司(Klartext Verlag)出版。

**斯蒂芬·扎维斯托斯基**是美国旧金山大学社会学助理教授,目前正在研究科学在不明原因疾病环境成因争论中扮演的角色、互联网作为提高公众参与联邦环境法律准则制定程序工具的使用以及公民对社区污染问题的回应。他的研究成果已经在《科学、技术和人类价值》(*Science, Technology and Human Values*)、《卫生与社会行为杂志》(*Journal of Health and Social Behavior*)和《健康与疾病社会学》(*Sociology of Health and Illness*)等期刊以及《可持续消费:观念问题与政策问题》(*Sustainable Consumption: Conceptual Issues and Policy Problems*)论文集中发表。